Java 11 官方入门教程

(第 8 版)

[美] 赫伯特·希尔特(Herbert Schildt) 著

杜静 敖富江 译

清华大学出版社

北 京

Herbert Schildt
Java: A Beginner's Guide, Eighth Edition
EISBN：9781260440218

图书在版编目(CIP)数据

Java 11 官方入门教程 / (美)赫伯特 • 希尔特(Herbert Schildt) 著；杜静，敖富江 译. —8 版. —北京：清华大学出版社，2019

书名原文：Java: A Beginner's Guide, Eighth Edition
ISBN 978-7-302-53605-5

Ⅰ. ①J… Ⅱ. ①赫… ②杜… ③敖… Ⅲ. ①JAVA 语言－程序设计－教材 Ⅳ. ①TP312.8

中国版本图书馆 CIP 数据核字(2019)第 173922 号

责任编辑：王　军　韩宏志
装帧设计：孔祥峰
责任校对：成凤进
责任印制：沈　露

出版发行：清华大学出版社
网　　址：http://www.tup.com.cn，http://www.wqbook.com
地　　址：北京清华大学学研大厦 A 座　　邮　　编：100084
社 总 机：010-62770175　　邮　　购：010-62786544
投稿与读者服务：010-62776969，c-service@tup.tsinghua.edu.cn
质 量 反 馈：010-62772015，zhiliang@tup.tsinghua.edu.cn
印 装 者：清华大学印刷厂
经　　销：全国新华书店
开　　本：190mm×260mm　　印　　张：33.25　　字　　数：1095 千字
版　　次：2019 年 9 月第 1 版　　印　　次：2019 年 9 月第 1 次印刷
定　　价：99.80 元

产品编号：083282-01

译　者　序

Java 在全球编程语言排行榜中稳居第二，Java 语言到底有哪些优势呢？

第一，Java 是一种跨平台语言，其主旨是"一次编写，到处运行"。第二，Java 语法比较简单，JVM 为开发者屏蔽了大量复杂细节，学过计算机编程的开发者都能快速上手。第三，Java 能力过硬，在多个领域的竞争力都非常强；Java 用途广泛，可用来开发传统的客户端软件和网站后台，也可用来开发如火如荼的 Android 应用和云计算平台，如服务器端编程、企业软件事务处理、大数据处理、分布式计算、移动开发、嵌入终端开发等。第四，Java 吸收了业内领先的工程实践，具备构建嵌入式设备乃至超大规模软件系统的能力。所有这些使 Java 得到软件和互联网公司的青睐。

时移世易，Java 正在改变，也必须改变。Java 改为每半年发布一次后，在合并关键特性等方面做得越来越好，各厂商和社区对 Java 的投入越来越大。最新发布的 JDK 11 虽然谈不上划时代的进步，但一定是 JDK 发展历程中的一个重要里程碑，升级 JDK 即可提升性能，获得基础能力的全面进步和突破，这一切无不说明，是时候开始评估和规划升级到 JDK 11 了。

JDK 11 中主要的新语言特性是支持局部变量类型推断以及在 lambda 表达式中使用 var，还向 Java 启动程序添加了一种执行模式，使其能直接执行简单的单文件程序。JDK 11 取消了对 applet 的支持，删除了 JavaFX，不再支持与部署相关的 Java Web Start。

本书采用循序渐进的教学方法，旨在帮助读者学习 Java 程序设计的基础知识。全书共分 16 章，每一章都重点讨论 Java 的一个方面，还安排了许多示例、自测题和编程练习。本书不要求读者具有编程经验；首先介绍基础知识，然后讨论构成 Java 语言核心的关键字、功能和结构，最后介绍 Java 的一些重要高级功能，如多线程编程、泛型、lambda 表达式、模块和 Swing。学完本书后，读者将领悟到 Java 编程精髓。

本书只是学习 Java 的起点。Java 还包括扩展的库和工具。要成为顶尖的 Java 程序员，就必须掌握这些知识。读者在学完本书后，就有了足够的知识来继续学习 Java 的其他方面。

本书内容清晰，详略得当，附有大量程序实例，包含 Java 语言基础语法以及一些高级特性，极具实用价值，是 Java 初学者和 Java 程序员的必备参考书，也是高等院校的绝佳 Java 语言教材。

这里要感谢清华大学出版社的编辑们，他们为本书的翻译投入了巨大热情，付出了很多心血。没有他们的帮助和鼓励，本书不可能顺利付梓。

对于这本经典之作，译者本着"诚惶诚恐"的态度，在翻译过程中力求"信、达、雅"，但鉴于译者水平有限，错误在所难免，如有任何意见和建议，请不吝指正。

译　者

作 者 简 介

Herbert Schildt 是权威的 Java 语言专家、畅销书作家。三十多年来，Herbert 撰写的程序设计图书在全球的销量达数百万册，并被翻译成多种语言。Herbert 已撰写大量关于 Java、C++、C 和 C#编程语言的书籍和文章，包括《Java 9 编程参考官方大全(第 10 版)》、*Herb Schildt's Java Programming Cookbook*、*Introducing JavaFX 8 Programming* 和 *Swing: A Beginner's Guide*。

Herbert 对计算机的各个方面充满兴趣，其中投入精力最多的是计算机语言，尤其是计算机语言的标准化。Herbert 是 ANSI/ISO 委员会的成员，参与了 1989 年 C 语言的标准化、1998 年 C++语言的标准化，以及 2011 年 C++标准的更新。Herbert 拥有伊利诺伊大学的学士和硕士学位。他的个人网站为 www.HerbSchildt.com。

技术编辑简介

Danny Coward 博士在 Java 平台的各个版本上都工作过。他将 Java servlet 的定义引入 Java EE 平台的第一个版本中，将 Web 服务引入 Java ME 平台，并提出了 Java SE 7 的战略和规划。他开发了 JavaFX 技术，最近，他还为 Java EE 7 标准设计了 Java WebSocket API。从用 Java 编写代码到与行业专家设计 API，到他作为 Java Community Process Committee 主管这么多年来，他对 Java 技术的多个方面都有独到的见解。另外，他还是 *Java WebSocket Programming* 和 *Java EE: The Big Picture* 两本书的作者。Coward 博士拥有牛津大学数学系的学士、硕士和博士学位。

前　　言

本书旨在帮助你学习 Java 程序设计的基础知识，采用循序渐进的教学方法，安排了许多示例、自测题和编程练习。本书不需要读者具备编程经验，而是从最基础的知识，从如何编译并运行 Java 程序开始讲起。然后讨论构成 Java 语言核心的关键字、功能和结构。还介绍 Java 的一些最重要高级功能，如多线程编程、泛型、lambda 表达式和模块。此外，本书还介绍 Swing 基础。学完本书后，读者将牢固掌握 Java 编程精髓。

值得说明的是，本书只是学习 Java 的起点。Java 不仅是一些定义语言的元素，还包括扩展的库和工具来帮助开发程序。要想成为顶尖的 Java 程序员，就必须掌握这些知识。读者在学完本书后，就有了足够的知识来继续学习 Java 的其他方面。

0.1　Java 的发展历程

只有少数几种编程语言对程序设计带来过根本性影响。其中，Java 的影响由于迅速和广泛而格外突出。可以毫不夸张地说，1995 年 Sun 公司发布的 Java 1.0 给计算机程序设计领域带来了一场变革。这场变革迅速将 Web 转变成一个高度交互的环境，也给计算机语言的设计设置了一个新标准。

多年来，Java 不断发展、演化和修订。和其他语言加入新功能的动作迟缓不同，Java 一直站在计算机程序设计语言的前沿，部分原因是其不断变革的文化，部分原因是它所面对的变化。Java 已经做过或大或小的多次升级。

第一次主要升级是 Java 1.1 版，这次升级比较大，加入了很多新的库元素，修订了处理事件的方式，重新配置了 1.0 版本的库中的许多功能。

第二个主要版本是 Java 2，它代表 Java 的第二代，标志着 Java“现代化”的到来。Java 2 第一个发布的版本号是 1.2。Java 2 在第一次发布时使用 1.2 版本号看上去有些奇怪。原因在于，该号码最初指 Java 库的内部版本号，后来就泛指整个版本号了。Java 2 被 Sun 重新包装为 J2SE(Java 2 Platform Standard Edition)，并且开始把版本号应用于该产品。

Java 的下一次升级是 J2SE 1.3，它是 Java 2 版本首次较大的升级。它增强了已有的功能，精简了开发环境。J2SE 1.4 进一步增强了 Java。该版本包括一些重要的新功能，如链式异常、基于通道的 I/O 以及 assert 关键字。

Java 的下一版本是 J2SE 5，它是 Java 的第二次变革。以前的几次 Java 升级提供的改进虽然重要，但都是增量式的，而 J2SE 5 却从该语言的作用域、功能和范围等方面提供了根本性改进。为帮助理解 J2SE 5 的修改程度，下面列出了 J2SE 5 中的一些主要新功能：

- 泛型
- 自动装箱/自动拆箱
- 枚举
- 增强型 for 循环(for-each)
- 可变长度实参(varargs)
- 静态导入

- 注解(annotation)

这些条目都是重要升级，每个条目都代表了 Java 语言的一处重要改进。其中，泛型、增强型 for 循环和可变长度实参引入了新的语法元素；自动装箱和自动拆箱修改了语法规则；注解增加了一种全新的编程注释方法。

这些新功能的重要性反映在使用的版本号“5”上。从版本号的变化方式看，这一版本的 Java 应该是 1.5。由于新功能和变革如此之多，常规的版本号升级(从 1.4 到 1.5)已无法标识变化的幅度，因此 Sun 决定使用版本号 5，以强调发生了重要改进。因此将这个版本称为 J2SE 5，将开发工具包称为 JDK 5。但是，为了保持和以前的一致性，Sun 决定使用 1.5 作为内部版本号，也称为开发版本号。J2SE 5 中的“5”称为产品版本号。

之后发布的 Java 版本是 Java SE 6，Sun 再次决定修改 Java 平台的名称，把“2”从版本号中删除了。Java 平台现在的名称是 Java SE，官方产品名称是 Java Platform Standard Edition 6，对应的 Java 开发工具包称为 JDK 6。和 J2SE 5 一样，Java SE 6 中的“6”是指产品的版本号，内部的开发版本号是 1.6。

Java SE 6 建立在 J2SE 5 的基础之上，做了进一步的增强和改进。Java SE 6 并没有对 Java 语言本身添加较大的功能，而是增强了 API 库，添加了多个新包，改进了运行时环境。它在漫长的生命周期(Java 术语)内经历了一些更新，添加了一些升级功能。总之，Java SE 6 进一步巩固了 J2SE 5 建立的领先地位。

接下来的版本是 Java SE 7，对应的 Java 开发工具包称为 JDK 7，内部版本号是 1.7。Java SE 7 是 Oracle 收购 Sun Microsystems 之后发布的第一个主版本。Java SE 7 包含许多新功能，对语言和 API 库做了许多增强。Java SE 7 添加的最重要功能是在 Project Coin 中开发的那些功能。Project Coin 的目的是确保把对 Java 语言所做的很多小改动包含到 JDK 7 中，其中包括：

- 现在 String 可控制 switch 语句。
- 二进制整型字面值。
- 在数值字面值中使用下画线。
- 新增一种称为 try-with-resources 的 try 语句，支持自动资源管理。
- 构造泛型实例时，通过菱形运算符使用类型推断。
- 增强了异常处理，可以使用单个catch捕获两个或更多个异常(多重捕获)，并且可以对重新抛出的异常进行更好的类型检查。

可以看到，虽然 Project Coin 中的功能被视为小改动，但是“小”这个词实在不能体现它们所带来的好处。特别是，try-with-resources 语句会对大量代码的编写方式产生深远影响。

此后的版本是 Java SE 8，对应的开发工具包是 JDK 8，内部的开发版本号是 1.8。JDK 8 表示这是对 Java 语言的一次重大升级，因为本次升级包含了一种意义深远的新语言功能：lambda 表达式。lambda 表达式不但改变了概念化的编程方式，而且改变了 Java 代码的编写方式。使用 lambda 表达式，可以简化并减少创建某个结构所需的源代码量。另外，使用 lambda 表达式还可将新的运算符-> 和一种新的语法元素引入 Java 语言中。

除了 lambda 表达式，JDK 8 中还新增了其他一些重要功能。例如，从 JDK 8 开始，通过接口可以为指定的方法定义默认实现。总之，Java SE 8 扩展了 Java 语言的功能，并且改变了 Java 代码的编写方式，带来的影响足够深远。

再后的 Java 版本是 Java SE 9，对应的开发工具包是 JDK 9。JDK 9 表示这是对 Java 语言的一次重大升级，合并了对 Java 语言及其库的重大改进。主要的新功能是模块，它允许指定构成应用程序的代码之间的关系和依赖。模块还给 Java 的访问控制功能添加了另一种方式。包括模块导致一个新的语法元素、几个新的关键字和各种工具改进被添加到 Java 中。模块还对 API 库具有深远的影响，因为从 JDK 9 开始，库包现在组织为模块。

除了模块之外，JDK 9 还包括几个新功能。其中一个特别有趣的是 JShell，它是一个支持交互式程序体验和学习的工具(有关 Jshell 的简介，见附录 D)。另一个有趣的升级是支持私有接口方法。包含它们进一步增强了 JDK 8 对接口中默认方法的支持。JDK 9 给 javadoc 工具添加了搜索功能，还添加了一个新的标记@index 来支持它。与以前的版本一样，JDK 9 包含对 Java API 库的许多更新和改进。

作为一般规则，在任何 Java 版本中，都有令人瞩目的新功能。但 JDK 9 废弃了 Java 高度配置的一个方面：

applet。从 JDK 9 开始，applet 不再推荐在新项目中使用。如第 1 章所述，因为 applet 需要浏览器支持以及其他一些因素，JDK 9 废弃了整个 applet API。

Java 的下一个版本是 Java SE 10 (JDK 10)。然而，在发布它之前，Java 发布计划发生了重大变化。过去，主要发行版通常间隔两年或更长时间。然而，从 JDK 10 开始，发行版之间的时间明显缩短了。现在预计发布将严格按照基于时间的计划表进行，主要发布版本(现在称为功能发布版本)之间的预期时间只有 6 个月。因此，JDK 10 于 2018 年 3 月发布，也就是 JDK 9 发布 6 个月之后。这种更快的发布节奏使 Java 程序员能够快速获得新特性和改进。当一个新特性准备好时，它将成为下一个预定发行版的一部分，而不是等待两年或更长时间。

JDK 10 增加的主要新语言特性是支持本地变量类型推断。有了局部变量类型推断，现在可以在初始化器的类型中推断局部变量的类型，而不是显式指定其类型。为了支持这个新功能，将上下文敏感的标识符 var 添加到 Java 中，作为保留类型名。类型推断可以简化代码，因为如果可以从初始化器中推断变量的类型，就不需要指定多余的变量类型。在难以识别类型或无法显式指定类型的情况下，它还可以简化声明。局部变量类型推断已经成为当代编程环境的一个常见部分。它包含在 Java 中，帮助 Java 跟上语言设计不断发展的趋势。除了其他一些更改外，JDK 10 还重新定义了 Java 版本字符串，更改了版本号的含义，以便更好地与新的基于时间的发布计划保持一致。

在撰写本书时，Java 的最新版本是 Java SE 11 (JDK 11)。它于 2018 年 9 月发布，比 JDK 10 晚了 6 个月。JDK 11 中主要的新语言特性是支持在 lambda 表达式中使用 var。此外，还向 Java 启动程序添加了另一种执行模式，使其能够直接执行简单的单文件程序。JDK 11 还删除了一些特性。也许最有趣的是取消对 applet 的支持，这是因为 applet 的历史意义。回顾一下，applet 最初是由 JDK 9 禁用的。随着 JDK 11 的发布，applet 支持已经被移除。JDK 11 还删除了对另一种与部署相关的技术 Java Web Start 的支持。JDK 11 中还有一个引人注目的删除：JavaFX；这个 GUI 框架不再是 JDK 的一部分，而是成为一个独立的开源项目。因为 JDK 已经删除了这些特性，所以本书不讨论它们。

关于 Java 演化的另一要点是：从 2006 年开始，Java 的开源过程就开始了。今天，JDK 的开源实现是可用的。开源进一步促进了 Java 开发的动态性。归根结底，Java 的创新是安全的。Java 仍然是编程界所期待的充满活力、灵活的语言。

本书中的内容已通过 JDK 11 更新。然而，如前所述，Java 编程的历史是以动态变化为标志的。随着对 Java 的学习不断深入，用户将希望查看后续 Java 发行版的每个新特性。简单地说：Java 的演化还在继续!

0.3　本书的组织结构

本书采用教程式的组织结构，每一章都建立在前面的基础之上。本书共分 16 章，每一章讨论 Java 的一个方面。本书的特色就在于包含许多便于读者学习的特色内容。

- **关键技能与概念：**每一章首先介绍一些该章中要介绍的重要技能。
- **自测题：**每一章都有自测题，测试读者学习到的知识。答案在附录 A 中提供。
- **专家解答：**每一章中都穿插一些“专家解答”，以一问一答的形式介绍补充知识和要点。
- **编程练习：**每一章中都包含一两道编程练习，以帮助读者将学到的知识应用到实践中。很多这样的练习都是实际的示例，读者可以将其用作自己的程序的起点。

0.4　本书不需要读者具有编程经验

本书假定读者没有任何编程经验。如果读者没有编程经验，阅读本书是正确的选择。如果读者有一些编程经验，在阅读本书时可以加快速度。但要记住，Java 在几个重要的地方与其他一些流行的计算机语言不同，所以不要急于下结论。因此，即使读者是经验丰富的程序员，也仍然建议仔细阅读本书。

0.5 本书需要的软件环境

要编译和运行本书提供的所有程序，需要获得最新版本的 Java Development Kit (JDK)。在撰写本书时，最新版本为 JDK 11，这是 Java SE 11 使用的 JDK 版本。本书第 1 章介绍如何获得 Java JDK。

如果读者使用早期版本的 Java，也仍然可以阅读本书，只是无法编译和运行使用了 Java 新功能的程序。

0.6 不要忘记 Web 上的代码

本书所有示例和编程项目的源代码都可以免费从网址 www.oraclepressbooks.com 下载，也可以扫本书封底二维码下载。

0.7 特别感谢

特别感谢本书的技术编辑 Danny Coward。Danny 编辑过我写的多本书籍，他的见解和建议总是很有价值，也很受赞赏。

0.8 进一步学习

本书是引导读者进入 Herbert Schildt 系列编程图书的大门，下面的一些书你也会感兴趣：

Java: The Complete Reference

Herb Schildt's Java Programming Cookbook

The Art of Java

Swing: a Beginner's Guide

Introducing JavaFX 8 Programming

目 录

第1章

Java 基础

关键技能与概念

- 了解 Java 的历史和基本原理
- 理解 Java 对 Internet 的贡献
- 理解字节码的重要性
- 了解 Java 的术语
- 理解面向对象程序设计的基本原理
- 创建、编译和运行简单的 Java 程序
- 使用变量
- 使用 if 和 for 控制语句
- 创建代码块
- 理解如何定位、缩进和终止语句
- 了解 Java 关键字
- 理解 Java 标识符的规则

在计算领域，很少有技术具有 Java 这样的影响力。它在 Web 的早期创立，帮助构造了 Internet 的现代形式，包括客户端和服务器端。它的创新功能改进了编程的艺术和科学，在计算机语言设计方面设立了新标准。围绕着 Java 的前向思考文化确保它一直充满活力。在计算界经常进行快速、频繁的变化，简言之，Java 不仅是世界上最重要的计算机语言，也是改革编程的一种力量，在此过程中也改变了世界。

尽管 Java 是经常与 Internet 编程相关的语言，但它并不限于此。Java 是一门强大、功能全面、通用的编程语言。因此对于编程新手，Java 是一种绝佳的学习语言。今天，要成为职业程序员就意味着要具备使用 Java 编程的能力，它就是这么重要。在本书的课程中，你将学习必备的 Java 技能。

本章旨在介绍 Java，包括它的历史、设计原理和一些最重要的特性。目前，学习程序设计语言最大的难点是语言的各部分之间不是相互孤立的，而是相互关联的。这种相互关联性在 Java 中尤为突出。事实上，只讨论 Java 的一个方面，而不涉及其他部分是非常困难的。为了帮助读者克服这一困难，本章对 Java 的几个特性进行了简单概述，其中包括 Java 程序的基本形式、一些基本的控制结构和简单的运算符。对于这些内容我们并不进行深入讨论，只是关注一下 Java 程序共有的一些概念。

1.1 Java 的历史和基本原则

在充分理解 Java 的独特之处之前，有必要了解驱动其创建的动力、它所体现的编程哲学以及设计的关键概念。随着阅读本书的深入，你会发现 Java 的许多方面都是历史因素的直接或间接结果，这些因素塑造了这种语言。因此，要研究 Java，应该首先探索 Java 与更大的编程领域之间的关系。

1.1.1 Java 的起源

Java 是 1991 年由 Sun Microsystems 公司的 James Gosling、Patrick Naughton、Chris Warth、Ed Frank 和 Mike Sheridan 共同构想的成果。这门语言最初名为 Oak，于 1995 年更名为 Java。多少有些让人吃惊的是，设计 Java 的最初动力并不是源于 Internet，而是为了开发一种独立于平台的语言，使其能够用于创建内嵌于不同家电设备(如烤箱、微波炉和遥控器)的软件。你可能已猜到，不同类型的 CPU 都可以用作控制器。麻烦在于当时多数的计算机语言都旨在编译到机器码中，用于特定类型的 CPU，例如 C++。

虽然任何类型的 CPU 或许都能编译 C++程序，然而这需要 CPU 有完整的 C++编译器。而开发编译器的成本很高、很耗时。为了找到更好的解决方法，Gosling 和其他人尝试开发一种可移植的跨平台语言，使该语言生成的代码可以在不同环境下的不同 CPU 上运行。这一努力最终导致 Java 的诞生。

大概就在即将设计出 Java 细节的时候，另一个对 Java 的成型有更重要影响的因素出现了。第二个动力就是 World Wide Web。如果 Web 没有在 Java 即将成型的时候问世，那么 Java 可能会成为对消费类电子产品的程序设计而言有用却晦涩的语言。然而随着 Web 的出现，以及 Web 对可移植程序的需求，Java 被推到了计算机语言设计的前台。

大多数程序员在工作不久就了解到可移植程序既令人期待，也让人难以捉摸。虽然在有了程序设计学科时就有了对创建高效可移植(平台独立)程序的需要，但还是让位于其他一些更迫切的问题。Internet 和 Web 的出现使原有的可移植性问题重新摆上了桌面。因为，Internet 毕竟是由许多类型的计算机、操作系统和 CPU 组成的多样化的分布式空间。

曾经恼人却没那么重要的问题也就成为亟待解决的问题。到 1993 年，Java 设计团队的成员发现，在创建嵌入式控制器时经常遇到的可移植性问题同样也出现在创建 Internet 的代码中。了解到这一点以后，Java 的重点从消费类电子产品转移到 Internet 程序设计。因此，尽管开发独立于体系结构的程序设计语言的初衷点燃了星星之火，然而 Internet 最终促成了 Java 的燎原之势。

1.1.2　Java 与 C 和 C++的关系

计算机语言的历史并不是一个孤立的事件，而是每种新语言都以这种或那种方式受以前语言的影响。在这方面，Java 也不例外。在继续之前，需要理解 Java 处于计算机语言家谱树的哪个位置。

C 和 C++是与 Java 最接近的上一代语言。我们知道，C 和 C++是有史以来最重要的计算机语言，目前仍得到广泛使用。Java 继承了 C 的语法，Java 的对象模型是从 C++改编而来的。Java 与 C 和 C++的关系之所以重要，是出于以下几个原因：首先，创建 Java 时，许多程序员都熟悉 C/C++语法。而 Java 使用类似的语法，所以 C/C++程序员学习 Java 相对容易。于是现有的程序员能够随意使用 Java，从而编程社团就很容易接受 Java。

其次，Java 设计者并没有重复工作。相反，他们进一步对已经成功的程序设计范式进行了提炼。现代程序设计始于 C，而后过渡到 C++，现在则是 Java。通过大量的继承和进一步的构建，Java 提供了强大的、逻辑一致的程序设计环境，可以更好利用已有的成果，并且增加了在线环境需要的新功能，改进了程序设计艺术。然而，最重要的一点或许在于，由于它们的相似性，C、C++和 Java 为专业程序员定义了统一的概念架构。程序员从其中一种语言转为另一种语言时，不会遇到太大的困难。

Java 还有与 C 和 C++共有的特性：都由真正的程序员设计、测试和修改，与设计者的需求和经验紧密结合。因此，再没有比这更好的方法来创建如此一流的专业程序设计语言了。

最后一点：尽管 Java 与 C++相似，尤其是它们都支持面向对象程序设计，但 Java 绝不是“C++的 Internet 版”，因为 Java 在实际应用以及基本原理上与 C++存在显著的区别。Java 也不是 C++的增强版。例如，Java 不提供对 C++的向上或向下兼容。另外，Java 不是为替代 C++而设计的，而是为了解决一系列特定问题而设计的，C++则用来解决另一个不同系列的问题。两者将在未来共存。

1.1.3　Java 对 Internet 的贡献

Internet 帮助 Java 走到了程序设计的前台，而 Java 也对 Internet 产生了深远影响。首先，Java 的创建在总体上简化了 Internet 编程，它就像一个催化剂，吸引了大批程序员关注 Web。其次，Java 还创造了一种全新的网络程序类型——applet，applet 改变了在线世界对于内容的看法。最后，Java 还解决了与 Internet 相关的棘手问题：可移植性和安全性。

1. Java 简化了基于 Web 的编程

Java 在许多方面都简化了基于 Web 的编程，其中最重要的是 Java 能创建可移植的跨平台程序。同样重要的是 Java 对联网的支持。Java 库的易用功能允许程序员方便地编写访问和使用 Internet 的程序。Java 提供的机制还可以轻松地让程序传输到 Internet 上。尽管其细节超出了本书的范围，但应知道 Java 对联网的支持是它快速提升的一个关键因素。

2. Java applet

Java 问世时，它最重要的一个功能是 applet。applet 是一种特殊的 Java 程序，用于在 Internet 上传输，由兼容 Java 的 Web 浏览器自动执行。如果用户单击一个包含 applet 的链接，applet 就会在浏览器中自动下载并运行。它们通常都是小程序，用来显示服务器提供的数据，处理用户输入，或者提供简单功能(如贷款计算器)。applet 的关键功能是在本地执行，而不是在服务器上执行。实际上，applet 支持将一些功能从服务器转移到客户端。

applet 的产生很重要，因为它使对象可在网络空间自由地移动。一般而言，有两种主要的对象类别可以在服务器和客户端之间传递：被动信息和动态的活动程序。例如，当读取电子邮件时，就是在查看被动数据。即使是在下载程序，程序的代码在执行之前也是被动数据。与此不同的是，applet 是动态的活动程序。这样的程序是客户端计算机上的活动代理，但由服务器初始化。

在 Java 的早期，applet 是 Java 编程的一个重要部分，它们体现了 Java 的强大和优势，给网页添加了令人激动的功能，允许程序员探索 Java 的所有方面。尽管目前 applet 仍在使用，但随着时间的推移，它们将逐渐变得不那么重要，原因如前所述。从 JDK 9 开始，applet 被设置为过时，最终 JDK 11 会终止对 applet 的支持。

专家解答

问：什么是 C#，Java 与 C#的关系如何？

答： 在 Java 问世以后没几年，Microsoft 开发出 C#语言。C#与 Java 密切相关。事实上，C#的许多功能都是直接从 Java 改编而来的。Java 和 C#共享相同的 C++语法风格，都支持分布式程序设计，使用相同的对象模型。它们之间当然也有不同之处，但就整体感觉而言，两者极为相似。这就意味着，如果已经了解了 C#，那么学习 Java 就很简单；反之，如果将来要学的是 C#，那么现在学到的有关 Java 的知识也会对你有所帮助。

3. 安全性

尽管人们很需要动态网络程序，但是它们也在安全性与可移植性领域带来了严重问题。很明显，要在客户端计算机上自动下载并执行的程序必须保证不会带来危害。它还要能够在各种不同环境和不同操作系统中运行。Java 高效完美地解决了该问题。下面将逐一详细介绍。

用户可能意识到，每次下载一个“普通”程序时都可能会感染病毒、“木马程序”或其他有害代码。问题的核心在于恶意代码获得了对系统资源未授权的访问，因此可能会带来危害。例如，病毒程序可能会通过搜索计算机的本地文件系统获取私人信息，如信用卡号、银行账户余额及密码。Java 为了让 applet 安全地在客户端计算机上下载并执行，必须防止 applet 发动类似的攻击。

Java 实现这种保护功能的方法是将 applet 限制于 Java 执行环境中，不允许它访问计算机的其他部分(稍后会讨论这是如何实现的)。能够在下载 applet 时确信对客户端计算机无害，是 Java 早期成功的主要因素。

4. 可移植性

可移植性是 Internet 要考虑的主要问题之一，因为与 Internet 连接的计算机和操作系统有多种类型。如果 Java 程序要运行在与 Internet 连接的任何计算机上，就需要某种机制确保程序能在不同系统中执行。换言之，需要一种机制，使各种与 Internet 连接的不同的 CPU、操作系统和浏览器能够下载和执行同一个应用程序。对不同计算机采用不同版本的 applet 是一种不可行的做法。相同的代码必须能够在所有计算机上工作，因此需要某种机制来生成可移植的代码。稍后会提到，确保安全性的机制也有助于确保创建可移植的代码。

1.1.4 Java 的魔法：字节码

Java 能同时解决前面提到的安全性问题和可移植问题的关键在于，Java 编译器的编译结果不是可执行代码，而是字节码(bytecode)。字节码是一系列高度优化的指令，由名为 Java 虚拟机(Java Virtual Machine，JVM)的 Java 运行时系统执行。JVM 是 Java 运行时环境(Java Runtime Environment，JRE)的一部分。确切地讲，初始的 JRE 是一个字节码解释器。这可能让人吃惊，因为出于性能考虑，多数现代语言都编译为面向 CPU 的可执行代码。然而，Java 程序由 JVM 执行这一事实帮助解决了与基于 Web 的程序相关的主要问题。下面就是原因所在。

将 Java 程序解释成字节码会使不同环境下的程序运行都变得十分轻松，因为只需要对每个平台实现 JRE(包括 Java 虚拟机)。一旦给定系统有了 JRE，那么在它上面就可以运行任何 Java 程序。切记，尽管平台之间的 JRE 不尽相同，但是它们都可以理解相同的 Java 字节码。如果把 Java 程序编译成本机代码，那么一个 Java 程序就要为与 Internet 相连的每种 CPU 准备一种不同的版本。显然，这不是一种可行的解决方案。因此，由 JVM 执行字节码是创建真正可移植程序的最简单方法。

Java 程序由 JVM 执行这一事实也使其更加安全。因为每一个 Java 程序的执行都处于 JVM 的控制之下，JVM 可以创建一种受限的执行环境，称为沙箱，它可以包含程序，防止对机器的不受限访问。此外，Java 语言中的一些限制也增强了安全性。

当一个程序被解释时，它的总体运行速度要比该程序被编译为可执行代码时的执行速度慢许多。然而，对于 Java，两者的区别却不是很明显。因为字节码已被高度优化，所以使用字节码会使 JVM 执行程序的速度比想象的快许多。

尽管 Java 被设计为解释型语言，但这在技术上并不妨碍 Java 的字节码也可以迅速编译为本机代码，以提高性能。基于这一原因，Sun 在 Java 初始版本发布后不久就提供了 HotSpot JVM。HotSpot 提供了一个 JIT(Just In Time) 字节码编译器。在 JIT 成为 JVM 的一部分后，它可以根据逐条命令将选中的字节码部分实时转换为可执行代码。即在执行期间按照需要编译 JIT。而且，并不是所有的字节码序列都被编译，只有那些能够从编译受益的字节码才会编译。其余代码会被简单地解释。尽管如此，JIT 方法也使性能有了显著提升。因为 JVM 依然控制着执行环境，所以甚至对字节码进行动态编译时，也可以保证可移植性与安全性。

另外，自从 JDK 9 以来，选中的 Java 环境也包含一个提前编译器，它可以先把字节码编译为本机代码，再由 JVM 执行，而不是由 JVM 就地编译执行。提前编译是一个特定的功能，没有代替之前介绍的 Java 传统方法。因为提前编译有高度专业化的特性，学习 Java 时不使用它，所以本书不进一步讨论它。

专家解答

问： 我听说有一种特殊的 Java 程序叫作 servlet，它是什么？

答： servlet 是一种在服务器上执行的小程序。servlet 动态地扩展了 Web 服务器的功能。理解客户端应用程序的作用有助于理解 servlet 的作用，它们分别作用在客户端和服务器上。Java 的最初版本发布后不久，就很清楚地表现出在服务器端也能胜任。结果就产生了 servlet。servlet 的出现意味着 Java 同时占领了客户端和服务器端。尽管进行 servlet 和服务器端编程超出了本书的讨论范围，不过在读者以后的 Java 编程工作中，还是需要去学习的。

1.1.5 超越 applet

撰写本书时，距离 Java 初次发布已经二十多年了。这些年来，发生了许多变化。在 Java 诞生的时候，互联网是一个令人兴奋的创新；Web 浏览器正在迅速发展、完善；智能手机的现代形式还没有问世；计算机的普及还需要几年的时间。当然，Java 也在变革，其使用方式不断变化。也许没有什么比 applet 更好地说明了 Java 正在进行的演化。

如前所述，在 Java 的早期，applet 是 Java 编程的一个重要部分。它们不仅给网页添加了有趣内容，还是 Java 一个高度引人注目的部分，增加了 Java 的魅力。但是，applet 依赖于 Java 浏览器插件。因此 applet 要工作，浏览器必须支持它。最近，对 Java 浏览器插件的支持逐渐减少。简言之，没有浏览器支持，applet 就没有那么重要了。因此，从 JDK 9 开始，Java 对 applet 的支持被废弃。在 Java 语言中，被废弃意味着该功能仍可用，但标记为过时。被废弃的功能不应用于新代码。随着 JDK 11 的发布，由于对 applet 的支持被删除，applet 被逐步淘汰了。

值得注意的是，在 Java 问世几年后添加了 applet 的替代方案，称为 Java Web Start，支持从 Web 页面上动态下载应用程序。它是一种部署机制，对于不适合 applet 的大型 Java 应用程序尤其有用。applet 和 Java Web Start 应用程序的区别在于，Java Web Start 应用程序是独立运行的，而不是在浏览器中运行。因此，它很像一个“正常”的应用程序。但是，它要求主机系统上有一个支持 Java Web Start 的独立 JRE。从 JDK 11 开始，删除了对 Java Web Start 的支持。

考虑到 applet 和 Java Web Start 都不是现代版本 Java 的可行选项，那么应该使用什么机制来部署 Java 应用程序？在撰写本书时，部分答案是使用 JDK 9 添加的 jlink 工具。它可以创建一个完整的运行时映像，其中包括对程序的所有必要支持，包括 JRE。显然，部署是一个相当高级的主题，超出了本书的范围。幸运的是，使用本书不需要担心部署问题，因为所有示例程序都直接运行在计算机上。它们不是通过 Internet 部署的。

1.1.6　更快速的发布时间表

最近在 Java 中有另一个重大变化，但它不涉及对语言或运行时环境的更改，而与 Java 版本的发布计划有关。过去，主要的 Java 版本通常相隔两年或更长时间才发布。然而，在 JDK 9 发布后，发布主要 Java 版本之间的时间间隔已经缩短了。今天，预计主要版本将严格按照基于时间的计划表发布，主要版本之间的预期时间间隔只有 6 个月。

每个主要的发行版(现在称为功能发行版)都包含在发行时已经准备好的功能。这种加快的发布节奏使 Java 程序员能够及时获得新的特性和增强。此外，它允许 Java 快速响应不断变化的编程环境的需求。简单地说，更快的发布计划对于 Java 程序员来说是一个非常积极的开发策略。

目前，功能发行版计划在每年的 3 月和 9 月发布。因此，JDK 10 于 2018 年 3 月发布，也就是 JDK 9 发布 6 个月之后。下一个版本(JDK 11)是在 2018 年 9 月发布的。同样，预计每 6 个月发布一个新版本。查阅 Java 文档，可以获得最新的发布进度信息。

在撰写本书时，已经出现了许多新的 Java 特性。由于更快的发布进度，很有可能在未来几年内将其中几个添加到 Java 中。请详细检查每 6 个月发布的信息和发布说明。对于 Java 程序员来说，这真令人激动！

1.1.7　Java 的主要术语

不了解 Java 的术语就无法对 Java 进行完整概述。尽管促使 Java 产生成为必然的根本原因在于安全性和可移植性，但是一些其他因素对于 Java 语言的最后形成也起到了重要的作用。表 1-1 所示的术语汇总了 Java 设计团队所考虑的关键因素。

表 1-1　Java 的主要术语

术　语	说　明
简单(Simple)	Java 有一系列简洁、统一的功能，使其易于学习和使用
安全(Secure)	Java 提供了创建 Internet 应用程序的安全方法
可移植(Portable)	Java 程序可以在任何具有 Java 运行时系统的环境中执行
面向对象(Object-Oriented)	Java 代表了现代的面向对象编程理念
健壮(Robust)	Java 通过进行严格的输入和执行运行时错误检查，提倡无错程序设计
多线程(Multithreaded)	Java 提供对多线程程序设计的集成支持
体系结构中立(Architecture-Neutral)	Java 并不局限于特定的计算机或操作系统体系结构
解释型(Interpreted)	通过使用 Java 字节码，Java 支持跨平台代码
高性能 (High Performance)	Java 字节码的执行速度被高度优化
分布式(Distributed)	Java 被特意设计用于在 Internet 的分布式环境中使用
动态(Dynamic)	Java 程序带有大量在运行时用于检查和解决对象访问的运行时类型信息

1.2　面向对象程序设计

Java 的核心是面向对象程序设计(Object-Oriented Programming, OOP)。面向对象方法论与 Java 是密不可分的，而 Java 所有的程序至少在某种程度上都是面向对象的。因为 OOP 对 Java 的重要性，所以在开始编写一个哪怕是很简单的 Java 程序之前，理解 OOP 的基本原理都是非常有用的。本书后面将解释如何将这些概念应用到实践中。

OOP 是一种功能强大的程序设计方法。从计算机诞生以来，为适应程序不断增加的复杂度，程序设计方法论也发生了巨大变化。例如，在计算机最初被发明时，程序设计是通过使用计算机面板输入二进制机器指令来完成的。只要程序仅限于几百条指令，这种方法就是可以接受的。随着程序的增长，汇编语言被发明了，这样程序员就可以使用代表机器指令的符号表示法来处理大型的、复杂的程序。随着程序的继续增长，高级语言的引入为程序员提供了更多工具来处理更复杂的程序。当然，第一个广泛使用的语言是 FORTRAN。尽管 FORTRAN 是人们迈出的颇具影响的第一步，但很难用它设计出清晰、简洁易懂的程序。

20 世纪 60 年代诞生了结构化程序设计方法，C 和 Pascal 这样的语言鼓励使用这种方法。结构化语言的使用使得编写中等复杂程度的程序变得相当轻松。结构化语言的特点是支持孤立的子例程、局部变量，具有丰富的控制结构且不使用 GOTO 语句。尽管结构化语言是一个功能强大的工具，但是在项目很大时仍然显得有些捉襟见肘。

考虑一下：程序设计发展的每个里程碑、技术和工具都是为了使程序员处理日渐复杂的程序而创建的。在这条道路上的每一步，新的方法都吸收了过去方法的精华而不断前进。OOP 出现之前，许多项目已经接近甚至超过结构化方法工作的极限。于是，为了冲破这一束缚，就创建了面向对象方法。

面向对象程序设计吸收了结构化程序设计的思想精华，并且用一些新的概念与之结合。结果是产生一种新的程序组织方法。广义上讲，程序可以用下面两种方法来组织：一种是围绕代码(发生了什么)，另一种是围绕数据(谁受到影响)。如果仅使用结构化程序设计技术，那么程序通常围绕代码来组织。这种方法可以被认为是“代码作用于数据”。

面向对象程序则以另一种方式工作。它们以“数据控制访问代码”为主要原则，围绕数据组织程序。在面向对象语言中，需要定义数据和作用于数据的例程。这样，数据类型精确地定义了哪种类型的操作可以应用于该数据。

为了支持面向对象程序设计的原理，所有 OOP 语言，包括 Java 在内，都有三个特性：封装(encapsulation)、多态性(polymorphism)和继承(inheritance)。下面对此一一学习。

1.2.1 封装

封装是一种将代码与它所处理的数据结合起来，而不被外界干扰滥用的程序设计机制。在面向对象语言中，代码和数据可以通过创建自包含的黑盒(black box)方式捆绑在一起。盒子中包含了所有必需的数据和代码。当代码和数据以这种方式链接在一起时，就创建了对象。换言之，对象是支持封装的。

在对象中，代码或数据，或者两者对对象都可以是私有的(private)或公有的(public)。私有代码或数据仅被对象的其他部分知晓或访问，即私有代码或数据不能被该对象以外的任何程序部分访问。当代码或数据是公有时，虽然它们是定义在对象中的，但程序的其他部分也可以对其进行访问。通常，对象的公有部分用于为对象的私有元素提供控制接口。

Java 的基本封装单元是类(class)。虽然本书后面将详尽地介绍类，但是下面对类的简述也会对你有所帮助。类定义了对象的形式，指定了数据和操作数据的代码。Java 使用类规范来构造对象。对象是类的实例。因此，类在本质上是指定如何构建对象的一系列规定。

组成类的代码或数据称为类的成员(member)。具体而言，类定义的数据称为成员变量(member variable)或实例变量(instance variable)。处理这些数据的代码则称为成员方法(member method)或简称为方法(method)。方法是子例程在 Java 中的术语。如果熟悉 C/C++，那么知道 Java 程序员所称的“方法”就是 C/C++程序员所称的“函数”会有所帮助。

1.2.2 多态性

多态性是一种允许使用一个接口来访问一类动作的特性。特定的动作由不同情况的具体本质而定。汽车的方向盘就是一个简单的多态性示例。无论实际的方向控制机制是什么类型的，方向盘(也就是接口)都是一样的。也就是说，无论汽车是手动操纵、电力操纵还是齿轮操纵，方向盘使用起来都是一样的。因此，只要知道如何操作方向盘，就可以驾驶任何类型的汽车。

同样的原理也可以应用于程序设计。考虑一下堆栈(先进后出)，程序可能需要三个不同类型的堆栈：一个用于处理整型值，另一个用于处理浮点值，还有一个用于处理字符。在这个示例中，尽管堆栈存储的数据类型是不同的，但是实现各个堆栈的算法都是一致的。在非面向对象的语言中，需要创建三个不同的堆栈例程，每个例程使用不同的名称。然而，在 Java 中，由于多态性的使用，可以创建一个基本的堆栈例程为这三种特定的情况服务。这样，只要知道如何使用一个堆栈，就能使用所有的堆栈。

更普遍的是，多态性的概念常被表述为“单接口，多方法”。这就意味着可为一组相关的活动设计一个泛型接口。多态性允许使用同一接口指定一类动作，降低了程序的复杂度。编译器的工作就是选择适用于各种情况的特定动作(也就是方法)。程序员则无须手动进行这样的选择，只需要记住并利用这个统一的接口。

1.2.3 继承

继承是一个对象获得另一个对象的属性的过程。继承之所以重要，是因为它支持层次结构类的概念。思考一下就会发现，许多知识都是通过层次结构(即从上至下)方式来管理的。例如，美味的红色苹果是苹果类的一部分，而苹果又是水果类的一部分，水果则是食物类的一部分。即食物类具有的某些特性(可食用、有营养等)也适用于它的子类——水果。除了这些特性以外，水果类还具有与其他食物不同的特性(多汁、味甜等)。苹果类则定义了属于苹果的特性(生长在树上、非热带水果等)。而味美的红色苹果继承了前面所有类的属性，还会定义自己特有的属性。

如果没有使用层次结构，对象就不得不明确定义出自己的所有特性。如果使用继承，那么对象只需要定义使自己在类中与众不同的属性，至于基本属性，可以从自己的父类继承。因此，正是继承机制使对象能够成为更一般的类的特定实例。

1.3 Java 开发工具包

解释了 Java 的理论基础，现在就应该开始编写 Java 程序了。然而在编译并运行这些程序之前，必须在计算机上安装一个 Java 开发包(Java Development Kit，JDK)。在撰写本书时，JDK 的当前版本是 JDK 11。这是 Java SE 11 的版本(SE 代表标准版)，也是本书所描述的版本。由于 JDK 11 包含许多以前版本不支持的新功能，因此读者在编译和运行本书的程序时，推荐使用 JDK 11 或更高版本(请记住，由于 Java 加快了其发布进度，JDK 特性的发布预计间隔 6 个月。因此，不要对 JDK 的版本号更高感到惊讶)。但是，根据工作的环境，可能安装了较早的 JDK。如果是这种情况，包含新特性的程序就不能通过编译。

如果需要在计算机上安装 JDK，请注意，对于现代版本的 Java，可以下载 Oracle JDK 和开源 OpenJDK。通常，应该首先找到要使用的 JDK。例如，在撰写本书时，Oracle JDK 可以从 www.oracle.com/technetwork/java/javase/downloads/index.html 下载。同时，jdk.java.net 也提供了一个开源版本。接下来，下载选中的 JDK，按照说明将其安装到计算机上。安装 JDK 之后，就可以编译和运行程序了。

JDK 提供了两个主要程序。第一个是 Java 的编译器 javac。第二个是标准 Java 解释器 java，也称为应用程序启动器。另外，JDK 运行在命令提示环境中，且使用命令行工具。既不是窗口式的应用程序，也不是集成开发环境(Integrated Development Environment，IDE)。

注意：

除了 JDK 提供的基本命令行工具以外，Java 程序员还可以使用一些高质量的 IDE，例如 NetBeans 和 Eclipse。在开发和部署商业应用程序时，IDE 十分有用。一般来说，如果愿意，也可以使用 IDE 来编译和运行本书中的程序。但是，本书中关于编译和运行 Java 程序的说明只针对 JDK 命令行工具。原因很简单。首先，所有读者都可以使用 JDK。其次，关于 JDK 的使用说明对所有读者都是一样的。最后，对于本书提供的简单程序，使用 JDK 命令行工具通常是最简单的方法。如果选择使用某个 IDE，就需要遵循该 IDE 的说明。因为不同 IDE 之间存在一些差别，所以不存在通用的指导说明。

专家解答

问：你说面向对象程序设计是一种管理大型程序的有效方法。但是，它似乎会增加小型程序的潜在开销。既然你说所有 Java 程序在一定程度上都是面向对象的，那么这会对小型程序造成不利影响吗？

答：不会的。对于小型程序，Java 的面向对象特性几乎是透明的。尽管 Java 的确遵循严格的对象模型，但是它的使用范围很广泛。对于小型程序而言，它们的面向对象性几乎是察觉不到的。而当程序增长时，就会轻松地用到更多面向对象特性。

1.4 第一个简单的程序

首先编译并运行下面这个简单程序：

```
/*
   This is a simple Java program.

   Call this file Example.java.
*/
class Example {
  // A Java program begins with a call to main().
  public static void main(String args[]) {
    System.out.println("Java drives the Web.");
  }
}
```

遵循以下三个步骤：

(1) 输入程序。

(2) 编译程序。

(3) 运行程序。

1.4.1 输入程序

本书的所有程序都可从 www.oraclepressbooks.com 获得。然而，也可以尝试亲手输入程序。在本例中，必须自己使用文本编辑器来输入程序，而不能使用字处理程序。字处理程序通常会将格式信息与文本一同存储，而这些格式信息会使 Java 编译器不知所措。如果使用 Windows 平台，可以使用 WordPad 或自己喜欢的其他任何程序编辑器。

对于多数计算机语言而言，存储程序源代码的文件的名称是任意的，然而 Java 却不是这样。要了解的关于 Java 的第一点就是源文件的命名是极为重要的。对于本例，源文件的名称应该为 Example.java。下面看一下为什么要这样做。

在 Java 中，源文件的正式名称是编译单元(compilation unit)。它是包含一个或多个类定义的文本文件(现在我们使用只包含一个类的源文件)。Java 编译器要求源文件使用.java 作为文件扩展名。查看程序即可发现，程序定义的类的名称也是 Example。这并不是巧合。在 Java 中，所有代码都必须驻留于一个类中。根据规则，主类名应该与存储程序的文件名相符，而且应该确保文件名的大小写与类名相符。这样做是因为 Java 区分大小写。此时文件名与类名的一致规则看似有些武断，然而正是这样的规则使程序的维护与组织更为轻松。而且，如本书后面所述，在某些情况下，必须这么做。

1.4.2 编译程序

为了编译 Example 程序，执行编译器 javac，这需要在命令行中指定源文件的名称，如下所示：

```
javac Example.java
```

编译器 javac 创建一个包含程序字节码的名为 Example.class 的文件。切记，字节码不是可执行代码。字节码必须由 Java 虚拟机执行。因此，javac 输出的代码是不可以直接执行的。

要真正运行程序，必须使用 Java 解释器 java。为此，需要将类名 Example 作为一个命令行实参来传递，如下所示：

```
java Example
```

当程序运行时，输出如下所示：

```
Java drives the Web.
```

编译 Java 源代码时，将每个类都放入文件名与该类类名相同的输出文件中，并以.class 为扩展名。这就是使 Java 源文件的名称与它们所包含的类名一致的原因。源文件的名称与.class 文件名相匹配。当执行如前所示的 Java 解释器时，实际上要指定希望解释器执行的类名。解释器会自动寻找一个与该类名相同，且以.class 为扩展名的文件。如果它找到文件，就会执行包含在特定类中的代码。

在继续之前，有一点很重要，即从 JDK 11 开始，Java 提供了一种方法，可以直接从源文件中运行某些类型的简单程序，而不必显式地调用 javac。附录 C 中描述了这种技术，它在某些情况下是有用的。出于本书的目的，假定使用的就是刚才描述的正常编译过程。

注意：

假设正确安装了 JDK。如果在尝试编译程序时，计算机找不到 javac，就需要指定命令行工具的路径。例如，在 Windows 中，这意味着需要在 PATH 环境变量定义的路径中添加命令行工具的路径。例如，如果在 Program Files 目录中安装 JDK 11，那么命令行工具的路径将是 C:\Program Files\Java\jdk-11\bin(当然，读者需要找到自己计算机上的 Java 路径，该路径可能不同于此处所示的路径。JDK 的具体版本也会有所变化)。因为在不同的操作系统中，设置路径的过程不尽相同，所以需要参考所用操作系统的文档来设置路径。

1.4.3 逐行分析第一个程序

尽管程序 Example.java 非常短，却包含了所有 Java 程序共有的几个特点。下面仔细研究程序的各个部分。

程序以下面几行开头：

```
/*
  This is a simple Java program.

  Call this file Example.java.
*/
```

这是一个注释(comment)。与其他多数程序设计语言一样，Java 允许在程序源代码中输入注释。编译器会忽略注释的内容。而注释可以向任何阅读程序源代码的人员描述或解释程序的操作。本例中，注释描述了程序，并且提醒你源文件应该以 Example.java 命名。当然，在实际的应用程序中，注释一般用来解释程序的某些部分如何工作，或对特定的功能进行解释。

Java 支持三种形式的注释。在这个例子中，位于程序最上面的是多行注释(multiline comment)。这种类型的注释必须以“/*”开始，以“*/”结尾。这两个注释符号中间的任何内容都将被编译器忽略。顾名思义，多行注释可以有若干行。

程序的下一行代码如下所示：

```
class Example {
```

该行代码使用关键字 class 声明创建一个新类。如前所述，类是 Java 的基本封装单元。Example 是类名。类的定义以左花括号“{”开始，以右花括号“}”结束。两个花括号间的元素是类的成员。此时不必过于担心类的细节，只要知道 Java 中所有的程序活动发生在一个类中即可。这也就是 Java 程序都在某种程度上具有面向对象特点的原因之一。

如下所示，程序的下一行是一个单行注释(single-line comment)：

```
// A Java program begins with a call to main().
```

这是 Java 支持的第二种注释方式。单行注释以“//”开头，到行尾结束。作为一项基本规则，程序员使用多行注释进行较长的描述，用单行注释进行简要的逐行描述。

下一行代码如下所示：

```
public static void main (String args[]) {
```

本行是 main( )方法的开始。如前所述，在 Java 中，子例程称为方法(method)。正如它之前的注释所述，程序从这一行开始执行。所有 Java 应用程序的执行都是以调用 main( )开始的。对于本行，各部分的意思现在不能一一详述，因为这需要深入理解其他几个 Java 特性。但是由于本书的许多示例都用到了这行代码，所以我们现在对其进行简要介绍。

关键字 public 是一个访问修饰符(access modifier)。访问修饰符用以决定程序其他部分如何访问类的成员。当类成员的前面有 public 时，该成员就可以被声明它的类以外的代码访问(与 public 相反的是 private，它用于防止类以外的代码使用成员)。本例中，main( )必须被声明为 public，因为它要在程序开始时被它的类以外的代码调用。关键字 static 允许 main( )在类的对象被创建之前调用。这一点是必需的，因为 JVM 要在任何对象被创建之前调用 main( )。关键字 void 只告知编译器 main( )不返回值。如后面所述，方法也可以返回值。如果这些看起来令人费解，不必担心，后面各章将详细讨论所有这些概念。

如前所述，main( )是在 Java 应用程序开始时调用的方法。需要传递给方法的任何信息都由方法名后面一对圆括号中指定的变量接收。这些变量称为形参(parameter)。如果给定的方法不需要形参，那么还需要包括一对空的圆括号。main( )中只有一个形参 String args[ ]，它用来声明一个名为 args 的形参；这是一个 String 类型的对象数组(数组是相似对象的集合)。String 类型的对象用于存储字符序列。本例中，args 接收执行程序时出现的任何命令行实参。这个程序没有用到这一信息，但是本书后面的其他程序会用到。

本行的最后一个字符是“{”。这是 main( )的主体开始的标志。方法中的所有代码都包含在方法的左花括号与右花括号之间。

下一行代码如下所示，注意它出现在 main( )内：

```
System.out.println("Java drives the Web.");
```

本行输出字符串“Java drives the Web.”，而且在屏幕上显示字符串后另起一行。输出实际上是由内置的 println( )方法完成的。本例中，println( )显示传递给它的字符串。如后面所述，println( )也可以用于显示其他类型的信息。本行以 System.out 开始。虽然此时详细解释 System 还有些复杂，但是简单讲，System 是一个预定义类，它提供对系统的访问，而 out 是与控制台相连的输出流。因此，System.out 是一个封装控制台输出的对象。Java 使用对象来定义控制台输出这一事实是其面向对象本质的又一佐证。

容易猜出，控制台输出(和输入)在实际的 Java 程序中并不常用。因为多数现代计算机环境是窗口化、图形化的，所以控制台 I/O 多用于简单的工具程序和演示程序，以及服务器端代码。在本书后面，你会学习使用 Java 产生输出的其他方法，但是现在，我们还要继续使用控制台 I/O 方法。

注意 println( )语句以分号结束。Java 中的许多语句都以分号结束。如后面所述，分号是 Java 语法中的一个重要部分。

程序中的第一个“}”是用来结束 main( )的，而最后一个“}”是用来结束 Example 类定义的。

最后提醒一点：Java 区分大小写。忘记这一点会有很大麻烦。例如，如果不小心将 main 输成了 Main，或将 println 输成了 PrintLn，那么前面的程序就不正确了。而且，尽管 Java 编译器会编译不包含 main( )方法的类，却无法执行它们。因此，如果输错了 main，编译器虽然还会编译程序，但是 Java 解释器会报告一个错误，因为它找不到 main( )方法。

1.5 处理语法错误

如果还没有输入、编译和运行前面的程序，那么请现在完成这些工作。从以前的程序设计经验你了解到，向计算机输入代码时很容易输入一些不正确的内容。幸运的是，如果向程序输入了不正确的内容，那么编译器会在编译时报告语法错误消息。无论输入的是什么，Java 编译器都会尝试理解源代码。出于这一原因，被报告的错误并不总是反映实际引起问题的原因。例如，在前面的程序中，在 main( )方法后没有输入左花括号，会导致编译器报告下列两条错误消息：

```
Example.java:8: ';' expected
  public static void main(String args[])
                                        ^
Example.java:11: class, interface, or enum expected
}
^
```

很明显，第一条错误消息是完全错误的，因为缺少的不是分号而是花括号。

这里讨论的关键是当程序包含语法错误时，并非一定要从字面上理解编译器提供的消息，因为这些消息可能有误导作用。需要推测错误消息以求找出问题的真正根源。另外，应该看看程序中被标记行之前的几行代码，有时报告错误的位置却在真正发生错误位置的后面几行。

1.6 第二个简单程序

对于程序设计语言而言，可能再没有任何结构比为变量赋值更重要了。变量(variable)是可以被赋值的已命名内存位置。而且，变量的值在程序的执行过程中可以修改。即变量的内容是可改动的，而不是固定的。下面的程序创建了两个变量：var1 和 var2。

```
/*
  This demonstrates a variable.

  Call this file Example2.java.
*/
class Example2 {
  public static void main(String args[]) {
    int myVar1; // this declares a variable          ← 声明变量
    int myVar2; // this declares another variable

    myVar1 = 1024; // this assigns 1024 to myVar1    ← 为变量赋值

    System.out.println("myVar1 contains " + myVar1);

    myVar2 = myVar1 / 2;

    System.out.print("myVar2 contains myVar1 / 2: ");
    System.out.println(myVar2);
  }
}
```

运行程序时，输出如下所示：

```
myVar1 contains 1024
myVar2 contains myVar1 / 2: 512
```

这个程序引入了几个新概念。第一个是声明整型变量 myVar1 的语句：

```
int myVar1; // this declares a variable
```

在 Java 中，所有变量都必须在使用前被声明，而且必须指定变量存储的值的类型，这称为变量的类型。本例中，myVar1 可存储整型值。在 Java 中，为声明整型变量，应该在变量名前添加关键字 int。因此，上面的语句声明了一个名为 myVar1 的 int 类型的变量。

下面一行声明的是第二个变量 myVar2：

```
int myVar2; // this declares another variable
```

注意，除了变量名不同以外，本行使用的格式与第一行一样。

一般来说，声明变量的语句格式如下：

```
type var-name;
```

这里，type 指定的是要声明的变量的类型，var-name 是变量名。除了 int，Java 还支持其他几种数据类型。

下面一行代码将值 1024 赋给 myVar1：

```
myVar1 = 1024; // this assigns 1024 to var1
```

在 Java 中，赋值运算符是一个等号，它将右侧的值复制到左侧的变量中。

下一行代码输出 myVar1 的值，并且前面加有字符串“myVar1 contains”：

```
System.out.println("myVar1 contains " + myVar1);
```

在这条语句中，加号会使 myVar1 的值紧跟字符串显示。这种方法可以被推广。使用“+”运算符，可在一条 println( )语句中将任意多个项链接在一起。

下面一行代码将 myVar1 的值除以 2 后赋给 myVar2：

```
myVar2 = myVar1 / 2;
```

本行将 myVar1 的值除以 2，然后存储到 myVar2 中。因此，在本行执行完毕后，myVar2 的值为 512。myVar1 的值则不发生变化。像其他许多计算机语言一样，Java 支持所有算术运算符，包括如表 1-2 所示的运算符在内。

表 1-2 Java 支持的算术运算符

运 算 符	说 明	运 算 符	说 明
+	加(Addition)	*	乘(Multiplication)
–	减(Subtraction)	/	除(Division)

以下是程序中接下来的两行：

```
System.out.print("myVar2 contains myVar1 / 2: ");
System.out.println(myVar2);
```

这里出现了两个新内容。首先是用于显示字符串"myVar2 contains myVar1 / 2: "的内置方法 print( )。该字符串后面不再另起一行。这意味着当生成下一个输出时，它将出现在同一行中。除了在每次被调用后不再输出新行以外，print( )方法与 println( )十分相似。其次，注意在对 println( )的调用中，使用的是 myVar2 变量本身。print( )和 println( )可用于输出任何 Java 内置类型的值。

在继续介绍之前，关于变量声明还有一点需要说明：只要用逗号将变量名分隔开，一条声明语句就可以声明两个或更多个变量。例如，myVar1 和 myVar2 可以这样声明：

```
int myVar1, myVar2; // both declared using one statement
```

1.7 另一种数据类型

前面的程序中使用了 int 类型的变量。然而，int 类型的变量只能存储整数。因此，当有小数出现时，就不能再使用该类型。例如，int 变量可以存储 18 这样的值，而不能存储 18.3 这样的值。幸好，除了 int，Java 还支持其他一些数据类型。为使用带有小数部分的数值，Java 定义了两种浮点类型：float 和 double，分别表示单精度值和双精度值。其中，double 是最常用的类型。

声明 double 类型的变量需要使用下面的语句：

```
double x;
```

这里，x 是变量名，类型为 double。因为 x 是浮点类型，所以它可以存储诸如 122.23、0.034 或–19.0 这样的值。

为更好地理解 int 与 double 的区别，请看下面这个程序：

```
/*
   This program illustrates the differences
   between int and double.

   Call this file Example3.java.
*/
class Example3 {
  public static void main(String args[]) {
    int v; // this declares an int variable
    double x; // this declares a floating-point variable

    v = 10; // assign v the value 10
```

```
    x = 10.0; // assign x the value 10.0

    System.out.println("Original value of v: " + v);
    System.out.println("Original value of x: " + x);
    System.out.println(); // print a blank line      ← 输出一个空行

    // now, divide both by 4
    v = v / 4;
    x = x / 4;

    System.out.println("v after division: " + v);
    System.out.println("x after division: " + x);
  }
}
```

程序的输出如下所示：

```
Original value of v: 10
Original value of x: 10.0

v after division: 2       ← 小数部分丢掉
x after division: 2.5     ← 小数部分保留
```

可以看出，当 v 除以 4 时，执行的是整除操作，输出为 2，丢掉了小数部分。但当 double 变量 x 除以 4 时，小数部分被保留下来，并且显示出了正确的值。

程序中还有一个新的地方需要注意，即为了输出一个空行，只需要调用一个没有实参的 println( )方法即可。

专家解答

问：为什么 Java 对于整数和浮点值有不同的数据类型？也就是说，为什么不对所有的数值使用同样的类型？

答：为编写出高效的程序，Java 提供了不同的数据类型。首先，整型运算比浮点型运算快。因此，如果不需要小数值，就不必使用 float 或 double 类型，以减少开销。其次，一种数据类型所需的内存空间可能比另一种要少；通过支持不同的类型，Java 可以更好地利用系统资源。最后，一些运算需要(至少可以得益于)使用特定的数据类型。总之，Java 支持的内置类型提供了最大的灵活性。

练习 1-1(GalToLit.java) 将加仑换算为升

尽管前面的几个程序说明了 Java 语言的几个重要特性，但是它们的用处并不是很大。即使现在你对 Java 了解不多，也依然可以学着创建一个实用程序。在本练习中，我们将创建一个将加仑(gallon)转换为升(liter)的程序。

该程序先声明两个 double 变量，一个用于存储加仑数，另一个用于存储转换为升以后的数。1 加仑等于 3.7854 升。因此，为将加仑转换为升，应将加仑值乘以 3.7854。程序会显示加仑数和对应的升数。

步骤如下：

(1) 创建一个名为 GalToLit.java 的新文件。

(2) 将下面的程序输入文件中：

```
/*
   Try This 1-1
```

```
   This program converts gallons to liters.

   Call this program GalToLit.java.
*/
class GalToLit {
  public static void main(String args[]) {
      double gallons; // holds the number of gallons
      double liters; // holds conversion to liters

      gallons = 10; // start with 10 gallons

      liters = gallons * 3.7854; // convert to liters

       System.out.println(gallons + " gallons is " + liters + " liters.");
  }
}
```

(3) 使用下面的命令行编译程序：

```
javac GalToLit.java
```

(4) 使用下面的命令行运行程序：

```
java GalToLit
```

输出如下所示：

```
10.0 gallons is 37.854 liters.
```

(5) 如上所示，该程序将 10 加仑转换为升。通过赋予 gallons 不同的值，可以让程序将不同数量的加仑数转换为对应的升数。

1.8 两个控制语句

在方法内部，语句从上至下依次执行。然而，通过使用 Java 支持的不同控制语句可改变这一流程。虽然后面会详细介绍控制语句，但这里需要首先简要介绍一下两条控制语句，因为在编写示例程序时会用到它们。

1.8.1 if 语句

使用 Java 的条件语句 if，可以有选择地执行程序的某一部分。Java 的 if 语句与其他语言中的 if 语句非常相似。它根据某个条件是真或假来确定执行哪个程序流。if 语句的最简单形式如下：

```
if(condition) statement;
```

此处，condition 是一个 Boolean 表达式(计算结果是真或假的表达式)。如果 condition 为真，则执行语句。如果 condition 为假，则跳过语句。下面是一个示例：

```
if(10 < 11) System.out.println("10 is less than 11");
```

本例中，因为 10 比 11 小，所以条件表达式为真，执行 println( )。考虑下面的语句：

```
if(10 < 9) System.out.println("this won't be displayed");
```

本例中，10 比 9 大，因此不会调用 println( )。

Java 定义了可在条件表达式中使用的完整关系运算符，如表 1-3 所示。

表 1-3 Java 定义的在条件表达式中使用的关系运算符

运 算 符	含 义	运 算 符	含 义
<	小于	>=	大于或等于
<=	小于或等于	==	等于
>	大于	!=	不等于

注意等于是两个等号。

下面给出了一个演示 if 语句的程序：

```
*
  Demonstrate the if.

  Call this file IfDemo.java.
*/
class IfDemo {
  public static void main(String args[]) {
    int a, b, c;

    a = 2;
    b = 3;

    if(a < b) System.out.println("a is less than b");
   // this won't display anything
    if(a == b) System.out.println("you won't see this");

    System.out.println();

    c = a - b; // c contains -1

    System.out.println("c contains -1");
    if(c >= 0) System.out.println("c is non-negative");
    if(c < 0) System.out.println("c is negative");

    System.out.println();

    c = b - a; // c now contains 1

    System.out.println("c contains 1");
    if(c >= 0) System.out.println("c is non-negative");
    if(c < 0) System.out.println("c is negative");

  }
}
```

程序的输出如下所示：

```
a is less than b

c contains -1
c is negative
```

```
c contains 1
c is non-negative
```

程序中还有一点要注意，下面这一行代码：

```
int a, b, c;
```

通过使用逗号分隔的列表声明了 3 个变量 a、b 和 c。如前所述，当需要两个或多个相同类型的变量时，只要将变量名用逗号分隔开，它们就可在一条语句中声明。

1.8.2 for 循环语句

通过创建循环(loop)，可以重复执行一段代码。只要需要执行重复的任务，就使用循环，因为它们比一遍遍地编写相同的语句更简单。Java 支持各种功能强大的循环结构。这里介绍的是 for 循环。下面是最简单形式的 for 循环：

```
for(initialization; condition; iteration) statement;
```

在 for 循环最常用的形式中，循环的 initialization(初始化)部分设定了一个循环控制变量的初始值。condition(条件)是测试循环控制变量的 Boolean 表达式。如果测试的结果是真，就执行 statement，for 循环将继续；如果为假，循环就要终止。iteration 表达式用于决定循环的每一次迭代完成之后控制变量如何变化。下面的程序演示了 for 循环的用法：

```
/*
  Demonstrate the for loop.

  Call this file ForDemo.java.
*/
class ForDemo {
  public static void main(String args[]) {
    int count;

    for(count = 0; count < 5; count = count+1)  ◄——— 循环迭代 5 次
      System.out.println("This is count: " + count);

    System.out.println("Done!");
  }
}
```

程序的输出如下所示：

```
This is count: 0
This is count: 1
This is count: 2
This is count: 3
This is count: 4
Done!
```

本例中，count 是循环控制变量，它在 for 循环的初始化部分被设为 0。在各次循环(包括第一次)开始时，执行条件测试 count < 5。如果测试的结果为真，那么执行 println( )语句，接着执行循环的迭代部分，将 count 递增 1。这一过程一直持续进行，直到条件测试为假，然后执行循环体之后的语句。有趣的一点是，在专业编写的 Java 程序中，几乎没有人像上面那样编写循环的迭代部分，即很少看到下面所示的语句：

```
count = count + 1;
```

因为 Java 有一个可以更有效地执行这一操作的递增运算符。这个递增运算符就是++(即并列的两个加号)。递增运算符每次将操作数加 1。通过使用递增运算符，前面的语句可以这样写：

```
count++;
```

因此，上面程序中的 for 语句经常写为：

```
for(count = 0; count < 5; count++)
```

测试一下这个循环。正如你将看到的，循环的运行结果与原来是一样的。

Java 还提供了一个递减运算符--。该运算符使操作数减 1。

1.9 创建代码块

Java 的另一个关键元素是代码块(code block)。代码块是两条或多条语句的组合。这是通过将语句包含在左右花括号之间来实现的。代码块一旦创建，它就成为一个逻辑单元，凡是可以使用单条语句的地方，就可以使用它。例如，代码块可以作为 Java 的 if 和 for 语句执行的目标代码。考虑下面的 if 语句：

```
if(w < h) {   ←—— 代码块开始
  v = w * h;
  w = 0;
}   ←—— 代码块结束
```

此外，如果 w 小于 h，就会执行代码块里的两条语句。因此，代码块中的两条语句就形成了一个逻辑单元，如果一条语句不能执行，那么另一条语句也无法执行。这里的要点就是，只需要将两条或多条语句在逻辑上链接在一起，就可以通过创建一个代码块来实现。代码块使许多算法的实现更清楚、更高效。

下面的程序使用代码块来防止除 0 错误：

```
/*
  Demonstrate a block of code.

  Call this file BlockDemo.java.
*/
class BlockDemo {
  public static void main(String args[]) {
    double i, j, d;

    i = 5;
    j = 10;

    // the target of this if is a block
    if(i != 0) {
      System.out.println("i does not equal zero");  ┐
      d = j / i;                                    ├— if 语句的目标代码是整个代码块
      System.out.println("j / i is " + d);          ┘
    }
  }
}
```

程序的输出如下所示：

```
i does not equal zero
j / i is 2.0
```

本例中 if 语句的目标代码是一个代码块，而不是一条语句。如果 if 控制条件为真(正如本例所示)，将会执行代码块中的三条语句。尝试将 i 设为 0，观察结果。你将发现整个代码块会被跳过。

如本书后面所述，代码块还有其他特性和用法。然而，它们存在的主要原因还是创建逻辑相关的代码单元。

专家解答

问：代码块的使用会造成运行时效率降低吗？换句话说，Java 会执行“{”和“}”吗？

答：不会。代码块并不会增加任何开销。事实上，由于它们能够简化某些算法的编码，因此它们一般会加快速度，提高效率。另外，“{”和“}”只存在于程序的源代码中，Java 根本不会执行“{”和“}”。

1.10　分号和定位

Java 中，分号是一条语句的终止符，即每条语句都必须以分号结尾。它表明一个逻辑实体的结束。

如你所知，代码块是一组逻辑相关的语句，包含在左右花括号之间。代码块不以分号结束，而以代码块末尾的右花括号表示结束。

Java 不把行末作为结束符。出于这一原因，在某一行的哪个位置输入语句就无关紧要了。例如：

```
x = y;
y = y + 1;
System.out.println(x + " " + y);
```

对于 Java 而言，这几行代码与下面的代码是等效的：

```
x = y; y = y + 1; System.out.println(x + " " + y);
```

而且，一条语句的单个元素也可放在不同的行中。例如，下面的代码也是完全正确的：

```
System.out.println("This is a long line of output" +
                   x + y + z +
                   "more output");
```

将一个较长的行如此分隔，常用于增强程序的可读性，也有助于防止一行过长而发生换行。

1.11　缩进原则

注意在前面的示例中，对某些语句使用了缩进。Java 是一种形式自由的语言，因此在一行放置语句时，语句之间的相对位置无关紧要。但是，长期以来，已经形成了一种公认的、被人们接受的缩进形式。这种形式增强了程序的可读性。本书就遵循这种形式，并推荐你也这样做。使用这种形式时，应该在每个左花括号之后缩进一级，而在每个右花括号之后提前一级。对于个别语句还提倡其他缩进方式，这些内容将在后面介绍。

练习 1-2(GalToLitTable.java)　改进从加仑到升的转换程序

现在可以使用 for 循环、if 语句和代码块来改进在练习 1-1 中开发的从加仑到升的转换程序。新程序将打印 1 加仑到 100 加仑的转换表。每隔 10 加仑输出一个空行。为此使用变量 counter，用于统计输出行数。请特别留意它。

步骤：

(1) 创建名为 GalToLitTable.java 的新文件。

(2) 将下列程序输入该文件中：

```
/*
   Try This 1-2

   This program displays a conversion
   table of gallons to liters.

   Call this program "GalToLitTable.java".
*/
class GalToLitTable {
  public static void main(String args[]) {
    double gallons, liters;
    int counter;

    counter = 0;    ←将行计数器初始化为0
    for(gallons = 1; gallons <= 100; gallons++) {
      liters = gallons * 3.7854; // convert to liters
      System.out.println(gallons + " gallons is " +
                         liters + " liters.");

      counter++;    ←每次循环迭代时递增行计数器
      // every 10th line, print a blank line
      if(counter == 10) {    ←如果计数器为10，输出一个空行
        System.out.println();
        counter = 0; // reset the line counter
      }
    }
  }
}
```

(3) 使用下面的命令行编译程序：

```
javac GalToLitTable.java
```

(4) 使用下面的命令行运行程序：

```
java GalToLitTable
```

下面是部分输出结果：

```
1.0 gallons is 3.7854 liters.
2.0 gallons is 7.5708 liters.
3.0 gallons is 11.356200000000001 liters.
4.0 gallons is 15.1416 liters.
5.0 gallons is 18.927 liters.
6.0 gallons is 22.712400000000002 liters.
7.0 gallons is 26.4978 liters.
8.0 gallons is 30.2832 liters.
9.0 gallons is 34.0686 liters.
10.0 gallons is 37.854 liters.

11.0 gallons is 41.6394 liters.
12.0 gallons is 45.424800000000005 liters.
```

```
13.0 gallons is 49.2102 liters.
14.0 gallons is 52.9956 liters.
15.0 gallons is 56.781 liters.
16.0 gallons is 60.5664 liters.
17.0 gallons is 64.3518 liters.
18.0 gallons is 68.1372 liters.
19.0 gallons is 71.9226 liters.
20.0 gallons is 75.708 liters.

21.0 gallons is 79.49340000000001 liters.
22.0 gallons is 83.2788 liters.
23.0 gallons is 87.0642 liters.
24.0 gallons is 90.84960000000001 liters.
25.0 gallons is 94.635 liters.
26.0 gallons is 98.4204 liters.
27.0 gallons is 102.2058 liters.
28.0 gallons is 105.9912 liters.
29.0 gallons is 109.7766 liters.
30.0 gallons is 113.562 liters.
```

1.12 Java 关键字

Java 语言目前定义了 61 个关键字(参见表 1-4)。这些关键字与运算符和分隔符的语法结合起来就构成 Java 语言的定义。这些关键字一般不能作为变量名、类名或方法名使用。这条规则的例外是 JDK 9 为支持模块(详见第 15 章)而添加的与上下文相关的新关键字。另外，从 JDK 9 开始，下画线本身也是关键字，以防止把它用作程序中某个对象的名称。

关键字保留了 const 和 goto，但不能使用。早期 Java 中保留了几个关键字以备后用。但是目前的 Java 规范只定义了如表 1-4 所示的关键字。

表 1-4 Java 关键字

abstract	assert	boolean	break	byte	case
catch	char	class	const	continue	default
do	double	else	enum	exports	extends
final	finally	float	for	goto	if
implements	import	instanceof	int	interface	long
module	native	new	open	opens	package
private	protected	provides	public	requires	return
short	static	strictfp	super	switch	synchronized
this	throw	throws	to	transient	transitive
try	use	void	volatile	while	with
_					

除了这 61 个关键字之外，Java 还保留了 true、false 和 null，它们是 Java 定义的值，也不能作为变量名、类名或方法名使用。从 JDK 10 开始，var 这个单词就添加为与上下文相关的保留类型名(参见第 5 章以了解 var 的详细信息)。

1.13 Java 标识符

在 Java 中，标识符是给方法、变量或其他用户定义项指定的名称。标识符可以包含一个到若干个字符。变量名可以字母表中的任何字母、下画线或美元符号开头，后面可以是字母、数字、美元符号或下画线。下画线用于增加变量名的可读性，如 line_count。大写和小写是不同的，即对 Java 而言，myVar 和 MyVar 是两个名称。下面列出了几个合法的标识符：

Test	x	y2	MaxLoad
$up	_top	my_myVar	sample23

切记不能以数字开头。因此，12x 就是无效的标识符。

不能使用任何 Java 关键字作为标识符，也不能将任何标准方法名用作标识符，例如 println。除了这两条限制以外，良好的编程习惯要求使用可以反映被命名项的含义或作用的标识符。

1.14 Java 类库

本章的示例程序用到了两个 Java 内置方法：println( )和 print( )。这两个方法通过 System.out 访问。System 是一个自动引入程序中的 Java 预定义类。大体而言，Java 环境依赖于几个内置的类库，这些类库又包含许多为 I/O、字符串处理、网络和图形等提供支持的内置方法。标准类也提供对图形用户界面的支持。因此，Java 作为一个整体是 Java 语言本身及其标准类的结合。类库提供了 Java 所带的许多功能。的确，要成为 Java 程序员，需要学习使用标准 Java 类库。虽然本书通篇都会描述标准类库的不同元素和方法，但是对于 Java 类库，你还需要进一步学习。

1.15 自测题

1. 什么是字节码？它对 Java 的 Internet 程序设计为何十分重要？
2. 面向对象程序设计的三个主要原则是什么？
3. Java 程序从何处开始执行？
4. 什么是变量？
5. 下面哪几个变量名是无效的？
   A．count
   B．$count
   C．count27
   D．67count
6. 如何创建单行注释与多行注释？
7. 写出 if 语句和 for 循环的基本形式。
8. 如何创建代码块？
9. 月球重力为地球重力的 17%。编写一个程序来计算你在月球上的实际重力。
10. 改编练习 1-2，打印从英寸到米的转换表。转换 12 英尺，一英寸一英寸地转换；每 12 英寸输出一个空行(1 米约等于 39.37 英寸)。
11. 如果在输入程序时犯了输入错误，会导致什么类型的错误？
12. 语句在一行中的放置位置有限制吗？

第 2 章

数据类型与运算符

关键技能与概念

- 了解 Java 的基本类型
- 使用字面值
- 初始化变量
- 了解方法中变量的作用域原则
- 使用算术运算符
- 使用关系运算符和逻辑运算符
- 理解赋值运算符
- 使用赋值速记符
- 理解赋值中的类型转换
- 不兼容类型的强制转换
- 理解表达式中的类型转换

任何程序设计语言的基础都是它的数据类型和运算符，Java 也不例外。这些元素定义了语言的限制，并且决定了何种任务可以使用它。Java 支持种类众多的数据类型与运算符，所以它适用于任何类型的程序设计。

数据类型和运算符是十分庞大的话题。我们将从 Java 的基本数据类型和最常用的运算符开始介绍。同时，还将详细介绍变量和表达式。

2.1 数据类型为什么重要

在 Java 中，数据类型特别重要的原因在于 Java 是一门强类型语言。这意味着所有操作都要被编译器进行类型检查以确保类型的兼容性。非法操作将不被编译。因此，强类型检查有助于防止错误发生，增强了可靠性。为实现强类型检查，所有的变量、表达式和值都必须有自己的类型。例如，没有“无类型”变量这样的概念。不仅如此，值的类型还可以决定允许对该值执行什么样的操作。允许对一种类型执行的操作可能不适用于另一种类型。

2.2 Java 的基本类型

Java 包含两类基本的内置数据类型：面向对象类型和非面向对象类型。Java 的面向对象类型由类定义。稍后将对类进行讨论。然而 Java 的核心是 8 种基本(也称为简单)数据类型，如表 2-1 所示。术语“基本”用在这里表示这些类型不是面向对象意义中的对象，而是普通的二进制值。这些基本类型之所以不是对象，是考虑到效率的原因。Java 的所有其他类型都从这些基本类型构造而来。

Java 严格指定了每种基本类型的范围与行为，所有 Java 虚拟机的实现都必须提供对这些类型的支持。由于 Java 可移植性的需要，这一点是绝不能妥协的。例如，在所有执行环境中 int 都必须一样。这就使程序是完全可移植的，也就无须为适应某个特定的平台而重写代码了。尽管在某些环境下，严格指定基本类型的大小会导致性能上小的损失，但这是实现可移植性所必需的。

表 2-1 Java 内置的基本数据类型

类 型	含 义	类 型	含 义
boolean	表示 true/false 值	float	单精度浮点数
byte	占用 8 个二进制位的整数	int	整数
char	字符	long	长整数
double	双精度浮点数	short	短整数

2.2.1 整数类型

Java 提供 4 种整数类型：byte、short、int 和 long，如表 2-2 所示。

表 2-2 4 种整数类型

类 型	占用的二进制位数	取值范围
byte	8	–128～127
short	16	–32768～32767
int	32	–2147483648～2147483647
long	64	–9223372036854775808～9223372036854775807

如表 2-2 所示，所有整数类型都有正负值之分。Java 不支持无符号(只为正的)整数。其他许多语言都支持有符号整数和无符号整数，然而，Java 的设计者感觉无符号整数是不必要的。

注意：

从技术角度看，Java 运行时系统可以使用任意大小的空间来存储基本类型，然而在任何情况下，类型都必须按照指定的规则工作。

最常用的整数类型是 int。int 类型的变量常应用于循环控制、数组索引，以及执行常规的整数数学运算。

当需要的整数范围超过 int 的取值范围时，就使用 long。例如，下面的程序使用 long 类型计算一立方英里的立方体中包含多少立方英寸：

```
/*
   Compute the number of cubic inches
   in 1 cubic mile.
*/
class Inches {
  public static void main(String args[]) {
    long ci;
    long im;

    im = 5280 * 12;

    ci = im * im * im;

    System.out.println("There are " + ci +
                       " cubic inches in cubic mile.");

  }
}
```

程序的输出如下：

```
There are 254358061056000 cubic inches in cubic mile.
```

很明显，结果已经超出 int 变量的取值范围。

最小的整数类型是 byte。在处理无法直接和 Java 的其他内置类型兼容的原始二进制数据时，byte 类型的变量特别有用。short 类型可以创建短整数。当不需要 int 那么大的取值范围时，可以使用 short 类型的变量。

专家解答

问：你提到有 4 种整数类型：int、short、long 和 byte。但是，我听说在 Java 中，char 也可以归入整数类型。你能解释原因吗？

答： Java 的正式规范定义了名为整数类型的类别，其中包含 byte、short、int、long 和 char。之所以称为整数类型，是因为它们都保存整数的二进制值。但是，前 4 种类型的目的是表示整数的数字量，而 char 则用于表示字符。因此，char 的主要用途和其他整数类型的主要用途存在根本区别。正因为如此，本书中区别对待 char 类型。

2.2.2　浮点型

如第 1 章所述，浮点型可以表示有小数部分的数值。浮点型有两种：float 和 double，分别代表单精度和双精度数值。float 类型为 32 位，double 类型为 64 位。

这两种类型中最常用的是 double，因为 Java 类库中的所有数学函数都使用 double 值。例如 sqrt( )方法(由标准 Math 类定义)返回一个 double 值，这个值是它的 double 实参的平方根。下面的程序给定直角三角形的两个直角边长度，使用 sqrt( )计算斜边的长度：

```
/*
  Use the Pythagorean theorem to
  find the length of the hypotenuse
  given the lengths of the two opposing
  sides.
*/
class Hypot {
  public static void main(String args[]) {
    double x, y, z;

    x = 3;
    y = 4;            ←—— 注意 sqrt( )方法是如何被调用的，我们前置了它所属类的名称

    z = Math.sqrt(x*x + y*y);

    System.out.println("Hypotenuse is " +z);
  }
}
```

程序的输出如下所示：

```
Hypotenuse is 5.0
```

关于上述示例还有一点说明：如前所述，sqrt( )是标准 Math 类的一个成员。注意调用 sqrt( )的方式，sqrt( )跟在类名 Math 的后面。这与 println( )跟在 System.out 后面的方式相似。尽管不是所有的标准方法都要通过指定它们所属类的类名来调用，但有些方法还是需要的。

2.2.3 字符型

在 Java 中，字符不像在其他计算机语言中那样占用 8 个二进制位，Java 使用的是 Unicode。Unicode 定义了一个字符集合，该集合可以表示所有人类语言中的字符。因此在 Java 中，char 是无符号 16 位类型，取值范围为 0～65536。标准的 8 位 ASCII 字符集是 Unicode 的子集，取值范围为 0～127。因此，ASCII 字符依然是有效的 Java 字符。

字符变量可由一对单引号中的字符赋值。例如，下面就是将字母 X 赋予变量 ch 的示例：

```
char ch;
ch = 'X';
```

可使用 println( )语句输出字符值。例如，下面这行语句输出了 ch 中的值：

```
System.out.println("This is ch: " + ch);
```

因为 char 是无符号 16 位类型，所以可以对 char 变量进行多种算术运算。例如，考虑下面的程序：

```
// Character variables can be handled like integers.
class CharArithDemo {
  public static void main(String args[]) {
    char ch;
```

```
      ch = 'X';
      System.out.println("ch contains " + ch);

      ch++; // increment ch                      ← 递增char
      System.out.println("ch is now " + ch);

       ch = 90; // give ch the value Z           ← 可以给char赋予整数值
      System.out.println("ch is now " + ch);
    }
  }
```

程序生成的输出如下所示：

```
ch contains X
ch is now Y
ch is now Z
```

在该程序中，ch 首先被赋值为 X。接着递增 ch。这样它的结果就成了对应 ASCII(和 Unicode)序列中的下一个字符 Y。接着，ch 被赋值为 90，这个 ASCII(和 Unicode)值对应的是字母 Z。因为 ASCII 码占用 Unicode 中的前 127 个值，所以过去使用其他语言时应用于字符的一些技巧依然可在 Java 中使用。

专家解答

问：Java 为什么使用 Unicode?

答：Java 的设计目标是在全世界使用。因此，需要使用可以表示全世界语言的字符集。Unicode 就是为这一目标而设计的标准字符集。当然，在用于诸如英语、德语、西班牙语或法语的“字符可以包括在 8 个二进制位中”的语言时，使用 Unicode 的效率要低一些。但这就是为实现全球可移植性所付出的代价。

2.2.4 布尔类型

布尔(boolean)类型表示真/假(true/false)值。Java 使用保留字 true 和 false 来定义真值和假值。因此，布尔类型的变量或表达式只能取这两个值中的一个。

下面是一个用于说明布尔类型的程序：

```
// Demonstrate boolean values.
class BoolDemo {
  public static void main(String args[]) {
    boolean b;

    b = false;
    System.out.println("b is " + b);
    b = true;
    System.out.println("b is " + b);

    // a boolean value can control the if statement
    if(b) System.out.println("This is executed.");

    b = false;
    if(b) System.out.println("This is not executed.");

    // outcome of a relational operator is a boolean value
    System.out.println("10 > 9 is " + (10 > 9));
```

```
  }
}
```

程序生成的输出如下所示：

```
b is false
b is true
This is executed.
10 > 9 is true
```

这个程序有三个有趣的地方值得注意。第一，可以看到，当布尔值被 println( )输出时显示的是 true 或 false。第二，布尔变量的值本身就可以控制 if 语句，而无须再像下面这样编写 if 语句：

```
if(b == true) ...
```

第三，关系运算符(如“<”)的结果是一个布尔值。这就是表达式 10 > 9 显示的值是 true 的原因。还有，包含 10 > 9 的一组括号是必需的，因为运算符“+”的优先级高于“>”。

练习 2-1(Sound.java) 闪电有多远？

在本练习中，将创建一个程序来计算听到打雷的人距离闪电有多少英尺。声音在空气中的传播速度约为每秒 1100 英尺。因此，当得知看到闪电的时间与听到雷声的时间之差后，就可以计算听者与闪电之间的距离了。就本练习而言，时间差为 7.2 秒。

步骤：

(1) 创建一个名为 Sound.java 的新文件。

(2) 计算距离需要使用浮点值。为什么呢？因为时间差 7.2 秒有小数部分。尽管可以使用 float 类型，但该例使用 double 类型。

(3) 计算距离，需要用 7.2 乘以 1100。然后，把这个值赋给一个变量。

(4) 最后显示结果。

下面是整个 Sound.java 程序的清单：

```
/*
  Try This 2-1
  Compute the distance to a lightning
  strike whose sound takes 7.2 seconds
  to reach you.
*/
class Sound {
  public static void main(String args[]) {
    double dist;

    dist = 7.2 * 1100;

    System.out.println("The lightning is " + dist +
                       " feet away.");

  }
}
```

(5) 编译并运行该程序。结果如下所示：

```
The lightning is 7920.0 feet away.
```

附加练习：通过测量回声的时间，可以计算与大型物体(如岩壁)之间的距离。例如，拍手并得到听到回声的时间，得到的是来回的时间。将该值除以 2，得到声音在一个方向所花费的时间。然后，就可以利用该值计算到物体的距离了。假设时间差是回声的时间，修改前面的程序以计算距离。

2.3 字面值

在 Java 中，字面值(literal)是指以人类可读的语言形式出现的固定值。例如，数值 100 就是一个字面值。字面值也常称为常量(constant)。大部分字面值和它们的用法都是非常直观的，前面的示例程序已经以各种形式使用它们了。现在正式地解释它们。

Java 字面值可以是任何基本数据类型。每一个字面值的表示方式都依赖于它的类型。如前所述，字符常量是包含在单引号中的。例如，'a'和'%'都是字符常量。

整数字面值被指定为没有小数部分的数。例如，10 和–100 是整数字面值。浮点字面值需要在小数部分的前面使用小数点。例如，11.123 就是一个浮点字面值。Java 也允许对浮点数使用科学记数法。

默认情况下，整数字面值是 int 类型。如果想指定 long 类型的字面值，就附加一个 l 或 L。例如，12 是 int 类型，而 12L 就是 long 类型。

默认情况下，浮点字面值是 double 类型。为指定 float 字面值，可在常量后附加一个 f 或 F。例如，10.19F 就是 float 类型。

尽管默认情况下整数字面值创建的是一个 int 值，但是仍可以把它们赋给诸如 char、byte 或 short 类型的变量，只要该值可以由这些类型表示即可。整数字面值总是可以赋给 long 变量。

可以在整数或浮点字面值中嵌入一条或多条下画线，以方便阅读包含多个数位的值。编译字面值时将丢弃下画线。下面给出一个例子：

```
123_45_1234
```

上面这个值为 123 451 234。当编码零件号、客户 ID 和状态码这类通常包含多个数字子组的值时，使用下画线特别有用。

2.3.1 十六进制、八进制和二进制字面值

众所周知，在程序设计中使用基于 8 或 16 的数字系统比使用基于 10 的数字系统要简单。基于 8 的数字系统称为八进制，使用的数字是 0～7。在八进制中，数字 10 等同于十进制中的 8。基于 16 的数字系统称为十六进制，使用的数字是 0～9，再加上字母 A～F，这几个字母分别代表 10、11、12、13、14 和 15。例如，十六进制数 10 在十进制中等同于 16。因为这两个数字系统要经常使用，所以 Java 允许指定十六进制或八进制的整数字面值来取代十进制的整数字面值。十六进制字面值必须以 0x 或 0X 开始(数字 0 后跟一个 x 或 X)，而八进制字面值要以 0 开始。下面是几个示例：

```
hex = 0xFF; // 255 in decimal
oct = 011; // 9 in decimal
```

有趣的是，Java 还允许指定十六进制浮点字面值，只是它们很少使用。

可以使用二进制数字指定整数字面值。这需要在二进制数字的前面加上 0b 或 0B。例如，二进制形式的 0b1100 就是值 12。

2.3.2 字符转义序列

对于多数可打印字符而言，将字符常量包含在单引号中是可以正常工作的，但是对于一些字符，如回车换行符，在使用文本编辑器时就会产生问题。此外，某些其他字符(如单引号、双引号)在 Java 中也有特殊意义。所以，也不能直接使用它们。出于这些原因，Java 提供了特殊的转义序列(escape sequence)，有时称为反斜杠字符常量，如表 2-3 所示。这些转义序列用于替代它们所代表的字符。

表 2-3 字符转义序列

转义序列	描 述	转义序列	描 述
\'	单引号	\n	换行符
\"	双引号	\f	换页符
\\	反斜杠	\t	水平制表符
\r	回车符	\b	退格符
ddd	八进制常量符号(*ddd* 是八进制常量)	\u*xxxx*	十六进制常量符号(*xxxx* 是十六进制常量)

例如，下面的代码将 tab 字符赋给 ch：

```
ch = '\t';
```

下一个示例将一个单引号赋给 ch：

```
ch = '\'';
```

2.3.3 字符串字面值

Java 支持另一种类型的字面值，即字符串(string)。字符串是包含在双引号内的一组字符。例如

```
"this is a test"
```

就是一个字符串。在前面的示例程序中，你已经在语句 println( )中看到了许多字符串示例。

除了普通字符以外，字符串字面值也可包含一个或多个前面讲到的转义序列。例如，考虑下面的问题，它使用\n 和\t 转义序列。

```
// Demonstrate escape sequences in strings.
class StrDemo {
  public static void main(String args[]) {
    System.out.println("First line\nSecond line");
    System.out.println("A\tB\tC");
    System.out.println("D\tE\tF") ;
  }
}
```

使用\n 换行

使用制表符对齐输出

输出如下所示：

```
First line
Second line
A       B       C
D       E       F
```

专家解答

问：由单个字符组成的字符串与字符字面值一样吗？例如，"k"与'k'一样吗？

答：不一样。切勿混淆字符串与字符。字符字面值表示 char 类型的字母。字符串哪怕只包含一个字母也是字符串。尽管字符串是由字符组成的，但它们是不同的类型。

注意\n 转义序列是如何用于生成新行的。不需要使用多条 println( )语句来得到多行输出，只需要将\n 嵌入较长的字符串中想生成新行的位置即可。

2.4　变量详解

变量在第 1 章就提到了。这里对它再做进一步介绍。如前所述，变量使用下面的语句来声明：

```
type var-name;
```

type 是变量的数据类型，var-name 是变量的名称。可以声明任何有效类型的变量，包括前面描述的简单类型在内，并且每个变量都有类型。因此，变量的功能是由其类型决定的。例如，boolean 类型的变量无法存储浮点值。而且变量的类型在其生命期内不能更改。例如，int 类型的变量不能变为 char 类型的变量。

Java 中的所有变量都必须在使用前声明。这是必需的，因为编译器必须在正确编译使用变量的任何语句前知道变量的数据类型是什么。这也使 Java 执行严格类型检查成为可能。

2.4.1　初始化变量

在使用变量之前必须赋给它一个值。使用赋值语句是为变量赋值的方法之一。另一种方法就是在声明变量时，赋给变量一个初值。为此，需要在变量名的后面添加一个等号，后跟一个值。初始化的基本形式如下所示：

```
type var = value;
```

value 是创建 *var* 时赋给它的值。该值必须与指定的类型兼容。下面是几个示例：

```
int count = 10; // give count an initial value of 10
char ch = 'X'; // initialize ch with the letter X
float f = 1.2F; // f is initialized with 1.2
```

当使用逗号分隔列表来声明同一类型的两个或多个变量时，可以赋给这些变量一个或多个初值。例如：

```
int a, b = 8, c = 19, d; // b and c have initializations
```

本例中，只有 b 和 c 被初始化。

2.4.2　动态初始化

虽然前面的示例只使用常量进行初始化，但是 Java 允许在声明变量时，使用任何有效的表达式来动态初始化变量。例如，下面是一个计算圆柱体体积的小程序，其中已经给出底圆的半径和圆柱体的高。

```
// Demonstrate dynamic initialization.
class DynInit {
   public static void main(String args[]) {
     double radius = 4, height = 5;
```

```
    // dynamically initialize volume
    double volume = 3.1416 * radius * radius * height;   ← volume 在运行时被动态初始化

    System.out.println("Volume is " + volume);
  }
}
```

这里声明了三个局部变量：radius、height 和 volume。其中 radius 和 height 被初始化为常量，而 volume 则被动态初始化为圆柱体的体积。这里的关键之处在于，初始化表达式在初始化时可以使用任何有效元素，包括调用方法、其他变量和字面值。

2.5 变量的作用域和生命期

目前，我们使用的变量都是在 main( )方法的开始处声明的。然而 Java 允许变量在任何代码块中声明。如第 1 章所述，代码块以左花括号开始，以右花括号结束。代码块定义了作用域(scope)。因此，每次创建新的代码块时，就是在创建新的作用域。作用域决定了对于程序的其他部分哪些对象是可见的，还决定了这些对象的生命期。

通常，Java 中的每个声明都有一个作用域。因此，Java 定义了一个强大的、细粒度的“作用域”概念。在 Java 中最常用的作用域是由类和方法定义的作用域。关于类作用域(以及在其中声明的变量)的讨论将放在本书后面介绍类时进行。现在我们只讨论方法中的作用域或由方法定义的作用域。

方法定义的作用域从方法的左花括号开始。然而，如果方法有形参，那么这些形参也包含在方法的作用域之内。方法定义的作用域以右花括号结束。将这个代码块称为方法体。

作为一项基本原则，在作用域内声明的变量对于作用域之外定义的代码是不可见(即不可访问)的。因此，当在作用域内声明一个变量时，就把这个变量局部化了，并且防止它受到未授权的访问或修改。实际上，正是作用域规则提供了封装的基础。在代码块中声明的变量称为局部变量。

作用域是可嵌套的。例如每次创建代码块都会创建新的、嵌套的作用域。当这种情况发生时，外层作用域包含内层作用域。这意味着在外层作用域中定义的对象对于内层作用域中的代码是可见的；反之则不然，在内层作用域中定义的对象对于外层作用域中的代码是不可见的。

考虑下面的程序来理解嵌套作用域的作用：

```
// Demonstrate block scope.
class ScopeDemo {
  public static void main(String args[]) {
    int x; // known to all code within main

    x = 10;
    if(x == 10) { // start new scope

      int y = 20; // known only to this block

      // x and y both known here.

      System.out.println("x and y: " + x + " " + y);
      x = y * 2;
    }
    // y = 100; // Error! y not known here   ← y 在作用域之外

    // x is still known here.
    System.out.println("x is " + x);
  }
}
```

如代码注释所示，变量 x 是在 main( )作用域的开始处声明的，对于 main( )中其后的所有代码都是可访问的。我们在 if 代码块中声明了 y。因为代码块可定义作用域，所以 y 只对代码块中的其他代码可见。这就是代码块以外的 y=100;这一行被注释掉的原因。如果删除前面的注释符号，就会发生编译时错误，因为 y 对于所在代码块外面的代码是不可见的。在 if 代码块中可以使用 x，因为代码块(即嵌套作用域)中的代码有权访问在被嵌套作用域中声明的变量。

在代码块中的任何位置都可以声明变量，而变量只有在声明后才有效。因此，如果在某个方法的开始处定义了一个变量，那么它对于方法中的所有代码都是有效的。相反，如果在代码块的结尾处声明了一个变量，那么它是没有任何作用的，因为没有代码可以访问它。

此外，还有一个要点必须记住：变量在进入作用域时创建，在离开作用域时销毁。这就意味着变量一旦离开作用域就不会存储原来的值。因此，在方法调用期间，在方法中声明的变量是无法保存其值的，而且在代码块中声明的变量在离开此代码块时也将失去它的值。因此，变量的生命期被限制在作用域内。

如果变量声明包含初始化值，那么在每次进入声明它的代码块时都会重新初始化，如下面的程序所示：

```
// Demonstrate lifetime of a variable.
class VarInitDemo {
  public static void main(String args[]) {
    int x;
    for(x = 0; x < 3; x++) {
      int y = -1; // y is initialized each time block is entered
      System.out.println("y is: " + y); // this always prints -1
      y = 100;
      System.out.println("y is now: " + y);
    }
  }
}
```

该程序生成的输出如下所示：

```
y is: -1
y is now: 100
y is: -1
y is now: 100
y is: -1
y is now: 100
```

可以看出，在每次进入内部 for 循环时，y 都会重新初始化为-1。尽管 y 在后面被赋值为 100，但该值无法保存。

Java 作用域有一条可能会令人吃惊的奇怪规则：尽管可以嵌套代码块，但是在内部作用域中声明的变量不能与包含它的作用域中已经声明的变量同名。例如，下面的程序试图用同一名称声明两个变量，该程序无法编译：

```
/*
   This program attempts to declare a variable
   in an inner scope with the same name as one
   defined in an outer scope.

   *** This program will not compile. ***
*/
class NestVar {
  public static void main(String args[]) {
    int count;   <----+
                      |
    for(count = 0; count < 10; count = count+1) {
      System.out.println("This is count: " + count);    不能再次声明 count

      int count; // illegal!!!  <------ 因为它已被声明
```

```
      for(count = 0; count < 2; count++)
        System.out.println("This program is in error!");
    }
  }
}
```

2.6 运算符

Java 提供了丰富的运算符环境。运算符(operator)是告知编译器执行特定数学或逻辑操作的符号。Java 有 4 种基本运算符类型：算术运算符、位运算符、关系运算符和逻辑运算符。此外，Java 还定义了一些处理某种特殊情况的运算符。本章将介绍算术运算符、关系运算符和逻辑运算符，另外还将介绍赋值运算符。位运算符和其他特殊运算符将在后面介绍。

2.7 算术运算符

Java 定义的算术运算符如表 2-4 所示。

表 2-4 Java 定义的算术运算符

运 算 符	含 义	运 算 符	含 义
+	加(也称为一元加)	%	求余
–	减(也称为一元减)	++	自增
*	乘	--	自减
/	除		

Java 中的+、–、*和/运算符与其他计算机语言(或代数)中的一样。这些运算符可应用于任何内置数值数据类型，也可应用于 char 类型的对象。

尽管所有读者都非常熟悉算术运算符的操作，但由于存在一些特殊情况，对此还是值得解释一下。首先，当/用于整数时，任何余数将被删除。例如，在整除中 10/3 等于 3。使用求余运算符%可获得整除的余数。得出的是整除的余数。例如，10 % 3 等于 1。在 Java 中，%可应用于整数类型和浮点类型。因此 10.0 % 3.0 也是 1。下面的程序说明了求余运算符的用法：

```
// Demonstrate the % operator.
class ModDemo {
  public static void main(String args[]) {
    int iresult, irem;
    double dresult, drem;

    iresult = 10 / 3;
    irem = 10 % 3;

    dresult = 10.0 / 3.0;
    drem = 10.0 % 3.0;

    System.out.println("Result and remainder of 10 / 3: " +
                       iresult + " " + irem);
    System.out.println("Result and remainder of 10.0 / 3.0: " +
                       dresult + " " + drem);

  }
}
```

该程序的输出如下所示：

```
Result and remainder of 10 / 3: 3 1
Result and remainder of 10.0 / 3.0: 3.3333333333333335 1.0
```

可以看到，对于整数类型和浮点类型操作，%都得到了余数 1。

自增和自减

第 1 章介绍过，++和--分别是 Java 的自增和自减运算符。它们的一些特殊属性使其变得十分有趣。我们首先详细回顾一下自增和自减运算符的作用。

自增运算符对操作数加 1，而自减运算符对操作数减 1。因此，下面两条语句的效果是一样的：

```
x = x + 1;
x++;
```

而下面这两条语句的效果也是一样的：

```
x = x - 1;
x--;
```

自增和自减运算符既可放在操作数的前面(前缀)，也可放在操作数的后面(后缀)。例如：

```
x = x + 1;
```

可以写成：

```
++x; // 前缀形式
```

也可以写成：

```
x++; // 后缀形式
```

在前述示例中，自增运算符作为前缀或后缀是没有区别的。然而，当自增或自减运算符作为较大表达式的一部分时，情况就大相径庭了。当自增或自减运算符位于操作数之前时，Java 会在表达式的其余部分使用操作数之前先对相应的操作数进行运算。如果自增或自减运算符在操作数之后，Java 会先将操作数的值用于表达式，然后进行自增或自减运算。考虑下面的示例：

```
x = 10;
y = ++x;
```

本例中，y 的值为 11。然而，如果代码如下所示：

```
x = 10;
y = x++;
```

y 的值将会是 10。这两个示例中，x 的值都为 11。不同之处在于何时进行自增运算。能够控制自增或自减操作发生的时间具有显著优势。

2.8　关系运算符和逻辑运算符

在术语关系运算符(relational operator)和逻辑运算符(logical operator)中，关系指值与值之间的相互关系，逻辑指将真值和假值连接在一起的方式。关系运算符产生的结果是真或假，所以它们经常与逻辑运算符一起使用。出于这一原因，这里对这两种运算符一起讨论。

关系运算符如表 2-5 所示。

表 2-5 关系运算符

运 算 符	含 义	运 算 符	含 义
==	等于	<	小于
!=	不等于	>=	大于或等于
>	大于	<=	小于或等于

逻辑运算符如表 2-6 所示。

表 2-6 逻辑运算符

<table>
<tr><th>运 算 符</th><th>含 义</th><th>运 算 符</th><th>含 义</th></tr>
<tr><td>&</td><td>与(AND)</td><td>||</td><td>短路或(short-circuit OR)</td></tr>
<tr><td>|</td><td>或(OR)</td><td>&&</td><td>短路与(short-circuit AND)</td></tr>
<tr><td>^</td><td>异或(XOR)</td><td>!</td><td>非(NOT)</td></tr>
</table>

关系运算符与逻辑运算符的结果是 boolean 类型的值。

在 Java 中，所有对象都可以使用==和!=进行等于或不等于比较。然而，比较运算符<、>、<=或>=则只能用于支持顺序关系的类型。因此，所有关系运算符都可用于数值类型和 char 类型。然而，boolean 类型的值只可以用于进行等于或不等于比较，因为 true 和 false 值是无序的。例如，在 Java 中 true > false 是无意义的。

对于逻辑运算符，操作数必须是 boolean 类型，逻辑运算的结果也必须是 boolean 类型。逻辑运算符&、|、^和!按照表 2-7 所示的真值表执行基本的逻辑运算 AND、OR、XOR 和 NOT。

表 2-7 逻辑运算符的真值表

<table>
<tr><th>p</th><th>q</th><th>p & q</th><th>p | q</th><th>p ^ q</th><th>!p</th></tr>
<tr><td>false</td><td>false</td><td>false</td><td>false</td><td>false</td><td>true</td></tr>
<tr><td>true</td><td>false</td><td>false</td><td>true</td><td>true</td><td>false</td></tr>
<tr><td>false</td><td>true</td><td>false</td><td>true</td><td>true</td><td>true</td></tr>
<tr><td>true</td><td>true</td><td>true</td><td>true</td><td>false</td><td>false</td></tr>
</table>

如表 2-7 所示，只有一个操作数为真时，异或(exclusive OR)运算的结果为真。

下面的程序对这几个关系运算符和逻辑运算符进行了演示：

```
// Demonstrate the relational and logical operators.
class RelLogOps {
  public static void main(String args[]) {
    int i, j;
    boolean b1, b2;

    i = 10;
    j = 11;
    if(i < j) System.out.println("i < j");
    if(i <= j) System.out.println("i <= j");
    if(i != j) System.out.println("i != j");
    if(i == j) System.out.println("this won't execute");
    if(i >= j) System.out.println("this won't execute");
    if(i > j) System.out.println("this won't execute");

    b1 = true;
    b2 = false;
    if(b1 & b2) System.out.println("this won't execute");
    if(!(b1 & b2)) System.out.println("!(b1 & b2) is true");
    if(b1 | b2) System.out.println("b1 | b2 is true");
```

```
    if(b1 ^ b2) System.out.println("b1 ^ b2 is true");
  }
}
```

该程序的输出如下所示：

```
i < j
i <= j
i != j
!(b1 & b2) is true
b1 | b2 is true
b1 ^ b2 is true
```

2.9 短路逻辑运算符

Java 支持用于生成高效代码的短路(short-circuit)AND 和 OR 逻辑运算符。为什么这样设计呢？在 AND 运算中，如果第一个操作数为假，那么无论第二个操作数是什么，运算结果都为假。在 OR 运算中，如果第一个操作数为真，那么无论第二个操作数是什么，运算结果都为真。因此，这些情况下就无须对第二个操作数进行计算。不计算第二个操作数，就节省了时间，从而生成效率更高的代码。

短路 AND 运算符是&&，短路 OR 运算符是||。而普通的 AND 和 OR 运算符分别是&和|。两者的唯一区别在于普通运算符将计算每一个操作数，而短路运算符只在必要时计算第二个操作数。

下面是一个演示短路 AND 运算符的程序。程序要确定 d 中的值是不是 n 的因数。程序利用求余运算来完成这一功能。如果 n/d 的余数为 0，那么 d 是因数。然而，因为求余运算涉及除法，短路 AND 运算可防止发生除 0 错误。

```
// Demonstrate the short-circuit operators.
class SCops {
  public static void main(String args[]) {
    int n, d, q;

    n = 10;
    d = 2;
    if(d != 0 && (n % d) == 0)
      System.out.println(d + " is a factor of " + n);

    d = 0; // now, set d to zero

    // Since d is zero, the second operand is not evaluated.
    if(d != 0 && (n % d) == 0)   ←—— 短路运算符能防止除 0 操作
      System.out.println(d + " is a factor of " + n);

    /* Now, try same thing without short-circuit operator.
       This will cause a divide-by-zero error.
    */
    if(d != 0 & (n % d) == 0)   ←—— 这里计算两个表达式，允许除 0 操作
      System.out.println(d + " is a factor of " + n);
  }
}
```

为防止出现除 0 错误，if 语句首先检查 d 是否等于 0。如果等于 0，短路 AND 运算结束，不执行求余运算。因此，在第一个条件测试中 d 是 2，执行求余运算。第二个条件测试失败，因为 d 为 0，求余运算被跳过，以免发生除 0 错误。最后一个条件测试使用了普通 AND 运算符。这样会计算两个操作数，在除以 0 时会导致运行时错误的发生。

最后要注意的一点是，Java 的正式规范将短路运算符称为“条件或”和“条件与”运算符，但通常使用“短路”这个词。

2.10 赋值运算符

我们从第 1 章就开始使用赋值运算符了。现在对其进行正式介绍。赋值运算符(assignment operator)是一个等号。这个运算符在 Java 中与在其他语言中的使用方式相同。基本形式如下：

```
var = expression;
```

这里，var 的类型必须与表达式(expression)的类型兼容。

赋值运算符有一个读者可能不太熟悉的有趣属性：它允许创建一个赋值链。例如下面的代码段：

```
int x, y, z;

x = y = z = 100; // set x, y, and z to 100
```

这个代码段使用一条语句将变量 x、y 和 z 的值设置为 100。因为=是一个得到右侧表达式值的运算符，所以上面的代码段是可以运行的。因此，z = 100 的值是 100，然后该值被赋给 y，y 再将值赋给 x。使用“赋值链”是为一组变量设置相同值的捷径。

2.11 速记赋值

Java 提供特殊的速记赋值来简化某些赋值语句的编码。下面首先列举一个示例。使用 Java 的速记赋值可将赋值语句

```
x = x + 10;
```

写为：

```
x += 10;
```

专家解答

问：既然在某些情况下，短路运算符比对应的普通运算符效率更高，Java 为何还要提供普通的 AND 和 OR 运算符？

答： 某些情况下，因为会出现副作用，所以需要同时计算 AND 或 OR 运算的两个操作数，如下所示：

```
// Side effects can be important.
class SideEffects {
  public static void main(String args[]) {
    int i;

    i = 0;

    /* Here, i is still incremented even though
       the if statement fails. */
    if(false & (++i < 100))
      System.out.println("this won't be displayed");
    System.out.println("if statement executed: " + i); // displays 1

    /* In this case, i is not incremented because
       the short-circuit operator skips the increment. */
    if(false && (++i < 100))
      System.out.println("this won't be displayed");
    System.out.println("if statement executed: " + i); // still 1 !!
  }
}
```

如注释所示，在第一个 if 语句中，无论 if 语句真假与否，i 都会自增。而在使用短路运算符时，当第一个操作数为 false 时，变量 i 就不会自增。这里的教训就是，如果代码希望计算 AND 或 OR 运算右侧的操作数，就必须使用 Java 的非短路逻辑运算符。

运算符+=让编译器将 x 加 10 的值赋给 x。这里还有一个示例。下面的两条语句是等效的，这两条语句都将 x 减 100 后的值赋给 x：

```
x = x - 100;
```

等同于：

```
x -= 100;
```

速记赋值可以用于 Java 的所有二元运算符(即需要两个操作数的运算符)。速记赋值的基本形式为：

```
var op = expression;
```

因此，算术和逻辑赋值运算符的速记形式如下所示：

+=	–=	*=	/=
%=	&=	|=	^=

由于这些运算符把运算和赋值组合在一起，因此称为“组合赋值运算符”。

使用组合赋值运算符有两个优点。第一，它们比普通表示法更简洁。第二，在一些情况下它们的效率更高。由于这些原因，在专业的 Java 程序中我们经常会看到这些组合赋值运算。

2.12 赋值中的类型转换

在程序设计中，经常要将一种类型的变量赋值给另一种类型的变量。例如，可能要将 int 类型的值赋给 float 类型的变量，如下所示：

```
int i;
float f;

i = 10;
f = i; // assign an int to a float
```

当一条赋值语句中混合兼容类型时，等号右侧值的类型会自动转换为左侧值的类型。因此，在上面的代码段中，i 的值被转换为一个 float 类型的值，然后赋给变量 f。然而因为 Java 有严格的类型检查，所以不是所有类型都是相互兼容的，也就是说，并非所有的隐式类型转换都是允许的。例如，boolean 和 int 就是不兼容的。

将一种类型的数据赋给另一种类型的变量时，会发生自动类型转换的条件是：

(1) 两种类型兼容。

(2) 目标类型比源类型大。

当两个条件都满足时，发生扩展转换(widening conversion)。例如，int 类型足以包含所有有效的 byte 值，而 int 和 byte 又都是整数类型，所以可执行从 byte 到 int 的自动类型转换。

对于扩展转换，数值类型(包括整数类型和浮点类型在内)相互都是兼容的。例如，因为从 long 到 double 会自动执行扩展转换，所以下面的程序是完全有效的：

```
// Demonstrate automatic conversion from long to double.
class LtoD {
  public static void main(String args[]) {
    long L;
    double D;
```

```
    L = 100123285L;
    D = L;    ←———— 从 long 到 double 的自动转换

    System.out.println("L and D: " + L + " " + D);

  }
}
```

尽管有从 long 到 double 的自动转换，但从 double 到 long 没有自动转换，因为这不是扩展转换。因此，下面的程序是无效的：

```
// *** This program will not compile. ***
class LtoD {
  public static void main(String args[]) {
    long L;
    double D;

    D = 100123285.0;
    L = D; // Illegal!!!  ←———— 无法自动执行从 double 到 long 的转换

    System.out.println("L and D: " + L + " " + D);

  }
}
```

从数值类型到 char 或 boolean 没有自动类型转换，而且 char 和 boolean 之间也是不兼容的。但是，整数字面值可以赋给 char 类型的变量。

2.13 不兼容类型的强制转换

尽管自动类型转换是很有帮助的，但它们不能满足所有的程序设计需要，因为它们只能应用于兼容类型之间的扩展转换。对于其他情况，必须使用强制转换。强制转换(cast)是一条让编译器将一种类型转换为另一种类型的指令。因此，需要进行显式的类型转换。强制转换的基本形式是：

```
(target-type) expression
```

这里是将特定表达式转换为 target-type 指定的类型。例如，如果要将表达式 x/y 的类型转换为 int，可以编写如下代码：

```
double x, y;
// ...
(int) (x / y)
```

在此，即使 x 和 y 是 double 类型，强制转换也会将表达式的结果类型转换为 int。表达式 x / y 必须加圆括号。否则，只会对 x 执行强制转换，而不会对除法结果进行强制转换。因为没有从 double 到 int 的自动转换，所以强制转换是必需的。

当强制转换涉及缩减转换(narrowing conversion)时，一些信息可能会丢失。例如，当把 long 强制转换为 short 时，如果 long 类型的值超出 short 类型的范围，那么因为高序二进制位会被删除，所以会造成信息丢失。当把一个浮点值强制转换为整数时，小数部分也会由于被删除而丢失。例如，如果将 1.23 赋给一个整数，那么结果会是 1，丢失了 0.23。

下面的程序演示了几个需要强制执行的类型转换：

```
// Demonstrate casting.
class CastDemo {
  public static void main(String args[]) {
    double x, y;
    byte b;
    int i;
    char ch;

    x = 10.0;
    y = 3.0;

    i = (int) (x / y); // cast double to int        ← 该转换将丢失信息
    System.out.println("Integer outcome of x / y: " + i);

    i = 100;
    b = (byte) i;        ← 不会丢失信息，byte 可以存储值 100
    System.out.println("Value of b: " + b);

    i = 257;
    b = (byte) i;        ← 将会丢失信息，byte 不能存储值 257
    System.out.println("Value of b: " + b);

    b = 88; // ASCII code for X
    ch = (char) b;       ← 不兼容类型间的强制转换
    System.out.println("ch: " + ch);
  }
}
```

该程序的输出如下所示：

```
Integer outcome of x / y: 3
Value of b: 100
Value of b: 1
ch: X
```

在该程序中，从(x / y)到 int 的强制转换导致小数部分被截去，从而丢失信息。接下来，因为 byte 类型可以存储值 100，所以将值 100 赋给 b 时不会丢失信息。然而，当试图将值 257 赋给 b 时，就会丢失信息，因为 257 超出了 byte 类型的最大值。最后一条赋值语句没有信息会丢失，但当把 byte 类型的值赋给 char 类型的变量时，需要执行强制转换。

2.14　运算符的优先级

表 2-8 从高到低显示了所有 Java 运算符的优先次序。该表包括本书后面才会讨论的几个运算符。从技术上讲，[]、()和.也可以作为运算符，此时，它们的优先级最高。

表 2-8　从高到低显示的所有 Java 运算符的优先次序(由高到低，第一行运算符的优先级最高)

++(后缀)	--(后缀)					
++(前缀)	--(前缀)	~	!	+(一元)	-(一元)	(类型强制转换)
*	/	%				
+	-					
>>	>>>	<<				
>	>=	<	<=	instanceof		

(续表)

==	!=					
&						
^						
|						
&&						
||						
?:						
=	op=					

练习 2-2(LogicalOpTable.java) 显示逻辑运算符的真值表

在本练习中，将创建一个显示 Java 逻辑运算符的真值表的程序。必须使真值表按列排列。程序会利用本章涉及的几个特性，包括 Java 转义序列和逻辑运算符。它还演示了算术运算符+和逻辑运算符之间优先顺序的不同。

步骤：

(1) 创建一个名为 LogicalOpTable.java 的新文件。

(2) 为使真值表按列排列，可以使用转义序列\t 在每一个输出字符串中嵌入制表符。例如，下面的 println( ) 语句显示了表头：

```
System.out.println("P\tQ\tAND\tOR\tXOR\tNOT");
```

(3) 真值表中后面的每一行将使用制表符将每个运算的结果定位于相应的标题下。

(4) 下面是完整的 LogicalOpTable.java 程序清单：

```
// Try This 2-2: a truth table for the logical operators.
class LogicalOpTable {
  public static void main(String args[]) {

    boolean p, q;

    System.out.println("P\tQ\tAND\tOR\tXOR\tNOT");

    p = true; q = true;
    System.out.print(p + "\t" + q +"\t");
    System.out.print((p&q) + "\t" + (p|q) + "\t");
    System.out.println((p^q) + "\t" + (!p));

    p = true; q = false;
    System.out.print(p + "\t" + q +"\t");
    System.out.print((p&q) + "\t" + (p|q) + "\t");
    System.out.println((p^q) + "\t" + (!p));

    p = false; q = true;
    System.out.print(p + "\t" + q +"\t");
    System.out.print((p&q) + "\t" + (p|q) + "\t");
    System.out.println((p^q) + "\t" + (!p));

    p = false; q = false;
    System.out.print(p + "\t" + q +"\t");
```

```
      System.out.print((p&q) + "\t" + (p|q) + "\t");
      System.out.println((p^q) + "\t" + (!p));
    }
  }
```

注意 println( )语句中包围逻辑运算的圆括号。因为 Java 的运算符有先后顺序，所以这些圆括号是必需的。运算符+的优先级高于逻辑运算符。

(5) 编译并运行该程序，会显示如下所示的真值表：

```
P       Q       AND     OR      XOR     NOT
true    true    true    true    false   false
true    false   false   true    true    false
false   true    false   true    true    true
false   false   false   false   false   true
```

(6) 独立尝试修改程序，使其显示 1 和 0，而不是 true 和 false。这可能会比一开始想的费些时间。

2.15 表达式

表达式由运算符、变量和字面值组成。从其他编程经验或代数中，你可能已经知道了表达式的基本形式。然而，这里还需要对表达式的几个方面进行介绍。

2.15.1 表达式中的类型转换

只要类型兼容，在表达式中就可以混合使用一种或多种不同类型的数据。例如，可在表达式中混合使用 short 和 long，因为它们都是数值类型。当在表达式中混合使用不同类型的数据时，它们都被转换为同一类型。这是使用 Java 的类型升级规则(type promotion rule)完成的。

首先，所有 char、byte 和 short 值都升级为 int 类型。其次，如果有一个操作数是 long 类型，整个表达式就全部升级为 long 类型。如果有一个操作数是 float 类型，整个表达式就全部升级为 float 类型。如果有一个操作数是 double 类型，整个表达式就全部升级为 double 类型。

当计算表达式时，类型升级只应用于被操作的值，理解这一点是非常重要的。例如，如果在表达式中，将 byte 类型变量的值升级为 int 类型；那么在表达式以外，该变量仍然是 byte 类型。类型升级只影响表达式的计算。

然而类型升级可能导致某些不可预测的错误。例如，当一个算术运算包括两个 byte 值时，就会顺序发生以下事情：首先，byte 类型的操作数升级为 int 类型；然后进行运算，生成一个 int 类型的结果。因此，包括两个 byte 类型的运算结果将生成一个 int 类型的值，而这可能不是一下就能预见到的。考虑下面的程序：

```
// A promotion surprise!
class PromDemo {
  public static void main(String args[]) {
    byte b;
    int i;

    b = 10;          ← 不必执行强制类型转换，因为结果已经运算为 int 类型
    i = b * b; // OK, no cast needed

    b = 10;          ← 需要执行强制类型转换，把 int 值赋给 byte 变量
    b = (byte) (b * b); // cast needed!!

    System.out.println("i and b: " + i + " " + b);
  }
}
```

有些出人意料的是，因为当计算表达式时 b 被升级为 int 类型，所以把 b * b 赋值给 i 时不需要执行强制转换。然而当试图将 b * b 赋值给 b 时，却需要强制转换回 byte 类型！如果看上去表达式完全没有问题，却出现意外的类型不兼容错误，那就应该想到这一点。

在执行有关 char 的运算时也会有同样的情况发生。例如，在下面的代码段中，因为在表达式中 ch1 和 ch2 升级为 int 类型，所以需要将其强制转换为 char 类型：

```
char ch1 = 'a', ch2 = 'b';

ch1 = (char) (ch1 + ch2);
```

如果没有执行强制转换，ch1 加 ch2 的结果为 int 类型，这是无法赋值给 char 类型的变量的。

强制转换不只在赋值的类型转换时有用。例如，考虑下面的程序，把整除的结果强制转换为 double 类型来获得小数部分：

```
// Using a cast.
class UseCast {
  public static void main(String args[]) {
    int i;

    for(i = 0; i < 5; i++) {
      System.out.println(i + " / 3: " + i / 3);
      System.out.println(i + " / 3 with fractions: "
                         + (double) i / 3);
      System.out.println();
    }
  }
```

程序的输出结果如下所示：

```
0 / 3: 0
0 / 3 with fractions: 0.0

1 / 3: 0
1 / 3 with fractions: 0.3333333333333333

2 / 3: 0
2 / 3 with fractions: 0.6666666666666666

3 / 3: 1
3 / 3 with fractions: 1.0

4 / 3: 1
4 / 3 with fractions: 1.3333333333333333
```

2.15.2 间距和圆括号

Java 中的表达式可以使用制表符和空格来增强可读性。例如，下面两个表达式的作用相同，但是第二个表达式更易读：

```
x=10/y*(127/x);

x = 10 / y * (127/x);
```

与代数中圆括号的作用一样，Java 中的圆括号增加了所包括运算的优先级。使用多余或附加的圆括号不会引发错误，也不会减慢表达式的执行。Java 提倡使用圆括号以使计算的顺序清晰，帮助自己以及其他阅读程序的人更好地理解程序。例如，下面的两个表达式中哪一个更易读一些呢？

```
x = y/3-34*temp+127;

x = (y/3) - (34*temp) + 127;
```

2.16 自测题

1. Java 为什么要严格指定基本类型的取值范围和行为？
2. Java 的字符类型是什么，与其他大多数程序设计语言的字符类型的不同之处是什么？
3. 因为任何非 0 值都为 true，所以 boolean 值可以取任何想要的值，对吗？
4. 给定输出如下：

```
One
Two
Three
```

使用一个字符串，显示生成以上输出的 println( )语句。

5. 下面的代码段有什么错误？

```
for(i = 0; i < 10; i++) {
  int sum;

  sum = sum + i;
}
System.out.println("Sum is: " + sum);
```

6. 解释自增运算符的前缀形式与后缀形式有什么不同。
7. 说明短路 AND 是如何用于防止除 0 错误的。
8. 在表达式中，byte 和 short 升级为什么类型？
9. 通常什么时候需要执行强制转换？
10. 编写程序，找出 2 到 100 之间的所有素数。
11. 多余圆括号的使用会影响程序的性能吗？
12. 代码块能定义作用域吗？

第 3 章

程序控制语句

关键技能与概念

- 从键盘输入字符
- 学习 if 语句的完整格式
- 使用 switch 语句
- 学习 for 循环的完整格式
- 使用 while 循环
- 使用 do-while 循环
- 使用 break 语句退出循环
- 将 break 语句作为一种 goto 语句使用
- 应用 continue 语句
- 嵌套循环

本章将介绍控制程序执行流程的语句。程序控制语句有 3 类：选择(selection)语句，包括 if 和 switch 语句；迭代(iteration)语句，包括 for、while 和 do-while 循环；跳转(jump)语句，包括 break、continue 和 return 语句。本书将在后面讨论 return 语句，这里主要对其他控制语句，包括读者已经大致了解的 if 和 for 语句进行深入讨论。本章首先介绍一些简单的键盘输入技术。

3.1 从键盘输入字符

在介绍 Java 控制语句之前，我们将简单讨论如何编写交互式程序这一话题。到目前为止，本书的示例程序只是向用户显示信息，还没有从用户接收信息。因此，只用到了控制台输出，还没有使用控制台(键盘)输入。这样做的原因在于 Java 的输入功能依赖或用到本书后面才会讨论的一些功能。另外，现实中的 Java 程序和 applet 多是图形化窗口，而非基于控制台。出于上述原因，本书没有使用太多的控制台输入。然而，有一种类型的控制台输入使用起来是比较方便的：从键盘读取字符。因为本章的几个示例都将用到这一功能，所以这里对其进行介绍。

从键盘读取字符的最简单方法就是调用 System.in.read( )。System.in 对应于 System.out，是与键盘相连的输入对象。read( )方法等待用户按键，然后返回输入结果。被返回的字符是一个整数，所以必须将其强制转换为 char 变量。默认情况下，控制台输入是行缓冲的，这里的术语“缓冲”指的是在程序读取字符之前用于保存字符的一小块内存。在本例中，缓冲保存完整的一行文本，因此必须按下 Enter 键才能使键入的任何字符传送给程序。下面就是一个从键盘读取字符的程序：

```
// Read a character from the keyboard.
class KbIn {
  public static void main(String args[])
    throws java.io.IOException {

    char ch;

    System.out.print("Press a key followed by ENTER: ");

    ch = (char) System.in.read(); // get a char   ←—— 从键盘读取一个字符

    System.out.println("Your key is: " + ch);
  }
}
```

程序的运行效果如下所示：

```
Press a key followed by ENTER: t
Your key is: t
```

注意，程序中 main( )的开始部分如下所示：

```
public static void main(String args[])
  throws java.io.IOException {
```

因为使用了 System.in.read( )，所以程序必须指定 throws java.io.IOException 子句。这一行代码是处理输入错误所需的。它是第 9 章要讨论的 Java 异常处理机制的一部分，而现在对其具体含义暂时不必在意。

System.in 是行缓冲这一事实有时会造成许多麻烦。当按下 Enter 键时，一个回车换行序列会进入输入流。而且，这些字符会存储在输入缓冲中，直到读取它们为止。因此，对于某些应用程序，需要在下一个输入操作之前(通过读取它们)删除输入缓冲中的内容。本章后面会列举这样一个例子。

3.2 if 语句

第 1 章已经介绍了 if 语句。这里再对它进行详细介绍。if 语句的完整形式如下所示：

```
if(condition) statement;
else statement;
```

if 和 else 的目标都是语句。else 语句是可选的。if 和 else 的目标也可以是代码块。使用 if 代码块的基本形式如下：

```
if(condition)
{
  statement sequence
}
else
{
  statement sequence
}
```

如果条件表达式为真，那么执行 if 的目标；否则，退出 if，去执行 else 的目标。两个目标是不能同时执行的。控制 if 语句的条件表达式必须生成 boolean 结果。

为演示if 语句以及其他控制语句，我们创建并开发了一个适合儿童的简单计算机猜字母游戏。在游戏的第一个版本中，程序让玩家输入 A～Z 之间的一个字母。如果玩家按下了键盘上正确的字母，程序就会显示消息"** Right **"作为响应。该程序如下所示：

```
// Guess the letter game.
class Guess {
  public static void main(String args[])
    throws java.io.IOException {

    char ch, answer = 'K';

    System.out.println("I'm thinking of a letter between A and Z.");
    System.out.print("Can you guess it: ");

    ch = (char) System.in.read(); // read a char from the keyboard

    if(ch == answer) System.out.println("** Right **");
  }
}
```

程序首先提示玩家，然后从键盘读取字符。它使用一条 if 语句检查字符与答案是否一致，本例中答案为 K。如果输入的是 K，就显示那条消息。测试本程序时，切记输入的 K 必须是大写的。

继续完善这个游戏，下一个版本使用 else 在输入错误的字母时显示一条消息。

```
// Guess the letter game, 2nd version.
class Guess2 {
  public static void main(String args[])
    throws java.io.IOException {

    char ch, answer = 'K';

    System.out.println("I'm thinking of a letter between A and Z.");
    System.out.print("Can you guess it: ");
```

```
    ch = (char) System.in.read(); // get a char

    if(ch == answer) System.out.println("** Right **");
    else System.out.println("...Sorry, you're wrong.");
  }
}
```

3.2.1 嵌套 if 语句

嵌套 if 语句是作为另一个 if 或 else 语句的目标 if 语句。嵌套 if 语句在程序设计中非常普遍。在 Java 中，关于嵌套 if 语句需要记住的是，else 语句总与同一代码块中最近的且没有 else 与之匹配的 if 语句相匹配，如下所示：

```
if(i == 10) {
  if(j < 20) a = b;
  if(k > 100) c = d;
  else a = c; // this else refers to if(k > 100)
}
else a = d; // this else refers to if(i == 10)
```

如注释所示，最后一个 else 与 if(j < 20)是不匹配的，因为它们不在同一代码块中(尽管它是距这个 else 最近的没有 else 的 if 语句)。与最后一个 else 匹配的是 if(i == 10)。而与内层 else 匹配的是 if(k > 100)，因为它是同一代码块中最近的 if 语句。

还可通过添加嵌套 if 语句来改善猜字母游戏，以使玩家在猜错时得到响应。

```
// Guess the letter game, 3rd version.
class Guess3 {
  public static void main(String args[])
    throws java.io.IOException {

    char ch, answer = 'K';

    System.out.println("I'm thinking of a letter between A and Z.");
    System.out.print("Can you guess it: ");

    ch = (char) System.in.read(); // get a char

    if(ch == answer) System.out.println("** Right **");
    else {
      System.out.print("...Sorry, you're ");
嵌套 if 语句
      // a nested if
      if(ch < answer) System.out.println("too low");
      else System.out.println("too high");
    }
  }
}
```

程序的运行效果如下所示：

```
I'm thinking of a letter between A and Z.
Can you guess it: Z
...Sorry, you're too high
```

3.2.2　if-else-if 阶梯状结构

if-else-if 阶梯状结构是基于嵌套 if 语句的常见程序设计结构，形式如下：

```
if(condition)
   statement;
else if(condition)
   statement;
else if(condition)
   statement;
...
else
   statement;
```

条件表达式被从上到下一一检查。一旦找到为真的条件，就执行与其相关的语句，而后面的语句就会被跳过。如果条件表达式都不为真，就执行最后一个 else 语句。最后一个 else 往往被作为默认条件，即如果所有其他条件测试失败，就执行最后一个 else 语句。如果没有最后一个 else 语句，而且其他条件都为假，就不会有动作发生。

演示 if-else-if 阶梯状结构的程序如下所示：

```
// Demonstrate an if-else-if ladder.
class Ladder {
  public static void main(String args[]) {
    int x;

    for(x=0; x<6; x++) {
      if(x==1)
        System.out.println("x is one");
      else if(x==2)
        System.out.println("x is two");
      else if(x==3)
        System.out.println("x is three");
      else if(x==4)
        System.out.println("x is four");
      else
        System.out.println("x is not between 1 and 4");   ←— 这是默认语句
    }
  }
}
```

程序生成的输出如下所示：

```
x is not between 1 and 4
x is one
x is two
x is three
x is four
x is not between 1 and 4
```

可以看出，只有在前面所有的 if 语句都不满足时，才执行默认的 else 语句。

3.3 switch 语句

Java 的第二种选择语句是 switch 语句。switch 语句提供了多路分支，因此可使程序在多个选项中进行选择。尽管一系列嵌套 if 语句可以执行多路测试，然而多数情况下使用 switch 则更高效。其工作方式如下所示：将表达式的值与一系列常量进行比较，当找到一个匹配项后，就执行与该匹配项相关的语句序列。switch 语句的基本形式如下所示：

```
switch(expression) {
  case constant1:
    statement sequence
    break;
  case constant2:
    statement sequence
    break;
  case constant3:
    statement sequence
    break;
...
  default:
    statement sequence
}
```

对于 JDK 7 之前的 Java 版本，switch 表达式必须是 byte、short、int、char 类型或枚举(第 12 章将介绍枚举)。从 JDK 7 开始，表达式也可以是 String 类型，这意味着现代版本的 Java 可使用字符串控制 switch(第 5 章在介绍 String 时将展示这种技术)。通常，控制 switch 的表达式只是变量，而不是较大的表达式。

case 语句中指定的每个值必须是唯一的常量表达式(例如字面值)。重复的 case 值是不允许的。每个值的类型必须与 switch 表达式的类型兼容。

如果没有与表达式的值相匹配的 case 常量，就执行 default 语句序列。default 语句是可选的。如果没有该语句，那么当所有匹配都不成功时，就不会发生任何动作。当找到一个匹配时，就执行与该匹配相关的语句，直至遇到 break 为止。对于 default 或最后一个 case，则执行到 switch 语句的末尾。

以下程序演示了 switch 语句：

```
// Demonstrate the switch.
class SwitchDemo {
  public static void main(String args[]) {
    int i;

    for(i=0; i<10; i++)
      switch(i) {
        case 0:
          System.out.println("i is zero");
          break;
        case 1:
          System.out.println("i is one");
          break;
        case 2:
          System.out.println("i is two");
          break;
        case 3:
          System.out.println("i is three");
```

```
        break;
      case 4:
        System.out.println("i is four");
        break;
      default:
        System.out.println("i is five or more");
    }
  }
}
```

该程序的输出结果如下所示：

```
i is zero
i is one
i is two
i is three
i is four
i is five or more
i is five or more
i is five or more
i is five or more
i is five or more
```

可以看出，每次循环中，执行的都是与 i 匹配的 case 常量的相关语句。所有其他语句都会被跳过。当 i 大于或等于 5 时，就没有与之匹配的 case 语句了，因此会执行 default 语句。

从技术上讲，break 语句是可选的，但多数应用程序的 switch 语句都会使用 break 语句。当在 case 语句序列中遇到 break 语句时，会使程序流程从整个 switch 语句中退出，从 switch 以外的下一语句继续执行。然而，如果 break 语句没有结束与 case 相关的语句序列，就会执行从匹配 case 语句开始往后的所有语句，直至又遇到 break 语句(或到达 switch 语句的末尾)为止。

例如，仔细研究下面的程序。在看到输出结果之前，你能想到屏幕上会出现什么吗？

```
// Demonstrate the switch without break statements.
class NoBreak {
  public static void main(String args[]) {
    int i;

    for(i=0; i<=5; i++) {
      switch(i) {
        case 0:
          System.out.println("i is less than one");
        case 1:
          System.out.println("i is less than two");
        case 2:
          System.out.println("i is less than three");
        case 3:
          System.out.println("i is less than four");
        case 4:
          System.out.println("i is less than five");
      }
      System.out.println();
    }
  }
}
```

case 语句顺序执行

程序的输出如下所示：

```
i is less than one
i is less than two
i is less than three
i is less than four
i is less than five

i is less than two
i is less than three
i is less than four
i is less than five

i is less than three
i is less than four
i is less than five

i is less than four
i is less than five

i is less than five
```

如该程序所示，如果没有 break 语句，执行流程就会进入下一 case 语句。

case 语句可以为空，如下所示：

```
switch(i) {
  case 1:
  case 2:
  case 3: System.out.println("i is 1, 2 or 3");
    break;
  case 4: System.out.println("i is 4");
    break;
}
```

在该代码段中，如果 i 的值为 1、2 或 3，将执行第一条 println( )语句。如果 i 为 4，将执行第二条 println( )语句。在若干 case 语句共享同一代码时，本例所示的 case 语句形式是比较常见的。

嵌套的 switch 语句

一个 switch 语句可作为另一个 switch 语句序列的内层语句。这样的 switch 语句就是嵌套 switch 语句。即使内层 switch 与外层 switch 的 case 常量包含相同的值，也不会发生冲突。例如，下面的代码是完全正确的：

```
switch(ch1) {
  case 'A': System.out.println("This A is part of outer switch.");
    switch(ch2) {
      case 'A':
        System.out.println("This A is part of inner switch");
        break;
      case 'B': // ...
    } // end of inner switch
    break;
  case 'B': // ...
```

练习 3-1(Help.java) 建立 Java 帮助系统

本练习将建立用来显示 Java 控制语句语法的简单帮助系统。程序将显示包含控制语句的菜单，然后等待选择。

在选择后，就显示所选语句的语法。在该程序的第一个版本中，帮助只对 if 语句和 switch 语句有效。其他控制语句将在以后的练习中添加进去。

步骤：

(1) 创建一个名为 Help.java 的新文件。

(2) 程序首先显示如下所示的菜单：

```
Help on:
  1. if
  2. switch
Choose one:
```

为完成这一工作，需要使用如下语句：

```
System.out.println("Help on:");
System.out.println("  1. if");
System.out.println("  2. switch");
System.out.print("Choose one: ");
```

(3) 接下来，程序通过调用 System.in.read( )来获取用户的选择，如下所示：

```
choice = (char) System.in.read();
```

(4) 一旦获取用户的选择，程序将使用如下所示的 switch 语句显示选中语句的语法：

```
switch(choice) {
  case '1':
    System.out.println("The if:\n");
    System.out.println("if(condition) statement;");
    System.out.println("else statement;");
    break;
  case '2':
    System.out.println("The switch:\n");
    System.out.println("switch(expression) {");
    System.out.println("  case constant:");
    System.out.println("    statement sequence");
    System.out.println("    break;");
    System.out.println("  // ...");
    System.out.println("}");
    break;
  default:
    System.out.print("Selection not found.");
}
```

注意 default 语句是如何捕获无效选择的。例如，如果用户输入 3，那么没有 case 常量与之匹配，从而导致执行 default 语句序列。

(5) 完整的 Help.java 程序清单如下所示：

```
/*
   Try This 3-1

   A simple help system.
*/
class Help {
  public static void main(String args[])
    throws java.io.IOException {
```

```
    char choice;

    System.out.println("Help on:");
    System.out.println("  1. if");
    System.out.println("  2. switch");
    System.out.print("Choose one: ");
    choice = (char) System.in.read();

    System.out.println("\n");

    switch(choice) {
      case '1':
        System.out.println("The if:\n");
        System.out.println("if(condition) statement;");
        System.out.println("else statement;");
        break;
      case '2':
        System.out.println("The switch:\n");
        System.out.println("switch(expression) {");
        System.out.println("  case constant:");
        System.out.println("    statement sequence");
        System.out.println("    break;");
        System.out.println("  // ...");
        System.out.println("}");
        break;
      default:
        System.out.print("Selection not found.");
    }
  }
}
```

(6) 程序的运行效果如下所示：

```
Help on:
  1. if
  2. switch
Choose one: 1

The if:

if(condition) statement;
else statement;
```

3.4 for 循环

本书从第 1 章起就已经用到简单的 for 循环，你可能会惊讶于 for 循环竟然如此强大而灵活。我们首先研究 for 循环的最基本形式，回顾它的一些基础知识。

迭代一条语句的 for 循环的基本形式如下所示：

```
for(initialization; condition; iteration) statement;
```

迭代一个代码块的 for 循环的基本形式如下所示：

```
for(initialization; condition; iteration)
```

```
{
  statement sequence
}
```

专家解答

问：编写多路分支程序时，在什么条件下应该使用 if-else-if 语句而不是 switch 语句？

答：总体上讲，在控制选择过程的条件不依赖于一个值时应该使用 if-else-if 语句。例如，考虑下面的 if-else-if 语句：

```
if(x < 10) // ...
else if(y != 0) // ...
else if(!done) // ...
```

这组语句不能用 switch 语句重写，因为三个条件都包含不同的变量，并且是不同的类型。什么变量可以控制 switch？当测试浮点值或 switch 表达式中不可使用的对象时，也需要使用 if-else-if 语句。

initialization 通常是设置循环控制变量初始值的赋值语句。循环控制变量是用于控制循环的计数器。condition 是一个 Boolean 表达式，用于决定循环是否进行。iteration 表达式用于决定循环控制变量在每次循环中的变化量。注意循环的这三个主要部分必须用分号来分隔。只要条件测试为真，for 循环就一直执行下去。一旦条件为假，就会退出循环，执行 for 循环之后的语句。

下面的程序使用 for 循环打印 1 到 99 之间数字的平方根以及每个平方根的误差：

```
// Show square roots of 1 to 99 and the rounding error.
class SqrRoot {
  public static void main(String args[]) {
    double num, sroot, rerr;

    for(num = 1.0; num < 100.0; num++) {
      sroot = Math.sqrt(num);
      System.out.println("Square root of " + num +
                         " is " + sroot);

      // compute rounding error
      rerr = num - (sroot * sroot);
      System.out.println("Rounding error is " + rerr);
      System.out.println();
    }
  }
}
```

注意，误差是通过对每个平方根求平方后，再求结果与原值的差而得到的。

for 循环可以正值或负值的形式执行，可以用任何变化量来修改循环控制变量。例如，下面的程序就打印了 100 到–95 之间的数，递减量是 5：

```
// A negatively running for loop.
class DecrFor {
  public static void main(String args[]) {
    int x;

    for(x = 100; x > -100; x -= 5) ◄——— 循环控制变量每次递减 5
      System.out.println(x);
```

```
  }
}
```

for 循环的关键是：条件表达式是在循环的顶部进行测试的。这就意味着如果一开始条件就不成立，那么循环中的代码根本不会执行，如下所示：

```
for(count=10; count < 5; count++)
  x += count; // this statement will not execute
```

该循环永远也不会执行，因为在第一次进入循环时，控制变量 count 就大于 5。这就使得条件表达式 count < 5 从一开始就不成立，因此一次循环迭代也不会进行。

3.4.1 for 循环的一些变体

在 Java 语言中，for 语句是功能最强大的语句之一，因为它的变体非常多。例如，可使用多重循环控制变量。考虑如下所示的程序：

```
// Use commas in a for statement.
class Comma {
  public static void main(String args[]) {
    int i, j;

    for(i=0, j=10; i < j; i++, j--)   ◄———— 注意有两个循环控制变量
      System.out.println("i and j: " + i + " " + j);
  }
}
```

程序的输出如下所示：

```
i and j: 0 10
i and j: 1 9
i and j: 2 8
i and j: 3 7
i and j: 4 6
```

这里，逗号分隔了两条初始化语句和两个循环表达式。当循环开始时，i 和 j 会被同时初始化。每次循环时，i 会增加，j 会减少。多重循环控制变量通常十分方便，而且可以简化某些算法。初始化变量和循环语句的数量不限，但是在实际应用中，超过两个或三个时会使 for 循环变得不太实用。

控制循环的条件可以是任何有效的 Boolean 表达式，不一定与循环控制变量有关。在下面的示例中，循环会一直进行，直到用户用键盘输入字母 S 为止：

```
// Loop until an S is typed.
class ForTest {
  public static void main(String args[])
    throws java.io.IOException {

    int i;

    System.out.println("Press S to stop.");

    for(i = 0; (char) System.in.read() != 'S'; i++)
      System.out.println("Pass #" + i);
  }
}
```

3.4.2　缺失部分要素的 for 循环

另一些有趣的 for 循环变体是通过不对循环的某些部分进行定义来实现的。在 Java 中，for 循环的所有或部分初始化、条件或迭代部分都可以为空，如下所示：

```
// Parts of the for can be empty.
class Empty {
  public static void main(String args[]) {
    int i;

    for(i = 0; i < 10; ) {     ←—— 省略了迭代表达式
      System.out.println("Pass #" + i);
      i++; // increment loop control var
    }
  }
}
```

这里，for 循环没有迭代表达式，而把循环控制变量 i 的增加放在了循环体的内部。这意味着每次循环时都要测试 i 是否等于 10，此外没有进一步的动作。当然，因为 i 仍然在循环体内部递增，所以循环还可以正常进行，结果如下所示：

```
Pass #0
Pass #1
Pass #2
Pass #3
Pass #4
Pass #5
Pass #6
Pass #7
Pass #8
Pass #9
```

在下面的示例中，初始化部分也被移出 for 循环：

```
// Move more out of the for loop.
class Empty2 {
  public static void main(String args[]) {
    int i;     ←—— 初始化表达式被移到循环体之外

    i = 0; // move initialization out of loop
    for(; i < 10; ) {
      System.out.println("Pass #" + i);
      i++; // increment loop control var
    }
  }
}
```

在此版本中，在循环开始前就把 i 初始化了，没有把它作为 for 循环的一部分。一般情况下都是把循环控制变量的初始化放在 for 循环内部，但当初始值是通过某个复杂过程得到，又不方便把这一过程放在 for 语句中时，可将初始化放在循环之外。

3.4.3　无限循环

把 for 循环的条件表达式设为空，可以生成无限循环(infinite loop)，即永远不会停止的循环。例如，下面的代码段就是 Java 程序员创建无限循环的常用方法：

```
for(;;) // intentionally infinite loop
{
  //...
}
```

该循环将永远运行下去。尽管有许多程序设计任务(如操作系统命令处理器)需要无限循环，但多数“无限循环”都是具有特殊终止条件的循环。在本章结束时，将讨论如何终止这种类型的循环(提示，终止循环是使用 break 语句来实现的)。

3.4.4 没有循环体的循环

在 Java 中，for 循环或其他循环可以没有循环体，因为空语句(null statement)在语法上是有效的。没有循环体的循环十分有用。例如，下面的程序就使用了没有循环体的循环，计算从 1 至 5 的数之和：

```
// The body of a loop can be empty.
class Empty3 {
  public static void main(String args[]) {
    int i;
    int sum = 0;

    // sum the numbers through 5
    for(i = 1; i <= 5; sum += i++) ;  ◄──── 循环中没有循环体

    System.out.println("Sum is " + sum);
  }
}
```

程序的输出如下所示：

```
Sum is 15
```

注意，整个求和过程是在 for 语句中完成的，不需要循环体。这里要特别注意迭代表达式：

```
sum += i++
```

不要被这样的语句迷惑，它们在专业 Java 程序中是很普遍的，如果把它们分成各部分来看，就可以很轻松地理解了。换句话说，这条语句的意思是：“把 sum 的值加 i 后再赋给 sum，然后将 i 加 1”。因此，这条语句与下面的语句是等价的：

```
sum = sum + i;
i++;
```

3.4.5 在 for 循环内部声明循环控制变量

许多情况下，for 循环的循环控制变量只用于循环本身，并没有其他用途。这种情况下，我们可在 for 循环的初始化部分声明循环控制变量。例如，下面的程序计算从 1 到 5 的和与阶乘，它在 for 循环内部声明了循环控制变量 i：

```
// Declare loop control variable inside the for.
class ForVar {
  public static void main(String args[]) {
    int sum = 0;
```

```
    int fact = 1;

    // compute the factorial of the numbers through 5
    for(int i = 1; i <= 5; i++) {
      sum += i; // i is known throughout the loop
      fact *= i;
    }

    // but, i is not known here

    System.out.println("Sum is " + sum);
    System.out.println("Factorial is " + fact);
  }
}
```

在 for 循环内部声明变量时，有个重要的地方需要记住：变量的作用域在 for 语句的作用域结束时结束(即变量的作用域局限在 for 循环内部)。在 for 循环外部，变量将不再起作用。因此，在前面的程序中，在 for 循环外部是无法访问变量 i 的。如果需要在程序的其他地方使用循环控制变量，就不能在 for 循环内部声明。

在继续后面的内容前，可以自己试试修改 for 循环。你会发现，这是一种十分强大的循环。

3.4.6 增强型 for 循环

Java 有一种称为增强型 for 循环(enhanced for)的循环类型。增强型 for 循环提供了遍历对象集合(如数组)中内容的简化方式。第 5 章介绍数组时将讨论增强型 for 循环。

3.5 while 循环

Java 的另一种循环是 while 循环。while 循环的基本形式是：

```
while(condition) statement;
```

其中，statement 是一条语句或一个代码块，condition 定义了控制循环的条件，可以是任何有效的 boolean 表达式。条件为真时，循环会迭代。条件为假时，程序控制流会立刻转移到循环后面的代码行。

下面是一个使用 while 循环输出字母表的简单示例：

```
// Demonstrate the while loop.
class WhileDemo {
  public static void main(String args[]) {
    char ch;

    // print the alphabet using a while loop
    ch = 'a';
    while(ch <= 'z') {
      System.out.print(ch);
      ch++;
    }
  }
}
```

这里，初始化 ch 为字母 a。每次迭代循环时，都输出 ch，然后将它加 1。这个过程会一直持续，直到 ch 比 z 大为止。

与使用 for 循环一样，while 循环也在循环顶部检查条件表达式，这就意味着循环代码可能根本不会被执行。

因此无须在循环之前进行单独测试。下面的程序演示了 while 循环的这一特点，程序计算的是 2 的从 0 到 9 的整数幂：

```
// Compute integer powers of 2.
class Power {
  public static void main(String args[]) {
    int e;
    int result;

    for(int i=0; i < 10; i++) {
      result = 1;
      e = i;
      while(e > 0) {
        result *= 2;
        e--;
      }

      System.out.println("2 to the " + i +
                         " power is " + result);
    }
  }
}
```

程序的输出如下所示：

```
2 to the 0 power is 1
2 to the 1 power is 2
2 to the 2 power is 4
2 to the 3 power is 8
2 to the 4 power is 16
2 to the 5 power is 32
2 to the 6 power is 64
2 to the 7 power is 128
2 to the 8 power is 256
2 to the 9 power is 512
```

注意，只有当 e 大于 0 时，才执行 while 循环。因此，当 e 为 0 时，即它在 for 循环的第一次迭代中的值，while 循环会被跳过。

专家解答

问：就所有 Java 循环语句的内在灵活性而言，我在选择循环时所使用的标准应该是什么呢？也就是，我该如何选择适合特定任务的循环？

答： 迭代次数已知时，应该使用 for 循环。至少需要执行一次时，使用 do-while 循环。迭代次数不可知时，最好使用 while 循环。

3.6 do-while 循环

Java 还有一种循环是 do-while 循环。与 for、while 循环这些在循环顶部进行条件测试的语句不同，do-while 循环在循环底部进行条件检查。这就意味着 do-while 循环至少要执行一次。do-while 循环的基本形式如下：

```
do {
  statements;
} while(condition);
```

尽管只有一条语句时并不一定要使用花括号，但为提高 do-while 循环的可读性，常使用花括号，这样可防止与 while 循环相混淆。只要条件表达式为真，就会执行 do-while 循环。

下面的程序将一直循环，直到用户输入字母 q：

```
// Demonstrate the do-while loop.
class DWDemo {
  public static void main(String args[])
    throws java.io.IOException {

    char ch;

    do {
      System.out.print("Press a key followed by ENTER: ");
      ch = (char) System.in.read(); // get a char
    } while(ch != 'q');
  }
}
```

可使用 do-while 循环，进一步改善本章前面介绍的猜字母游戏。这次，程序将不断循环，直到猜到字母为止。

```
// Guess the letter game, 4th version.
class Guess4 {
  public static void main(String args[])
    throws java.io.IOException {

    char ch, ignore, answer = 'K';

    do {
      System.out.println("I'm thinking of a letter between A and Z.");
      System.out.print("Can you guess it: ");

      // read a character
      ch = (char) System.in.read();

      // discard any other characters in the input buffer
      do {
        ignore = (char) System.in.read();
      } while(ignore != '\n');

      if(ch == answer) System.out.println("** Right **");
      else {
        System.out.print("...Sorry, you're ");
        if(ch < answer) System.out.println("too low");
        else System.out.println("too high");
        System.out.println("Try again!\n");
      }
    } while(answer != ch);
  }
}
```

程序的运行效果如下所示：

```
I'm thinking of a letter between A and Z.
```

```
Can you guess it: A
...Sorry, you're too low
Try again!

I'm thinking of a letter between A and Z.
Can you guess it: Z
...Sorry, you're too high
Try again!

I'm thinking of a letter between A and Z.
Can you guess it: K
** Right **
```

注意，该程序还有一个有趣之处：这里有两个 do-while 循环。第一个 do-while 循环一直执行，直到用户猜对了字母。它所执行的操作和意义应该是很明显的。如下所示的第二个 do-while 循环则需要做一些解释：

```
// discard any other characters in the input buffer
do {
  ignore = (char) System.in.read();
} while(ignore != '\n');
```

前面解释过，控制台输入是行缓冲的，在传送字符前必须按下 Enter 键。按下 Enter 键会生成一个回车符和一个换行符。这些字符还保存在输入缓冲中。而且，如果在按下 Enter 键之前按了许多键，它们也会保存在输入缓冲中。通过不断读入输入内容，直到行的末尾，这个循环排除了这些字符。如果不排除这些字符，它们也会作为猜测发送到程序，这是不合理的(要查看这种情况，可以试着删除内部的 do-while 循环)。在学习了更多关于 Java 的知识后，第 10 章将介绍其他一些处理控制台输入的高级方式。但是，这里使用 read( )可以帮助理解 Java 的 I/O 系统的基本工作方式。这个代码段还显示了 Java 循环的另一个示例。

练习 3-2(Help2.java) 改进 Java 帮助系统

本练习在练习 3-1 创建的 Java 帮助系统的基础上进行了扩展。这个版本添加了 for、while 和 do-while 循环的语法，还检查用户菜单选项，不断循环直到输入有效响应。

步骤：

(1) 把 Help.java 复制到一个名为 Help2.java 的新文件。

(2) 修改 main( )程序的第一部分，使其使用一个循环来显示选项，如下所示：

```
public static void main(String args[])
  throws java.io.IOException {
  char choice, ignore;

  do {
    System.out.println("Help on:");
    System.out.println("  1. if");
    System.out.println("  2. switch");
    System.out.println("  3. for");
    System.out.println("  4. while");
    System.out.println("  5. do-while\n");
    System.out.print("Choose one: ");

    choice = (char) System.in.read();
```

```
    do {
      ignore = (char) System.in.read();
    } while(ignore != '\n');
  } while( choice < '1' | choice > '5');
```

注意，嵌套的 do-while 循环用于删除输入缓冲中出现的任何不需要的字符。修改完毕后，程序将进入循环，一直显示菜单，直到用户输入 1 至 5 之间的一个数作为响应值为止。

(3) 扩展 switch 语句，把 for、while 和 do-while 循环都添加进去，如下所示：

```
switch(choice) {
  case '1':
    System.out.println("The if:\n");
    System.out.println("if(condition) statement;");
    System.out.println("else statement;");
    break;
  case '2':
    System.out.println("The switch:\n");
    System.out.println("switch(expression) {");
    System.out.println("  case constant:");
    System.out.println("    statement sequence");
    System.out.println("    break;");
    System.out.println("  // ...");
    System.out.println("}");
    break;
  case '3':
    System.out.println("The for:\n");
    System.out.print("for(init; condition; iteration)");
    System.out.println(" statement;");
    break;
  case '4':
    System.out.println("The while:\n");
    System.out.println("while(condition) statement;");
    break;
  case '5':
    System.out.println("The do-while:\n");
    System.out.println("do {");
    System.out.println("  statement;");
    System.out.println("} while (condition);");
    break;
}
```

注意，这个版本的 switch 语句中没有出现 default 语句。因为菜单循环确保输入有效响应，所以不再需要加入 default 语句来处理无效选择。

(4) 下面是完整的 Help2.java 程序清单：

```
/*
   Try This 3-2

   An improved Help system that uses a
   do-while to process a menu selection.
*/
class Help2 {
  public static void main(String args[])
    throws java.io.IOException {
    char choice, ignore;
```

```
    do {
      System.out.println("Help on:");
      System.out.println("  1. if");
      System.out.println("  2. switch");
      System.out.println("  3. for");
      System.out.println("  4. while");
      System.out.println("  5. do-while\n");
      System.out.print("Choose one: ");

      choice = (char) System.in.read();

      do {
        ignore = (char) System.in.read();
      } while(ignore != '\n');
    } while( choice < '1' | choice > '5');

    System.out.println("\n");

    switch(choice) {
      case '1':
        System.out.println("The if:\n");
        System.out.println("if(condition) statement;");
        System.out.println("else statement;");
        break;
      case '2':
        System.out.println("The switch:\n");
        System.out.println("switch(expression) {"};
        System.out.println("  case constant:");
        System.out.println("    statement sequence");
        System.out.println("    break;");
        System.out.println("  // ...");
        System.out.println(")");
        break;
      case '3':
        System.out.println("The for:\n");
        System.out.print("for(init; condition; iteration)");
        System.out.println(" statement;");
        break;
      case '4':
        System.out.println("The while:\n");
        System.out.println("while(condition) statement;");
        break;
      case '5':
        System.out.println("The do-while:\n");
        System.out.println("do {"};
        System.out.println("  statement;");
        System.out.println(") while (condition);");
        break;
    }
  }
}
```

3.7 使用 break 语句退出循环

使用 break 语句可跳过循环体的其余代码和循环的条件测试，强迫循环立即退出。在某个循环内部遇到 break 语句时，循环终止，程序控制流转移至循环后面的语句。下面是一个简单示例：

```
// Using break to exit a loop.
class BreakDemo {
 public static void main(String args[]) {
   int num;

   num = 100;

   // loop while i-squared is less than num
   for(int i=0; i < num; i++) {
     if(i*i >= num) break; // terminate loop if i*i >= 100
     System.out.print(i + " ");
   }
   System.out.println("Loop complete.");
 }
}
```

程序的输出如下所示：

```
0 1 2 3 4 5 6 7 8 9 Loop complete.
```

可以看出，尽管这是一个用于运行从 0 到 num(在本例中为 100)的 for 循环，但 break 语句会使循环在 i 的平方大于或等于 num 时提前终止。

break 语句可用在 Java 的任何循环中，包括有意设置的无限循环。例如，下面的程序一直读取输入，直到用户键入字母 q 为止：

```
// Read input until a q is received.
class Break2 {
 public static void main(String args[])
   throws java.io.IOException {

   char ch;

   for( ; ; ) {
     ch = (char) System.in.read(); // get a char
     if(ch == 'q') break;
   }
   System.out.println("You pressed q!");
 }
}
```

此无限循环由 break 语句终止

在嵌套循环中使用 break 语句时，结束的只是最内部的循环。例如：

```
// Using break with nested loops.
class Break3 {
 public static void main(String args[]) {

   for(int i=0; i<3; i++) {
     System.out.println("Outer loop count: " + i);
     System.out.print("    Inner loop count: ");
```

```
      int t = 0;
      while(t < 100) {
        if(t == 10) break; // terminate loop if t is 10
        System.out.print(t + " ");
        t++;
      }
      System.out.println();
    }
    System.out.println("Loops complete.");
  }
}
```

程序的输出如下所示：

```
Outer loop count: 0
    Inner loop count: 0 1 2 3 4 5 6 7 8 9
Outer loop count: 1
    Inner loop count: 0 1 2 3 4 5 6 7 8 9
Outer loop count: 2
    Inner loop count: 0 1 2 3 4 5 6 7 8 9
Loops complete.
```

可以看出，内部循环的 break 语句只能使内部循环终止，外部循环不受其影响。

关于 break 语句还有两点需要记住。第一，一个循环中可出现多个 break 语句。然而要小心，太多的 break 语句会破坏代码结构。第二，结束 switch 语句的 break 语句只影响 switch 语句，而不影响外层循环。

3.8 将 break 语句作为一种 goto 语句使用

break 语句除了与 switch 语句和循环语句一起使用之外，也可作为一种"文明"的 goto 语句单独使用。Java 没有 goto 语句，因为该语句提供的是改变程序执行流程的非结构化方法。大量使用 goto 语句的程序通常难以理解，难以维护。然而，在有些地方 goto 语句却是合理且有用的。例如，goto 语句在从嵌套很深的循环退出时就很有用。为处理这些情况，Java 定义了 break 语句的一种扩展形式。通过使用这种形式的 break 语句，可从一个或多个代码块中退出。这些代码块不需要是循环或 switch 语句的一部分，而可以是任何代码块。不仅如此，还可以精确地指定执行流继续执行的位置，因为这种形式的 break 语句在工作时有一个标记。break 语句只提供了 goto 语句的优点，却不会带来 goto 语句产生的问题。

带有标记的 break 语句的基本形式如下所示：

```
break label;
```

这里，label 是用于标识代码块的标记名。当这种 break 语句执行时，控制权就会转移到代码块以外。已标记的代码块必须包含 break 语句，但不必立刻结束代码块。这就意味着可使用带标记的 break 语句从一系列嵌套代码块中退出。然而，不能使用 break 语句将控制权转移到另一个不包含 break 语句的代码块。

要命名一个代码块，只需要在它的前面加标记。被标记的代码块可以是单独的代码块，也可以是以代码块作为目标的语句。label 可以是任何后跟冒号的有效 Java 标识符。一旦对代码块进行了标记，就可以把这个标记作为 break 语句的目标。这样做会使执行流在已标记代码块的结尾继续执行。例如，下面的程序包含 3 个嵌套代码块：

```
// Using break with a label.
class Break4 {
  public static void main(String args[]) {
    int i;
```

```
    for(i=1; i<4; i++) {
  one:  {
  two:    {
  three:    {
             System.out.println("\ni is " + i);
             if(i==1) break one;
             if(i==2) break two;
             if(i==3) break three;

             // this is never reached
             System.out.println("won't print");
           }
           System.out.println("After block three.");
         }
         System.out.println("After block two.");
       }
       System.out.println("After block one.");
     }
     System.out.println("After for.");
   }
 }
```

程序的输出如下所示：

```
i is 1
After block one.

i is 2
After block two.
After block one.

i is 3
After block three.
After block two.
After block one.
After for.
```

仔细研究一下程序，弄明白这个结果是如何产生的。当 i 为 1 时，第一个 if 条件成立，这使得控制权转移到标记 one 定义的代码块的结尾，输出“After block one.”。当 i 为 2 时，第二个 if 条件成立，使得控制权转移到标记 two 定义的代码块的结尾，输出消息“After block two.”和“After block one.”。当 i 为 3 时，第三个 if 条件成立，控制权将转移到标记 three 定义的代码块的结尾，这时会显示所有三条消息。

下面是另一个示例。这次，break 用于跳出一系列嵌套 for 循环。当执行内部循环的 break 语句时，程序控制权会跳转到 for 循环外部定义的标有 done 的代码块的末尾。这就会跳过其余三个循环。

```
// Another example of using break with a label.
class Break5 {
  public static void main(String args[]) {

done:
    for(int i=0; i<10; i++) {
      for(int j=0; j<10; j++) {
        for(int k=0; k<10; k++) {
          System.out.println(k + " ");
          if(k == 5) break done; // jump to done
```

```
        }
        System.out.println("After k loop"); // won't execute
      }
      System.out.println("After j loop"); // won't execute
    }
    System.out.println("After i loop");
  }
}
```

程序的输出如下所示：

```
0
1
2
3
4
5
After i loop
```

标记的放置位置很重要，当与循环结合使用时更是如此。例如下面的程序：

```
// Where you put a label is important.
class Break6 {
  public static void main(String args[]) {
    int x=0, y=0;

// here, put label before for statement.
stop1: for(x=0; x < 5; x++) {
         for(y = 0; y < 5; y++) {
           if(y == 2) break stop1;
           System.out.println("x and y: " + x + " " + y);
         }
       }

       System.out.println();

// now, put label immediately before {
      for(x=0; x < 5; x++)
stop2: {
         for(y = 0; y < 5; y++) {
           if(y == 2) break stop2;
           System.out.println("x and y: " + x + " " + y);
         }
       }
  }
}
```

程序的输出如下所示：

```
x and y: 0 0
x and y: 0 1

x and y: 0 0
x and y: 0 1
x and y: 1 0
x and y: 1 1
x and y: 2 0
```

```
x and y: 2 1
x and y: 3 0
x and y: 3 1
x and y: 4 0
x and y: 4 1
```

在该程序中，两组嵌套循环只有一个不同之处。在第一组中，标记位于外部 for 循环之前。这种情况下，执行 break stop1 语句时，控制权会跳过外部循环，转移到整个 for 代码块的末尾。在第二组中，标记位于外部 for 语句的左花括号之前。因此，在执行 break stop2 语句时，控制权会转移到外部 for 代码块的末尾，使得下一次循环开始进行。

切记，不能使控制权转移到任何不包含 break 语句的代码块的标记处。例如，下面的程序是无效的，不能编译：

```
// This program contains an error.
class BreakErr {
  public static void main(String args[]) {

    one: for(int i=0; i<3; i++) {
      System.out.print("Pass " + i + ": ");
    }

    for(int j=0; j<100; j++) {
      if(j == 10) break one; // WRONG
      System.out.print(j + " ");
    }
  }
}
```

因为标记有 one 的循环不包含 break 语句，所以不可能把控制权转移到该代码块。

专家解答

问： 你说 goto 是非结构化的，而带有标记的 break 语句提供了一种更好的方式，但使用 break 中断并跳转到许多行和嵌套层之外的代码不也是一种非结构化方法吗？

答： 简言之，的确如此。但是在程序的执行流需要跳转的情况下，跳转到标记还可以保留一些结构化特性，而使用 goto 则不能。

3.9 使用 continue 语句

跳过循环的正常控制结构来强制循环迭代也是可以的。使用continue语句就可以实现这一目的。continue语句会跳过它本身与控制循环的条件表达式之间的任何代码，强制执行循环的下一次迭代。因此，本质上continue 语句与 break 语句正好相反。例如，下面的程序使用 continue 语句来帮助输出 0 到 100 之间的偶数：

```
// Use continue.
class ContDemo {
  public static void main(String args[]) {
    int i;

    // print even numbers between 0 and 100
```

```
    for(i = 0; i<=100; i++) {
      if((i%2) != 0) continue; // iterate
      System.out.println(i);
    }
  }
}
```

因为奇数会导致提前进入下一次迭代，绕过对 println( )的调用，所以只有偶数会输出。

在 while 和 do-while 循环中，continue 语句会使控制权直接转移到条件表达式，然后继续循环过程。使用 for 循环时，会首先计算迭代表达式，然后执行条件表达式，再继续进行循环。

与 break 语句一样，continue 语句可以指定标记来描述要继续执行的包含它的循环。下面就是一个使用带有标记的 continue 语句的程序：

```
// Use continue with a label.
class ContToLabel {
  public static void main(String args[]) {

outerloop:
    for(int i=1; i < 10; i++) {
      System.out.print("\nOuter loop pass " + i +
                       ", Inner loop: ");
      for(int j = 1; j < 10; j++) {
        if(j == 5) continue outerloop; // continue outer loop
        System.out.print(j);
      }
    }
  }
}
```

程序的输出如下所示：

```
Outer loop pass 1, Inner loop: 1234
Outer loop pass 2, Inner loop: 1234
Outer loop pass 3, Inner loop: 1234
Outer loop pass 4, Inner loop: 1234
Outer loop pass 5, Inner loop: 1234
Outer loop pass 6, Inner loop: 1234
Outer loop pass 7, Inner loop: 1234
Outer loop pass 8, Inner loop: 1234
Outer loop pass 9, Inner loop: 1234
```

如输出所示，在执行 continue 语句时，控制权会跳过其他内部循环，转移到外部循环。

continue 语句并不常见，原因之一就是 Java 提供了一系列丰富的、适用于大部分情况的循环语句。然而，在一些需要提前进行迭代的特殊情况下，continue 语句提供了一种结构化方法来完成任务。

练习 3-3(Help3.java) 完成 Java 帮助系统

本练习用于完成前面练习所创建的 Java 帮助系统。这个版本会添加 break 和 continue 语句的语法，还允许用户查询多个语句的语法。为此，添加一个外部循环，该循环一直运行，直到用户输入字母 q 作为菜单选择为止。

步骤：

(1) 把 Help2.java 复制到一个名为 Help3.java 的新文件。

(2) 把所有程序代码包含在一个无限 for 循环中。当输入字母 q 时，使用 break 语句跳出循环。因为这个循环包含所有程序代码，所以跳出该循环会导致程序终止。

(3) 修改后的菜单循环如下所示：

```
do {
  System.out.println("Help on:");
  System.out.println("  1. if");
  System.out.println("  2. switch");
  System.out.println("  3. for");
  System.out.println("  4. while");
  System.out.println("  5. do-while");
  System.out.println("  6. break");
  System.out.println("  7. continue\n");
  System.out.print("Choose one (q to quit): ");

  choice = (char) System.in.read();

  do {
    ignore = (char) System.in.read();
  } while(ignore != '\n');
} while( choice < '1' | choice > '7' & choice != 'q');
```

注意，该循环现在包含 break 和 continue 语句，也把字母 q 作为有效选择。

(4) 扩展 switch 语句以便包含 break 和 continue 语句，如下所示：

```
case '6':
  System.out.println("The break:\n");
  System.out.println("break; or break label;");
  break;
case '7':
  System.out.println("The continue:\n");
  System.out.println("continue; or continue label;");
  break;
```

(5) 完整的 Help3.java 程序清单如下所示：

```
/*
   Try This 3-3

   The finished Java statement Help system
   that processes multiple requests.
*/
class Help3 {
  public static void main(String args[])
    throws java.io.IOException {
    char choice, ignore;

    for(;;) {
      do {
        System.out.println("Help on:");
        System.out.println("  1. if");
        System.out.println("  2. switch");
        System.out.println("  3. for");
        System.out.println("  4. while");
        System.out.println("  5. do-while");
        System.out.println("  6. break");
```

```
        System.out.println("  7. continue\n");
        System.out.print("Choose one (q to quit): ");

        choice = (char) System.in.read();

        do {
          ignore = (char) System.in.read();
        } while(ignore != '\n');
      } while( choice < '1' | choice > '7' & choice != 'q');

      if(choice == 'q') break;

      System.out.println("\n");

      switch(choice) {
        case '1':
          System.out.println("The if:\n");
          System.out.println("if(condition) statement;");
          System.out.println("else statement;");
          break;
        case '2':
          System.out.println("The switch:\n");
          System.out.println("switch(expression) {");
          System.out.println("  case constant:");
          System.out.println("    statement sequence");
          System.out.println("    break;");
          System.out.println("  // ...");
          System.out.println("}");
          break;
        case '3':
          System.out.println("The for:\n");
          System.out.print("for(init; condition; iteration)");
          System.out.println(" statement;");
          break;
        case '4':
          System.out.println("The while:\n");
          System.out.println("while(condition) statement;");
          break;
        case '5':
          System.out.println("The do-while:\n");
          System.out.println("do {");
          System.out.println("  statement;");
          System.out.println("} while (condition);");
          break;
        case '6':
          System.out.println("The break:\n");
          System.out.println("break; or break label;");
          break;
        case '7':
          System.out.println("The continue:\n");
          System.out.println("continue; or continue label;");
          break;
      }
      System.out.println();
    }
  }
```

```
}
```

(6) 程序的运行效果如下所示：

```
Help on:
  1. if
  2. switch
  3. for
  4. while
  5. do-while
  6. break
  7. continue

Choose one (q to quit): 1

The if:

if(condition) statement;
else statement;

Help on:
  1. if
  2. switch
  3. for
  4. while
  5. do-while
  6. break
  7. continue

Choose one (q to quit): 6

The break:

break; or break label;

Help on:
  1. if
  2. switch
  3. for
  4. while
  5. do-while
  6. break
  7. continue

Choose one (q to quit): q
```

3.10 嵌套循环

如前所示，一个循环可嵌套在其他循环中。嵌套循环解决的程序设计问题范围广泛，是程序设计的重要部分。因此，在结束 Java 循环语句这一话题之前，再看一个嵌套循环的示例。下面是一个使用嵌套循环在 2 到 100 之间寻找因数的程序：

```
/*
   Use nested loops to find factors of numbers
```

```
  between 2 and 100.
*/
class FindFac {
  public static void main(String args[]) {

    for(int i=2; i <= 100; i++) {
      System.out.print("Factors of " + i + ": ");
      for(int j = 2; j < i; j++)
        if((i%j) == 0) System.out.print(j + " ");
      System.out.println();
    }
  }
}
```

程序生成的部分结果如下所示：

```
Factors of 2:
Factors of 3:
Factors of 4: 2
Factors of 5:
Factors of 6: 2 3
Factors of 7:
Factors of 8: 2 4
Factors of 9: 3
Factors of 10: 2 5
Factors of 11:
Factors of 12: 2 3 4 6
Factors of 13:
Factors of 14: 2 7
Factors of 15: 3 5
Factors of 16: 2 4 8
Factors of 17:
Factors of 18: 2 3 6 9
Factors of 19:
Factors of 20: 2 4 5 10
```

在本程序中，外部循环在 i 从 2～100 时进行。内部循环测试从 2 到 i 的所有数据，打印出可整除 i 的值。附加思考：前面程序的效率可以再提高，你能看出如何实现吗？(提示：内部循环的迭代次数可以减少。)

3.11 自测题

1. 编写一个程序，从键盘读取字符，直到接收到句点字符为止。程序要计算空格数量。在程序的末尾显示总数。

2. 写出 if-else-if 阶梯状语句的基本格式。

3. 已知：

```
if(x < 10)
  if(y > 100) {
    if(!done) x = z;
    else y = z;
  }
else System.out.println("error"); // what if?
```

请问最后一个 else 与哪个 if 语句相关？

4. 写出计算从 1000 至 0 每次递减 2 的 for 循环语句。

5. 下面的代码有效吗？

```
for(int i = 0; i < num; i++)
  sum += i;

count = i;
```

6. 解释 break 语句的作用。两种格式都要解释。

7. 在下面的代码段中，执行过 break 语句后会显示什么？

```
for(i = 0; i < 10; i++) {
  while(running) {
    if(x<y) break;
     // ...
  }
  System.out.println("after while");
}
System.out.println("After for");
```

8. 下面代码段的输出结果是什么？

```
for(int i = 0; i<10; i++) {
 System.out.print(i + " ");
 if((i%2) == 0) continue;
 System.out.println();
}
```

9. for 循环中的迭代表达式不必总是以固定量来改变循环控制变量的值。相反，循环控制变量可以用任意方式来改变。利用这一概念，编写 for 循环来生成和显示级数 1、2、4、8、16、32，等等。

10. ASCII 小写字母与大写字母之差为 32。因此，把小写字母转换为大写字母只需要减去 32。利用这一点编写一个从键盘读取字符的程序。把所有小写字母转换为大写字母，把所有大写字母转换为小写字母，并显示结果。其他字符保持不变。当用户按下句点键时，程序停止。最后，让程序显示发生变化的字母的数量。

11. 什么是无限循环？

12. 使用带有标记的 break 语句时，标记必须在包含 break 语句的代码块中吗？

第 4 章

类、对象和方法

关键技能与概念

- 了解类的基础知识
- 了解如何创建对象
- 理解如何给引用变量赋值
- 创建方法，返回值，并使用形参
- 使用 return 关键字
- 从方法返回值
- 向方法添加形参
- 使用构造函数
- 创建带形参的构造函数
- 理解 new 运算符
- 理解垃圾回收
- 使用 this 关键字

在深入学习 Java 前，需要了解类。类是 Java 的精华，是整个 Java 语言的基础，因为类定义了对象的本质。类形成了 Java 中面向对象程序设计的基础。类中定义了数据和操作这些数据的代码。代码包含在方法中。因为类、对象和方法是 Java 的基础，所以本章要介绍这些内容。对这些内容有了基本认识，才能编写出较复杂的程序，才能更好地理解下一章要介绍的 Java 的一些关键元素。

4.1 类的基础知识

因为所有 Java程序活动都发生在类中，所以从本书的开始部分就已经在使用类了。当然，我们用到的只是极简单的类，而类的主要功能还没有用到。类所蕴含的功能比我们先前见到的有限示例要强大许多。

让我们从复习基础知识开始。类是定义对象形式的模板，指定了数据以及操作数据的代码。Java 使用类的规范来构造对象(object)，而对象是类的实例(instance)。因此，类实质上是一系列指定如何构建对象的计划。类是逻辑抽象，搞清楚这个问题非常重要。直到类的对象被创建时，内存中才会有类的物理表示。

注意，组成类的方法和变量都称为类的成员(member)。数据成员也称为实例变量。

4.1.1 类的基本形式

当定义类时，要声明类确切的形式和特性。这是通过指定类所包含的实例变量和操作它们的方法来完成的。尽管简单的类可能只包含方法，或只包含实例变量，但大多数实际的类一般都包含这两者。

使用关键字 class 创建类。类定义的基本形式如下所示：

```
class classname {
   // declare instance variables
   type var1;
   type var2;
   // ...
   type varN;

   // declare methods
   type method1(parameters) {
       // body of method
   }
   type method2(parameters) {
       // body of method
   }
   // ...
   type methodN(parameters) {
       // body of method
   }
}
```

尽管类的定义没有严格的语法规则，但是设计良好的类应该只定义唯一的逻辑实体。例如，用于存储姓名和电话号码的类一般不用于存储股市信息、平均降雨量、太阳黑斑周期或其他无关信息。这里的要点是：设计良好的类只应该组织逻辑相关的信息。将无关信息放在同一个类中很快就会破坏代码。

直到现在，我们使用的类只用到一个方法：main( )。但是，你很快就会明白如何创建其他方法。注意，类的基本形式中没有指定 main( )方法。只有当一个类是程序的运行起点时，才需要定义 main( )方法，而且某些类型的 Java 应用程序不需要 main( )方法。

4.1.2　定义类

为了说明类，我们将开发一个封装汽车(如轿车、敞篷货车和卡车)信息的类。该类名为 Vehicle，它存储了汽车的以下信息：载客数量、油箱容量和耗油均值(每加仑行驶的英里数)。

第一版的 Vehicle 如下所示。它定义了三个实例变量：passengers、fuelcap 和 mpg。注意，Vehicle 不包含任何方法。因此，它是一个只包含数据的类(后面将向其中添加方法)。

```
class Vehicle {
  int passengers; // number of passengers
  int fuelcap;    // fuel capacity in gallons
  int mpg;        // fuel consumption in miles per gallon
}
```

class 定义了一种新的数据类型。本例中，新的数据类型名为 Vehicle。可使用这个名称声明 Vehicle 类型的对象。切记，class 声明只是类型描述，不创建任何实际对象。因此，前面的代码不会创建任何 Vehicle 类型的对象。

创建 Vehicle 对象需要使用如下语句：

```
Vehicle minivan = new Vehicle(); // create a Vehicle object called minivan
```

该语句执行后，minivan 会成为 Vehicle 的一个实例。因此，它就有了真实性。这里先不要考虑语句的细节。

每次创建类的实例时，都是在创建一个对象，其中包含类定义的实例变量副本。因此，每个 Vehicle 对象都会包含实例变量 passengers、fuelcap 和 mpg 的副本。要访问这些变量，可使用点(.)运算符。点运算符将对象名和成员名链接在一起。点运算符的基本形式如下所示：

```
object.member
```

对象在点运算符左侧指定，成员则放在点运算符右侧。例如，将数值 16 赋给 minivan 的 fuelcap 变量，需要使用下面的语句：

```
minivan.fuelcap = 16;
```

总之，可使用点运算符来访问实例变量和方法。

下面是使用 Vehicle 类的完整程序：

```
// A program that uses the Vehicle class.

class Vehicle {
  int passengers; // number of passengers
  int fuelcap;    // fuel capacity in gallons
  int mpg;        // fuel consumption in miles per gallon
}

// This class declares an object of type Vehicle.
class VehicleDemo {
  public static void main(String args[]) {
    Vehicle minivan = new Vehicle();
    int range;

    // assign values to fields in minivan
    minivan.passengers = 7;
    minivan.fuelcap = 16;   ←—— 注意使用点运算符来访问成员
    minivan.mpg = 21;
```

```
    // compute the range assuming a full tank of gas
    range = minivan.fuelcap * minivan.mpg;
    System.out.println("Minivan can carry " + minivan.passengers +
                       " with a range of " + range);
  }
}
```

为测试这个程序，可将 Vehicle 和 VehicleDemo 类放在同一个源文件中。例如，包含本程序的文件可以命名为 VehicleDemo.java，因为 main( )方法在名为 VehicleDemo 的类中，而不是在名为 Vehicle 的类中。这两个类都可以放在文件的开头。在使用 javac 编译该程序时，会创建两个扩展名为.class 的文件，一个用于 Vehicle，另一个则用于 VehicleDemo。Java 编译器将自动把每个类放到各自的.class 文件中。没必要将 Vehicle 和 VehicleDemo 类放入同一个源文件。可将这两个类分别放在名为 Vehicle.java 和 VehicleDemo.java 的文件中。若这么做，仍可通过编译 VehicleDemo.java 来编译程序。

要运行该程序，必须执行 VehicleDemo.class，输出如下所示：

```
Minivan can carry 7 with a range of 336
```

在继续学习前，先复习如下基本原理：因为每个对象都有自己的由类定义的实例变量副本，所以一个对象的变量内容与另一个对象的变量内容是不同的。两个对象除了都是同一类型的对象这一事实外，它们之间没什么联系。例如，如果有两个 Vehicle 对象，每个对象都可以有自己的 passengers、fuelcap 和 mpg，而且对象间变量的内容也可以不一样。以下程序就说明了这一点(注意带有 main( )的类现在名为 TwoVehicles)。

```
// This program creates two Vehicle objects.

class Vehicle {
  int passengers; // number of passengers
  int fuelcap;    // fuel capacity in gallons
  int mpg;        // fuel consumption in miles per gallon
}

// This class declares an object of type Vehicle.
class TwoVehicles {
  public static void main(String args[]) {
    Vehicle minivan = new Vehicle();      ┐ 注意，minivan 和 sportscar
    Vehicle sportscar = new Vehicle();    ┘ 代表独立对象

    int range1, range2;

    // assign values to fields in minivan
    minivan.passengers = 7;
    minivan.fuelcap = 16;
    minivan.mpg = 21;

    // assign values to fields in sportscar
    sportscar.passengers = 2;
    sportscar.fuelcap = 14;
    sportscar.mpg = 12;

    // compute the ranges assuming a full tank of gas
    range1 = minivan.fuelcap * minivan.mpg;
    range2 = sportscar.fuelcap * sportscar.mpg;

    System.out.println("Minivan can carry " + minivan.passengers +
```

```
                    " with a range of " + range1);

    System.out.println("Sportscar can carry " + sportscar.passengers +
                    " with a range of " + range2);
  }
}
```

程序的输出如下所示：

```
Minivan can carry 7 with a range of 336
Sportscar can carry 2 with a range of 168
```

可以看出，minivan 中的数据与包含在 sportscar 中的数据是完全分开的。图 4-1 对此进行了说明。

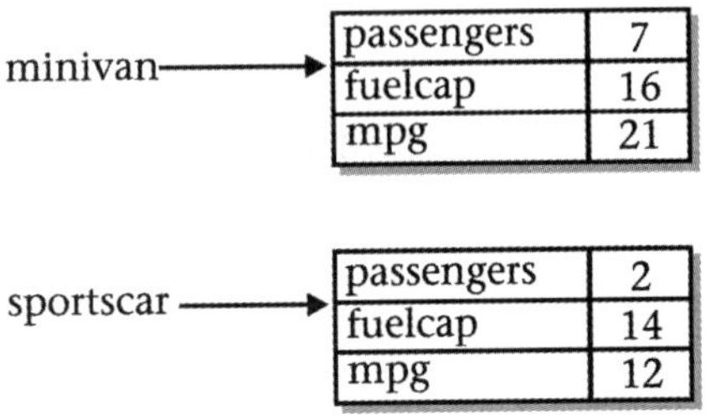

图 4-1　数据是完全分开的

4.2　如何创建对象

下面这一行代码在前面的程序中用于声明一个 Vehicle 类型的对象：

```
Vehicle minivan = new Vehicle();
```

该声明完成两个功能。首先，它声明一个名为 minivan 的 Vehicle 类型的变量。该变量没有定义对象，它只是一个可以引用对象的变量。其次，它创建了对象的一个实际副本，并把对象的引用赋给 minivan。这些都是由 new 运算符完成的。

new 运算符为对象动态分配内存(即在运行时分配内存)，并返回一个对它的引用。该引用是由 new 分配的对象在内存中的地址。然后，把引用存储在变量中。因此，在 Java 中，必须动态分配所有类对象。

前面语句中包含的两个步骤可分开重写，如下所示：

```
Vehicle minivan; // declare reference to object
minivan = new Vehicle(); // allocate a Vehicle object
```

第一行把 minivan 声明为对 Vehicle 类型对象的引用。因此，minivan 是一个可引用对象的变量，但它本身不是对象。此时，minivan 不引用对象。第二行创建了一个新的 Vehicle 对象，并把对它的引用赋给 minivan。现在，minivan 就与一个对象链接在一起了。

4.3　引用变量和赋值

在赋值运算中，对象引用变量与基本类型变量(如 int 变量)的工作方式不同。将一个基本类型的变量赋给另一个变量时，情况很简单。等号左边的变量接收等号右边变量值的副本。当把一个对象引用变量赋给其他对象引用变量时，情况就有些复杂了，因为是在改变引用变量所引用的对象。这一不同可能导致出乎意料的结果。例如，考虑下面的代码段：

```
Vehicle car1 = new Vehicle();
Vehicle car2 = car1;
```

乍一看，很容易想到 car1 和 car2 引用的是不同对象，但情况并非如此。相反，car1 和 car2 引用的是同一个对象。把 car1 赋给 car2 使 car2 也指向 car1 指向的对象。因此，既可通过 car1 也可通过 car2 来操作对象。例如，下面的赋值语句：

```
car1.mpg = 26;
```

执行之后，下面两条 println( )语句：

```
System.out.println(car1.mpg);
System.out.println(car2.mpg);
```

都显示相同的值——26。

尽管 car1 和 car2 都引用相同的对象，但它们之间没有关系。例如，下面对 car2 的赋值只是改变了 car2 所引用的对象：

```
Vehicle car1 = new Vehicle();
Vehicle car2 = car1;
Vehicle car3 = new Vehicle();

car2 = car3; // now car2 and car3 refer to the same object.
```

执行这一系列代码后，car2 与 car3 指向同一个对象。由 car1 引用的对象没有变化。

4.4 方法

如前所述，实例变量和方法组成了类。到目前为止，Vehicle 类只包含数据，却没有方法。尽管只有数据的类也是完全有效的，但多数类具有方法。方法是子例程，它操作类定义的数据，多数情况下会提供对数据的访问。多数情况下，程序的其他部分都是通过类的方法与类进行交互的。

一个方法包含一条或多条语句。在编写完善的 Java 代码中，每个方法只执行一项任务。每个方法只有一个名称，而方法也是通过使用这个名称被调用的。总之，可以对方法任意命名。但是，要切记 main( )是为程序开始执行准备的方法，而且也不能使用 Java 关键字作为方法名。

当用文本表示方法时，本书使用编写 Java 的常用惯例，即在方法名后面使用圆括号。例如，如果方法名为 getval，那么在句子中使用它的名称时，就会写为 getval()。这种表示方式有助于将书中的方法名与变量名区分开来。

方法的基本形式如下所示：

```
ret-type name( parameter-list ) {
  // body of method
}
```

其中，ret-type 指定方法返回的数据类型。返回类型可以是任何有效类型，包括创建的类类型。如果方法不返回值，返回类型必须为 void。方法名由 name 指定。该名称可以是任何合法的，并且是当前作用域中没有被其他方法使用的标识符。parameter-list 是一系列用逗号隔开的类型与标识符对。形参(parameter)本质上是变量，它在调用方法时接收传递到方法的实参(argument)的值。如果方法没有形参，形参列表就为空。

向 Vehicle 类添加方法

如前所述，类的方法通常操作或访问类的数据。知道这一点后，回顾一下，前面示例的 main( )通过将耗油率和油箱容量相乘来计算汽车的行驶里程。尽管技术上这是正确的，但这并非处理这种计算的最佳办法。计算汽车的行驶里程最好由 Vehicle 类自行处理。这一结论的原因是易于理解的：汽车的行驶里程与油箱容量以及燃油率有关，这两个数据都被封装在 Vehicle 类中。通过向 Vehicle 类添加一个计算行驶里程的方法，可增强它的面向对象结构。要向 Vehicle 添加一个方法，在 Vehicle 的声明内指定它即可。例如，下面的 Vehicle 版本就包含一个名为 range( )的方法，它显示汽车行驶的里程。

```
// Add range to Vehicle.

class Vehicle {
  int passengers; // number of passengers
  int fuelcap;    // fuel capacity in gallons
  int mpg;        // fuel consumption in miles per gallon

  // Display the range.
  void range() {
    System.out.println("Range is " + fuelcap * mpg);
  }
}

class AddMeth {
  public static void main(String args[]) {
    Vehicle minivan = new Vehicle();
    Vehicle sportscar = new Vehicle();

    int range1, range2;

    // assign values to fields in minivan
    minivan.passengers = 7;
    minivan.fuelcap = 16;
    minivan.mpg = 21;

    // assign values to fields in sportscar
    sportscar.passengers = 2;
    sportscar.fuelcap = 14;
    sportscar.mpg = 12;


    System.out.print("Minivan can carry " + minivan.passengers +
               ". ");

    minivan.range(); // display range of minivan

    System.out.print("Sportscar can carry " + sportscar.passengers +
               ". ");

    sportscar.range(); // display range of sportscar.
  }
}
```

range( )方法包含在 Vehicle 类中

注意 fuelcap 和 mpg 被直接使用，没有利用点运算符

程序的输出如下所示：

```
Minivan can carry 7. Range is 336
Sportscar can carry 2. Range is 168
```

我们从 range( )方法开始查看该程序的关键元素。range( )的第一行代码是：

```
void range() {
```

这一行声明了一个名为 range 的无形参方法。它返回的类型是 void。因此，range( )不向调用者返回值。这一行以方法体的左花括号结尾。

range( )的主体由下面这行代码组成：

```
System.out.println("Range is " + fuelcap * mpg);
```

该语句显示了 fuelcap 与 mpg 相乘得到的汽车行驶里程。因为在调用 range( )时，Vehicle 类型的每个对象都有自己的 fuelcap 和 mpg 的副本，所以行驶里程的计算使用了调用对象的这些变量的副本。

range( )方法在遇到右花括号时结束。这会导致程序的控制权返回给调用者。

下面仔细介绍 main( )中的这行代码：

```
minivan.range();
```

该语句调用 minivan 的 range( )方法。即它在对象后面使用点运算符，调用与 minivan 对象相关的 range( )。当调用方法时，程序控制权被转移到方法。当方法结束时，控制权转移回调用者，从调用后的一行代码继续执行。

本例中，调用 minivan.range( )用于显示 minivan 定义的汽车行驶里程。与之相似，调用 sportscar.range( )用于显示 sportscar 定义的汽车行驶里程。每次调用 range( )时，都显示特定对象的行驶里程。

在 range( )方法中有一个很重要的细节值得注意：没有在实例变量 fuelcap 和 mpg 的前面添加对象名或点运算符就直接引用了它们。当一个方法使用由它的类定义的实例变量时，可以直接使用，无须显式引用对象，也无须使用点运算符。思考一下，就会发现这一点是很容易理解的。方法总被与其相关的类的对象调用。一旦调用发生，对象就是已知的。因此，在方法中，没必要第二次指定对象。这就意味着 range( )中的 fuelcap 和 mpg 隐式引用了调用 range( )的对象中的变量副本。

4.5 从方法返回值

从整体上讲，引起方法返回的条件有两个：第一个是当遇到方法的右花括号时，如前面示例中所示的 range( )方法；第二个是当执行 return 语句时。return 语句有两种形式：一种用在 void 方法(不返回值的方法)中，另一种则用于返回值的方法中。这里讨论第一种形式，4.6 节再介绍如何返回值。

在 void 方法中，可使用下面形式的 return 语句使方法立即结束：

```
return;
```

此语句执行时，程序控制权跳过方法中其余的代码返回给调用者。例如，考虑下面这个方法：

```
void myMeth() {
  int i;

  for(i=0; i<10; i++) {
    if(i == 5) return; // stop at 5
    System.out.println();
  }
}
```

这里，for 循环只在 i 为 0～5 时运行，因为一旦 i 等于 5，方法就会返回。一个方法可拥有多个 return 语句，特别是当有两个或多个执行路径时，例如：

```
void myMeth() {
  // ...
  if(done) return;
  // ...
  if(error) return;
  // ...
}
```

这里，如果方法执行完毕或有错误发生，方法就返回。然而，一个方法中如果有太多出口点，就会破坏代码的结构，所以要小心使用 return 语句。设计良好的方法要有定义良好的出口点。

复习一下：void 方法的返回方式有两种——到达右花括号或执行 return 语句。

4.6 返回值

尽管带有 void 返回类型的方法并不少见，但大多数方法都会返回值。事实上，返回值是方法最有用的功能之一。前面介绍了一个返回值的示例：使用 sqrt( )函数来获得一个数的平方根。

在程序设计中，返回值可以用于不同目的。某些情况下，如 sqrt( )，返回值包含一些计算的结果。在另一些情况下，返回值只用来指示成功或失败。还有一些情况，可能包含状态码。无论是何种目的，使用方法返回值都是 Java 程序设计的重要组成部分。

方法使用下面的 return 语句向调用例程返回值：

```
return value;
```

这里，value 是返回的值。这种形式的 return 语句只能用在返回类型不为 void 的方法中。而且，非 void 方法必须使用这种形式的 return 语句返回值。

可使用返回值来改进 range( )的实现方式。让 range( )计算并返回行驶里程比显示行驶里程更好。这种方法的优势是可将返回值用于其他计算。下例就不再让 range( )显示行驶里程，而是返回行驶里程：

```
// Use a return value.

class Vehicle {
  int passengers; // number of passengers
  int fuelcap;    // fuel capacity in gallons
  int mpg;        // fuel consumption in miles per gallon

  // Return the range.
  int range() {
    return mpg * fuelcap;  ←——— 返回给定车辆的行驶里程
  }
}

class RetMeth {
  public static void main(String args[]) {
    Vehicle minivan = new Vehicle();
    Vehicle sportscar = new Vehicle();

    int range1, range2;

    // assign values to fields in minivan
    minivan.passengers = 7;
```

```
        minivan.fuelcap = 16;
        minivan.mpg = 21;

        // assign values to fields in sportscar
        sportscar.passengers = 2;
        sportscar.fuelcap = 14;
        sportscar.mpg = 12;

        // get the ranges
        range1 = minivan.range();        将返回值赋给变量
        range2 = sportscar.range();

        System.out.println("Minivan can carry " + minivan.passengers +
                           " with range of " + range1 + " Miles");

        System.out.println("Sportscar can carry " + sportscar.passengers +
                           " with range of " + range2 + " miles");

    }
}
```

程序的输出如下所示：

```
Minivan can carry 7 with range of 336 Miles
Sportscar can carry 2 with range of 168 miles
```

在程序中，注意当 range( )被调用时，是将它放在赋值语句的右边，而左边是一个接收 range( )返回值的变量。因此，在执行下列代码行后，minivan 对象的行驶里程就存储到 range1 中：

```
range1 = minivan.range();
```

注意，现在 range( )有一个 int 类型的返回值。这就意味着要向调用者返回一个整数值。方法的返回类型之所以重要，是因为方法返回的数据类型必须与方法指定的返回类型兼容。因此，如果想让一个方法返回 double 类型的数据，那么该方法的返回类型也必须是 double 类型。

尽管前面的程序是正确的，但效率不尽如人意。具体来说，range1 或 range2 变量是没用的。对 range( )的调用可直接在语句 println( )中进行，如下所示：

```
System.out.println("Minivan can carry " + minivan.passengers +
                   " with range of " + minivan.range() + " Miles");
```

本例中，执行 println( )时会自动调用 minivan.range( )，而它的值会传递给 println( )。不仅如此，还可在需要 Vehicle 对象的行驶里程时调用 range( )。例如，下面的语句就比较了两辆汽车的行驶里程：

```
if(v1.range() > v2.range()) System.out.println("v1 has greater range");
```

4.7 使用形参

调用方法时，可向方法传递一个或多个值。如前所述，向方法传递的值称为实参(argument)。在方法中接收实参的变量称为形参(parameter)。形参在方法名后的圆括号中声明。形参的声明语法与用于变量的语法是一样的。形参位于自己方法的作用域中，执行接收实参的特殊任务，工作方式与局部变量十分相似。

下面是一个使用形参的简单示例。在 ChkNum 类中，如果传递给 isEven( )的值是偶数，就返回 true，否则返回 false。因此，isEven( )有 boolean 返回类型。

```
// A simple example that uses a parameter.

class ChkNum {
  // return true if x is even
   boolean isEven(int x) {        这里，x 是 isEven( )的整数形参
    if((x%2) == 0) return true;
    else return false;
  }
}

class ParmDemo {
  public static void main(String args[]) {
    ChkNum e = new ChkNum();
                                              将实参传递给 isEven( )
    if(e.isEven(10)) System.out.println("10 is even.");

    if(e.isEven(9)) System.out.println("9 is even.");

    if(e.isEven(8)) System.out.println("8 is even.");

  }
}
```

程序的输出如下所示：

```
10 is even.
8 is even.
```

在程序中，isEven( )被调用了三次，每一次都有一个不同的值传递给它。下面详细介绍这一过程。首先，注意如何调用 isEven( )。实参在圆括号之间指定。当第一次调用 isEven( )时，传递给它的值是 10。因此，当 isEven() 开始执行时，形参 x 接收值 10。在第二次调用中，9 是实参，所以 x 得到值 9。在第三次调用中，实参为 8，x 接收该值。在调用 isEven( )时，作为实参传递的值正是形参 x 接收的值。

一个方法可以有多个形参。声明形参时，只需要用逗号将形参分隔开即可。例如，Factor 类定义了一个名为 isFactor( )的方法，该方法用于确定第一个形参是不是第二个形参的因数。

```
class Factor {
   boolean isFactor(int a, int b) {        该方法有两个形参
    if( (b % a) == 0) return true;
    else return false;
  }
}
class IsFact {
  public static void main(String args[]) {
    Factor x = new Factor();
                                                 向 isFactor( )传递两个实参
    if(x.isFactor(2, 20)) System.out.println("2 is factor");
    if(x.isFactor(3, 20)) System.out.println("this won't be displayed");

  }
}
```

注意，在调用 isFactor( )时，实参也是用逗号分隔的。

在使用多个形参时，每个形参都指定了自己的类型，这些类型可以相互不同。例如，下面一行代码就是完全

有效的：

```
int myMeth(int a, double b, float c) {
// ...
```

向 Vehicle 类添加带形参的方法

可使用带形参的方法向 Vehicle 类添加新功能：计算给定距离所需的耗油总量。新方法名为 fuelneeded( )。该方法获取要行驶的英里数，返回所需汽油的加仑数。fuelneeded( )方法的定义如下：

```
double fuelneeded(int miles) {
  return (double) miles / mpg;
}
```

注意，该方法返回一个 double 类型的值。这是非常有用的，因为行驶给定里程所需的耗油总量可能不是一个整数。包含 fuelneeded( )的整个 Vehicle 类如下：

```
/*
   Add a parameterized method that computes the
   fuel required for a given distance.
*/

class Vehicle {
  int passengers; // number of passengers
  int fuelcap;    // fuel capacity in gallons
  int mpg;        // fuel consumption in miles per gallon

  // Return the range.
  int range() {
    return mpg * fuelcap;
  }

  // Compute fuel needed for a given distance.
  double fuelneeded(int miles) {
    return (double) miles / mpg;
  }
}

class CompFuel {
  public static void main(String args[]) {
    Vehicle minivan = new Vehicle();
    Vehicle sportscar = new Vehicle();
    double gallons;
    int dist = 252;

    // assign values to fields in minivan
    minivan.passengers = 7;
    minivan.fuelcap = 16;
    minivan.mpg = 21;

    // assign values to fields in sportscar
    sportscar.passengers = 2;
    sportscar.fuelcap = 14;
    sportscar.mpg = 12;

    gallons = minivan.fuelneeded(dist);
```

```
    System.out.println("To go " + dist + " miles minivan needs " +
                       gallons + " gallons of fuel.");

    gallons = sportscar.fuelneeded(dist);

    System.out.println("To go " + dist + " miles sportscar needs " +
                       gallons + " gallons of fuel.");

  }
}
```

程序的输出如下所示：

```
To go 252 miles minivan needs 12.0 gallons of fuel.
To go 252 miles sportscar needs 21.0 gallons of fuel.
```

练习 4-1(HelpClassDemo.java) 创建 Help 类

如果想要用一句话总结类的本质，那就是：类封装了功能。当然，有时关键是要弄清楚在什么地方一个功能结束，另一个功能开始。作为一条基本原则，类通常作为构建大型应用程序的代码块。为此，每个类必须表示一个执行描述清晰的动作的功能单元。因此，类应尽可能小，但不能太小。也就是说，包含与类无关的功能会混淆、破坏代码，但类包含的功能太少又显得支离破碎。平衡点在哪里？这就是程序设计科学成为一门艺术的地方。幸运的是，多数程序员通过经验都可以轻松地找到这个平衡点。

为获得这种经验，把上一章中的练习 3-3 改写为 Help 类。这样做的益处有以下几点。首先，帮助系统定义了一个逻辑单元，只用来显示 Java 控制语句的语法，因此功能简洁，定义良好。其次，把帮助放在类中从美学上讲也是一种令人愉悦的方式。无论何时想给用户提供帮助系统，只需要实例化帮助系统对象即可。最后，因为封装了帮助，所以更新或修改帮助系统都不会对使用它的程序产生意想不到的副作用。

步骤：

(1) 创建一个名为 HelpClassDemo.java 的新文件。如果想省去输入的麻烦，那么可以把练习 3-3 中的文件 Help3.java 复制到 HelpClassDemo.java 中。

(2) 为将帮助系统转换为类，首先必须清楚组成帮助系统的各个部分。例如，在 Help3.java 中有用于显示菜单、输出用户选择、检查响应有效性以及信息显示的各种代码。程序循环执行，直到输入字母 q 才停止。如果考虑一下，就会发现显示菜单、检查响应有效性以及信息显示是构成帮助系统不可缺少的部分。然而，如何获得用户输入，以及重复请求是否应该被处理则不是必需的。因此，创建的类要显示帮助信息和帮助菜单以及检查选择是否有效。这些方法分别称为 helpOn( )、showMenu( )和 isValid( )。

(3) 创建 helpOn( )方法，如下所示：

```
void helpOn(int what) {
  switch(what) {
    case '1':
      System.out.println("The if:\n");
      System.out.println("if(condition) statement;");
      System.out.println("else statement;");
      break;
    case '2':
      System.out.println("The switch:\n");
      System.out.println("switch(expression) {");
```

```
      System.out.println("  case constant:");
      System.out.println("    statement sequence");
      System.out.println("    break;");
      System.out.println("  // ...");
      System.out.println("}");
      break;
    case '3':
      System.out.println("The for:\n");
      System.out.print("for(init; condition; iteration)");
      System.out.println(" statement;");
      break;
    case '4':
      System.out.println("The while:\n");
      System.out.println("while(condition) statement;");
      break;
    case '5':
      System.out.println("The do-while:\n");
      System.out.println("do {");
      System.out.println("  statement;");
      System.out.println("} while (condition);");
      break;
    case '6':
      System.out.println("The break:\n");
      System.out.println("break; or break label;");
      break;
    case '7':
      System.out.println("The continue:\n");
      System.out.println("continue; or continue label;");
      break;
  }
  System.out.println();
}
```

(4) 创建 showMenu( )方法:

```
void showMenu() {
  System.out.println("Help on:");
  System.out.println("  1. if");
  System.out.println("  2. switch");
  System.out.println("  3. for");
  System.out.println("  4. while");
  System.out.println("  5. do-while");
  System.out.println("  6. break");
  System.out.println("  7. continue\n");
  System.out.print("Choose one (q to quit): ");
}
```

(5) 创建 isValid( )方法，如下所示:

```
boolean isValid(int ch) {
  if(ch < '1' | ch > '7' & ch != 'q') return false;
  else return true;
}
```

(6) 把前面创建的方法加入 Help 类中，如下所示:

```
class Help {
```

```
void helpOn(int what) {
  switch(what) {
    case '1':
      System.out.println("The if:\n");
      System.out.println("if(condition) statement;");
      System.out.println("else statement;");
      break;
    case '2':
      System.out.println("The switch:\n");
      System.out.println("switch(expression) {");
      System.out.println("  case constant:");
      System.out.println("    statement sequence");
      System.out.println("    break;");
      System.out.println("  // ...");
      System.out.println("}");
      break;
    case '3':
      System.out.println("The for:\n");
      System.out.print("for(init; condition; iteration)");
      System.out.println(" statement;");
      break;
    case '4':
      System.out.println("The while:\n");
      System.out.println("while(condition) statement;");
      break;
    case '5':
      System.out.println("The do-while:\n");
      System.out.println("do {");
      System.out.println("  statement;");
      System.out.println("} while (condition);");
      break;
    case '6':
      System.out.println("The break:\n");
      System.out.println("break; or break label;");
      break;
    case '7':
      System.out.println("The continue:\n");
      System.out.println("continue; or continue label;");
      break;
  }
  System.out.println();
}

void showMenu() {
  System.out.println("Help on:");
  System.out.println("  1. if");
  System.out.println("  2. switch");
  System.out.println("  3. for");
  System.out.println("  4. while");
  System.out.println("  5. do-while");
  System.out.println("  6. break");
  System.out.println("  7. continue\n");
  System.out.print("Choose one (q to quit): ");
}

boolean isValid(int ch) {
```

```
    if(ch < '1' | ch > '7' & ch != 'q') return false;
    else return true;
  }

}
```

(7) 最后重写练习 3-3 中的 main( )方法，以使其使用新的 Help 类。将这个类命名为 HelpClassDemo.java。HelpClassDemo.java 的完整清单如下所示：

```
/*
   Try This 4-1

   Convert the help system from Try This 3-3 into
   a Help class.
*/

class Help {
  void helpOn(int what) {
    switch(what) {
      case '1':
        System.out.println("The if:\n");
        System.out.println("if(condition) statement;");
        System.out.println("else statement;");
        break;
      case '2':
        System.out.println("The switch:\n");
        System.out.println("switch(expression) {");
        System.out.println("  case constant:");
        System.out.println("    statement sequence");
        System.out.println("    break;");
        System.out.println("  // ...");
        System.out.println("}");
        break;
      case '3':
        System.out.println("The for:\n");
        System.out.print("for(init; condition; iteration)");
        System.out.println(" statement;");
        break;
      case '4':
        System.out.println("The while:\n");
        System.out.println("while(condition) statement;");
        break;
      case '5':
        System.out.println("The do-while:\n");
        System.out.println("do {");
        System.out.println("  statement;");
        System.out.println("} while (condition);");
        break;
      case '6':
        System.out.println("The break:\n");
        System.out.println("break; or break label;");
        break;
      case '7':
        System.out.println("The continue:\n");
        System.out.println("continue; or continue label;");
        break;
```

```
    }
    System.out.println();
  }

  void showMenu() {
    System.out.println("Help on:");
    System.out.println("  1. if");
    System.out.println("  2. switch");
    System.out.println("  3. for");
    System.out.println("  4. while");
    System.out.println("  5. do-while");
    System.out.println("  6. break");
    System.out.println("  7. continue\n");
    System.out.print("Choose one (q to quit): ");
  }

  boolean isValid(int ch) {
    if(ch < '1' | ch > '7' & ch != 'q') return false;
    else return true;
  }

}

class HelpClassDemo {
  public static void main(String args[])
    throws java.io.IOException {
    char choice, ignore;
    Help hlpobj = new Help();

    for(;;) {
      do {
        hlpobj.showMenu();

        choice = (char) System.in.read();

        do {
           ignore = (char) System.in.read();
         } while(ignore != '\n');

      } while( !hlpobj.isValid(choice) );

      if(choice == 'q') break;

      System.out.println("\n");

      hlpobj.helpOn(choice);
    }
  }
}
```

当测试该程序时，会发现它的功能与原来一样。这种方法的优势就是现在你有了可在需要时随意重用的帮助系统。

4.8 构造函数

在前面的示例中，每个 Vehicle 对象的实例变量都需要使用一组语句来手动设置，例如：

```
minivan.passengers = 7;
minivan.fuelcap = 16;
minivan.mpg = 21;
```

这种方法不会在专业编写的 Java 代码中出现。除了容易出错(可能会忘记设置某个域)，还有一种更简单、更好的方法来完成这项任务——使用构造函数。

构造函数(constructor)在创建对象时初始化对象。它与类同名，在语法上与方法相似。然而，构造函数没有显式的返回类型。通常，构造函数用来初始化类定义的实例变量，或执行其他创建完整对象所需的启动过程。

无论是否定义，所有的类都有构造函数，因为 Java 自动提供了一个默认的构造函数，将所有成员变量初始化为它们的默认值，即 0、null 和 false，分别用于数值类型、引用类型和布尔类型。当然，一旦定义自己的构造函数，就不会再使用默认构造函数了。

下面是使用构造函数的一个简单示例：

```
// A simple constructor.

class MyClass {
  int x;

   MyClass() {   ←———— 这是 MyClass 的构造函数
    x = 10;
  }
}

class ConsDemo {
  public static void main(String args[]) {
    MyClass t1 = new MyClass();
    MyClass t2 = new MyClass();

    System.out.println(t1.x + " " + t2.x);
  }
}
```

本例中，MyClass 的构造函数如下：

```
MyClass() {
  x = 10;
}
```

该构造函数把数值 10 赋给 MyClass 的实例变量 x。该构造函数在创建对象时由 new 调用。例如，在下面这行代码中：

```
MyClass t1 = new MyClass();
```

t1 对象调用了构造函数 MyClass( )，并把 10 赋给了 t1.x。对于 t2 也是这样。在构造完成后，t2.x 的值为 10。因此，该程序的输出为：

```
10 10
```

4.9 带形参的构造函数

在前面的示例中，使用了无形参的构造函数。尽管对于某些情况这已经足够用了，但大多数情况下，还需要一个可以接收一个或多个形参的构造函数。向构造函数添加形参的方式与向方法添加形参的方式一样：只需要在构造函数名称后的圆括号内声明形参即可。例如，下面的 MyClass 就有一个带形参的构造函数：

```
// A parameterized constructor.

class MyClass {
  int x;

   MyClass(int i) {  ←———— 该构造函数有一个形参
    x = i;
  }
}

class ParmConsDemo {
  public static void main(String args[]) {
    MyClass t1 = new MyClass(10);
    MyClass t2 = new MyClass(88);

    System.out.println(t1.x + " " + t2.x);
  }
}
```

程序的输出如下所示：

```
10 88
```

在该程序中，构造函数 MyClass( )定义了一个名为 i 的形参，它用于初始化实例变量 x。因此，当执行以下代码时：

```
MyClass t1 = new MyClass(10);
```

10 就传递给了 i，然后由 i 赋给 x。

向 Vehicle 类添加构造函数

可通过添加一个在创建对象时自动初始化 passengers、fuelcap 和 mpg 域的构造函数来改善 Vehicle 类。特别要注意如何创建 Vehicle 对象。

```
// Add a constructor.

class Vehicle {
  int passengers; // number of passengers
  int fuelcap;    // fuel capacity in gallons
  int mpg;        // fuel consumption in miles per gallon

  // This is a constructor for Vehicle.
  Vehicle(int p, int f, int m) {  ←———— Vehicle 类的构造函数
    passengers = p;
    fuelcap = f;
    mpg = m;
  }
```

```
  // Return the range.
  int range() {
    return mpg * fuelcap;
  }

  // Compute fuel needed for a given distance.
  double fuelneeded(int miles) {
    return (double) miles / mpg;
  }
}

class VehConsDemo {
  public static void main(String args[]) {

    // construct complete vehicles
    Vehicle minivan = new Vehicle(7, 16, 21);
    Vehicle sportscar = new Vehicle(2, 14, 12);
    double gallons;
    int dist = 252;

    gallons = minivan.fuelneeded(dist);

    System.out.println("To go " + dist + " miles minivan needs " +
                       gallons + " gallons of fuel.");

    gallons = sportscar.fuelneeded(dist);

    System.out.println("To go " + dist + " miles sportscar needs " +
                       gallons + " gallons of fuel.");

  }
}
```

minivan 和 sportscar 都是在创建时由构造函数 Vehicle( )初始化的。按照构造函数中形参指定的那样初始化每个对象。例如，下面这行代码：

```
Vehicle minivan = new Vehicle(7, 16, 21);
```

在使用 new 创建对象时，值 7、16 和 21 被传递给 Vehicle( )构造函数。因此，minivan 的 passengers、fuelcap 和 mpg 的副本会分别存储值 7、16 和 21。该程序的输出与前一个版本一致。

4.10 深入介绍 new 运算符

前面详细讨论了类及其构造函数，现在可以详细介绍一下 new 运算符了。new 运算符的基本形式如下：

```
class-var = new class-name(arg-list);
```

这里，class-var 是要创建的类类型的变量。class-name 是被初始化的类的类名。圆括号包含的实参列表(可以为空)前面的类名指定了类的构造函数。如果类不定义自己的构造函数，那么 new 将使用 Java 默认的构造函数。因此，new 可用于创建任何类类型的对象。new 运算符返回对新创建的对象的引用，在本例中将其赋给 class-var。

内存是有限的，由于内存不足，new 可能无法为对象分配内存。如果出现这种情况，就会发生运行时异常(第 9 章将详细介绍异常)。对于本书的示例程序，不必担心内存不足的情况，但是在实际的程序中需要考虑这种可能性。

4.11　垃圾回收

使用 new 运算符可以把空闲内存空间分配给对象。如前所述，内存不是无限的，而空闲内存也是可能耗尽的。因此，new 可能会因为没有足够的空闲空间来创建对象而失败。动态分配内存方案的关键就是回收无用对象占用的内存，以使内存用于后面的分配。在许多程序设计语言中，释放已经分配的内存是手动处理的，而 Java 使用一种不同的、更方便的方法——垃圾回收(garbage collection)。

Java 的垃圾回收系统会自动回收对象，透明地在后台操作，不需要程序员干预。具体工作方式为：当不存在对某对象的任何引用时，该对象就被认定为没有存在的必要了，它所占用的内存就要被释放。被回收的内存可用于以后的分配。

专家解答

问：为什么对于基本数据类型(如 int 或 float)的变量，不需要使用 new?

答： Java 的基本数据类型不是作为对象来实现的，出于效率的原因，它们是作为“普通”变量来实现的。基本类型的变量包含赋给它的值。如前所述，对象变量引用了对象。这种间接层次(和其他对象特性)增加了对象的开销，而基本数据类型则没有这种开销。

垃圾回收只在程序执行的过程中偶尔发生，并不是只要有一个或多个不再使用的对象，就会发生垃圾回收。为提高效率，垃圾回收器通常只在满足两个条件时才运行：有对象要回收和需要回收这些对象。切记垃圾回收要占用时间，因此 Java 运行时系统只在需要时才使用此机制。因此，我们无法知道垃圾回收发生的准确时间。

4.12　this 关键字

在结束本章前，有必要介绍一下 this 关键字。当调用一个方法时，会向它自动传递一个隐式实参，它是对调用对象(即调用方法的对象)的一个引用。这个引用就叫作 this。为理解 this，首先考虑下面的程序，它创建了一个名为 Pwr 的类，该类计算数值的不同幂的结果。

```
class Pwr {
  double b;
  int e;
  double val;

  Pwr(double base, int exp) {
    b = base;
    e = exp;

    val = 1;
    if(exp==0) return;
    for( ; exp>0; exp--) val = val * base;
  }

  double get_pwr() {
    return val;
  }
}

class DemoPwr {
  public static void main(String args[]) {
```

```
    Pwr x = new Pwr(4.0, 2);
    Pwr y = new Pwr(2.5, 1);
    Pwr z = new Pwr(5.7, 0);

    System.out.println(x.b + " raised to the " + x.e +
                       " power is " + x.get_pwr());
    System.out.println(y.b + " raised to the " + y.e +
                       " power is " + y.get_pwr());
    System.out.println(z.b + " raised to the " + z.e +
                       " power is " + z.get_pwr());
  }
}
```

在一个方法中，不需要对象或类的限定就可以直接访问类中的其他方法。因此，在 get_pwr( )中，语句

```
return val;
```

意味着要返回与调用对象相关的 val 的副本。然而，同一条语句也可以这样写：

```
return this.val;
```

这里，this 引用了调用 get_pwr( )的对象。因此，this.val 引用了该对象的 val 副本。例如，如果已经调用了 x 的 get_pwr( )，那么前面语句中的 this 就会引用 x。不使用 this 来编写语句仅仅是为了方便。

下面是使用 this 引用的完整 Pwr 类：

```
class Pwr {
  double b;
  int e;
  double val;

  Pwr(double base, int exp) {
    this.b = base;
    this.e = exp;

    this.val = 1;
    if(exp==0) return;
    for( ; exp>0; exp--) this.val = this.val * base;
  }

  double get_pwr() {
    return this.val;
  }
}
```

事实上，没有 Java 程序员会编写如上所示的 Pwr 类，因为这样做不会带来任何好处，而使用标准形式会更简单。然而，this 有一些重要用途。例如，Java 语法允许形参名或局部变量名与实例变量名一致。当发生这种情况时，局部变量名会隐藏实例变量。通过使用 this 引用它，可访问隐藏的实例变量。例如，在语法上，下面的 Pwr( )构造函数是有效的：

```
Pwr(double b, int e) {
  this.b = b;
  this.e = e;          ← 引用实例变量 b 而不是形参

  val = 1;
  if(e==0) return;
```

```
  for( ; e>0; e--) val = val * b;
}
```

在这个版本中，形参名与实例变量名一致，因此隐藏了它们。然而，this 可用于找到实例变量。

4.13　自测题

1. 类与对象的不同之处是什么？
2. 如何定义类？
3. 每个对象都有自己的什么副本？
4. 使用两条单独的语句，写出如何声明 MyCounter 类的对象 counter。
5. 写出如何声明一个名为 myMeth( )的方法，该方法的返回类型是 double，有两个 int 类型形参 a 和 b。
6. 如果方法返回一个值，那么必须如何返回？
7. 构造函数的名称是什么？
8. new 的作用是什么？
9. 什么是垃圾回收，它是如何工作的？
10. this 的作用是什么？
11. 构造函数可以有一个或多个形参吗？
12. 如果方法不返回值，那么返回类型必须是什么？

第5章

其他数据类型与运算符

关键技能与概念

- 理解并创建数组
- 创建多维数组
- 创建不规则数组
- 了解另一种数组声明语法
- 数组引用赋值
- 使用 length 数组成员
- 使用 for-each 形式的 for 循环
- 使用字符串
- 应用命令行实参
- 使用局部变量类型推断功能
- 使用位运算符
- 应用?运算符

本章将再次讨论有关 Java 数据类型与运算符的话题，其中包括数组、String 类型、局部变量类型推断、位运算符和?三元运算符，还将讨论 Java 的 for-each 形式的 for 循环。此外，也将对命令行实参进行介绍。

5.1 数组

数组是用共有名称引用的相同类型变量的集合。在 Java 中，虽然最常用的数组是一维数组，但是数组也可以有多维。数组用途广泛，因为它们提供了一种把相关变量集合在一起的便利方法。例如，可使用数组存储一个月中每天的最高温度、股票价格的平均值或喜欢的程序设计图书清单。

数组的主要优势在于用一种可轻松操作数据的方法把数据组织起来。例如，如果有一个存储家庭各类收入情况的数组，那么通过遍历数组，可以轻松地计算出收入平均数。而且，按照这种方法组织数据的数组可以方便地进行排序操作。

尽管 Java 中的数组与其他程序设计语言中的数组用法相似，但它还有一个特殊属性：Java 是把它们作为对象来实现的。这也就是为什么把对数组的讨论放在介绍对象之后的原因。把数组作为对象来实现，可以获得许多优势，其中之一就是使无用的数组可被垃圾回收器回收。

一维数组

一维数组是相关变量的列表。在程序设计中，这样的列表是很常见的。例如，可以用一个一维数组存储某一网络中活动用户的总数，用另一个数组存储一支棒球队目前的平均击球数。

使用下面的基本形式可以声明一维数组：

```
type array-name[ ] = new type[size];
```

这里，*type* 声明了数组的元素类型(元素类型常称为基本类型)。元素类型确定了数组中每个元素的数据类型。*size* 确定了数组中存储的元素数量。因为数组是作为对象来实现的，所以创建数组需要两个步骤。第一，要声明一个数组引用变量。第二，为数组分配内存，并将对该内存的引用赋给数组变量。因此，Java 中的所有数组都是使用 new 运算符来动态分配的。

下面的示例创建了一个有 10 个元素的 int 数组，并将其与一个名为 sample 的数组引用变量建立链接：

```
int sample[] = new int[10];
```

这个声明与对象声明相似。sample 变量存储了一个由 new 分配的内存引用。该内存的容量足以存储 10 个 int 类型的元素。与对象一样，可将前面的声明分为两部分。例如：

```
int sample[];
sample = new int[10];
```

这里，第一次创建 sample 时，它没有引用实际对象。只有第二条语句执行后，sample 才与数组链接。

数组中的单个元素是通过索引来访问的。索引(index)描述了元素在数组中的位置。在 Java 中，所有数组都将 0 作为第一个元素的索引。因为 sample 有 10 个元素，所以它的索引值就是从 0 到 9。要索引数组，只需要使用方括号包含指定的元素索引值即可。因此，sample 的第一个元素是 sample[0]，最后一个元素是 sample[9]。例如，下面的程序把从 0 到 9 的数字存储到 sample 中：

```
// Demonstrate a one-dimensional array.
class ArrayDemo {
  public static void main(String args[]) {
    int sample[] = new int[10];
    int i;
```

```
    for(i = 0; i < 10; i = i+1)
      sample[i] = i;

    for(i = 0; i < 10; i = i+1)
      System.out.println("This is sample[" + i + "]: " +
                         sample[i]);
  }
}
```

程序的输出如下所示：

```
This is sample[0]: 0
This is sample[1]: 1
This is sample[2]: 2
This is sample[3]: 3
This is sample[4]: 4
This is sample[5]: 5
This is sample[6]: 6
This is sample[7]: 7
This is sample[8]: 8
This is sample[9]: 9
```

从概念上看，sample 数组如图 5-1 所示。

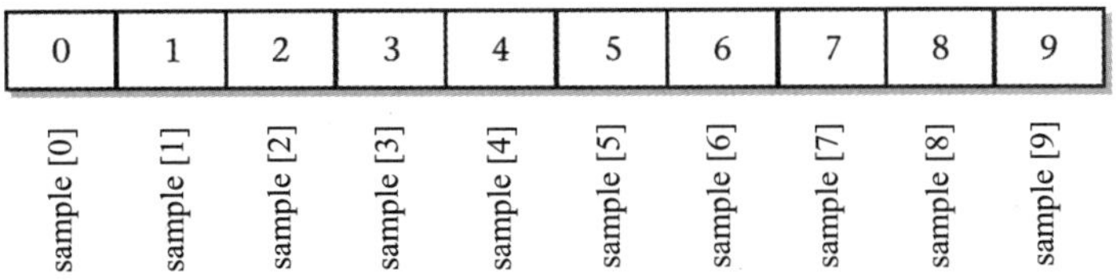

图 5-1　sample 数组

在程序设计中数组是很常见的，因为可以使用它们来轻松处理大量的相关变量。例如，下面的程序使用 for 循环遍历数组，寻找存储在 nums 数组中的最小值和最大值：

```
// Find the minimum and maximum values in an array.
class MinMax {
  public static void main(String args[]) {
    int nums[] = new int[10];
    int min, max;

    nums[0] = 99;
    nums[1] = -10;
    nums[2] = 100123;
    nums[3] = 18;
    nums[4] = -978;
    nums[5] = 5623;
    nums[6] = 463;
    nums[7] = -9;
    nums[8] = 287;
    nums[9] = 49;

    min = max = nums[0];
    for(int i=1; i < 10; i++) {
      if(nums[i] < min) min = nums[i];
      if(nums[i] > max) max = nums[i];
```

```
    }
    System.out.println("min and max: " + min + " " + max);
  }
}
```

程序的输出如下所示：

```
min and max: -978 100123
```

前面的程序使用 10 条单独的赋值语句手动向数组 nums 赋值。尽管这是完全正确的，但还有更简单的方法来完成这项工作。创建数组时，就可以初始化数组。初始化一维数组的基本形式如下所示：

```
type array-name[ ] = { val1, val2, val3, ... , valN };
```

这里，使用 val1 到 valN 指定了初始值，它们是从左到右按照索引顺序赋值的。Java 自动分配一个足够大的数组来存储指定的初始值。这里没必要显式使用 new 运算符。例如，下面有一个更好的方法来编写 MinMax 程序：

```
// Use array initializers.
class MinMax2 {
  public static void main(String args[]) {
    int nums[] = { 99, -10, 100123, 18, -978,
                   5623, 463, -9, 287, 49 };   ← 数组初始化
    int min, max;

    min = max = nums[0];
    for(int i=1; i < 10; i++) {
      if(nums[i] < min) min = nums[i];
      if(nums[i] > max) max = nums[i];
    }
    System.out.println("Min and max: " + min + " " + max);
  }
}
```

在 Java 中，数组界限是必须严格遵守的。超出数组范围就会产生运行错误。如果想验证这一点，那么请测试下面这个故意使数组溢出的程序：

```
// Demonstrate an array overrun.
class ArrayErr {
  public static void main(String args[]) {
    int sample[] = new int[10];
    int i;

    // generate an array overrun
    for(i = 0; i < 100; i = i+1)
      sample[i] = i;
  }
}
```

一旦 i 为 10，就产生 ArrayIndexOutOfBoundsException，而程序也将终止。

练习 5-1(Bubble.java) 排序数组

因为一维数组把数据组织到一个可索引的线性列表中，所以这是进行排序的完美数据结构。这个练习将学习一种简单方法对数组进行排序。如你所知，排序算法有几种不同的方法。这里只指出三种：快速排序、shaker 排

序和 shell 排序。然而，众所周知，最简单、最易理解的方法是冒泡(Bubble)排序法。尽管冒泡排序效率不高(事实上，它的性能对于大型数组的排序是难以接受的)，但可以在一些小的数组排序中使用。

步骤：

(1) 创建一个名为 Bubble.java 的文件。

(2) 冒泡排序法是因其执行排序操作的方法得名的。它使用重复比较，根据需要时对数组中的邻近元素进行交换。在这个过程中，将小值移到一端，而大值则移到另一端。这个过程在概念上与水池中的水泡寻找自己的位置类似。冒泡排序法的原理就是对数组进行若干次遍历，在需要时进行元素交换。遍历的次数比数组中元素的总数少 1。

下面是形成冒泡排序法的核心代码，被排序的数组名称为 nums。

```
// This is the Bubble sort.
for(a=1; a < size; a++)
  for(b=size-1; b >= a; b--) {
    if(nums[b-1] > nums[b]) { // if out of order
      // exchange elements
      t = nums[b-1];
      nums[b-1] = nums[b];
      nums[b] = t;
  }
}
```

注意，排序依赖于两个 for 循环。内部循环用于检查数组中相邻的元素，查找顺序不合适的元素。在找到顺序不合适的元素对时，就交换这两个元素。在每次遍历中，剩余元素的最小值将移至合适位置。外层循环则用于使这一过程不断重复，直到整个数组排序完毕。

(3) 下面是完整的 Bubble 程序：

```
/*
   Try This 5-1

   Demonstrate the Bubble sort.
*/

class Bubble {
  public static void main(String args[]) {
    int nums[] = { 99, -10, 100123, 18, -978,
                   5623, 463, -9, 287, 49 };
    int a, b, t;
    int size;

    size = 10; // number of elements to sort

    // display original array
    System.out.print("Original array is:");
    for(int i=0; i < size; i++)
      System.out.print(" " + nums[i]);
    System.out.println();

    // This is the Bubble sort.
    for(a=1; a < size; a++)
      for(b=size-1; b >= a; b--) {
        if(nums[b-1] > nums[b]) { // if out of order
          // exchange elements
```

```
          t = nums[b-1];
          nums[b-1] = nums[b];
          nums[b] = t;
        }
      }

    // display sorted array
    System.out.print("Sorted array is:");
    for(int i=0; i < size; i++)
      System.out.print(" " + nums[i]);
    System.out.println();
  }
}
```

程序的输出如下所示:

```
Original array is: 99 -10 100123 18 -978 5623 463 -9 287 49
Sorted array is: -978 -10 -9 18 49 99 287 463 5623 100123
```

(4) 尽管冒泡排序对于小型数组是适用的，但在应用于大型数组时，它的效率就比较低了。最好的通用排序算法是快速排序。但快速排序依赖的 Java 的相关特性还没有学到。

5.2 多维数组

尽管一维数组是程序设计中最常用的数组，但是多维数组(二维及二维以上的数组)也是比较常见的。在 Java 中，多维数组是数组的数组。

5.2.1 二维数组

最简单的多维数组是二维数组。二维数组从本质上讲就是一维数组的列表。要声明一个大小为 10,20 的二维整数数组 table，需要编写如下代码:

```
int table[][] = new int[10][20];
```

对于这个声明，我们要特别注意。与其他使用逗号来分隔数组维度的计算机语言不同，Java 要把每一维分别包含在方括号中。同样，访问数组 table 的 3,5 元素需要使用 table[3][5]。

在下面的示例中，将数值 1～12 存储到一个二维数组中:

```
// Demonstrate a two-dimensional array.
class TwoD {
  public static void main(String args[]) {
    int t, i;
    int table[][] = new int[3][4];

    for(t=0; t < 3; ++t) {
      for(i=0; i < 4; ++i) {
        table[t][i] = (t*4)+i+1;
        System.out.print(table[t][i] + " ");
      }
      System.out.println();
    }
  }
}
```

本例中，table[0][0]的值为 1，table[0][1]的值为 2，table[0][2]的值为 3 等。table[2][3]的值为 12。从概念上讲，数组如图 5-2 所示。

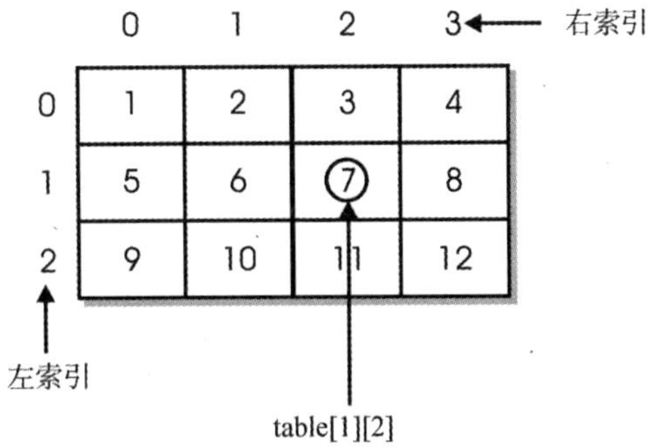

图 5-2　TwoD 程序创建的 table 数组的概念图

5.2.2　不规则数组

为多维数组分配内存时，只需要为第一维(最左边的一维)分配内存，而其余的可以单独分配。例如，下面的代码就在声明 table 数组时为它的第一维分配了内存，而它的第二维则是手动分配内存。

```
int table[][] = new int[3][];
table[0] = new int[4];
table[1] = new int[4];
table[2] = new int[4];
```

尽管在这种情况下给数组单独分配第二维的内存没有什么优势可言，但在其他情况下却可能有优势。例如，当手动给数组的各维分配内存时，不必为每一个索引分配同等数量的元素。因为多维数组是作为数组的数组来实现的，所以每个数组的长度由程序员来控制。例如，假设编写一个用于存储航班搭乘人数的程序。如果航班周一至周五每天飞行 10 次，而周六、周日则是每天两次，可以使用下面程序所示的 riders 数组来存储信息。注意第一维前 5 项的第二维长度是 10，而第一维后两项的第二维长度为 2。

```
// Manually allocate differing size second dimensions.
class Ragged {
  public static void main(String args[]) {
    int riders[][] = new int[7][];
    riders[0] = new int[10];
    riders[1] = new int[10];
    riders[2] = new int[10];      第二维长度是 10
    riders[3] = new int[10];
    riders[4] = new int[10];
    riders[5] = new int[2];
    riders[6] = new int[2];       第二维长度是 2

    int i, j;

    // fabricate some fake data
    for(i=0; i < 5; i++)
      for(j=0; j < 10; j++)
        riders[i][j] = i + j + 10;
    for(i=5; i < 7; i++)
      for(j=0; j < 2; j++)
        riders[i][j] = i + j + 10;
```

```
    System.out.println("Riders per trip during the week:");
    for(i=0; i < 5; i++) {
      for(j=0; j < 10; j++)
        System.out.print(riders[i][j] + " ");
      System.out.println();
    }
    System.out.println();

    System.out.println("Riders per trip on the weekend:");
    for(i=5; i < 7; i++) {
      for(j=0; j < 2; j++)
        System.out.print(riders[i][j] + " ");
      System.out.println();
    }
  }
}
```

显然，不规则的(或不整齐的)多维数组并不适用于所有场合。然而，在某些情况下使用不规则数组效率却非常高。例如，如果需要一个非常大的二维数组，但是只有个别位置上才存储数据(即，不是使用所有元素)，这时不规则数组可能是完美的解决方法。

5.2.3 三维或更多维的数组

Java 支持二维以上的数组。下面是声明多维数组的基本形式：

```
type name[ ][ ]...[ ] = new type[size1][size2]...[sizeN];
```

例如，下面的声明创建了一个 4 × 10 × 3 的三维整数数组：

```
int multidim[][][] = new int[4][10][3];
```

5.2.4 初始化多维数组

通过将每一维的初始值都包含在花括号中，可以完成多维数组的初始化。例如，二维数组的初始化基本形式如下所示：

```
type-specifier array_name[ ] [ ] = {
   { val, val, val, ..., val },
   { val, val, val, ..., val },
.
.
.
   { val, val, val, ..., val }
};
```

val 表示初始化值。每个内部块指派了一行。在每一行中，第一个值存储在子数组的第一个位置，第二个值则位于第二个位置，依此类推。注意，初始化块之间要用逗号分隔，而右花括号}后面要有分号。

例如，下面的程序用数值 1 到 10 以及它们的平方初始化一个名为 sqrs 的数组：

```
// Initialize a two-dimensional array.
class Squares {
  public static void main(String args[]) {
    int sqrs[][] = {
      { 1, 1 },
      { 2, 4 },
```

```
        { 3, 9 },
        { 4, 16 },
        { 5, 25 },
        { 6, 36 },
        { 7, 49 },
        { 8, 64 },
        { 9, 81 },
        { 10, 100 }
      };
      int i, j;

      for(i=0; i < 10; i++) {
        for(j=0; j < 2; j++)
          System.out.print(sqrs[i][j] + " ");
        System.out.println();
      }
    }
  }
```

程序的输出如下所示：

```
1 1
2 4
3 9
4 16
5 25
6 36
7 49
8 64
9 81
10 100
```

5.3 另一种声明数组的语法

可用来声明数组的第二种形式是：

```
type[ ] var-name;
```

这里，方括号的前面是类型说明符，而不是数组变量名。例如，下面两个声明是一样的：

```
int counter[] = new int[3];
int[] counter = new int[3];
```

下面的声明也是一样的：

```
char table[][] = new char[3][4];
char[][] table = new char[3][4];
```

这种数组声明形式在同时声明多个数组时会比较方便，例如：

```
int[] nums, nums2, nums3; // create three arrays
```

该语句创建了 3 个 int 类型的数组变量，与下面的语句等效：

```
int nums[], nums2[], nums3[]; // also, create three arrays
```

这种声明数组的形式在指定数组作为方法的返回类型时也很有用，例如：

```
int[] someMeth( ) { ...
```

该语句声明 someMeth( )方法返回一个 int 类型的数组。

因为这两种数组声明形式都很常用，所以都会在本书中用到。

5.4 数组引用赋值

与其他对象相似，当把一个数组引用变量赋给另一个变量时，只需要修改该变量引用的对象即可。既没有生成数组的副本，也没有使一个数组的内容复制到另一个数组中。例如，考虑下面这个程序：

```
// Assigning array reference variables.
class AssignARef {
  public static void main(String args[]) {
    int i;

    int nums1[] = new int[10];
    int nums2[] = new int[10];

    for(i=0; i < 10; i++)
      nums1[i] = i;

    for(i=0; i < 10; i++)
      nums2[i] = -i;

    System.out.print("Here is nums1: ");
    for(i=0; i < 10; i++)
      System.out.print(nums1[i] + " ");
    System.out.println();

    System.out.print("Here is nums2: ");
    for(i=0; i < 10; i++)
      System.out.print(nums2[i] + " ");
    System.out.println();

    nums2 = nums1; // now nums2 refers to nums1      ← 数组引用赋值

    System.out.print("Here is nums2 after assignment: ");
    for(i=0; i < 10; i++)
      System.out.print(nums2[i] + " ");
    System.out.println();

    // now operate on nums1 array through nums2
    nums2[3] = 99;

    System.out.print("Here is nums1 after change through nums2: ");
    for(i=0; i < 10; i++)
      System.out.print(nums1[i] + " ");
    System.out.println();
  }
}
```

程序的输出如下所示：

```
Here is nums1: 0 1 2 3 4 5 6 7 8 9
Here is nums2: 0 -1 -2 -3 -4 -5 -6 -7 -8 -9
```

```
Here is nums2 after assignment: 0 1 2 3 4 5 6 7 8 9
Here is nums1 after change through nums2: 0 1 2 99 4 5 6 7 8 9
```

正如输出所示，将 nums1 赋值给 nums2 后，两个数组引用变量都指向同一个对象。

5.5 使用 length 成员

因为在 Java 中，数组是作为对象实现的，所以每个数组都有包含数组元素数量的实例变量 length(换句话说，length 包含数组的大小)。演示该属性的程序如下所示：

```
// Use the length array member.
class LengthDemo {
  public static void main(String args[]) {
    int list[] = new int[10];
    int nums[] = { 1, 2, 3 };
    int table[][] = { // a variable-length table
      {1, 2, 3},
      {4, 5},
      {6, 7, 8, 9}
    };

    System.out.println("length of list is " + list.length);
    System.out.println("length of nums is " + nums.length);
    System.out.println("length of table is " + table.length);
    System.out.println("length of table[0] is " + table[0].length);
    System.out.println("length of table[1] is " + table[1].length);
    System.out.println("length of table[2] is " + table[2].length);
    System.out.println();

    // use length to initialize list
    for(int i=0; i < list.length; i++)
      list[i] = i * i;

    System.out.print("Here is list: ");
    // now use length to display list
    for(int i=0; i < list.length; i++)
      System.out.print(list[i] + " ");
    System.out.println();
  }
}
```

使用 length 控制 for 循环

程序的输出如下所示：

```
length of list is 10
length of nums is 3
length of table is 3
length of table[0] is 3
length of table[1] is 2
length of table[2] is 4

Here is list: 0 1 4 9 16 25 36 49 64 81
```

请特别注意二维数组 table 使用 length 的方法。如上所述，二维数组是数组的数组。因此，应当使用如下表达式：

```
table.length
```

其中包含存储在 table 中的数组的数量，本例中为 3。为获取 table 中每个数组的长度，需要使用下面这个表达式：

```
table[0].length
```

本例中，该表达式获取的是第一个数组的长度。

需要注意的另一点是，在 LengthDemo 中，for 循环使用 list.length 来控制迭代发生的次数。因为每个数组都有自己的长度，所以可以使用这一信息，而无须手动跟踪数组的长度。切记，length 的值与实际使用的元素数量无关，其中包含的是数组可以存储的元素数量。

有了 length 成员后，就使特定类型的数组操作执行起来更简单、更安全，从而简化了许多算法。例如，下面的程序使用 length 把一个数组复制到另一个数组中，同时防止数组溢出及其带来的运行时异常。

```
// Use length variable to help copy an array.
class ACopy {
  public static void main(String args[]) {
    int i;
    int nums1[] = new int[10];
    int nums2[] = new int[10];

    for(i=0; i < nums1.length; i++)
      nums1[i] = i;

    // copy nums1 to nums2
    if(nums2.length >= nums1.length)    ← 使用 length 比较数组大小
      for(i = 0; i < nums1.length; i++)
        nums2[i] = nums1[i];

    for(i=0; i < nums2.length; i++)
      System.out.print(nums2[i] + " ");
  }
}
```

这里，length 有助于执行两个重要功能。第一，它确保目标数组的容量足以存储源数组。第二，它为执行复制的 for 循环提供了结束条件。当然，在这个简单示例中，很容易就可以知道数组的大小，但是这种方法也可以应用于更广泛、更具挑战性的程序设计中。

练习 5-2(QDemo.java) Queue 类

如你所知，数据结构是组织数据的一种方法。最简单的数据结构就是数组，它是一个支持随机访问元素的线性表。数组常用作其他更复杂结构(如堆栈和队列)的基础。堆栈(stack)是一个元素访问顺序为先进后出(FILO)的列表。队列(queue)是一个元素访问顺序为先进先出(FIFO)的列表。因此，堆栈就像桌上的一堆盘子，第一个放下的盘子最后才用。而队列就像银行里的一队人，队中的第一个人最早享受服务。

像堆栈和队列这样的数据结构令人着迷之处是它们把信息的存储与访问信息的方法结合了起来。因此，堆栈和队列可以作为一种数据引擎，其中数据结构本身提供了存储和检索的功能，无须通过程序手动完成。很明显，这样的结合对类而言是绝好的选择，在本练习中，将创建一个简单的队列类。

一般而言，队列支持两个基本操作：put 和 get。每一个 put 操作都会把一个新元素放在队列末尾。每一个 get 操作都会检索队列前端的元素。队列操作是消耗型的：一旦检索了一个元素后，它就不能再次检索了。在没有可用的空间来存储新的元素时队列为满，在所有元素都删除后队列为空。

最后一点：队列有两种基本类型——循环队列或非循环队列。循环队列可以重新使用已删除掉元素的空间。非循环队列则不能重用这些位置，最终会用完所有空间。为简单起见，本例创建的是一个非循环队列，但是只需要做一些简单的思考和努力，就可以轻松地把它转换为一个循环队列。

步骤：

(1) 创建一个名为 QDemo.java 的文件。

(2) 实现队列的方法有许多，这里使用数组来实现队列。数组提供了入队各项的存储空间。通过两个索引可以访问该数组。put 索引指定下一个存储数据元素的位置。get 索引指定下一个获取数据元素的位置。切记，get 操作是消耗型的，同一个元素不可能检索两次。尽管我们创建的队列是用于存储字符的，但是其中的逻辑方法也适用于存储其他任何类型的对象。创建 Queue 类可从下面的代码开始：

```
class Queue {
  char q[]; // this array holds the queue
  int putloc, getloc; // the put and get indices
```

(3) Queue 类的构造函数创建了一个给定大小的队列。Queue 构造函数如下所示：

```
Queue(int size) {
  q = new char[size]; // allocate memory for queue
  putloc = getloc = 0;
}
```

注意，程序把 put 和 get 索引都初始化为 0。

(4) 存储元素的 put( )方法如下所示：

```
// put a character into the queue
void put(char ch) {
  if(putloc==q.length) {
    System.out.println(" - Queue is full.");
    return;
  }

  q[putloc++] = ch;
}
```

该方法首先检查队列是否已满。如果 putloc 等于数组 q 中的最后一个位置，就没有更多位置来存储元素。否则，递增 putloc，让新元素存储在递增后的位置上。因此，putloc 总是存储下一个元素的索引。

(5) 检索元素应该使用 get( )方法，如下所示：

```
// get a character from the queue
char get() {
  if(getloc == putloc) {
    System.out.println(" - Queue is empty.");
    return (char) 0;
  }

  return q[getloc++];
}
```

首先，注意检查队列是否为空。如果 getloc 和 putloc 都索引同一个元素，则队列为空。这就是 Queue 构造函数把 getloc 和 putloc 都初始化为 0 的原因。接着 getloc 递增，并返回下一个元素。因此，getloc 总是表示下一个被检索的位置。

(6) 下面是完整的 QDemo.java 程序：

```
/*
   Try This 5-2

   A queue class for characters.
*/

class Queue {
  char q[]; // this array holds the queue
  int putloc, getloc; // the put and get indices

  Queue(int size) {
    q = new char[size]; // allocate memory for queue
    putloc = getloc = 0;
  }

  // put a character into the queue
  void put(char ch) {
    if(putloc==q.length) {
      System.out.println(" - Queue is full.");
      return;
    }

    q[putloc++] = ch;
  }

  // get a character from the queue
  char get() {
    if(getloc == putloc) {
      System.out.println(" - Queue is empty.");
      return (char) 0;
    }

    return q[getloc++];
  }
}

// Demonstrate the Queue class.
class QDemo {
  public static void main(String args[]) {
    Queue bigQ = new Queue(100);
    Queue smallQ = new Queue(4);
    char ch;
    int i;

    System.out.println("Using bigQ to store the alphabet.");
    // put some numbers into bigQ
    for(i=0; i < 26; i++)
      bigQ.put((char) ('A' + i));

    // retrieve and display elements from bigQ
    System.out.print("Contents of bigQ: ");
    for(i=0; i < 26; i++) {
      ch = bigQ.get();
```

```
      if(ch != (char) 0) System.out.print(ch);
    }

    System.out.println("\n");


    System.out.println("Using smallQ to generate errors.");
    // Now, use smallQ to generate some errors
    for(i=0; i < 5; i++) {
      System.out.print("Attempting to store " +
                       (char) ('Z' - i));

      smallQ.put((char) ('Z' - i));

      System.out.println();
    }
    System.out.println();

    // more errors on smallQ
    System.out.print("Contents of smallQ: ");
    for(i=0; i < 5; i++) {
      ch = smallQ.get();

      if(ch != (char) 0) System.out.print(ch);
    }
  }
}
```

(7) 程序的输出如下所示：

```
Using bigQ to store the alphabet.
Contents of bigQ: ABCDEFGHIJKLMNOPQRSTUVWXYZ

Using smallQ to generate errors.

Attempting to store Z
Attempting to store Y
Attempting to store X
Attempting to store W
Attempting to store V - Queue is full.


Contents of smallQ: ZYXW - Queue is empty.
```

(8) 请自己尝试修改 Queue，以使其存储其他类型的对象。例如，让它存储 int 或 double 类型的值。

5.6　for-each 形式的循环

使用数组时，常遇到需要从头到尾检查每一个数组元素的情况。例如，为了计算保存在数组中的一些值的总和，或计算平均值、搜索某个值、复制数组等情况，都需要检查每一个数组元素。这种“从头到尾”的操作很常见，所以 Java 定义了第二种形式的 for 循环来简化该操作。

这种 for 语句实现了 for-each 形式的循环。for-each 循环能以严格的顺序从头到尾遍历对象集合(如数组)。近年来，for-each 形式的循环在程序语言设计者和程序员中都很流行。Java 以前并未提供该功能，不过在 JDK 5 中作为一种增强功能引入了 for-each 循环，也称为增强型 for 循环。本书中两种术语都会用到。

for-each 形式的 for 循环的基本格式如下：

```
for(type itr-var : collection) statement-block
```

其中，*type* 指定类型，*itr-var* 指定要在集合中从头到尾、每次接收一个元素的迭代变量名。*collection* 指定要循环遍历的集合名。有多种可用于 for 循环的集合类型，本书只使用数组类型。在每一次循环迭代时，都要检索集合中的下一个元素并将其保存在 *itr-var* 中。循环不断重复，直到获得集合中的所有元素为止。因此，当循环遍历长度为 N 的数组时，增强型 for 循环按照索引顺序(从 0 到 N−1)获得数组元素。

由于迭代变量从集合获得值，因此 type 必须与保存在集合中的元素相同或兼容。也就是说，当遍历数组时，type 必须与数组的元素类型兼容。

为理解 for-each 循环幕后的机理，请考虑它所替换的 for 循环类型。下面的代码段使用传统的 for 循环来计算数组中各个值的和：

```
int nums[] = { 1, 2, 3, 4, 5, 6, 7, 8, 9, 10 };
int sum = 0;

for(int i=0; i < 10; i++) sum += nums[i];
```

为了求和，需要从头到尾依次读取每一个 nums 元素，即整个数组以严格的顺序读取。这是通过手动索引由 i(循环控制变量)标识的 nums 数组完成的。而且，必须显式指定循环控制变量的初始值、终值和增量。

for-each 形式的 for 循环可自动执行前面的循环。也就是说，不再需要创建循环计数器、指定初始值和终值以及手动索引数组。将自动遍历整个数组，按顺序从头到尾一次读取一个元素。例如，下面使用 for-each 形式的 for 循环把前面的代码段重写了一遍。

专家解答

问：除了数组之外，还有哪些集合能提供 for-each 形式的 for 循环？

答： for-each 循环最重要的用途之一就是遍历由 Collections Framework 定义的集合的内容。Collections Framework 是一组实现各种数据结构(如列表、向量、集合和映射)的类。有关 Collections Framework 的讨论超出了本书的范围，不过本书作者撰写的另一本书《Java 完全参考手册(第 8 版)》(由清华大学出版社引进并出版)完整地介绍了 Collections Framework。

```
int nums[] = { 1, 2, 3, 4, 5, 6, 7, 8, 9, 10 };
int sum = 0;

for(int x: nums) sum += x;
```

每一次遍历循环，x 都自动地获得一个等于 nums 数组中下一个元素的值，因此第一次遍历时，x 为 1，第二次时为 2，依此类推。这样做不仅语法简洁流畅，还能防止越界错误。

下面是演示 for-each 版本的 for 循环的完整程序：

```
// Use a for-each style for loop.
class ForEach {
  public static void main(String args[]) {
    int nums[] = { 1, 2, 3, 4, 5, 6, 7, 8, 9, 10 };
    int sum = 0;

    // Use for-each style for to display and sum the values.
    for(int x : nums) {        ←——— for-each 形式的 for 循环
```

```
      System.out.println("Value is: " + x);
      sum += x;
    }

    System.out.println("Summation: " + sum);
  }
}
```

程序的输出如下所示：

```
Value is: 1
Value is: 2
Value is: 3
Value is: 4
Value is: 5
Value is: 6
Value is: 7
Value is: 8
Value is: 9
Value is: 10
Summation: 55
```

从输出可以看到，for-each 形式的 for 循环会从最低的索引到最高的索引依次遍历数组的全部元素。

虽然 for-each 循环会一直迭代，直到检查完数组中的全部元素，但也可以使用 break 语句提前终止循环。例如，下面的循环只对 nums 数组的前 5 个元素求和：

```
// Sum only the first 5 elements.
for(int x : nums) {
  System.out.println("Value is: " + x);
  sum += x;
  if(x == 5) break; // stop the loop when 5 is obtained
}
```

对于 for-each 形式的 for 循环有一点需要特别注意，它的迭代变量对于内部数组是只读的。给迭代变量赋值对于内部数组无效。换句话说，不能通过给迭代变量赋予新值来修改数组的内容。考虑下面的程序：

```
// The for-each loop is essentially read-only.
class NoChange {
  public static void main(String args[]) {
    int nums[] = { 1, 2, 3, 4, 5, 6, 7, 8, 9, 10 };

    for(int x : nums) {
      System.out.print(x + " ");
      x = x * 10; // no effect on nums    ←—— 没有修改 nums
    }

    System.out.println();

    for(int x : nums)
      System.out.print(x + " ");

    System.out.println();
  }
}
```

第一个 for 循环试图通过乘以 10 来增加迭代变量的值，但这种赋值对于内部数组 nums 无效。第二个 for 循环演示了其效果，下面的输出结果证明了这一点：

```
1 2 3 4 5 6 7 8 9 10
1 2 3 4 5 6 7 8 9 10
```

5.6.1 迭代多维数组

增强型 for 循环也可用于多维数组。但要记住，Java 中的多维数组是数组的数组，例如，二维数组是一维数组的数组。在遍历多维数组时，这一点很重要，因为当迭代一个多维数组时，每一次迭代获得的都是下一级数组，而不是单个元素。而且，for 循环的迭代变量必须与获得的数组的类型兼容。例如，对于二维数组，迭代变量必须是一维数组的引用。总之，当使用 for-each 形式的 for 循环遍历 N 维数组时，获得的对象必须是 N-1 维。为说明这一点，下面的程序使用嵌套的 for 循环，按照行顺序，从头到尾获得一个二维数组的元素：

```
// Use for-each style for on a two-dimensional array.
class ForEach2 {
  public static void main(String args[]) {
    int sum = 0;
    int nums[][] = new int[3][5];

    // give nums some values
    for(int i = 0; i < 3; i++)
      for(int j=0; j < 5; j++)
        nums[i][j] = (i+1)*(j+1);

    // Use for-each for loop to display and sum the values.
    for(int x[] : nums) {   ←—— 注意 x 的声明方式
      for(int y : x) {
        System.out.println("Value is: " + y);
        sum += y;
      }
    }
    System.out.println("Summation: " + sum);
  }
}
```

该程序的输出如下所示：

```
Value is: 1
Value is: 2
Value is: 3
Value is: 4
Value is: 5
Value is: 2
Value is: 4
Value is: 6
Value is: 8
Value is: 10
Value is: 3
Value is: 6
Value is: 9
Value is: 12
Value is: 15
Summation: 90
```

在该程序中，要特别注意下面这一行语句：

```
for(int x[] : nums) {
```

注意 x 是如何声明的。它是一个对一维整型数组的引用。这样做是必要的，因为每一次迭代 for 循环都会获得 nums 中的下一个数组，从 nums[0]指定的数组开始。内部 for 循环遍历每一个数组，显示每一个元素的值。

5.6.2 应用增强型 for 循环

由于 for-each 形式的 for 循环只能以顺序方式从头到尾地遍历数组，因此你可能会认为它的用法受限。其实情况并非如此。很多算法都需要这种机制。最常见的算法之一就是搜索。例如，下面的程序使用 for 循环在一个无序数组中搜索某个值，找到该值之后就终止。

```
// Search an array using for-each style for.
class Search {
  public static void main(String args[]) {
    int nums[] = { 6, 8, 3, 7, 5, 6, 1, 4 };
    int val = 5;
    boolean found = false;

    // Use for-each style for to search nums for val.
    for(int x : nums) {
      if(x == val) {
        found = true;
        break;
      }
    }

    if(found)
      System.out.println("Value found!");
  }
}
```

for-each 形式的 for 循环是该情况下的最佳选择，因为搜索无序数组也需要按照顺序检查数组的每一个元素(如果是有序数组，可以使用二元搜索，这需要另一种形式的循环)。其他类型的应用也可从 for-each 形式的 for 循环中获益，包括计算平均值、查找一组值的最大值和最小值、查找重复值等。

现在，我们已经介绍了 for-each 形式的 for 循环，本书后面将在合适的地方使用这种循环。

5.7 字符串

从日常的程序设计角度看，Java 最重要的数据类型之一就是 String。String 定义并支持字符串。在其他许多程序设计语言中，字符串是字符数组，而在 Java 中却并非如此。在 Java 中，字符串是对象。

实际上，从第 1 章就已经开始使用 String 类了，只是读者不知道罢了。当创建一个字符串字面值时，实际上创建了一个 String 对象。例如，在以下语句中：

```
System.out.println("In Java, strings are objects.");
```

Java 使字符串“In Java, strings are objects.”自动成为 String 对象。因此，在前面的程序中，字符串的使用是藏在幕后的。在下面几节中将学习如何显式使用它。然而，请注意 String 类是非常庞大的，这里只能触及冰山一角。可以自己去深入研究这个类。

5.7.1 构造字符串

可以像构造其他类型的对象那样构造字符串：使用 new 并调用 String 构造函数。例如：

```
String str = new String("Hello");
```

该语句创建了一个名为 str 的 String 对象，它包含字符串“Hello”。也可以从一个 String 对象中创建另一个 String 对象，例如：

```
String str = new String("Hello");
String str2 = new String(str);
```

执行这些代码后，str2 也包含字符串 “Hello”。

创建 String 对象的另一种简单方法如下所示：

```
String str = "Java strings are powerful.";
```

在本例中，str 被初始化为字符序列 “Java strings are powerful.”。

一旦创建一个 String 对象，就可以在任何允许使用被引用字符串的地方使用它。例如，可将 String 对象作为 println( ) 的实参来使用，如下所示：

```
// Introduce String.
class StringDemo {
  public static void main(String args[]) {
    // declare strings in various ways
    String str1 = new String("Java strings are objects.");
    String str2 = "They are constructed various ways.";
    String str3 = new String(str2);

    System.out.println(str1);
    System.out.println(str2);
    System.out.println(str3);
  }
}
```

程序的输出如下所示：

```
Java strings are objects.
They are constructed various ways.
They are constructed various ways.
```

5.7.2 操作字符串

String 类包含操作字符串的若干方法。表 5-1 列出了其中几个常用方法。

表 5-1 操作字符串的方法

方　法	描　述
boolean equals(*str*)	如果调用字符串包含的字符序列与 *str* 一样，则返回 true
int length( )	获取字符串的长度
char charAt(*index*)	获取 *index* 指定的索引位置的字符
int compareTo(*str*)	如果调用字符串小于 *str*，则返回小于 0 的数；如果调用字符串大于 *str*，则返回大于 0 的数；如果相等，则返回 0
int indexOf(*str*)	在调用字符串中查找 *str* 指定的子串。返回第一个匹配的索引，如果没有匹配项，则返回-1
int lastIndexOf(*str*)	在调用字符串中查找 *str* 指定的子串。返回最后一个匹配的索引，如果没有匹配项，则返回-1

下面的程序演示了这些方法：

```
// Some String operations.
class StrOps {
  public static void main(String args[]) {
    String str1 =
      "When it comes to Web programming, Java is #1.";
    String str2 = new String(str1);
    String str3 = "Java strings are powerful.";
    int result, idx;
    char ch;

    System.out.println("Length of str1: " +
                       str1.length());

    // display str1, one char at a time.
    for(int i=0; i < str1.length(); i++)
      System.out.print(str1.charAt(i));
    System.out.println();

    if(str1.equals(str2))
      System.out.println("str1 equals str2");
    else
      System.out.println("str1 does not equal str2");

    if(str1.equals(str3))
      System.out.println("str1 equals str3");
    else
      System.out.println("str1 does not equal str3");

    result = str1.compareTo(str3);
    if(result == 0)
      System.out.println("str1 and str3 are equal");
    else if(result < 0)
      System.out.println("str1 is less than str3");
    else
      System.out.println("str1 is greater than str3");

    // assign a new string to str2
    str2 = "One Two Three One";

    idx = str2.indexOf("One");
    System.out.println("Index of first occurrence of One: " + idx);
    idx = str2.lastIndexOf("One");
    System.out.println("Index of last occurrence of One: " + idx);
  }
}
```

程序的输出如下所示：

```
Length of str1: 45
When it comes to Web programming, Java is #1.
str1 equals str2
str1 does not equal str3
```

```
str1 is greater than str3
Index of first occurrence of One: 0
Index of last occurrence of One: 14
```

可使用+运算符来连接两个字符串。例如，下面的语句：

```
String str1 = "One";
String str2 = "Two";
String str3 = "Three";
String str4 = str1 + str2 + str3;
```

使用字符串“OneTwoThree”来初始化 str4。

专家解答

问： String 为什么要定义 equals( )方法，不能使用==吗？

答： equals( )方法比较两个 String 对象的字符序列是否相等。把==应用到两个字符串引用只是用来判断两个引用所指的是不是同一对象。

5.7.3 字符串数组

与其他数据类型一样，字符串也可存储在数组中。例如：

```
// Demonstrate String arrays.
class StringArrays {
  public static void main(String args[]) {
    String strs[] = { "This", "is", "a", "test." };

    System.out.println("Original array: ");
    for(String s : strs)
      System.out.print(s + " ");
    System.out.println("\n");

    // change a string
    strs[1] = "was";
    strs[3] = "test, too!";

    System.out.println("Modified array: ");
    for(String s : strs)
      System.out.print(s + " ");
  }
}
```

程序的输出如下所示：

```
Original array:
This is a test.

Modified array:
This was a test, too!
```

5.7.4　字符串是不可变的

String 对象的内容是不能改变的。即一旦创建 String 对象，组成字符串的字符序列就是不可改变的。这一限制使 Java 可以更有效地实现字符串。尽管这听起来像一个严重的缺点，但是事实并非如此。当需要与已有的字符串略有区别的字符串时，只需要创建所需的新字符串即可。因为无用的 String 对象会自动回收，所以甚至不必担心无用的字符串会造成什么影响。然而，必须清楚的是，String 引用变量可以改变它们引用的对象。创建对象后，不可以改变的只是特定 String 对象的内容。

专家解答

问：你说一旦创建 String 对象，它就是不可变的。从实际的角度来理解，我认为这不是一个严格的限制，但是如果我想创建一个可变的字符串,该怎么办?

答：很幸运。Java 提供了一个名为 StringBuffer 的类，它创建的字符串对象是可以改变的。例如，除了用于在具体位置获取字符的 charAt( )方法以外，StringBuffer 还定义了 setCharAt( )，用于在字符串中设置字符。Java 还提供了一个与 StringBuffer 相关的 StringBuilder 类，该类创建的字符串对象也是可以改变的。然而，多数情况下需要使用的是 String，而不是 StringBuffer 或 StringBuilder。

不可变字符串绝不是程序设计的障碍，为完全理解其中的原因，我们使用 String 类的另一个方法：substring( )。substring( )方法返回一个包含调用字符串指定部分的新字符串。因为新 String 对象是包含原字符串的子串，所以原字符串没有变化，也没有违背不变原则。我们使用的 substring( )方法的形式如下所示：

```
String substring(int startIndex, int endIndex)
```

这里 startIndex 指定索引起始点，而 endIndex 指定索引结束点。下面是用于演示 substring( )和不可变字符串原则的程序：

```
// Use substring().
class SubStr {
  public static void main(String args[]) {
    String orgstr = "Java makes the Web move.";

    // construct a substring
    String substr = orgstr.substring(5, 18);   ◄── 创建一个包含所需子串的新字符串

    System.out.println("orgstr: " + orgstr);
    System.out.println("substr: " + substr);
  }
}
```

程序的输出如下所示：

```
orgstr: Java makes the Web move.
substr: makes the Web
```

显然，原字符串 orgstr 没有变化，substr 包含子字符串。

5.7.5 使用 String 控制 switch 语句

第 3 章曾介绍过，在 JDK 7 以前，必须使用整数类型(例如 int 或 char)来控制 switch 语句。其局限就是，当需要根据字符串的内容来选择几个动作之一时，就不能使用 switch 语句，而是要使用 if-else-if 阶梯状结构。虽然 if-else-if 在语义上是正确的，但 switch 语句是用于这种选择的一种更自然的方式。幸好，这种情况已被纠正。现在可使用 String 来控制 switch 语句了。许多情况下，这可以得到可读性更好、更简洁的代码。

下面的示例代码演示了如何使用 String 来控制 switch 语句：

```
// Use a string to control a switch statement.

class StringSwitch {
  public static void main(String args[]) {

    String command = "cancel";

    switch(command) {
      case "connect":
        System.out.println("Connecting");
        break;
      case "cancel":
        System.out.println("Canceling");
        break;
      case "disconnect":
        System.out.println("Disconnecting");
        break;
      default:
        System.out.println("Command Error!");
        break;
    }
  }
}
```

和预想一样，程序的输出是：

```
Canceling
```

command 中包含的字符串(在这个程序中是 cancel)将与 case 常量进行比较。当找到匹配的 case 常量时(即第二个 case)，将执行与该 case 常量对应的代码序列。

能够在 switch 语句中使用字符串十分方便，并可提高一些代码的可读性。例如，与使用 if/else 语句序列相比，使用基于字符串的 switch 是一种改进。但在 switch 语句中使用字符串的开销比使用整数更大。因此，最好只在控制数据已经是字符串时，才使用基于字符串的 switch 语句。换句话说，除非必要，否则不要在 switch 语句中使用字符串。

5.8 使用命令行实参

既然了解了 String 类，就可以理解目前出现在每个程序的 main( )方法中的 args 形参了。许多程序把它称为命令行实参。命令行实参是在命令行执行程序时，直接跟在程序名之后的信息。访问 Java 程序中的命令行实参非常简单，它们都作为字符串存储在传递给 main( )的 String 数组中。例如，下面的程序显示了调用它所需的全部命令行实参：

```
// Display all command-line information.
class CLDemo {
```

```
  public static void main(String args[]) {
    System.out.println("There are " + args.length +
                       " command-line arguments.");

    System.out.println("They are: ");
    for(int i=0; i<args.length; i++)
      System.out.println("arg[" + i + "]: " + args[i]);
  }
}
```

如果 CLDemo 的执行如下所示：

```
java CLDemo one two three
```

就会看到如下所示的输出结果：

```
There are 3 command-line arguments.
They are:
arg[0]: one
arg[1]: two
arg[2]: three
```

注意第一个实参保存在索引 0 中，第二个实参保存在索引 1 中，依此类推。

为简单了解使用命令行实参的方法，考虑下面的程序。该程序使用一个命令行实参指定人名。然后在二维字符串数组中查找该名。如果找到一个匹配，就显示该人的电话号码。

```
// A simple automated telephone directory.
class Phone {
  public static void main(String args[]) {
    String numbers[][] = {
      { "Tom", "555-3322" },
      { "Mary", "555-8976" },
      { "Jon", "555-1037" },
      { "Rachel", "555-1400" }
    };
    int i;

    if(args.length != 1)   ◀———— 要使用程序，必须提供一个命令行实参
      System.out.println("Usage: java Phone <name>");
    else {
      for(i=0; i<numbers.length; i++) {
        if(numbers[i][0].equals(args[0])) {
          System.out.println(numbers[i][0] + ": " +
                             numbers[i][1]);
          break;
        }
      }
      if(i == numbers.length)
        System.out.println("Name not found.");
    }
  }
}
```

运行结果如下所示：

```
java Phone Mary
Mary: 555-8976
```

5.9 使用局部变量的类型推断功能

最近，Java 语言添加了一个名为局部变量类型推断的新特性。下面回顾变量的两个重要方面。首先， Java 中的所有变量必须在使用之前声明。其次，变量可以在声明时使用值初始化。此外，初始化变量时，初始化器的类型必须与所声明的变量类型相同(或可转换为变量的类型)。因此，原则上不需要为初始化的变量显式指定类型，因为可以从初始化器的类型中推断出它。当然，在过去，Java 不支持这种推断，无论是否初始化，所有变量都需要显式声明的类型。今天，这种情况已经改变。

从 JDK 10 开始，现在可以让编译器根据初始化器的类型推断出局部变量的类型，从而不需要显式指定类型了。局部变量的类型推断提供了许多优点。例如，当可以从初始化器中推断变量的类型时，就不需要指定变量的类型，从而简化了代码。如果类型较长，例如某些类名很长，则可以简化声明语句。当类型难以识别或无法表示时，类型推断功能也会很有帮助(匿名类的类型就是一个不能表示类型的例子，详见第 16 章)。此外，局部变量的类型推断是当代编程环境的一个常见部分。它包含在 Java 中，有助于 Java 跟上语言设计的发展趋势。为了支持局部变量的类型推断，将与上下文相关的标识符 var 作为保留类型名添加到 Java 中。

要使用局部变量的类型推断，必须以 var 作为类型名声明变量，且必须包含一个初始化器。下面从一个简单的例子开始。考虑下面的语句，它声明了一个名为 avg 的局部 double 变量，初始值为 10.0：

```
double avg = 10.0;
```

使用类型推断，这个声明也可以这样写：

```
var avg = 10.0;
```

这两种情况下，avg 的类型都是 double。在第一种情况下，显式地指定了它的类型。在第二种情况下，它的类型被推断为 double，因为初始化器 10.0 的类型是 double。

如前所述，var 添加为与上下文相关的标识符。当它在局部变量声明的环境中用作类型名时，就告诉编译器，使用类型推断功能，根据初始化器的类型确定要声明的变量类型。因此，在局部变量的声明中，var 是实际推断类型的占位符。然而，当在大多数其他地方使用 var 时，它只是一个用户定义的标识符，没有特殊含义。例如，以下声明仍然有效：

```
int var = 1;  // In this case, var is simply a user-defined identifier.
```

在本例中，类型显式指定为 int, var 是被声明的变量名称。尽管它是与上下文相关的标识符，但是在一些地方使用 var 是非法的。例如，它不能用作类的名称。

下面的程序将前面的讨论付诸实践：

```
// A simple demonstration of local variable type inference.
class VarDemo {
  public static void main(String args[]) {

    // Use type inference to determine the type of the
    // variable named avg. In this case, double is inferred.
    var avg = 10.0;   ← 使用 var 推断 avg 的类型
    System.out.println("Value of avg: " + avg);

    // In the following context, var is not a predefined identifier.
    // It is simply a user-defined variable name.
    int var = 1;
    System.out.println("Value of var: " + var);
```

```
    // Interestingly, in the following sequence, var is used
    // as both the type of the declaration and as a variable name
    // in the initializer.
    var k = -var;
    System.out.println("Value of k: " + k);
  }
}
```

下面是输出：

```
Value of avg: 10.0
Value of var: 1
Value of k: -1
```

前面的例子使用 var 只声明简单的变量，也可以使用 var 声明数组。例如：

```
var myArray = new int[10]; // This is valid.
```

注意，var 和 myArray 都没有括号。相反，myArray 的类型推断为 int[]。此外，不能在 var 声明的左侧使用括号。因此，这两项声明都是无效的：

```
var[] myArray = new int[10]; // Wrong
var myArray[] = new int[10]; // Wrong
```

在第一行中，尝试将 var 括起来。在第二行中，尝试将 myArray 括起来。这两种情况下，括号的使用都是错误的，因为类型是从初始化器的类型中推断出来的。

需要强调的是，只有在初始化变量时，var 才可用来声明变量。因此，下面的语句是错误的：

```
var counter; // Wrong! Initializer required.
```

另外请记住，var 只能用于声明局部变量。例如，在声明实例变量、形参或返回类型时不能使用它。

5.9.1　引用类型的局部变量类型推断

前面的示例介绍了使用基本类型进行局部变量类型推断的基本原理。然而，对于引用类型(例如类类型)，类型推断的全部优点变得非常明显。此外，引用类型的局部变量类型推断是该特性的主要用途。

下面再次从一个简单例子开始。下面的声明使用类型推断来声明两个字符串变量 myStr 和 mySubStr：

```
var myStr = "This is a string";
var mySubStr = myStr.substring(5, 10);
```

记住，引用的字符串是 string 类型的对象。因为使用带引号的字符串作为初始化器，所以 myStr 的类型推断为 string。mySubStr 的类型也推断为 String，因为 substring()方法返回的引用类型为 String。

当然，也可以对用户定义的类使用局部变量类型推断，如下面的程序所示。它创建一个名为 MyClass 的类，然后使用局部变量类型推断来声明并初始化该类的对象。

```
// Local variable type inference with a user-defined class type.
class MyClass {
  private int i;

  MyClass(int k) { i = k;}

  int geti() { return i; }
  void seti(int k) { if(k >= 0) i = k; }
}
```

```
class VarDemo2 {
  public static void main(String args[]) {
    var mc = new MyClass(10); // Notice the use of var here.

    System.out.println("Value of i in mc is " + mc.geti());
    mc.seti(19);
    System.out.println("Value of i in mc is now " + mc.geti());
  }
}
```

程序的输出如下：

```
Value of i in mc is 10
Value of i in mc is now 19
```

在该程序中，要特别注意如下一行：

```
var mc = new MyClass(10); // Notice the use of var here.
```

这里，mc 的类型推断为 MyClass，因为这是初始化器的类型，它是一个新的 MyClass 对象。

如前所述，局部变量类型推断的一个主要好处是它能够简化代码，而对于引用类型，这种简化是最明显的。随着学习 Java 的深入，会发现许多类类型的名称都很长。例如，第 10 章将了解 FileInputStream 类，它可以打开用于输入操作的文件。如果不使用类型推断，就要使用如下所示的传统声明方式来声明和初始化 FileInputStream：

```
FileInputStream fin = new FileInputStream("test.txt");
```

使用 var，这可以写作：

```
var fin = new FileInputStream("test.txt");
```

这里，fin 推断为 FileInputStream 类型，因为这是其初始化器的类型。不需要显式地重复类型名称。因此，这个 fin 声明比传统的编写方法要短得多。于是，var 的使用简化了声明。通常，局部变量类型推断的简化代码属性有助于避免在程序中输入长类型名称。当然，必须谨慎使用局部变量类型推断，以避免降低程序的可读性，从而模糊其含义。本质上，这是一个应该明智使用的特性。

5.9.2 在 for 循环中使用局部变量类型推断

可以使用局部变量类型推断的另一个地方是在 for 循环中，即在传统 for 循环中声明和初始化循环控制变量，或者在 for-each 形式的 for 循环中指定迭代变量时，可以使用局部变量的类型推断。下面的程序展示了每种情况的一个例子：

```
// Use type inference in a for loop.
class VarDemo3 {
  public static void main(String args[]) {

    // Use type inference with the loop control variable.
    System.out.print("Values of x: ");
    for(var x = 2.5; x < 100.0; x = x * 2)
      System.out.print(x + " ");

    System.out.println();

    // Use type inference with the iteration variable.
    int[] nums = { 1, 2, 3, 4, 5, 6};
    System.out.print("Values in nums array: ");
    for(var v : nums)
      System.out.print(v + " ");
```

在 for 循环中使用 var

```
    System.out.println();
  }
}
```

输出如下：

```
Values of x: 2.5 5.0 10.0 20.0 40.0 80.0
Values in nums array: 1 2 3 4 5 6
```

在这个例子的下述代码行中：

```
for(var x = 2.5; x < 100.0; x = x * 2)
```

循环控制变量 x 被推断为 double 类型，因为这是其初始化器的类型。在下述代码行中：

```
for(var v : nums)
```

迭代变量 v 被推断为 int 类型，因为这是数组 nums 中元素的类型。

5.9.3 var 的一些限制

除了前面提到的限制外，var 的使用还受到其他一些限制。每次只能声明一个变量；变量不能使用 null 作为初始化器；初始化器表达式不能使用正在声明的变量。虽然可以使用 var 声明数组类型，但不能将 var 与数组初始化器一起使用。

例如，下面的代码是有效的：

```
var myArray = new int[10]; // This is valid.
```

但下面的代码是无效的：

```
var myArray = { 1, 2, 3 }; // Wrong
```

如前所述，var 不能用作类的名称。它也不能用作其他引用类型的名称，包括接口、枚举或注释(参见本书后面的内容)。下面是另外两个与 Java 特性相关的限制，稍后也会描述，但是出于完整性考虑，这里会提到。局部变量类型推断不能用于声明 catch 语句捕获的异常类型。另外，lambda 表达式和方法引用都不能用作初始化器。

注意：
在撰写本文时，许多读者会使用 JDK 10 之前的 Java 环境。因此，本书使尽可能多的代码示例能编译并运行在旧的 jdk 中，本书其余部分的大多数程序都不使用本地变量类型推断功能。当然，接下来，应该考虑在自己的代码中适当地使用局部变量类型推断。

5.10 位运算符

第 2 章了解了 Java 的算术运算符、关系运算符和逻辑运算符。尽管这些都是最常用的运算符，但 Java 还提供了一组运算符——位运算符——来扩展 Java 解决问题的范围。位运算符可用于 long、int、short、char 或 byte 类型，不能用于 boolean、float、double 或类类型。它们称为位运算符是因为它们用于测试、设置或移动组成整数值的位。运算符对于广泛应用的系统级程序设计任务十分重要，这些任务需要从设备中查询或生成状态信息。表 5-2 列出了位运算符。

表 5-2 位运算符

运 算 符	结 果	运 算 符	结 果
&	按位与	>>>	无符号右移
|	按位或	<<	左移
^	按位异或	~	1 的补码(一元非)
>>	右移		

5.10.1 位运算符的与、或、异或和非

位运算符与、或、异或和非分别为&、|、^和~。它们执行的运算与第 2 章中的 Boolean 逻辑一致。不同之处在于位运算符以位为运算对象。表 5-3 显示了每种运算的结果，用 1 或 0 来表示。

表 5-3 每种位运算的 1 和 0 的所有运算结果

p	q	p & q	p | q	p ^ q	~p
0	0	0	0	0	1
1	0	0	1	1	0
0	1	0	1	1	1
1	1	1	1	0	0

可以把按位与视为一种把二进制位设置为 0 的操作，即两个操作数中的任何位为 0，都会导致相应位的输出结果为 0。例如：

```
  1101 0011
& 1010 1010
  1000 0010
```

下面的程序通过把第 6 位重置为 0 使小写字母都变为大写字母，对&进行了演示。根据 Unicode/ASCII 字符集的定义，小写字母与大写字母的区别只是前者比后者整整大了 32。因此，如以下程序所述，把小写字母变为大写字母只需要将第 6 位设置为 0 即可。

```java
// Uppercase letters.
class UpCase {
  public static void main(String args[]) {
    char ch;

    for(int i=0; i < 10; i++) {
      ch = (char) ('a' + i);
      System.out.print(ch);

      // This statement turns off the 6th bit.
      ch = (char) ((int) ch & 65503); // ch is now uppercase

      System.out.print(ch + " ");
    }
  }
}
```

程序的输出如下所示：

```
aA bB cC dD eE fF gG hH iI jJ
```

&语句中使用的值65503表示二进制中的1111 1111 1101 1111。因此，按位与操作就只会让ch中的第6位设置0，而其他所有位都不变。

按位与运算符在确定哪个位为1、哪个位为0时，也十分有用。例如，下面的语句就用于确定status中的第4位是否置为1：

```
if((status & 8)!= 0) System.out.println("bit 4 is on");
```

使用8是因为转换为二进制后只有第4位为1。因此，if语句只有在status的第4位也为1时才成立。下例用于显示byte值的二进制形式的各个位，这也是这一概念的一个有趣应用。

```
// Display the bits within a byte.
class ShowBits {
  public static void main(String args[]) {
    int t;
    byte val;

    val = 123;
    for(t=128; t > 0; t = t/2) {
      if((val & t) != 0) System.out.print("1 ");
      else System.out.print("0 ");
    }
  }
}
```

程序的输出如下所示：

```
0 1 1 1 1 0 1 1
```

使用按位与，for循环检测val中的每个二进制位，以确定是1还是0。如果为1，则显示数字1；否则显示0。在练习5-3中，你将看到如何扩展这一基本概念来创建一个类，显示任何类型整数的二进制位。

“按位或”同“按位与”正好相反，它可用于把二进制位设置为1。两个操作数中的任何为1的二进制位都会使结果中相应的二进制位设置为1。例如：

```
  1101 0011
| 1010 1010
  ---------
  1111 1011
```

可使用“按位或”将大写化程序改变为小写化程序，如下所示：

```
// Lowercase letters.
class LowCase {
  public static void main(String args[]) {
    char ch;

    for(int i=0; i < 10; i++) {
      ch = (char) ('A' + i);
      System.out.print(ch);

      // This statement turns on the 6th bit.
      ch = (char) ((int) ch | 32); // ch is now lowercase

      System.out.print(ch + " ");
    }
  }
}
```

程序的输出如下所示：

```
Aa Bb Cc Dd Ee Ff Gg Hh Ii Jj
```

通过使每个字符与 32（即二进制的 0000 0000 0010 0000）进行 OR 操作，程序就可以使大写字母变为小写字母。因此，32 就是只将第 6 位设置为 1 的二进制值。当该值与其他任何值进行 OR 操作后，都会使第 6 位结果置为 1，而其他二进制位则保持不变。如前所述，对于字符，这意味着将每个大写字母转换为小写字母。

异或只在两个二进制位不同时置为 1，如下所示：

```
  0 1 1 1 1 1 1 1
^ 1 0 1 1 1 0 0 1
  ---------------
  1 1 0 0 0 1 1 0
```

异或运算符有一个有趣的属性，可以轻松地对信息进行编码。当对某值 X 与另一个值 Y 进行异或操作后，再将所得结果与 Y 进行异或操作，就会生成 X。

```
R1 = X ^ Y; R2 = R1 ^ Y;
```

R2 的值与 X 一样。因此，一个值与同一值进行两次异或位运算，结果就为原值。

可使用这一原理来创建简单的加密程序，其中把某一整数作为密钥，通过对字符进行异或运算对消息进行编码和解码。编码时，第一次使用异或运算生成密码文本。解码时，第二次使用异或运算生成普通文本。当然，这种加密方式没什么实际价值，它太容易破解了。但是，这确实是演示异或操作的一种不错的方法。下面的简单示例就使用这种方法对短消息进行编码和解码：

```
// Use XOR to encode and decode a message.
class Encode {
  public static void main(String args[]) {
    String msg = "This is a test";
    String encmsg = "";
    String decmsg = "";
    int key = 88;

    System.out.print("Original message: ");
    System.out.println(msg);

    // encode the message
    for(int i=0; i < msg.length(); i++)
      encmsg = encmsg + (char) (msg.charAt(i) ^ key);

    System.out.print("Encoded message: ");
    System.out.println(encmsg);

    // decode the message
    for(int i=0; i < msg.length(); i++)
      decmsg = decmsg + (char) (encmsg.charAt(i) ^ key);

    System.out.print("Decoded message: ");
    System.out.println(decmsg);
  }
}
```

用来生成编码字符串

用来生成解码字符串

程序的输出如下所示：

```
Original message: This is a test
Encoded message: 01+x1+x9x,=+,
```

```
Decoded message: This is a test
```

可以看出，两个异或运算的结果使用同一个密钥来生成解码的消息。

一元非(NOT)运算符就是把操作数的所有二进制位设置成相反的状态。例如，一个名为 A 的整数的二进制形式为 1001 0110，那么~A 生成的结果就为 0110 1001。

下面的程序通过显示一个数及其一元非运算演示了 NOT 运算符的用法：

```
// Demonstrate the bitwise NOT.
class NotDemo {
  public static void main(String args[]) {
    byte b = -34;

    for(int t=128; t > 0; t = t/2) {
      if((b & t) != 0) System.out.print("1 ");
      else System.out.print("0 ");
    }
    System.out.println();

    // reverse all bits
    b = (byte) ~b;

    for(int t=128; t > 0; t = t/2) {
      if((b & t) != 0) System.out.print("1 ");
      else System.out.print("0 ");
    }
  }
}
```

程序的输出如下所示：

```
1 1 0 1 1 1 1 0
0 0 1 0 0 0 0 1
```

5.10.2 移位运算符

在 Java 中，可按指定的位数将二进制位向左或向右移动。Java 定义了三个移位运算符，如表 5-4 所示。

表 5-4　Java 定义的 3 个移位运算符

运 算 符	作　用
<<	左移
>>	右移
>>>	无符号右移

这些运算符的基本形式如下所示：

```
value << num-bits
value >> num-bits
value >>> num-bits
```

这里，value 是被移位的值，而移动的位数由 num-bits 指定。

每次左移都会引起指定值中的所有二进制位向左移动一个位置，同时在右端补一个 0。每次右移都会引起指定值中的所有二进制位都向右移动一个位置，同时保持符号位不变。如你所知，通常把整数值的高阶位设置为 1 来表示负数，Java 也采用了这种方法。因此，如果被移动的值是一个负数，那么每次右移都会在左端补一个 1。如果是正值，那么每次右移都会在左端补一个 0。

除了符号位外，在右移的时候还要注意其他一些事情。Java 对于负值使用的是补码方法。在这种方法中，负值存储是通过先把值的各二进制位都置成相反的值，然后加 1 实现的。因此，–1 的字节值的二进制形式是 1111 1111。右移该值生成的永远是–1。

如果右移时，不想保持符号位，可使用无符号右移(>>>)，它总是在左端补一个 0。出于这一原因，>>>也称为充零右移。在移动不代表整数的二进制位(如状态码)时可以使用无符号右移。

对于所有移位而言，移出的二进制位都会丢失。因此，移位不是循环的，移出的位是无法再检索的。

下面是一个说明左移和右移的程序。这里，给定整数一个初值 1，表示其低阶位被置为 1。然后，对该整数执行 8 次移位操作。每次移位后，显示该值的低 8 位。然后重复该过程，不同之处是把 1 放在第 8 位，执行右移。

```
// Demonstrate the shift << and >> operators.
class ShiftDemo {
  public static void main(String args[]) {
    int val = 1;

    for(int i = 0; i < 8; i++) {
      for(int t=128; t > 0; t = t/2) {
        if((val & t) != 0) System.out.print("1 ");
        else System.out.print("0 ");
      }
      System.out.println();
      val = val << 1; // left shift
    }
    System.out.println();

    val = 128;
    for(int i = 0; i < 8; i++) {
      for(int t=128; t > 0; t = t/2) {
        if((val & t) != 0) System.out.print("1 ");
        else System.out.print("0 ");
      }
      System.out.println();
      val = val >> 1; // right shift
    }
  }
}
```

程序的输出如下所示：

```
0 0 0 0 0 0 0 1
0 0 0 0 0 0 1 0
0 0 0 0 0 1 0 0
0 0 0 0 1 0 0 0
0 0 0 1 0 0 0 0
0 0 1 0 0 0 0 0
0 1 0 0 0 0 0 0
1 0 0 0 0 0 0 0

1 0 0 0 0 0 0 0
0 1 0 0 0 0 0 0
0 0 1 0 0 0 0 0
0 0 0 1 0 0 0 0
0 0 0 0 1 0 0 0
```

```
0 0 0 0 0 1 0 0
0 0 0 0 0 0 1 0
0 0 0 0 0 0 0 1
```

对 byte 和 short 值进行移位时，要特别小心，因为在计算表达式时，Java 会自动把这些类型升级为 int 类型。例如，如果对 byte 值进行右移，会首先把它升级为 int 类型，然后才进行移位。移位的结果也是 int 类型的值。这一转换常常没有结果。然而，如果要对一个 byte 或 short 类型的负值进行移位，那么在把它升级为 int 类型时，就会出现符号位溢出。因此，整数值结果的高阶位就会被 1 填充。执行普通右移操作时，这是可以正常运行的。但当执行充零右移时，要移动 24 个 1 后，字节值中才会出现 0。

5.10.3　位运算符的赋值速记符

所有的二进制位运算符都有一种把赋值与位运算结合在一起的速记形式。例如，下面两条语句都可以把 x 与 127 异或的结果赋给 x：

```
x = x ^ 127;
x ^= 127;
```

专家解答

问：既然二进制是以 2 为幂的，那么移位运算符可用作乘以或除以 2 的快速计算方法吗？

答：可以。移位操作可用于执行乘以 2 或除以 2 的快速计算。左移把一个值乘以 2，右移则除以 2。

练习 5-3(ShowBitsDemo.java)　ShowBits 类

本练习创建了一个名为 ShowBits 的类，它可以用二进制形式显示任何整数的二进制值。这样的类在程序设计中十分有用。例如，如果正在调试设备驱动代码，那么对二进制的数据流进行监视通常是很有益的。

步骤：

(1) 创建一个名为 ShowBitsDemo.java 的文件。

(2) ShowBits 类的开始部分如下所示：

```
class ShowBits {
  int numbits;

  ShowBits(int n) {
    numbits = n;
  }
```

ShowBits 创建显示特定位数的对象。例如，要创建一个显示某值的低 8 位的对象，可以使用如下语句：

```
ShowBits byteval = new ShowBits(8)
```

显示的位数存储在 numbits 中。

(3) 为实际显示位模式，ShowBits 提供了 show( )方法，如下所示：

```
void show(long val) {
  long mask = 1;
```

```
    // left-shift a 1 into the proper position
    mask <<= numbits-1;

    int spacer = 0;
    for(; mask != 0; mask >>>= 1) {
      if((val & mask) != 0) System.out.print("1");
      else System.out.print("0");
      spacer++;
      if((spacer % 8) == 0) {
        System.out.print(" ");
        spacer = 0;
      }
    }
    System.out.println();
  }
```

注意，show( )指定了一个 long 类型的形参。但这并不意味着总向 show( )传递一个 long 值。因为 Java 的自动类型升级，任何整数类型都可传递到 show( )。显示的二进制位的数量是由存储在 numbits 中的值决定的。在每 8 个二进制位组后面，show( )都输出一个空格。这就使冗长的位模式的二进制值看起来比较方便。

(4) 完整的 ShowBitsDemo 程序如下所示：

```
/*
   Try This 5-3
   A class that displays the binary representation of a value.
*/

class ShowBits {
  int numbits;

  ShowBits(int n) {
    numbits = n;
  }

  void show(long val) {
    long mask = 1;

    // left-shift a 1 into the proper position
    mask <<= numbits-1;

    int spacer = 0;
    for(; mask != 0; mask >>>= 1) {
      if((val & mask) != 0) System.out.print("1");
      else System.out.print("0");
      spacer++;
      if((spacer % 8) == 0) {
        System.out.print(" ");
        spacer = 0;
      }
    }
    System.out.println();
  }
}

// Demonstrate ShowBits.
class ShowBitsDemo {
  public static void main(String args[]) {
```

```
    ShowBits b = new ShowBits(8);
    ShowBits i = new ShowBits(32);
    ShowBits li = new ShowBits(64);

    System.out.println("123 in binary: ");
    b.show(123);

    System.out.println("\n87987 in binary: ");
    i.show(87987);

    System.out.println("\n237658768 in binary: ");
    li.show(237658768);


    // you can also show low-order bits of any integer
    System.out.println("\nLow order 8 bits of 87987 in binary: ");
    b.show(87987);
  }
}
```

(5) ShowBitsDemo 程序的输出如下所示：

```
123 in binary:
01111011

87987 in binary:
00000000 00000001 01010111 10110011

237658768 in binary:
00000000 00000000 00000000 00000000 00001110 00101010 01100010 10010000

Low order 8 bits of 87987 in binary:
10110011
```

5.11 ?运算符

Java 最令人着迷的运算符就是?。?运算符经常用于代替如下形式的 if-else 语句：

```
if (condition)
  var = expression1;
else
  var = expression2;
```

这里，赋给 var 的值由控制 if 的 condition 表达式的结果来决定。

?称为三元运算符，因为它需要三个操作数，基本形式如下所示：

```
Exp1 ? Exp2 : Exp3;
```

其中，Exp1 是一个 boolean 表达式，Exp2 和 Exp3 是 void 以外的任何类型的表达式。Exp2 和 Exp3 的类型必须一致(或兼容)。注意冒号的用法与位置。

?表达式的值的确定过程如下所示：计算 Exp1。如果 Exp1 为真，那么计算 Exp2，而且它的值会成为整个?表达式的值。如果 Exp1 为假，那么计算 Exp3，并把其值作为表达式的值。考虑下面这个把 val 的绝对值赋给 absval 的示例：

```
absval = val < 0 ? -val : val; // get absolute value of val
```

这里，如果 val 大于等于 0，就把 val 的值赋给 absval。如果 val 为负数，就把该值的负数(产生的正值)赋给 absval。使用 if-else 结构编写的相同功能的代码如下所示：

```
if(val < 0) absval = -val;
else absval = val;
```

下面是?运算符的另一个示例。该程序除以两个数，但不允许被 0 除。

```
// Prevent a division by zero using the ?.
class NoZeroDiv {
  public static void main(String args[]) {
    int result;

    for(int i = -5; i < 6; i++) {
      result = i != 0 ? 100 / i : 0;   ←—— 防止被 0 除
      if(i != 0)
        System.out.println("100 / " + i + " is " + result);
      }
  }
}
```

程序的输出如下所示：

```
100 / -5 is -20
100 / -4 is -25
100 / -3 is -33
100 / -2 is -50
100 / -1 is -100
100 / 1 is 100
100 / 2 is 50
100 / 3 is 33
100 / 4 is 25
100 / 5 is 20
```

请特别注意程序中的这一行：

```
result = i != 0 ? 100 / i : 0;
```

这里，把 100 除以 i 的结果赋给 result。然而，除法不能在 i 为 0 时发生。当 i 为 0 时，就把 0 的占位符值赋给 result。

实际上不必将?生成的值赋给某些变量。例如，可以把该值作为调用某个方法的实参。或者，如果表达式都是 boolean 类型，那么可以把?作为循环或 if 语句的条件表达式。例如，下面对上述程序进行了重写，以使其效率更高。程序的输出结果与原来一样。

```
// Prevent a division by zero using the ?.
class NoZeroDiv2 {
  public static void main(String args[]) {

    for(int i = -5; i < 6; i++)
      if(i != 0 ? true : false)
        System.out.println("100 / " + i +
                           " is " + 100 / i);
  }
}
```

注意 if 语句。如果 i 为 0，那么 if 的结果为假，除以 0 被禁止，不会显示结果；否则就会进行除法运算。

5.12　自测题

1. 写出两种声明包含 12 个 double 类型的值的一维数组的方式。
2. 说明如何把一维整数数组初始化为值 1～5。
3. 编写一个程序，使用数组来查找 10 个 double 值的平均数，10 个值任选。
4. 修改练习 5-1 中的排序，使其对字符串数组进行排序。请证实其可以运行。
5. String 类的 indexOf( )和 lastIndexOf( )方法之间的不同之处是什么？
6. 所有字符串都是 String 类型的对象，请写出如何在字符串字面值“I like Java”上调用 length( )和 charAt( )方法。
7. 扩展 Encode 加密类，修改它以使其使用包含 8 个字符的字符串作为密钥。
8. 位运算符可以应用于 double 类型吗？
9. 请用?运算符来重写下面的代码：

```
if(x < 0) y = 10;
else y = 20;
```

10. 在下面的代码段中，&是位运算符还是逻辑运算符呢？请给出你的理由。

```
boolean a, b;
// ...
if(a & b) ...
```

11. 溢出数组边界是错误吗？用负值编制数组索引正确吗？
12. 什么是无符号右移运算符？
13. 重写本章前面的 MinMax 类，以便使用 for-each 形式的 for 循环。
14. 练习 5-1 提供的 Bubble 类中执行排序的 for 循环能够转换为 for-each 形式的 for 循环吗？如果不能，为什么？
15. 可使用 String 控制 switch 语句吗？
16. 哪个保留的类型名称用于局部变量类型推断？
17. 说明如何使用局部变量类型推断来声明一个名为 done 的布尔变量，其初始值为 false。
18. var 可以是变量的名称吗？var 可以是类的名称吗？
19. 以下声明有效吗？如果无效，说明原因。

```
var[] avgTemps = new double[7];
```

20.以下声明有效吗？如果无效，说明原因。

```
var alpha = 10, beta = 20;
```

21. 在练习 5-3 中开发的 ShowBits 类的 show()方法中，局部变量 mask 的声明如下：

```
long mask = 1;
```

更改此声明，使其使用局部变量类型推断。这样做时，请确保 mask 的类型为 long(就像这里一样)，而不是 int 类型。

第 6 章

方法和类详解

关键技能与概念

- 控制对成员的访问
- 向方法传递对象
- 从方法返回对象
- 重载方法
- 重载构造函数
- 使用递归
- 应用 static 关键字
- 使用内部类
- 使用可变长度实参(varargs)

本章继续介绍类和方法。首先解释如何控制对类成员的访问，然后讨论对象的传递和返回、方法重载、递归以及关键字 static 的使用，同时，本章还将介绍嵌套类和可变长度实参。

6.1 控制对类成员的访问

在对封装的支持中，类具备两大益处。第一，类将数据和操作数据的代码连接在一起。从第 4 章起，我们已经从中受益了。第二，类提供了用来控制访问成员的途径，而这一点正是这里要讨论的。

尽管 Java 的方法有些复杂，然而从本质上讲，Java 只有两大类成员：公有成员和私有成员。公有成员可以自由地被定义在类以外的代码访问，私有成员只能被该类定义的其他方法访问。通过使用私有成员可以实现对访问的控制。

限制对类成员的访问是面向对象程序设计的基础，因为这有利于防止对象的误用。只允许通过一系列定义良好的方法来访问私有数据，可通过执行范围检查，防止向数据赋予不当的值。类以外的代码不可能直接向私有成员赋值。同时，还可以精确地控制如何以及何时使用对象中的数据。因此，当正确实现对类成员的访问控制后，类就可以创建可被使用的“黑箱”，其内部动作不会被任意篡改。

到目前为止，不必担心如何控制类成员的访问，因为对于前面所示的程序类型，Java 默认的访问设置允许程序中的其他代码任意访问类的成员(即默认访问设置本质上是公有的)。尽管这对于简单的类(以及本书提供的示例程序)而言十分方便，但是这个默认设置并不适合于许多实际情况。下面将介绍如何使用 Java 的访问控制功能。

Java 的访问修饰符

成员的访问控制是通过使用 3 个访问修饰符来实现的，它们分别是 public、private 和 protected。如前所述，如果没有使用访问修饰符，则使用默认访问设置。本章关注的是 public 和 private。protected 修饰符在第 8 章涉及继承时才会用到。

当 public 修饰符修饰类成员时，程序中的任何代码都可以访问该成员。定义在其他类中的方法也可以访问。

当某个类中的一个成员被指定为 private 时，只有该类的其他成员可以访问该成员。因此，一个类中的方法不能访问另一个类中的 private 成员。

在程序没有分包的情况下，默认访问设置(没有使用访问修饰符)与 public 相同。包(package)本质上是类的集合。包既是一种组织形式，又是一种访问控制功能，但是对包的讨论将放到第 8 章。对于本章和前几章出现的程序类型，默认访问与 public 访问相同。

访问修饰符位于成员的类型说明之前，即它是一条成员声明语句的开始。下面是一些示例：

```
public String errMsg;
private accountBalance bal;

private boolean isError(byte status) { // ...
```

要了解 public 和 private 的效果，请看下面的程序：

```
// Public vs private access.
class MyClass {
  private int alpha; // private access
  public int beta; // public access
  int gamma; // default access

  /* Methods to access alpha. It is OK for a
     member of a class to access a private member
     of the same class.
  */
  void setAlpha(int a) {
    alpha = a;
  }
```

```
  int getAlpha() {
    return alpha;
  }
}

class AccessDemo {
  public static void main(String args[]) {
    MyClass ob = new MyClass();

    /* Access to alpha is allowed only through
       its accessor methods. */
    ob.setAlpha(-99);
    System.out.println("ob.alpha is " + ob.getAlpha());

    // You cannot access alpha like this:
//  ob.alpha = 10; // Wrong! alpha is private!   ← 错误，因为 alpha 是私有的

    // These are OK because beta and gamma are public.
    ob.beta = 88;   ← 正确，因为它们是公有的
    ob.gamma = 99;
  }
}
```

可以看出，在 MyClass 类中，指定 alpha 为 private，显式指定 beta 为 public，而 gamma 则使用默认访问(本例中与指定为 public 相同)。因为 alpha 是私有成员，所以类以外的代码不能访问它。因此，在AccessDemo类中不能直接使用 alpha，只有通过类的公有访问方法 setAlpha( )和 getAlpha( )才能访问它。如果把下面的代码行开始处的注释符号删去：

```
//  ob.alpha = 10; // Wrong! alpha is private!
```

将无法编译该程序，因为这是非法访问。如 setAlpha( )和 getAlpha( )方法所示，尽管不允许 MyClass 以外的代码访问 alpha，但是 MyClass 定义的方法可以自由地访问它。

关键之处是，私有成员可以被自己的类中的其他方法自由访问，却不能被类以外的代码访问。

为了解访问控制如何应用于更实际示例，请考虑下面这个程序，它实现了“软失效”的 int 数组。在数组中，越界访问是被禁止的，因为这样做可避免发生运行时异常。这是依靠把数组封装为类的私有成员来实现的，以便只允许通过成员方法来访问数组。使用这种方法，可使任何对数组的越界访问温和失效(即导致“软着陆”)，以防止这种异常发生。“软失效”数组是由 FailSoftArray 类来实现的，如下所示：

```
/* This class implements a "fail-soft" array which prevents
   runtime errors.
*/
class FailSoftArray {
  private int a[]; // reference to array
  private int errval; // value to return if get() fails
  public int length; // length is public

  /* Construct array given its size and the value to
     return if get() fails. */
  public FailSoftArray(int size, int errv) {
    a = new int[size];
    errval = errv;
    length = size;
  }
```

```
  // Return value at given index.
  public int get(int index) {
    if(indexOK(index)) return a[index];        ← 捕获越界索引
    return errval;
  }

  // Put a value at an index. Return false on failure.
  public boolean put(int index, int val) {
    if(indexOK(index)) {
      a[index] = val;
      return true;
    }
    return false;
  }

  // Return true if index is within bounds.
  private boolean indexOK(int index) {
    if(index >= 0 & index < length) return true;
    return false;
  }
}

// Demonstrate the fail-soft array.
class FSDemo {
  public static void main(String args[]) {
    FailSoftArray fs = new FailSoftArray(5, -1);
    int x;

    // show quiet failures
    System.out.println("Fail quietly.");
    for(int i=0; i < (fs.length * 2); i++)
      fs.put(i, i*10);        ← 要访问数组，必须通过其访问器方法

    for(int i=0; i < (fs.length * 2); i++) {
      x = fs.get(i);
      if(x != -1) System.out.print(x + " ");
    }
    System.out.println("");

    // now, handle failures
    System.out.println("\nFail with error reports.");
    for(int i=0; i < (fs.length * 2); i++)
      if(!fs.put(i, i*10))
        System.out.println("Index " + i + " out-of-bounds");

    for(int i=0; i < (fs.length * 2); i++) {
      x = fs.get(i);
      if(x != -1) System.out.print(x + " ");
      else
        System.out.println("Index " + i + " out-of-bounds");
    }
  }
}
```

程序的输出如下所示：

```
Fail quietly.
0 10 20 30 40

Fail with error reports.
Index 5 out-of-bounds
Index 6 out-of-bounds
Index 7 out-of-bounds
Index 8 out-of-bounds
Index 9 out-of-bounds
0 10 20 30 40 Index 5 out-of-bounds
Index 6 out-of-bounds
Index 7 out-of-bounds
Index 8 out-of-bounds
Index 9 out-of-bounds
```

下面详细介绍这个示例。在 FailSoftArray 中定义了 3 个 private 成员。第一个是 a，它存储了对实际存储信息的数组的引用。第二个是 errval，它是当调用 get( )失败后返回的一个值。第三个是 private 方法 indexOK( )，它确定索引是否在范围之内。因此，仅有 FailSoftArray 类的其他成员可以使用这三个方法。具体而言，FailSoftArray 类的其他方法仅可以使用 a 和 errval，而该类的其他成员仅可调用 indexOK()。程序中的其他类成员都是 public，任何使用 FailSoftArray 的代码都可以调用它们。

在构造 FailSoftArray 对象时，必须指定数组的大小和调用 get( )失败时要返回的值。错误值必须是一个值，否则不会存储到数组中。一旦构造成功，FailSoftArray 对象的使用者就不能访问 a 引用的数组以及存储在 errval 中的错误值。因此，它们不会被滥用。例如，用户不能直接索引 a，也就不会出现越界。访问只能通过 get( )和 put( )方法进行。

为进行演示，将 indexOK( )方法设置成 private。但是把它变为 public 也是无害的，因为它没有修改对象。然而，因为 FailSoftArray 类在内部使用它，所以它可以是 private。

注意，实例变量 length 是 public。这与 Java 实现数组的方法是一致的。为获得 FailSoftArray 的长度，使用 length 成员即可。

要使用数组 FailSoftArray，可调用 put( )在指定的索引位置存储一个值，调用 get( )从指定的索引位置检索一个值。如果索引越界，put( )就返回 false，get( )返回 errval。

为方便起见，本书大部分示例的多数成员都将使用默认访问设置。但是请记住，在现实生活中，限制成员访问(特别是对实例变量的访问)是成功的面向对象程序设计的重要组成部分。在第 7 章将看到，访问控制在涉及继承时会更重要。

注意：
JDK 9 添加的模块特性也可以在可访问性方面发挥作用。模块在第 15 章中讨论。

练习 6-1(Queue.java) 改进 Queue 类

可使用 private 修饰符对第 5 章的练习 5-2 开发的 Queue 类进行一项非常重要的改进。在那个版本中，Queue 类的所有成员都使用默认访问设置，相当于是公有设置。这意味着使用 Queue 的程序可以直接访问它包含的数组，这样就可能不按顺序任意访问数组中的元素。因为队列的关键就是提供一个先进先出的列表，不按顺序访问是不允许的。而且这样一来，恶意的编程人员就可以改动存储在 putloc 和 getloc 索引中的值，从而破坏队列。幸运的是，通过应用 private 修饰符可以轻松地解决这类问题。

步骤：

(1) 将练习 5-2 中的 Queue 类复制到名为 Queue.java 的新文件中。

(2) 在 Queue 类中，把 private 修饰符添加到数组 q 以及索引 putloc 和 getloc 的前面，如下所示：

```
// An improved queue class for characters.
class Queue {
  // these members are now private
  private char q[]; // this array holds the queue
  private int putloc, getloc; // the put and get indices

  Queue(int size) {
    q = new char[size]; // allocate memory for queue
    putloc = getloc = 0;
  }

  // Put a character into the queue.
  void put(char ch) {
    if(putloc==q.length) {
      System.out.println(" - Queue is full.");
      return;
    }

    q[putloc++] = ch;
  }

  // Get a character from the queue.
  char get() {
    if(getloc == putloc) {
      System.out.println(" - Queue is empty.");
      return (char) 0;
    }

    return q[getloc++];
  }
}
```

(3) 把对 q、putloc 和 getloc 的默认访问修改为私有访问，这对于正当使用 Queue 的程序没有影响。例如，它同练习 5-2 中的 QDemo 类依然能够很好地一同工作。同时，它还防止了对 Queue 的不当使用。例如，下面几种语句就是非法的：

```
Queue test = new Queue(10);

test.q[0] = 99; // wrong!
test.putloc = -100; // won't work!
```

(4) 既然 q、putloc 和 getloc 是私有的，那么 Queue 类就可以严格坚持队列先进先出的特性。

6.2 向方法传递对象

到目前为止，本书的示例一直在使用简单类型作为形参传递给方法。然而，向方法传递对象也是正确的，而且十分常见。例如，下面这个程序定义了一个存储三维块各维长度的类 Block：

```
// Objects can be passed to methods.
class Block {
```

```
  int a, b, c;
  int volume;

  Block(int i, int j, int k) {
    a = i;
    b = j;
    c = k;
    volume = a * b * c;
  }

  // Return true if ob defines same block.
  boolean sameBlock(Block ob) {          ← 使用对象类型作为形参
    if((ob.a == a) & (ob.b == b) & (ob.c == c)) return true;
    else return false;
  }

  // Return true if ob has same volume.
  boolean sameVolume(Block ob) {         ← 使用对象类型作为形参
    if(ob.volume == volume) return true;
    else return false;
  }
}

class PassOb {
  public static void main(String args[]) {
    Block ob1 = new Block(10, 2, 5);
    Block ob2 = new Block(10, 2, 5);
    Block ob3 = new Block(4, 5, 5);

    System.out.println("ob1 same dimensions as ob2: " +
                       ob1.sameBlock(ob2));     ← 传入对象
    System.out.println("ob1 same dimensions as ob3: " +
                       ob1.sameBlock(ob3));
    System.out.println("ob1 same volume as ob3: " +
                       ob1.sameVolume(ob3));
  }
}
```

程序的输出如下所示：

```
ob1 same dimensions as ob2: true
ob1 same dimensions as ob3: false
ob1 same volume as ob3: true
```

sameBlock( )和 sameVolume( )方法比较了作为形参传递给它们的 Block 对象。sameBlock( )比较的是对象各个维的长度，如果两个块一样，就返回 true。sameVolume( )比较的是两个块的体积是否相等。注意，在这两个类中，形参 ob 指定 Block 为其类型。尽管 Block 是程序创建的类类型，但它的语法与 Java 的内置类型相同。

如何传递实参

如前例所述，向方法传递对象是一个很简单的任务。然而，示例中并没有显示出传递对象的一些细节的不同之处。在某些情况下，传递对象与传递非对象实参是有些不同的。为了解其中的缘由，还需要理解两种向子例程传递实参的方法。

第一种方法是传值调用(call-by-value)。这种方法把实参值复制到子例程的形参中。因此，对子例程形参的修改不会影响调用中的实参。第二种传递实参的方法是引用调用(call-by-reference)。在这种方法中，传递给形参的是实参的引用(不是实参值)。在子例程内部，这个引用被用于访问调用中指定的实参。这意味着对形参的修改会影响用于调用子例程的实参。如后面所述，虽然 Java 使用传值调用来传递实参，但是传递基本类型与传递引用类型的效果是不同的。

当向方法传递基本类型时，如 int 或 double，传递的是值，因此将创建实参的副本，无论接收实参的形参发生什么事情，都不会对方法以外产生影响。例如，考虑下面的程序：

```
// Primitive types are passed by value.
class Test {
  /* This method causes no change to the arguments
     used in the call. */
  void noChange(int i, int j) {
    i = i + j;
    j = -j;
  }
}

class CallByValue {
  public static void main(String args[]) {
    Test ob = new Test();

    int a = 15, b = 20;

    System.out.println("a and b before call: " +
                       a + " " + b);

    ob.noChange(a, b);

    System.out.println("a and b after call: " +
                       a + " " + b);
  }
}
```

程序的输出如下所示：

```
a and b before call: 15 20
a and b after call: 15 20
```

可以看出，在 noChange( )内部发生的运算没有影响调用中使用的a 和 b 的值。

向方法传递对象时，情况就大不一样了，因为对象是通过引用来传递的。切记，当创建类类型的变量时，就在创建对象的引用。实际传递给方法的是引用而不是对象本身。因此，当向方法传递引用时，接收引用的形参与实参会指向同一对象。这意味着向方法传递对象使用的是引用调用。方法内部对对象的修改就会影响作为实参的对象。例如，考虑下面的程序：

```
// Objects are passed through their references.
class Test {
  int a, b;

  Test(int i, int j) {
    a = i;
    b = j;
  }
  /* Pass an object. Now, ob.a and ob.b in object
     used in the call will be changed. */
```

```
  void change(Test ob) {
    ob.a = ob.a + ob.b;
    ob.b = -ob.b;
  }
}

class PassObRef {
  public static void main(String args[]) {
    Test ob = new Test(15, 20);

    System.out.println("ob.a and ob.b before call: " +
                       ob.a + " " + ob.b);

    ob.change(ob);

    System.out.println("ob.a and ob.b after call: " +
                       ob.a + " " + ob.b);
  }
}
```

程序的输出如下所示：

```
ob.a and ob.b before call: 15 20
ob.a and ob.b after call: 35 -20
```

可以看出，在本例中，change( )内部的动作影响了作为实参使用的对象。

记住，当对象引用被传递给方法时，引用本身是使用传值调用方式传递的。然而，因为被传递的值引用了一个对象，所以该值的副本依然引用了被相应实参引用的同一个对象。

专家解答

问：我可以使用引用来传递基本类型吗？

答： 不能直接使用。然而，Java 定义了一系列在对象中封装基本类型的类，这些类有 Double、Float、Byte、Short、Integer、Long 和 Character。除了允许使用引用来传递基本类型外，这些封装类还定义了几种操作这些值的方法。例如，数值类型的封装类就包含了将数值从二进制形式转换为可读字符串的方法，以及反向转换的方法。

6.3　返回对象

方法可返回任何类型的数据，包括类类型在内。例如，如下所示的用于报告错误的 ErrorMsg 类，它的 getErrorMsg( )方法就返回一个 String 对象，该对象包含根据传递的错误代码得到的出错描述。

```
// Return a String object.
class ErrorMsg {
  String msgs[] = {
    "Output Error",
    "Input Error",
    "Disk Full",
    "Index Out-Of-Bounds"
  };

  // Return the error message.
```

```
  String getErrorMsg(int i) {          ←——— 返回一个 String 类型的对象
    if(i >=0 & i < msgs.length)
      return msgs[i];
    else
      return "Invalid Error Code";
  }
}

class ErrMsg {
  public static void main(String args[]) {
    ErrorMsg err = new ErrorMsg();

    System.out.println(err.getErrorMsg(2));
    System.out.println(err.getErrorMsg(19));
  }
}
```

程序的输出如下所示：

```
Disk Full
Invalid Error Code
```

当然，也可返回自己创建的类对象。例如，下面是前面创建的两个出错类程序的改版。两个出错类中的一个名为 Err，它把出错消息和严重级别代码封装在一起。另一个名为 ErrorInfo，它定义了一个名为 getErrorInfo( )的方法，用来返回一个 Err 对象。

```
// Return a programmer-defined object.
class Err {
  String msg; // error message
  int severity; // code indicating severity of error

  Err(String m, int s) {
    msg = m;
    severity = s;
  }
}

class ErrorInfo {
  String msgs[] = {
    "Output Error",
    "Input Error",
    "Disk Full",
    "Index Out-Of-Bounds"
  };
  int howbad[] = { 3, 3, 2, 4 };

  Err getErrorInfo(int i) {          ←——— 返回一个 Err 类型的对象
    if(i >= 0 & i < msgs.length)
      return new Err(msgs[i], howbad[i]);
    else
      return new Err("Invalid Error Code", 0);
  }
}

class ErrInfo {
  public static void main(String args[]) {
```

```
    ErrorInfo err = new ErrorInfo();
    Err e;

    e = err.getErrorInfo(2);
    System.out.println(e.msg + " severity: " + e.severity);

    e = err.getErrorInfo(19);
    System.out.println(e.msg + " severity: " + e.severity);
  }
}
```

程序的输出如下所示：

```
Disk Full severity: 2
Invalid Error Code severity: 0
```

每次调用 getErrorInfo( )都会创建一个新的 Err 对象，并将对该对象的引用返回给调用例程。然后该对象在 main( )中用于显示出错消息和严重级别代码。

当方法返回对象时，对象将一直存在，直至没有对它的引用为止，这时对象就会被回收。因此，对象不会因为创建它的方法结束而被销毁。

6.4 方法重载

本节将了解 Java 最精彩的一个功能：方法重载(method overloading)。在 Java 中，同一个类中的两个或多个方法可共享一个名称，只要它们的形参声明不一样就可以。当这种情况发生时，就称方法被重载(overloaded)了，这一过程称为方法重载。方法重载是 Java 实现多态性的途径之一。

总之，重载一个方法只需要声明它的几个不同版本，其余的交给编译器处理即可。必须注意如下重要限制：每个被重载的方法的形参类型和数量必须不同，两个方法仅返回类型不一样是不够的(返回类型无法在所有情况下为 Java 提供足够的信息来确定使用哪个方法)。当然，被重载的方法的返回类型也可以是不同的。当调用被重载的方法时，将执行形参与实参相匹配的那个方法。

下面的示例对方法重载进行了说明：

```
// Demonstrate method overloading.
class Overload {
  void ovlDemo() {          ← 版本 1
    System.out.println("No parameters");
  }

  // Overload ovlDemo for one integer parameter.
  void ovlDemo(int a) {          ← 版本 2
    System.out.println("One parameter: " + a);
  }

  // Overload ovlDemo for two integer parameters.
  int ovlDemo(int a, int b) {          ← 版本 3
    System.out.println("Two parameters: " + a + " " + b);
    return a + b;
  }

  // Overload ovlDemo for two double parameters.
  double ovlDemo(double a, double b) {          ← 版本 4
    System.out.println("Two double parameters: " +
                       a + " " + b);
    return a + b;
```

```
  }
}

class OverloadDemo {
  public static void main(String args[]) {
    Overload ob = new Overload();
    int resI;
    double resD;

    // call all versions of ovlDemo()
    ob.ovlDemo();
    System.out.println();

    ob.ovlDemo(2);
    System.out.println();

    resI = ob.ovlDemo(4, 6);
    System.out.println("Result of ob.ovlDemo(4, 6): " +
                       resI);
    System.out.println();

    resD = ob.ovlDemo(1.1, 2.32);
    System.out.println("Result of ob.ovlDemo(1.1, 2.32): " +
                       resD);
  }
}
```

程序的输出如下所示：

```
No parameters

One parameter: 2

Two parameters: 4 6
Result of ob.ovlDemo(4, 6): 10

Two double parameters: 1.1 2.32
Result of ob.ovlDemo(1.1, 2.32): 3.42
```

可以看出，ovlDemo( )重载了 4 次。第 1 个版本没有形参，第 2 个版本有一个整型形参，第 3 个版本有两个整型形参，第 4 个版本有两个 double 形参。注意，ovlDemo( )的前两个版本返回 void，后两个版本返回的是值。这几个版本都是有效的，然而如前所述，无论方法返回的类型是什么，都与能否重载无关。因此，使用下面两个版本的 ovlDemo( )将导致错误发生：

```
// One ovlDemo(int) is OK.
 void ovlDemo(int a) {          ← 返回类型无法用来区分重载的方法
  System.out.println("One parameter: " + a);
}

/* Error! Two ovlDemo(int)s are not OK even though
   return types differ.
*/
int ovlDemo(int a) {            ←
  System.out.println("One parameter: " + a);
  return a * a;
}
```

正如注释所示，只有返回类型不同而进行重载是不行的。

第 2 章中介绍过 Java 提供的某些自动类型转换。这些转换也可应用于重载方法的形参，如下所示：

```
/* Automatic type conversions can affect
   overloaded method resolution.
*/
class Overload2 {
  void f(int x) {
    System.out.println("Inside f(int): " + x);
  }

  void f(double x) {
    System.out.println("Inside f(double): " + x);
  }
}

class TypeConv {
  public static void main(String args[]) {
    Overload2 ob = new Overload2();

    int i = 10;
    double d = 10.1;

    byte b = 99;
    short s = 10;
    float f = 11.5F;

    ob.f(i); // calls ob.f(int)
    ob.f(d); // calls ob.f(double)

    ob.f(b); // calls ob.f(int) - type conversion
    ob.f(s); // calls ob.f(int) - type conversion
    ob.f(f); // calls ob.f(double) - type conversion
  }
}
```

程序的输出如下所示：

```
Inside f(int): 10
Inside f(double): 10.1
Inside f(int): 99
Inside f(int): 10
Inside f(double): 11.5
```

在本例中，只定义了两个版本的 f( )。第一个版本有一个 int 形参，第二个版本有一个 double 形参。然而也可以向 f( )传递 byte、short 或 float 值。传递 byte 类型和 short 类型时，Java 会自动将它们转换为 int 类型，因此会调用 f(int)。在传递 float 类型时，该值就会转换为 double 类型，所以会调用 f(double)。

自动转换只能在形参和实参之间不能直接匹配时使用，理解这一点很重要。例如，在上述程序的基础上再定义一个使用 byte 形参的 f( )版本，如下所示：

```
// Add f(byte).
class Overload2 {
  void f(byte x) {      ←—— 该版本使用的是 byte 形参
    System.out.println("Inside f(byte): " + x);
  }

  void f(int x) {
```

```
    System.out.println("Inside f(int): " + x);
  }

  void f(double x) {
    System.out.println("Inside f(double): " + x);
  }
}

class TypeConv {
  public static void main(String args[]) {
    Overload2 ob = new Overload2();

    int i = 10;
    double d = 10.1;

    byte b = 99;
    short s = 10;
    float f = 11.5F;

    ob.f(i); // calls ob.f(int)
    ob.f(d); // calls ob.f(double)

    ob.f(b); // calls ob.f(byte) - now, no type conversion

    ob.f(s); // calls ob.f(int) - type conversion
    ob.f(f); // calls ob.f(double) - type conversion
  }
}
```

现在，当程序运行后，输出如下所示：

```
Inside f(int): 10
Inside f(double): 10.1
Inside f(byte): 99
Inside f(int): 10
Inside f(double): 11.5
```

本例中，因为有一个版本的 f( )使用了 byte 实参，所以当使用 byte 实参来调用 f( )时，就会调用 f(byte)，不会再自动转换为 int 类型。

方法重载支持多态性，因为它是 Java 实现“单接口，多方法”的途径之一。考虑下面的内容，就会理解其中的原因。在不支持方法重载的语言中，每种方法必须赋予唯一的名称。然而，你可能经常对不同类型的数据实现本质上相同的方法。考虑一下绝对值函数。在不支持方法重载的语言中，绝对值函数经常会有三个或更多个版本，每一个都有一个略微不同的名称。例如，在 C 语言中，函数 abs( )返回整数的绝对值，labs( )返回长整数的绝对值，而 fabs( )则返回浮点值的绝对值。因为 C 语言不支持重载，所以每个函数不得不拥有自己的名称，尽管这三个函数本质上完成的功能是一样的。这就使情况在概念上变得比实际更复杂了。尽管每个函数内在的概念是一致的，但依然需要记住三个函数名。而这种情况在 Java 中就不会出现，因为每一个绝对值方法都可以使用同一个名称。实际上，Java 的标准类库就包含一个名为 abs( )的绝对值方法。该方法被 Java 的 Math 类重载，以处理不同的数值类型。Java 根据实参的类型来决定调用何种版本的 abs( )。

重载的价值在于允许通过使用同一个名称来访问相关的方法。因此，名称 abs 代表的是要执行的一般动作，而根据特定的环境选择正确版本的方法则可以交给编译器来完成。作为程序员，只需要记住要执行的一般操作即可。通过应用多态性，若干个名称即可减少到一个。尽管这个示例相当简单，但是如果把这一概念扩展开来，就会发现重载对于管理更复杂的程序会起到多么大的作用。

当重载方法时，该方法的每一个版本都可以执行期望的任意活动。虽然被重载的方法之间彼此可以不相关，然而从形式上讲，方法重载就意味着一种关系的存在。因此，尽管可使用同一个名称重载无关的方法，但是最好不要这样做。例如，尽管可使用名称 sqr 创建方法来返回整数的平方和浮点数的平方根，但是这两种运算根本不同。以这种方式应用方法重载就违背了它的初衷。在实际应用中，应该只重载紧密相关的操作。

专家解答

问：我听 Java 程序员提到过“签名”这个术语，它指的是什么？

答： 在 Java 中，签名(signature)指的是方法名及其形参列表。因此，在重载时，一个类中的两个方法不能具有相同的签名。注意，签名不包含返回类型，因为 Java 不使用签名进行重载解析。

6.5 重载构造函数

与方法一样，构造函数也可被重载，这样就可以用不同的方法来构造对象了，如下面的程序所示：

```
// Demonstrate an overloaded constructor.
class MyClass {
  int x;

  MyClass() {
    System.out.println("Inside MyClass().");
    x = 0;
  }

  MyClass(int i) {
    System.out.println("Inside MyClass(int).");
    x = i;
  }

  MyClass(double d) {
    System.out.println("Inside MyClass(double).");
    x = (int) d;
  }

  MyClass(int i, int j) {
    System.out.println("Inside MyClass(int, int).");
    x = i * j;
  }
}

class OverloadConsDemo {
  public static void main(String args[]) {
    MyClass t1 = new MyClass();
    MyClass t2 = new MyClass(88);
    MyClass t3 = new MyClass(17.23);
    MyClass t4 = new MyClass(2, 4);

    System.out.println("t1.x: " + t1.x);
    System.out.println("t2.x: " + t2.x);
    System.out.println("t3.x: " + t3.x);
    System.out.println("t4.x: " + t4.x);
  }
```

以不同方式构造对象

```
}
```

程序的输出如下所示：

```
Inside MyClass().
Inside MyClass(int).
Inside MyClass(double).
Inside MyClass(int, int).
t1.x: 0
t2.x: 88
t3.x: 17
t4.x: 8
```

MyClass( )有 4 个重载版本，每一个都会构造一个不同的对象。执行 new 时，它就根据指定的形参来调用合适的构造函数。通过重载类的构造函数，可为类的用户提供灵活的对象构造方法。

最常见的重载构造函数的原因就是允许一个对象初始化另一个对象。例如，下面是使用 Summation 类计算整数值总和的程序：

```
// Initialize one object with another.
class Summation {
  int sum;

  // Construct from an int.
  Summation(int num) {
    sum = 0;
    for(int i=1; i <= num; i++)
      sum += i;
  }

  // Construct from another object.
  Summation(Summation ob) {        ◀——— 通过一个对象来构造另一个对象
    sum = ob.sum;
  }
}

class SumDemo {
  public static void main(String args[]) {
    Summation s1 = new Summation(5);
    Summation s2 = new Summation(s1);

    System.out.println("s1.sum: " + s1.sum);
    System.out.println("s2.sum: " + s2.sum);
  }
}
```

输出如下所示：

```
s1.sum: 15
s2.sum: 15
```

如本例所示，提供构造函数来用一个对象初始化另一个对象的效率是非常高的。对于本例，当构造 s2 时，没必要重新求和。当然，即使在效率不是问题的时候，提供一个生成对象副本的构造函数也是非常有用的。

练习 6-2(QDemo2.java) 重载 Queue 构造函数

本例将通过为 Queue 类提供两个附加的构造函数来增强其功能。第一个构造函数将从另一个队列构造出一个新队列。第二个构造函数将构造一个队列，并为其赋予初始值。如下所示，添加这些构造函数将增强 Queue 潜在的实用性。

步骤：

(1) 创建一个名为 QDemo2.java 的文件，然后把练习 6-1 中更新过的 Queue 类复制到其中。

(2) 首先，添加下面的构造函数，它通过一个队列构造另一个队列。

```
// Construct a Queue from a Queue.
Queue(Queue ob) {
  putloc = ob.putloc;
  getloc = ob.getloc;
  q = new char[ob.q.length];

  // copy elements
  for(int i=getloc; i < putloc; i++)
    q[i] = ob.q[i];
}
```

详细介绍一下这个构造函数。它将 putloc 和 getloc 初始化为包含在形参 ob 中的值。然后，分配一个新数组来存储队列，以及把元素从 ob 复制到数组中。一旦构造完成，新队列就会有一个与原队列一样的副本，却分属于不同的对象。

(3) 现在添加构造函数，使用一个字符数组初始化队列，如下所示：

```
// Construct a Queue with initial values.
Queue(char a[]) {
  putloc = 0;
  getloc = 0;
  q = new char[a.length];

  for(int i = 0; i < a.length; i++) put(a[i]);
}
```

这个构造函数首先创建一个足以存储 a 中字符的队列，然后把这些字符存储到队列中。

(4) 下面是完全更新后的 Queue 类与 QDemo2 类：

```
// A queue class for characters.
class Queue {
  private char q[]; // this array holds the queue
  private int putloc, getloc; // the put and get indices

  // Construct an empty Queue given its size.
  Queue(int size) {
    q = new char[size]; // allocate memory for queue
    putloc = getloc = 0;
  }

  // Construct a Queue from a Queue.
  Queue(Queue ob) {
    putloc = ob.putloc;
```

```
    getloc = ob.getloc;
    q = new char[ob.q.length];

    // copy elements
    for(int i=getloc; i < putloc; i++)
      q[i] = ob.q[i];
  }

  // Construct a Queue with initial values.
  Queue(char a[]) {
    putloc = 0;
    getloc = 0;
    q = new char[a.length];

    for(int i = 0; i < a.length; i++) put(a[i]);
  }

  // Put a character into the queue.
  void put(char ch) {
    if(putloc==q.length) {
      System.out.println(" - Queue is full.");
      return;
    }

    q[putloc++] = ch;
  }

  // Get a character from the queue.
  char get() {
    if(getloc == putloc) {
      System.out.println(" - Queue is empty.");
      return (char) 0;
    }

    return q[getloc++];
  }
}

// Demonstrate the Queue class.
class QDemo2 {
  public static void main(String args[]) {
    // construct 10-element empty queue
    Queue q1 = new Queue(10);

    char name[] = {'T', 'o', 'm'};
    // construct queue from array
    Queue q2 = new Queue(name);

    char ch;
    int i;

    // put some characters into q1
    for(i=0; i < 10; i++)
      q1.put((char) ('A' + i));

    // construct queue from another queue
```

```
    Queue q3 = new Queue(q1);

    // Show the queues.
    System.out.print("Contents of q1: ");
    for(i=0; i < 10; i++) {
      ch = q1.get();
      System.out.print(ch);
    }

    System.out.println("\n");

    System.out.print("Contents of q2: ");
    for(i=0; i < 3; i++) {
      ch = q2.get();
      System.out.print(ch);
    }

    System.out.println("\n");

    System.out.print("Contents of q3: ");
    for(i=0; i < 10; i++) {
      ch = q3.get();
      System.out.print(ch);
    }
  }
}
```

程序的输出如下所示：

```
Contents of q1: ABCDEFGHIJ

Contents of q2: Tom

Contents of q3: ABCDEFGHIJ
```

6.6　递归

在 Java 中，方法可调用自身。这个过程称为递归(recursion)，调用自己的方法称为递归方法(recursive)。一般而言，递归是某一事物内部定义自己的过程，与循环定义有些相似。递归方法的关键在于调用自身的语句。递归是一种功能强大的控制机制。

递归的经典示例是计算数值的阶乘。数 N 的阶乘是从 1 到 N 的所有整数的积。例如，3 的阶乘是 1×2×3 或 6。下面的程序展示了计算数值的阶乘的递归方法。为进行比较，程序中还有一个非递归的等价方法。

```
// A simple example of recursion.
class Factorial {
  // This is a recursive function.
  int factR(int n) {
    int result;

    if(n==1) return 1;
    result = factR(n-1) * n;
    return result;
  }
```

执行对 factR()的递归调用

```
  // This is an iterative equivalent.
  int factI(int n) {
    int t, result;

    result = 1;
    for(t=1; t <= n; t++) result *= t;
    return result;
  }
}

class Recursion {
  public static void main(String args[]) {
    Factorial f = new Factorial();

    System.out.println("Factorials using recursive method.");
    System.out.println("Factorial of 3 is " + f.factR(3));
    System.out.println("Factorial of 4 is " + f.factR(4));
    System.out.println("Factorial of 5 is " + f.factR(5));
    System.out.println();

    System.out.println("Factorials using iterative method.");
    System.out.println("Factorial of 3 is " + f.factI(3));
    System.out.println("Factorial of 4 is " + f.factI(4));
    System.out.println("Factorial of 5 is " + f.factI(5));
  }
}
```

程序的输出如下所示：

```
Factorials using recursive method.
Factorial of 3 is 6
Factorial of 4 is 24
Factorial of 5 is 120

Factorials using iterative method.
Factorial of 3 is 6
Factorial of 4 is 24
Factorial of 5 is 120
```

非递归方法 factI( )的运算应该很清楚。它使用一个从 1 开始的循环，将每一个数值与不断变化的乘积相乘。

递归方法 factR( )的运算则有点复杂。当实参为 1 时调用 factR( )，方法返回 1；否则，返回的结果为 factR(n–1)*n。为计算这个表达式，就要以形参 n–1 来调用 factR( )。这个过程会重复进行，直到 n 等于 1 为止，然后对方法的调用开始返回。例如，计算 2 的阶乘时，第一次调用 factR( )会导致以 1 为实参的 factR( )被第二次调用。这次调用会返回 1，然后该值与 2 相乘(即 n 的初值)。那么答案就是 2。如果把 println( )语句放入 factR( )中来显示每一级调用以及中间的结果，就会发现这是十分有趣的。

当方法调用自身时，新的局部变量和形参被存储到堆栈中，然后从堆栈的开始用这些新的变量来执行方法代码。递归调用不会生成方法的新副本。只有实参是新生成的。在每个递归调用返回时，旧的局部变量和形参将从堆栈中删除，执行继续从方法内部的调用点开始。递归方法可以被看成把“压缩式望远镜”抽出，又缩回。

许多例程的递归版本比相应的循环版本的执行速度慢，这是因为有了额外的方法调用开销。某个方法的过多递归调用会导致堆栈溢出。因为形参和局部变量都存储在堆栈中，而且每一次新的调用都会创建这些变量的新副本，所以这可能会把堆栈的空间耗尽。如果发生溢出，就会导致 Java 运行时错误。然而，只要递归不疯狂运行，一般无须担心溢出。递归的主要优点是，与使用循环相比，在实现某些类型的算法时更清楚、更简单。例如，快速排序算法用循环方法实现是十分困难的。同时，有些问题，特别是与人工智能相关的问题看起来更适合用递归方法来解决。当编写递归方法时，必须在某处有条件语句，如 if，以强迫方法在没有执行递归调用时返回。如果没有这样做，一旦调用方法，就再也不会返回了。在使用递归时这种类型的错误十分常见。可以自由使用 println( ) 语句，这样就可以观察正在执行什么，并在发现有错误时终止执行。

6.7　理解 static 关键字

有时需要定义一个类成员，其使用与任何对象都无关。通常，必须通过类的对象访问类成员，但是类可以创建无须引用指定实例即可独立使用的成员。要创建这样的成员，应该在它的声明之前添加关键字static，当一个成员被声明为 static 后，可在创建类的对象之前访问该成员，而无须引用任何对象。方法和变量都可以声明为 static。最常用的 static 成员示例是 main( )。将 main( )声明为 static 是因为它必须在程序开始时由操作系统调用。在类以外使用 static 成员时，只需要在点运算符之前指定类名即可，不需要创建对象。例如，如果想把值 10 赋给一个名为 count 的 static 变量，该变量是 Timer 类的一部分，可以使用下面的代码：

```
Timer.count = 10;
```

这种格式与通过对象访问普通实例变量相似，只不过使用的是类名。static方法能以同样的方式调用——在类名后使用点运算符。

声明为 static 的变量本质上都是全局变量。声明对象时，不生成 static 变量的副本。相反，类的所有实例共用一个 static 变量。下面的示例显示了 static 变量和实例变量之间的不同：

```
// Use a static variable.
class StaticDemo {
  int x; // a normal instance variable
  static int y; // a static variable    ←——— 有一个 y 的副本让全部对象共享

  // Return the sum of the instance variable x
  // and the static variable y.
  int sum() {
    return x + y;
  }
}

class SDemo {
  public static void main(String args[]) {
    StaticDemo ob1 = new StaticDemo();
    StaticDemo ob2 = new StaticDemo();

    // Each object has its own copy of an instance variable.
    ob1.x = 10;
    ob2.x = 20;
    System.out.println("Of course, ob1.x and ob2.x " +
                       "are independent.");
    System.out.println("ob1.x: " + ob1.x +
                       "\nob2.x: " + ob2.x);
    System.out.println();

    // Each object shares one copy of a static variable.
    System.out.println("The static variable y is shared.");
    StaticDemo.y = 19;
    System.out.println("Set StaticDemo.y to 19.");
```

```
    System.out.println("ob1.sum(): " + ob1.sum());
    System.out.println("ob2.sum(): " + ob2.sum());
    System.out.println();

    StaticDemo.y = 100;
    System.out.println("Change StaticDemo.y to 100");

    System.out.println("ob1.sum(): " + ob1.sum());
    System.out.println("ob2.sum(): " + ob2.sum());
    System.out.println(); }
}
```

程序的输出如下所示：

```
Of course, ob1.x and ob2.x are independent.
ob1.x: 10
ob2.x: 20

The static variable y is shared.
Set StaticDemo.y to 19.
ob1.sum(): 29
ob2.sum(): 39

Change StaticDemo.y to 100
ob1.sum(): 110
ob2.sum(): 120
```

可以看出，静态变量 y 被 ob1 和 ob2 共享。修改它会影响整个类，而不只是一个实例。

static 方法和普通方法之间的区别就是 static 方法是通过类名调用的，不需要创建类的任何对象。前面已经看到了这样的示例：sqrt( )方法，它是 Java 的标准 Math 类的一个方法。下面是一个创建 static 方法的示例：

```
// Use a static method.
class StaticMeth {
  static int val = 1024; // a static variable

  // a static method
  static int valDiv2() {    ←——— static方法
    return val/2;
  }
}

class SDemo2 {
  public static void main(String args[]) {

    System.out.println("val is " + StaticMeth.val);
    System.out.println("StaticMeth.valDiv2(): " +
                       StaticMeth.valDiv2());

    StaticMeth.val = 4;
    System.out.println("val is " + StaticMeth.val);
    System.out.println("StaticMeth.valDiv2(): " +
                       StaticMeth.valDiv2());
  }
}
```

程序的输出如下所示：

```
val is 1024
StaticMeth.valDiv2(): 512
val is 4
StaticMeth.valDiv2(): 2
```

声明为 static 的方法存在以下几个限制：

- 它们只能直接调用类中的 static 方法。
- 它们只能直接访问类中的 static 数据。
- 它们没有 this 引用。

例如，在下面的类中，static 方法 valDivDenom( )是非法的：

```
class StaticError {
  int denom = 3; // a normal instance variable
  static int val = 1024; // a static variable

  /* Error! Can't access a non-static variable
     from within a static method. */
  static int valDivDenom() {
    return val/denom; // won't compile!
  }
}
```

这里，denom 是一个不能在 static 方法中访问的普通实例变量。

static 代码块

有时类在创建对象之前，需要进行一些初始化。例如，可能需要建立与远程站点的连接。也可能需要在使用类的任何 static 方法之前，初始化某些 static 变量。为处理这些情况，Java 允许声明 static 代码块。static 代码块在类第一次被加载时执行，因此是在使用类之前执行的。static 代码块的示例如下所示：

```
// Use a static block
class StaticBlock {
  static double rootOf2;
  static double rootOf3;

  static {    ◄———— 该代码块在加载类时执行
    System.out.println("Inside static block.");
    rootOf2 = Math.sqrt(2.0);
    rootOf3 = Math.sqrt(3.0);
  }

  StaticBlock(String msg) {
    System.out.println(msg);
  }
}

class SDemo3 {
  public static void main(String args[]) {
    StaticBlock ob = new StaticBlock("Inside Constructor");

    System.out.println("Square root of 2 is " +
                       StaticBlock.rootOf2);
```

```
    System.out.println("Square root of 3 is " +
                      StaticBlock.rootOf3);

  }
}
```

程序的输出如下所示：

```
Inside static block.
Inside Constructor
Square root of 2 is 1.4142135623730951
Square root of 3 is 1.7320508075688772
```

可以看出，static 代码块在构造任何对象之前执行。

练习 6-3(QSDemo.java) 快速排序

第 5 章中介绍了名为冒泡排序法的简单排序方法。那时就提到除此之外还存在更好的排序方法。下面要开发的就是最好的排序方法之一：快速排序(quick sort)。快速排序是由 C.A.R. Hoare 发明并命名的，它是目前最好的通用排序算法。因为实现快速排序的最好方法就是使用递归，所以第 5 章没有介绍它。这里将开发一个对字符数组进行排序的程序，但是其逻辑适用于任何类型对象的排序。

快速排序建立在分割的思想上。基本过程是选择一个称为比较字(comparand)的值，然后把数组分割为两部分。大于等于分割值的元素放在一边，小于该值的元素放在另一边。然后对分开的部分再分别进行分割，直到数组排序完成。例如，已知数组 fedacb，并使用 d 作为比较字，第一遍快速排序的结果如下所示：

初始值	f e d a c b
第 1 遍	b c a d e f

然后每部分(bca 和 def)分别重复进行该过程。可以看出，这个过程本质上是一个递归过程，而且快速排序的最简洁的实现形式就是一个递归方法。

假设没有关于要排序的数据的分布信息，那么可以使用多种方法选择比较字。这里有两种方法：既可以随机选择，也可以选择数组的一个小集合的平均值。为优化排序，应该选择正好位于数值范围中间的值。然而这常常不切合实际。最差的情况下就是选择的值位于一端。然而，即使在这种情况下，快速排序依然可以正确执行。我们开发的快速排序以数组的中间元素作为比较字。

步骤：

(1) 创建一个名为 QSDemo.java 的文件。

(2) 首先创建 Quicksort 类，如下所示：

```
// Try This 6-3: A simple version of the Quicksort.
class Quicksort {

  // Set up a call to the actual Quicksort method.
  static void qsort(char items[]) {
    qs(items, 0, items.length-1);
  }

  // A recursive version of Quicksort for characters.
  private static void qs(char items[], int left, int right)
```

```
{
  int i, j;
  char x, y;

  i = left; j = right;
  x = items[(left+right)/2];

  do {
    while((items[i] < x) && (i < right)) i++;
    while((x < items[j]) && (j > left)) j--;

    if(i <= j) {
      y = items[i];
      items[i] = items[j];
      items[j] = y;
      i++; j--;
    }
  } while(i <= j);

  if(left < j) qs(items, left, j);
  if(i < right) qs(items, i, right);
 }
}
```

为简化 Quicksort 的接口，Quicksort 类提供了qsort( )方法，用来建立对实际 Quicksort 方法 qs( )的调用。这样无须提供初始分割，只用被排序的数组名就可以调用 Quicksort。因为只在内部使用 qs( )，所以将其指定为 private。

(3) 要使用 Quicksort，只需要调用 Quicksort.qsort( )即可。因为 qsort( )被指定为 static，所以可通过它的类来调用它。因此也就不用创建 Quicksort 对象。在调用返回后，数组就排好序了。切记，虽然这个版本只适用于字符数组，但其逻辑适用于任何类型数组的排序。

(4) 演示 Quicksort 的程序如下所示：

```
// Try This 6-3: A simple version of the Quicksort.
class Quicksort {

  // Set up a call to the actual Quicksort method.
  static void qsort(char items[]) {
    qs(items, 0, items.length-1);
  }

  // A recursive version of Quicksort for characters.
  private static void qs(char items[], int left, int right)
  {
    int i, j;
    char x, y;

    i = left; j = right;
    x = items[(left+right)/2];

    do {
      while((items[i] < x) && (i < right)) i++;
      while((x < items[j]) && (j > left)) j--;

      if(i <= j) {
        y = items[i];
        items[i] = items[j];
```

```
        items[j] = y;
        i++; j--;
      }
    } while(i <= j);

    if(left < j) qs(items, left, j);
    if(i < right) qs(items, i, right);
  }
}

class QSDemo {
  public static void main(String args[]) {
    char a[] = { 'd', 'x', 'a', 'r', 'p', 'j', 'i' };
    int i;

    System.out.print("Original array: ");
    for(i=0; i < a.length; i++)
      System.out.print(a[i]);

    System.out.println();

    // now, sort the array
    Quicksort.qsort(a);

    System.out.print("Sorted array: ");
    for(i=0; i < a.length; i++)
      System.out.print(a[i]);
  }
}
```

6.8 嵌套类和内部类

在 Java 中，可定义嵌套类。这是一种在其他类中声明的类。坦率地讲，嵌套类是一个比较高级的话题。事实上，在第 1 版 Java 中并没有嵌套类，直到 Java 1.1 才添加。然而，了解它们以及使用它们的机制是十分重要的，因为嵌套类在许多实际程序中扮演了重要角色。

嵌套类不是独立于包含它的类而存在的。因此，嵌套类的作用域就局限在它的外层类中。直接在封装类中声明的嵌套类是封装类的成员。另外，还可在代码块中声明嵌套类。

嵌套类有两种基本类型：带有 static 修饰符的和不带 static 修饰符的。本书只关心非静态类型。这种类型的嵌套类也称为内部类。它有权访问其外层类的所有变量和方法，可以像外层类的其他非静态成员那样直接引用它们。

有时内部类用于提供一系列只为封装类使用的服务。下面是一个使用内部类为封装类计算不同值的示例：

```
// Use an inner class.
class Outer {
  int nums[];

  Outer(int n[]) {
    nums = n;
  }

  void analyze() {
    Inner inOb = new Inner();
```

```
    System.out.println("Minimum: " + inOb.min());
    System.out.println("Maximum: " + inOb.max());
    System.out.println("Average: " + inOb.avg());
  }

  // This is an inner class.
  class Inner {  ←——— 内部类
    int min() {
      int m = nums[0];

      for(int i=1; i < nums.length; i++)
        if(nums[i] < m) m = nums[i];

      return m;
    }

    int max() {
      int m = nums[0];
      for(int i=1; i < nums.length; i++)
        if(nums[i] > m) m = nums[i];

      return m;
    }

    int avg() {
      int a = 0;
      for(int i=0; i < nums.length; i++)
        a += nums[i];

      return a / nums.length;
    }
  }
}

class NestedClassDemo {
  public static void main(String args[]) {
    int x[] = { 3, 2, 1, 5, 6, 9, 7, 8 };
    Outer outOb = new Outer(x);

    outOb.analyze();
  }
}
```

程序的输出如下所示：

```
Minimum: 1
Maximum: 9
Average: 5
```

在本例中，内部类 Inner 计算来自数组 nums(Outer 的成员)的不同值。如上所述，内部类有权访问封装类的成员，所以 Inner 是完全可以直接访问 nums 数组的。当然，反之则不正确。例如，如果不创建 Inner 对象，analyze( )就无法直接调用 min( )方法。

任何代码块的作用域内都可以嵌套一个类，这会创建一个不为代码以外所知的局部类。下面的示例对练习 5-3 中开发的 ShowBits 类进行了修改，使其可作为局部类使用。

```
// Use ShowBits as a local class.
```

```
class LocalClassDemo {
  public static void main(String args[]) {

    // An inner class version of ShowBits.
    class ShowBits {          ←———— 局部类嵌套在方法中
      int numbits;

      ShowBits(int n) {
        numbits = n;
      }

      void show(long val) {
        long mask = 1;

        // left-shift a 1 into the proper position
        mask <<= numbits-1;

        int spacer = 0;
        for(; mask != 0; mask >>>= 1) {
          if((val & mask) != 0) System.out.print("1");
          else System.out.print("0");
          spacer++;
          if((spacer % 8) == 0) {
            System.out.print(" ");
            spacer = 0;
          }
        }
        System.out.println();
      }
    }

    for(byte b = 0; b < 10; b++) {
      ShowBits byteval = new ShowBits(8);

      System.out.print(b + " in binary: ");
      byteval.show(b);
    }
  }
}
```

程序的输出如下所示:

```
0 in binary: 00000000
1 in binary: 00000001
2 in binary: 00000010
3 in binary: 00000011
4 in binary: 00000100
5 in binary: 00000101
6 in binary: 00000110
7 in binary: 00000111
8 in binary: 00001000
9 in binary: 00001001
```

本例中，ShowBits 类是一个不为 main( )以外所知的类，除了 main( )以外，对它的任何访问都会导致错误发生。

最后一点提示：可以创建没有名称的内部类，称为匿名内部类。匿名内部类的对象在声明该类时使用 new 初始化。第 16 章将进一步介绍匿名内部类。

专家解答

问：静态嵌套类与非静态嵌套类的区别是什么？

答：静态嵌套类是使用 static 修饰符的类。因为是静态的，所以只能访问封装类中的其他静态成员。访问外部类成员时，必须通过对象引用来进行。

6.9 varargs

有时，需要创建实参数目根据实际情况可变的方法。例如，打开 Internet 连接的方法需要用户名、密码、文件名和协议等实参，但是如果不提供某些信息，可以使用默认值。这时，比较方便的做法是只传递没有默认值的实参。为了创建这样的方法，需要以某种方式创建可变长度(而不是固定长度)的实参列表。

过去，对于需要可变长度实参列表的方法采用两种处理办法，但都不能令人满意。一种办法是当实参的数目比较少，并且已知时，可以创建方法的重载版本，对每一个可能的方法调用创建一个版本。虽然这种办法很奏效，并且适合于某些情况，但是其应用范围仍十分有限。如果实参数量很多或不可知，则使用第二种办法，把实参保存在一个数组中，然后把该数组传递给方法。坦率地讲，这两种办法都经常导致情况复杂化，因此需要一种更好的方式来处理对可变长度实参列表的需求。

为满足这种需要，从 JDK 5 开始增加了一种功能来简化需要可变长度实参的方法的创建过程。该功能称为 varargs(是 variable-length arguments 的缩写)。使用可变长度实参的方法称为 variable-arity 方法，或简称为 varargs 方法。varargs 方法的形参列表的长度可变，数量不固定。因此，varargs 方法可以接受可变数量的实参。

6.9.1 varargs 基础

可变长度实参由 3 个点(...)指定。例如，下面的代码说明了如何编写一个带有可变长度实参的方法 vaTest( )：

```
// vaTest() uses a vararg.
 static void vaTest(int ... v) {       ←—— 声明一个可变长度的实参列表
  System.out.println("Number of args: " + v.length);
  System.out.println("Contents: ");

  for(int i=0; i < v.length; i++)
    System.out.println(" arg " + i + ": " + v[i]);

  System.out.println();
}
```

注意 v 使用下面的语句声明：

```
int ... v
```

这种语法告诉编译器，vaTest( )方法可以带有 0 个或多个实参。而且，它把 v 隐式声明为一个 int[ ]类型的数组。这样，在 vaTest( )内部，将使用正常的数组语法来访问 v。

下面是演示 vaTest( )的一个完整程序：

```
// Demonstrate variable-length arguments.
class VarArgs {

  // vaTest() uses a vararg.
  static void vaTest(int ... v) {
```

```
    System.out.println("Number of args: " + v.length);
    System.out.println("Contents: ");

    for(int i=0; i < v.length; i++)
      System.out.println("  arg " + i + ": " + v[i]);

    System.out.println();
  }

  public static void main(String args[])
  {

    // Notice how vaTest() can be called with a
    // variable number of arguments.
    vaTest(10);      // 1 arg
    vaTest(1, 2, 3); // 3 args     ——使用不同数量的实参进行调用
    vaTest();        // no args
  }
}
```

程序的输出如下所示：

```
Number of args: 1
Contents:
  arg 0: 10

Number of args: 3
Contents:
  arg 0: 1
  arg 1: 2
  arg 2: 3

Number of args: 0
Contents:
```

关于该程序有两点需要注意。首先，如上所述，在 vaTest( )内部，v 作为数组操作，这是因为 v 是一个数组。“...”只是告诉编译器使用了可变长度的实参，这些实参保存在 v 数组中。其次，在 main( )中，使用不同数目的实参来调用 vaTest( )，包括 0 个实参。实参被自动放入数组并传递给 v。在没有实参的情况下，数组长度为 0。

方法可以具有正常的形参和可变长度形参。但是，可变长度形参必须是方法声明的最后一个形参。例如，下面的方法声明是完全可以接受的：

```
int doIt(int a, int b, double c, int ... vals) {
```

在本例中，用于调用 doIt( )的前 3 个实参与前 3 个形参相匹配。其余的实参都被认为属于 vals。

下面是 vaTest( )方法重写后的版本，既有常规实参，也有可变长度实参：

```
// Use varargs with standard arguments.
class VarArgs2 {

  // Here, msg is a normal parameter and v is a
  // varargs parameter.  <——正常形参和可变长度形参
  static void vaTest(String msg, int ... v) {
    System.out.println(msg + v.length);
    System.out.println("Contents: ");

    for(int i=0; i < v.length; i++)
```

```
      System.out.println("  arg " + i + ": " + v[i]);

    System.out.println();
  }

  public static void main(String args[])
  {
    vaTest("One vararg: ", 10);
    vaTest("Three varargs: ", 1, 2, 3);
    vaTest("No varargs: ");
  }
}
```

该程序的输出如下所示：

```
One vararg: 1
Contents:
  arg 0: 10

Three varargs: 3
Contents:
  arg 0: 1
  arg 1: 2
  arg 2: 3

No varargs: 0
Contents:
```

切记，可变长度形参必须位于最后。例如，下面的声明是错误的：

```
int doIt(int a, int b, double c, int ... vals, boolean stopFlag) { // Error!
```

上面的代码试图在可变长度形参之后声明常规形参，这是非法的。还有一条限制需要说明：只能有一个可变长度形参。例如，下面的声明也是无效的：

```
int doIt(int a, int b, double c, int ... vals, double ... morevals) { // Error!
```

试图声明两个可变长度形参是非法的。

6.9.2　重载 varargs 方法

可重载接受可变长度实参的方法。例如，下面的程序重载 vaTest( )方法 3 次：

```
// Varargs and overloading.
class VarArgs3 {                                      vaTest( )的第一个版本

  static void vaTest(int ... v) {   <--
   System.out.println("vaTest(int ...): " +
                      "Number of args: " + v.length);
   System.out.println("Contents: ");

   for(int i=0; i < v.length; i++)
     System.out.println("  arg " + i + ": " + v[i]);

   System.out.println();
  }
```

vaTest( )的第二个版本

```
  static void vaTest(boolean ... v) {
    System.out.println("vaTest(boolean ...): " +
                       "Number of args: " + v.length);
    System.out.println("Contents: ");

    for(int i=0; i < v.length; i++)
      System.out.println("  arg " + i + ": " + v[i]);

    System.out.println();
  }
```

vaTest( )的第三个版本

```
  static void vaTest(String msg, int ... v) {
    System.out.println("vaTest(String, int ...): " +
                       msg + v.length);
    System.out.println("Contents: ");

    for(int i=0; i < v.length; i++)
      System.out.println("  arg " + i + ": " + v[i]);

    System.out.println();
  }

  public static void main(String args[])
  {
    vaTest(1, 2, 3);
    vaTest("Testing: ", 10, 20);
    vaTest(true, false, false);
  }
}
```

该程序的输出如下所示：

```
vaTest(int ...): Number of args: 3
Contents:
  arg 0: 1
  arg 1: 2
  arg 2: 3

vaTest(String, int ...): Testing: 2
Contents:
  arg 0: 10
  arg 1: 20

vaTest(boolean ...): Number of args: 3
Contents:
  arg 0: true
  arg 1: false
  arg 2: false
```

该程序演示了重载 varargs 方法的两种方式。首先，可变长度形参的类型可以不同，例如程序中的 vaTest(int ...)和 vaTest(boolean ...)。前面讲过，“...”使形参处理为指定类型的数组。因此，就像使用不同类型的数组形参重载方法一样，也可使用不同类型的 varargs 重载 varargs 方法。这种情况下，Java 使用不同的类型来确定调用哪一个重载的方法。

重载 varargs 方法的第二种方式是添加一个或多个正常的形参。vaTest(String, int ...)就是这么做的。这种情况下，Java 同时使用实参数目和实参类型来确定调用哪一个方法。

6.9.3　varargs 和歧义

重载接受可变长度实参的方法时，可能发生某些预想不到的错误。这些错误会导致歧义，因为可能会创建对重载的 varargs 方法的歧义调用。考虑下面的程序：

```
// Varargs, overloading, and ambiguity.
//
// This program contains an error and will
// not compile!
class VarArgs4 {

  // Use an int vararg parameter.
  static void vaTest(int ... v) {   ←—— 一个 int 可变长度实参
    // ...
  }

  // Use a boolean vararg parameter.
   static void vaTest(boolean ... v) {   ←—— 一个 boolean 可变长度实参
    // ...
  }

  public static void main(String args[])
  {
    vaTest(1, 2, 3); // OK
    vaTest(true, false, false); // OK

    vaTest(); // Error: Ambiguous!   ←—— 产生了歧义
  }
}
```

在该程序中，vaTest( )的重载完全正确。但是，该程序不能编译，因为有下面的调用：

```
vaTest(); // Error: Ambiguous!
```

由于 vararg 形参可以为空，因此该调用会解释为是对 vaTest(int...)或 vaTest(boolean...)的调用。两者是完全有效的。因此，该调用产生了歧义。

下面是另一个产生歧义的示例。下面的重载版本的 vaTest( )是有歧义的，虽然其中一个版本带有一个正常的形参：

```
static void vaTest(int ... v) { // ...

static void vaTest(int n, int ... v) { // ...
```

尽管 vaTest( )的形参列表不同，仍旧没有办法让编译器解析下面的调用：

```
vaTest(1)
```

是解释为对带有一个 varargs 实参的 vaTest(int...)的调用，还是解释为对不带varargs 实参的vaTest(int,int...)的调用？编译器无法回答这个问题，因此会产生歧义。

由于前面所示的歧义错误，有时需要放弃重载，改用两个不同的方法名。另外，在某些情况下，歧义错误会暴露出代码中的功能性缺陷，这时需要仔细地规划解决方案来修复问题。

6.10 自测题

1. 如果已经给定这样一段代码：

```
class X {
  private int count;
```

那么下面的代码段正确吗?

```
class Y {
  public static void main(String args[]) {
    X ob = new X();

    ob.count = 10;
```

2. 访问修饰符必须位于成员声明的__________。

3. 堆栈是队列的补充。它使用先进后出访问方式，与一堆盘子十分相似。第一个放在桌上的盘子是最后一个使用的。创建一个名为 Stack 的堆栈类来存储字符。将访问堆栈的方法命名为 push( )和 pop( )。创建堆栈时允许用户指定堆栈的大小。让 Stack 类的其他成员都保持为私有的(提示：可以把 Queue 类用作一个模型，仅改变它的数据访问方式就可以了)。

4. 已知下面的类：

```
class Test {
  int a;
  Test(int i) { a = i; }
}
```

编写一个名为 swap( )的方法来交换两个 Test 对象引用所引用对象的内容。

5. 下面的代码段正确吗?

```
class X {
  int meth(int a, int b) { ... }
  String meth(int a, int b) { ... }
```

6. 编写一个递归方法来反向显示字符串的内容。

7. 如果一个类的所有对象都需要共享同一个变量，必须怎样声明该变量?

8. 为什么使用 static 代码块?

9. 什么是内部类?

10. 为使一个成员只被同一个类中的其他成员访问，应该使用什么访问修饰符?

11. 方法名加上它的形参列表组成了方法的______________。

12. 向一个方法传递 int 变量是通过使用______________调用的。

13. 创建一个 varargs 方法 sum()，对传递给它的 int 值求和。让该方法返回结果。演示其用法。

14. varargs 方法可以重载吗?

15. 列举一个重载的 varargs 方法导致歧义的例子。

第 7 章

继　承

关键技能与概念

- 理解继承的基础知识
- 调用超类构造函数
- 使用 super 访问超类成员
- 创建多级类层次结构
- 了解何时调用构造函数
- 理解子类对象的超类引用
- 重写方法
- 使用重写方法实现动态方法分配
- 使用抽象类
- 使用 final
- 了解 Object 类

继承是面向对象程序设计的三个基本原则之一，它允许创建类层次结构。使用继承，可以创建一个定义了多个相关项共有特性的通用类。然后，其他较具体的类可以继承该类，同时再添加自己的独有特性。

在 Java 语言中，被继承的类称为超类，继承类称为子类。因此，子类是超类的具体化版本。子类继承了超类定义的所有变量和方法，并添加了自己独有的元素。

7.1 继承的基础知识

Java 通过允许在一个类的声明中加入另一个类来实现继承，这需要使用关键字 extends。这样，子类就扩展了超类。

我们先从一个简短示例开始说明继承的若干关键功能。下面的程序创建了一个名为 TwoDShape 的超类，它存储了一个二维物体的长度和宽度。同时，该程序还创建了一个名为 Triangle 的子类。注意此处如何使用关键字 extends 来创建子类。

```
// A simple class hierarchy.

// A class for two-dimensional objects.
class TwoDShape {
  double width;
  double height;

  void showDim() {
    System.out.println("Width and height are " +
                       width + " and " + height);
  }
}

// A subclass of TwoDShape for triangles.
class Triangle extends TwoDShape {
  String style;          // Triangle 继承了 TwoDShape

  double area() {
    return width * height / 2;   // Triangle 可以引用 TwoDShape 的成员，就像它们是 Triangle 的一部分一样
  }

  void showStyle() {
    System.out.println("Triangle is " + style);
  }
}

class Shapes {
  public static void main(String args[]) {
    Triangle t1 = new Triangle();
    Triangle t2 = new Triangle();

    t1.width = 4.0;
    t1.height = 4.0;     // Triangle 的所有成员都可用于 Triangle 对象，即使它们是从 TwoDShape 继承的
    t1.style = "filled";

    t2.width = 8.0;
    t2.height = 12.0;
    t2.style = "outlined";

    System.out.println("Info for t1: ");
    t1.showStyle();
```

```
    t1.showDim();
    System.out.println("Area is " + t1.area());

    System.out.println();

    System.out.println("Info for t2: ");
    t2.showStyle();
    t2.showDim();
    System.out.println("Area is " + t2.area());
  }
}
```

程序的输出如下所示：

```
Info for t1:
Triangle is filled
Width and height are 4.0 and 4.0
Area is 8.0

Info for t2:
Triangle is outlined
Width and height are 8.0 and 12.0
Area is 48.0
```

本例中，TwoDShape 定义了诸如正方形、长方形、三角形等“一般”二维图形的属性。Triangle 类创建了 TwoDShape 的具体类型，本例中为三角形。Triangle 类包括 TwoDShape 的所有成员，并添加了 style 字段、area( )方法和 showStyle( )方法。style 字段中存储三角形样式的描述，例如 filled、outlined、transparent，甚至 warning symbol、isosceles 或 rounded。area( )用于计算并返回三角形的面积，showStyle( )用于显示三角形的样式。

由于 Triangle 包含其超类 TwoDShape 的所有成员，因此它可在 area( )中访问 width 和 height。而且在 main( )中，对象 t1 和 t2 可以直接引用 width 和 height，就像它们是 Triangle 的一部分。图 7-1 从概念上描绘了 TwoDShape 是如何纳入 Triangle 中的。

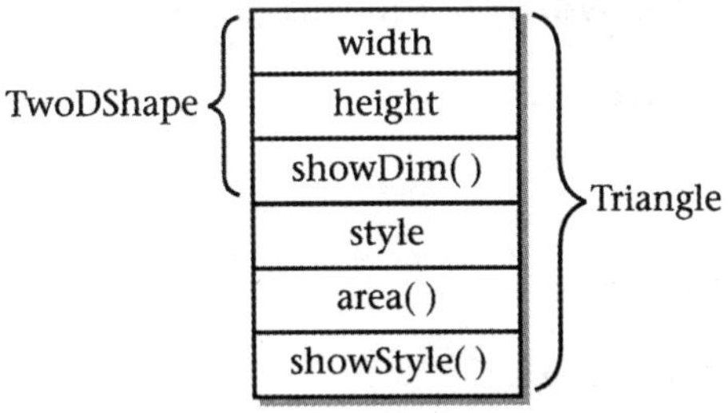

图 7-1 Triangle 类的概念描述

尽管 TwoDShape 是 Triangle 的超类，但它也是一个完全独立的类。作为子类的超类并不意味着超类不能单独使用。例如，下面的代码就是有效的：

```
TwoDShape shape = new TwoDShape();

shape.width = 10;
shape.height = 20;

shape.showDim();
```

当然，TwoDShape 的对象并不知晓或有权访问 TwoDShape 的任何子类。

继承超类的 class 声明的基本形式如下所示：

```
class subclass-name extends superclass-name {
  // body of class
}
```

只能为创建的子类指定一个超类。Java 不支持一个子类继承多个超类(这一点与支持多重继承的 C++有所不同。因此在把 C++代码转换为 Java 时要特别注意这一点)。然而，可以创建类的继承层次结构，其中一个子类可成为另一个子类的超类。当然，一个类不能是自己的超类。

继承的主要优点在于：一旦创建一个超类，定义一组对象共有的属性，就可以用它创建任意数量的更具体的子类。每个子类可精确定义自己的类。例如，下面是 TwoDShape 的另一个子类，它封装了矩形：

```
// A subclass of TwoDShape for rectangles.
class Rectangle extends TwoDShape {
  boolean isSquare() {
    if(width == height) return true;
    return false;
  }

  double area() {
    return width * height;
  }
}
```

Rectangle 类继承了 TwoDShape，并添加了用于确定矩形是否为正方形的方法 isSquare( )，以及用于计算矩形面积的方法 area( )。

7.2 成员访问与继承

如第6章所述，类的实例变量常被声明为private，以防止未经授权地使用或滥用。继承一个类并不会超越private 访问限制。因此，尽管子类拥有其超类的所有成员，但是它依然不能访问被声明为 private 的超类的成员。如下所示，TwoDShape 的 width 和 height 被声明为私有的，因此 Triangle 不能访问它们。

```
// Private members are not inherited.

// This example will not compile.

// A class for two-dimensional objects.
class TwoDShape {
  private double width; // these are
  private double height; // now private

  void showDim() {
    System.out.println("Width and height are " +
                       width + " and " + height);
  }
}

// A subclass of TwoDShape for triangles.
class Triangle extends TwoDShape {
  String style;

  double area() {          // 不能访问超类的 private 成员
    return width * height / 2; // Error! can't access
  }
```

```
  void showStyle() {
    System.out.println("Triangle is " + style);
  }
}
```

这里 Triangle 类无法编译，因为对 area( )方法内部的 width 和 height 的引用导致了非法访问。由于 width 和 height 被声明为 private，因此它们只能被自己类中的其他成员访问。子类是无权访问它们的。

切记，被声明为 private 的类成员会保持对类的私有特性，而类以外的任何代码，包括子类在内，都无权访问这些私有成员。

起初，你可能认为子类无权访问超类的私有成员这一事实是过于严格的限制，会在许多情况下妨碍私有成员的使用，然而情况并非如此。正如第 6 章所述，Java 程序员通常使用访问器方法来访问类的私有成员。下面是改写过的 TwoDShape 类和 Triangle 类，它们使用方法访问私有实例变量 width 和 height：

```
// Use accessor methods to set and get private members.

// A class for two-dimensional objects.
class TwoDShape {
  private double width; // these are
  private double height; // now private

  // Accessor methods for width and height.
  double getWidth() { return width; }
  double getHeight() { return height; }        ◄———— width 和 height 的访问器方法
  void setWidth(double w) { width = w; }
  void setHeight(double h) { height = h; }

  void showDim() {
    System.out.println("Width and height are " +
                       width + " and " + height);
  }
}

// A subclass of TwoDShape for triangles.
class Triangle extends TwoDShape {
  String style;
                                        ———— 使用超类提供的访问器方法
  double area() {                      ▼
    return getWidth() * getHeight() / 2;
  }

  void showStyle() {
    System.out.println("Triangle is " + style);
  }
}

class Shapes2 {
  public static void main(String args[]) {
    Triangle t1 = new Triangle();
    Triangle t2 = new Triangle();

    t1.setWidth(4.0);
    t1.setHeight(4.0);
    t1.style = "filled";
```

```
    t2.setWidth(8.0);
    t2.setHeight(12.0);
    t2.style = "outlined";

    System.out.println("Info for t1: ");
    t1.showStyle();
    t1.showDim();
    System.out.println("Area is " + t1.area());

    System.out.println();

    System.out.println("Info for t2: ");
    t2.showStyle();
    t2.showDim();
    System.out.println("Area is " + t2.area());
  }
}
```

专家解答

问： 什么时候应该把实例变量声明为 private？

答： 一般没有严格的规定，但我们要坚持两个基本原则。如果实例变量只被它所在类中的方法使用，那么应该将其声明为 private。如果实例变量必须在某一范围之内，那么应该将其声明为 private，而且只能通过访问器方法来访问。这样可以防止将无效值赋给它。

7.3 构造函数和继承

在层次结构中，超类和子类可以有自己的构造函数。这就产生了一个重要问题：哪个构造函数负责创建子类的对象呢？是超类构造函数、子类构造函数，还是两者都负责创建子类的对象？答案是：超类的构造函数构造对象的超类部分，而子类的构造函数则构造对象的子类部分。这是很自然的，因为超类并不知晓或无权访问子类的任何元素。因此，它们的构造必须分开。前面的示例依赖于 Java 自动创建的默认构造函数，因此这并不是问题。然而，在实际应用中，多数类都有显式的构造函数。下面将看到如何处理这种情况。

当只有子类定义了构造函数时，过程很简单：只需要构造子类对象即可。对象的超类部分使用默认构造函数来自动创建。例如，下面是定义了一个构造函数的 Triangle 的改进版。因为它是由构造函数设置的，所以也把 style 声明为私有的。

```
// Add a constructor to Triangle.

// A class for two-dimensional objects.
class TwoDShape {
  private double width; // these are
  private double height; // now private

  // Accessor methods for width and height.
  double getWidth() { return width; }
  double getHeight() { return height; }
  void setWidth(double w) { width = w; }
  void setHeight(double h) { height = h; }
```

```
  void showDim() {
    System.out.println("Width and height are " +
                       width + " and " + height);
  }
}

// A subclass of TwoDShape for triangles.
class Triangle extends TwoDShape {
  private String style;

  // Constructor
  Triangle(String s, double w, double h) {
    setWidth(w);
    setHeight(h);    ←—— 初始化对象的 TwoDShape 部分

    style = s;
  }

  double area() {
    return getWidth() * getHeight() / 2;
  }

  void showStyle() {
    System.out.println("Triangle is " + style);
  }
}

class Shapes3 {
  public static void main(String args[]) {
    Triangle t1 = new Triangle("filled", 4.0, 4.0);
    Triangle t2 = new Triangle("outlined", 8.0, 12.0);

    System.out.println("Info for t1: ");
    t1.showStyle();
    t1.showDim();
    System.out.println("Area is " + t1.area());

    System.out.println();

    System.out.println("Info for t2: ");
    t2.showStyle();
    t2.showDim();
    System.out.println("Area is " + t2.area());
  }
}
```

这里，Triangle 的构造函数初始化从 TwoDShape 继承的成员和它自己的 style 字段。

当超类和子类定义构造函数时，这个过程就有些复杂了，因为超类和子类的构造函数都要执行。这种情况下，就必须使用另一个 Java 关键字 super。这个关键字有两种基本形式：第一种形式调用超类构造函数，第二种形式用于访问被子类成员隐藏的超类成员。这里首先介绍一下它的第一种用法。

7.4 使用 super 调用超类构造函数

子类可使用下面形式的 super 来调用一个由其超类定义的构造函数：

```
super(parameter-list);
```

这里，*parameter-list* 指定了超类中构造函数所需的任何形参。super( )必须是在子类构造函数中执行的第一条语句。为了解如何使用 super( )，考虑下面程序中的 TwoDShape。它定义了一个用来初始化 width 和 height 的构造函数。

```
// Add constructors to TwoDShape.
class TwoDShape {
  private double width;
  private double height;

  // Parameterized constructor.
  TwoDShape(double w, double h) {    ←——— TwoDShape 的构造函数
    width = w;
    height = h;
  }

  // Accessor methods for width and height.
  double getWidth() { return width; }
  double getHeight() { return height; }
  void setWidth(double w) { width = w; }
  void setHeight(double h) { height = h; }

  void showDim() {
    System.out.println("Width and height are " +
                       width + " and " + height);
  }
}

// A subclass of TwoDShape for triangles.
class Triangle extends TwoDShape {
  private String style;

  Triangle(String s, double w, double h) {
    super(w, h); // call superclass constructor
    ↑——————————————————————————— 使用 super( )执行 TwoDShape 构造函数
    style = s;
  }

  double area() {
    return getWidth() * getHeight() / 2;
  }

  void showStyle() {
    System.out.println("Triangle is " + style);
  }
}

class Shapes4 {
  public static void main(String args[]) {
    Triangle t1 = new Triangle("filled", 4.0, 4.0);
```

```
    Triangle t2 = new Triangle("outlined", 8.0, 12.0);

    System.out.println("Info for t1: ");
    t1.showStyle();
    t1.showDim();
    System.out.println("Area is " + t1.area());

    System.out.println();

    System.out.println("Info for t2: ");
    t2.showStyle();
    t2.showDim();
    System.out.println("Area is " + t2.area());
  }
}
```

这里，Triangle( )使用形参 w 和 h 调用 super( )。这样就会调用 TwoDShape()构造函数，以使用这些值来初始化 width 和 height。而 Triangle 不再自己初始化这些值。它只需要初始化自己独有的值 style。这样TwoDShape就可以自由地用自己选择的方式来构造子对象，而且 TwoDShape 可添加已有子类未知的功能，从而防止已有代码中断。

超类定义的任何形式的构造函数都可以被 super( )调用。被执行的构造函数就是与实参相匹配的那一个。例如，下面是 TwoDShape 和 Triangle 的扩展版，引入了默认构造函数和带有一个实参的构造函数：

```
// Add more constructors to TwoDShape.
class TwoDShape {
  private double width;
  private double height;

  // A default constructor.
  TwoDShape() {
    width = height = 0.0;
  }

  // Parameterized constructor.
  TwoDShape(double w, double h) {
    width = w;
    height = h;
  }

  // Construct object with equal width and height.
  TwoDShape(double x) {
    width = height = x;
  }

  // Accessor methods for width and height.
  double getWidth() { return width; }
  double getHeight() { return height; }
  void setWidth(double w) { width = w; }
  void setHeight(double h) { height = h; }

  void showDim() {
    System.out.println("Width and height are " +
                       width + " and " + height);
  }
}
```

```
// A subclass of TwoDShape for triangles.
class Triangle extends TwoDShape {
  private String style;

  // A default constructor.
  Triangle() {
    super();
    style = "none";
  }

  // Constructor
  Triangle(String s, double w, double h) {
    super(w, h); // call superclass constructor

    style = s;
  }

  // One argument constructor.
  Triangle(double x) {
    super(x); // call superclass constructor

    style = "filled";
  }

  double area() {
    return getWidth() * getHeight() / 2;
  }

  void showStyle() {
    System.out.println("Triangle is " + style);
  }
}

class Shapes5 {
  public static void main(String args[]) {
    Triangle t1 = new Triangle();
    Triangle t2 = new Triangle("outlined", 8.0, 12.0);
    Triangle t3 = new Triangle(4.0);

    t1 = t2;

    System.out.println("Info for t1: ");
    t1.showStyle();
    t1.showDim();
    System.out.println("Area is " + t1.area());

    System.out.println();

    System.out.println("Info for t2: ");
    t2.showStyle();
    t2.showDim();
    System.out.println("Area is " + t2.area());

    System.out.println();

    System.out.println("Info for t3: ");
```

使用 super()调用各种形式的TwoDShape 构造函数

```
    t3.showStyle();
    t3.showDim();
    System.out.println("Area is " + t3.area());

    System.out.println();
  }
}
```

程序的输出如下所示:

```
Info for t1:
Triangle is outlined
Width and height are 8.0 and 12.0
Area is 48.0

Info for t2:
Triangle is outlined
Width and height are 8.0 and 12.0
Area is 48.0

Info for t3:
Triangle is filled
Width and height are 4.0 and 4.0
Area is 8.0
```

让我们研究一下隐藏在 super( )幕后的关键概念。当一个子类调用 super( )时，就是在调用其直接超类的构造函数。因此，super( )总是引用调用类的直接超类。在多级层次结构中也是如此，而且 super( )必须是子类构造函数中执行的第一条语句。

7.5 使用 super 访问超类成员

super 的第二种形式的用法与 this 相似，只不过它引用的是子类的超类。这种用法的基本形式如下所示:

super.*member*

这里，member 是方法或实例变量。

这种 super 形式多用于子类的成员名隐藏了超类中的同名成员的情况。考虑下面这个简单的类层次结构:

```
// Using super to overcome name hiding.
class A {
  int i;
}

// Create a subclass by extending class A.
class B extends A {
  int i; // this i hides the i in A

  B(int a, int b) {
    super.i = a; // i in A   <-------- super.i 引用 A 中的 i
    i = b; // i in B
  }

  void show() {
    System.out.println("i in superclass: " + super.i);
    System.out.println("i in subclass: " + i);
```

```
  }
}

class UseSuper {
  public static void main(String args[]) {
    B subOb = new B(1, 2);

    subOb.show();
  }
}
```

程序显示如下结果:

```
i in superclass: 1
i in subclass: 2
```

尽管 B 中的实例变量 i 隐藏了 A 中的 i，但是 super 允许访问定义于超类中的 i。另外，super 还可用于调用被子类隐藏的方法。

练习 7-1(TruckDemo.java) 扩展 Vehicle 类

为演示继承的强大功能，我们将扩展在第 4 章中最先开发的 Vehicle 类。它封装了汽车的信息，包括乘载人数、油箱容量和燃油利用率。我们可以把 Vehicle 类作为起点来创建更具体的类。例如，卡车是汽车的一种。卡车的一个重要属性就是它的运载能力。因此，要创建 Truck 类，可扩展 Vehicle 类，添加存储运载能力的实例变量。下面的 Truck 类实现了这一点。在实现过程中，Vehicle 类中的实例变量设为 private，并提供访问器方法来获取或设置它们的值。

步骤:

(1) 创建一个名为 TruckDemo.java 的文件，把第 4 章中 Vehicle 类的最终实现代码复制到此文件中。

(2) 创建 Truck 类，如下所示:

```
// Extend Vehicle to create a Truck specialization.
class Truck extends Vehicle {
  private int cargocap; // cargo capacity in pounds

  // This is a constructor for Truck.
  Truck(int p, int f, int m, int c) {
    /* Initialize Vehicle members using
       Vehicle's constructor. */
    super(p, f, m);

    cargocap = c;
  }

  // Accessor methods for cargocap.
  int getCargo() { return cargocap; }
  void putCargo(int c) { cargocap = c; }
}
```

这里，Truck 继承 Vehicle，并添加了 cargocap、getCargo()和 putCargo()。因此，Truck 包含 Vehicle 定义的所有基本汽车属性。它只需要添加自己的独有特性就可以了。

(3) 下面将 Vehicle 的实例变量设置为私有，如下所示:

```
private int passengers; // number of passengers
private int fuelcap;    // fuel capacity in gallons
private int mpg;        // fuel consumption in miles per gallon
```

(4) 下面是演示Truck类的完整程序：

```
// Try This 7-1
//
// Build a subclass of Vehicle for trucks.
class Vehicle {
  private int passengers; // number of passengers
  private int fuelcap;    // fuel capacity in gallons
  private int mpg;        // fuel consumption in miles per gallon

  // This is a constructor for Vehicle.
  Vehicle(int p, int f, int m) {
    passengers = p;
    fuelcap = f;
    mpg = m;
  }

  // Return the range.
  int range() {
    return mpg * fuelcap;
  }

  // Compute fuel needed for a given distance.
  double fuelneeded(int miles) {
    return (double) miles / mpg;
  }

  // Accessor methods for instance variables.
  int getPassengers() { return passengers; }
  void setPassengers(int p) { passengers = p; }
  int getFuelcap() { return fuelcap; }
  void setFuelcap(int f) { fuelcap = f; }
  int getMpg() { return mpg; }
  void setMpg(int m) { mpg = m; }

}

// Extend Vehicle to create a Truck specialization.
class Truck extends Vehicle {
  private int cargocap; // cargo capacity in pounds

  // This is a constructor for Truck.
  Truck(int p, int f, int m, int c) {
    /* Initialize Vehicle members using
       Vehicle's constructor. */
    super(p, f, m);

    cargocap = c;
  }

  // Accessor methods for cargocap.
  int getCargo() { return cargocap; }
  void putCargo(int c) { cargocap = c; }
```

```
}

class TruckDemo {
  public static void main(String args[]) {

    // construct some trucks
    Truck semi = new Truck(2, 200, 7, 44000);
    Truck pickup = new Truck(3, 28, 15, 2000);
    double gallons;
    int dist = 252;

    gallons = semi.fuelneeded(dist);

    System.out.println("Semi can carry " + semi.getCargo() +
                       " pounds.");
    System.out.println("To go " + dist + " miles semi needs " +
                       gallons + " gallons of fuel.\n");

    gallons = pickup.fuelneeded(dist);

    System.out.println("Pickup can carry " + pickup.getCargo() +
                       " pounds.");
    System.out.println("To go " + dist + " miles pickup needs " +
                       gallons + " gallons of fuel.");
  }
}
```

(5) 程序的输出如下所示：

```
Semi can carry 44000 pounds.
To go 252 miles semi needs 36.0 gallons of fuel.

Pickup can carry 2000 pounds.
To go 252 miles pickup needs 16.8 gallons of fuel.
```

(6) 从 Vehicle 可派生出许多其他类型的类。例如，下面的代码就创建了用于存储汽车底盘高度的越野车类(OffRoad)。

```
// Create an off-road vehicle class
class OffRoad extends Vehicle {
  private int groundClearance; // ground clearance in inches

  // ...
}
```

关键在于一旦创建定义对象基本属性的超类，就可以从超类继承具体的类。每一个子类只需要添加自己唯一的属性。这就是继承的本质。

7.6 创建多级层次结构

目前，我们已经用到由一个超类和一个子类组成的简单类层次结构。然而，可建立由任意多层继承组成的层次结构。如前所述，一个子类也可以是另一个子类的超类。例如，已知三个类，分别为 A、B 和 C。C 是 B 的子类，B 是 A 的子类。当出现这种情况时，每个子类继承它所有超类的所有属性。本例中，C 就继承了 B 和 A 的所有成员。

为了解多级层次结构如何发挥作用，请考虑下面的程序。在该程序中，子类 Triangle 作为超类创建了名为 ColorTriangle 的子类。ColorTriangle 继承了 Triangle 和 TwoDShape 的所有属性，并添加了一个名为 color 的字段，该字段用于存储三角形的颜色。

```
// A multilevel hierarchy.
class TwoDShape {
  private double width;
  private double height;

  // A default constructor.
  TwoDShape() {
    width = height = 0.0;
  }

  // Parameterized constructor.
  TwoDShape(double w, double h) {
    width = w;
    height = h;
  }

  // Construct object with equal width and height.
  TwoDShape(double x) {
    width = height = x;
  }

  // Accessor methods for width and height.
  double getWidth() { return width; }
  double getHeight() { return height; }
  void setWidth(double w) { width = w; }
  void setHeight(double h) { height = h; }

  void showDim() {
    System.out.println("Width and height are " +
                       width + " and " + height);
  }
}

// Extend TwoDShape.
class Triangle extends TwoDShape {
  private String style;

  // A default constructor.
  Triangle() {
    super();
    style = "none";
  }

  Triangle(String s, double w, double h) {
    super(w, h); // call superclass constructor

    style = s;
  }

  // One argument constructor.
  Triangle(double x) {
    super(x); // call superclass constructor
```

```
    style = "filled";
  }

  double area() {
    return getWidth() * getHeight() / 2;
  }

  void showStyle() {
    System.out.println("Triangle is " + style);
  }
}

// Extend Triangle.
class ColorTriangle extends Triangle {
  private String color;

  ColorTriangle(String c, String s,
               double w, double h) {
    super(s, w, h);

    color = c;
  }

  String getColor() { return color; }

  void showColor() {
    System.out.println("Color is " + color);
  }
}

class Shapes6 {
  public static void main(String args[]) {
    ColorTriangle t1 =
         new ColorTriangle("Blue", "outlined", 8.0, 12.0);
    ColorTriangle t2 =
         new ColorTriangle("Red", "filled", 2.0, 2.0);

    System.out.println("Info for t1: ");
    t1.showStyle();
    t1.showDim();
    t1.showColor();
    System.out.println("Area is " + t1.area());

    System.out.println();

    System.out.println("Info for t2: ");
    t2.showStyle();
    t2.showDim();
    t2.showColor();
    System.out.println("Area is " + t2.area());
  }
}
```

ColorTriangle 继承了 Triangle，后者派生自 TwoDShape，因此，ColorTriangle 包含 Triangle 和 TwoDShape 的全部成员

ColorTriangle对象可调用自己及其超类定义的方法

程序的输出如下所示：

```
Info for t1:
```

```
Triangle is outlined
Width and height are 8.0 and 12.0
Color is Blue
Area is 48.0

Info for t2:
Triangle is filled
Width and height are 2.0 and 2.0
Color is Red
Area is 2.0
```

由于继承的特性，ColorTriangle可利用前面定义的 Triangle 和 TwoDShape 类，然后添加自己的特定应用所需的附加信息。这就是继承的部分价值所在，它也许进行代码重用。

该例演示的另一点也很重要，即 super()总是引用最靠近的超类的构造函数。ColorTriangle 中的 super()调用 Triangle 中的构造函数。Triangle 中的 super()调用 TwoDShape 中的构造函数。在类层次结构中，如果一个超类构造函数需要形参，那么无论子类是否需要自己的形参，所有子类都必须把这些形参传递上去。

7.7 何时调用构造函数

在前面对继承和类层次结构的讨论中，你可能会遇到一个重要问题：当创建超类对象时，首先执行哪一个构造函数，是子类的构造函数还是超类定义的构造函数？例如，已知子类 B 和超类 A，是先调用 A 的构造函数，还是先调用 B 的构造函数？答案是，在类的层次结构中，构造函数的调用是按照继承的顺序，从超类到子类来进行的。不仅如此，因为 super( )必须是子类构造函数中执行的第一条语句，所以无论是否使用 super( )，构造函数的调用顺序都是相同的。如果没有使用 super( )，就会执行每个超类的默认(无形参)构造函数。下面的程序说明了何时执行构造函数：

```
// Demonstrate when constructors are executed.

// Create a super class.
class A {
  A() {
    System.out.println("Constructing A.");
  }
}

// Create a subclass by extending class A.
class B extends A {
  B() {
    System.out.println("Constructing B.");
  }
}

// Create another subclass by extending B.
class C extends B {
  C() {
    System.out.println("Constructing C.");
  }
}

class OrderOfConstruction {
  public static void main(String args[]) {
    C c = new C();
```

```
  }
}
```

程序的输出如下所示：

```
Constructing A.
Constructing B.
Constructing C.
```

可以看出，按照派生顺序来调用构造函数。

如果考虑一下，就会发现按照继承顺序来执行是很合理的。因为超类不知道任何子类，需要执行的任何初始化与任何子类执行的初始化是相分离的，这可能也是子类执行的初始化的先决条件。因此，必须首先完成超类的初始化。

7.8 超类引用和子类对象

如你所知，Java 是一种类型严格的语言。除了应用于基本类型的标准转换和自动升级，类型兼容也是被严格执行的。因此，一个类类型的引用变量通常不能引用一个其他类类型的对象。例如，考虑下面的程序：

```
// This will not compile.
class X {
  int a;

  X(int i) { a = i; }
}

class Y {
  int a;

  Y(int i) { a = i; }
}

class IncompatibleRef {
  public static void main(String args[]) {
    X x = new X(10);
    X x2;
    Y y = new Y(5);

    x2 = x; // OK, both of same type

    x2 = y; // Error, not of same type
  }
}
```

这里，尽管 X 类和 Y 类结构是一样的，但不能把一个 Y 对象赋值给一个 X 引用，因为它们的类型不同。总之，对象引用变量只能引用自己类型的对象。

然而，Java 的严格类型却有一个例外，即可以把子类(从一个超类派生)对象的引用赋给该超类的引用变量。换句话说，超类引用可以引用子类对象，如下所示：

```
// A superclass reference can refer to a subclass object.
class X {
  int a;
```

```
  X(int i) { a = i; }
}

class Y extends X {
  int b;

  Y(int i, int j) {
    super(j);
    b = i;
  }
}

class SupSubRef {
  public static void main(String args[]) {
    X x = new X(10);
    X x2;
    Y y = new Y(5, 6);

    x2 = x; // OK, both of same type
    System.out.println("x2.a: " + x2.a);

    x2 = y; // still Ok because Y is derived from X
    System.out.println("x2.a: " + x2.a);

    // X references know only about X members
    x2.a = 19; // OK
//  x2.b = 27; // Error, X doesn't have a b member
  }
}
```

正确，因为 Y 是 X 的子类，所以 x2 可以引用 y

这里，X 派生了 Y，所以允许赋给 x2 一个对 Y 对象的引用。

哪些成员可以访问是由引用变量的类型(而不是它引用的对象类型)决定的，理解这一点十分重要。也就是说，当一个子类对象的引用被赋给一个超类引用变量时，只能访问对象的超类定义的那些部分。这就是为什么即使在 x2 引用了一个 Y 对象后，还不能访问 b 的原因。考虑一下就会发现这是合理的，因为超类不知道子类增加了什么。这也就是程序中代码的最后一行被注释掉的原因。

尽管前面的讨论看似深奥，却有一些重要的实际用途。这里就其中一点进行介绍，其他的将在本章后面涉及方法重写时讨论。

把子类引用赋给超类变量常用于在类层次结构中调用构造函数时。如你所知，对于类而言，定义一个把类的对象作为形参的构造函数是很常见的。这就允许类构造对象的副本。这种类的子类就可以利用这一功能。例如，考虑下面的 TwoDShape 和 Triangle。这两个类都添加了将对象作为形参的构造函数。

```
class TwoDShape {
  private double width;
  private double height;

  // A default constructor.
  TwoDShape() {
    width = height = 0.0;
  }

  // Parameterized constructor.
  TwoDShape(double w, double h) {
    width = w;
    height = h;
```

```
  }

  // Construct an object with equal width and height.
  TwoDShape(double x) {
    width = height = x;
  }

  // Construct an object from an object.
  TwoDShape(TwoDShape ob) {          ←—— 从一个对象构造对象
    width = ob.width;
    height = ob.height;
  }

  // Accessor methods for width and height.
  double getWidth() { return width; }
  double getHeight() { return height; }
  void setWidth(double w) { width = w; }
  void setHeight(double h) { height = h; }

  void showDim() {
    System.out.println("Width and height are " +
                       width + " and " + height);
  }
}

// A subclass of TwoDShape for triangles.
class Triangle extends TwoDShape {
  private String style;

  // A default constructor.
  Triangle() {
    super();
    style = "none";
  }

  // Constructor for Triangle.
  Triangle(String s, double w, double h) {
    super(w, h); // call superclass constructor

    style = s;
  }

  // One argument constructor.
  Triangle(double x) {
    super(x); // call superclass constructor

    style = "filled";
  }

  // Construct an object from an object.
  Triangle(Triangle ob) {
    super(ob); // pass object to TwoDShape constructor
    style = ob.style;
  }
```

向 TwoDShape 的构造函数传递一个 Triangle 引用

```
  double area() {
```

```
    return getWidth() * getHeight() / 2;
  }

  void showStyle() {
    System.out.println("Triangle is " + style);
  }
}

class Shapes7 {
  public static void main(String args[]) {
    Triangle t1 =
         new Triangle("outlined", 8.0, 12.0);

    // make a copy of t1
    Triangle t2 = new Triangle(t1);

    System.out.println("Info for t1: ");
    t1.showStyle();
    t1.showDim();
    System.out.println("Area is " + t1.area());

    System.out.println();

    System.out.println("Info for t2: ");
    t2.showStyle();
    t2.showDim();
    System.out.println("Area is " + t2.area());
  }
}
```

在该程序中，通过 t1 构造了 t2，因此它们是一样的。程序的输出如下所示：

```
Info for t1:
Triangle is outlined
Width and height are 8.0 and 12.0
Area is 48.0

Info for t2:
Triangle is outlined
Width and height are 8.0 and 12.0
Area is 48.0
```

要特别注意这个 Triangle 构造函数：

```
// Construct an object from an object.
Triangle(Triangle ob) {
  super(ob); // pass object to TwoDShape constructor
  style = ob.style;
}
```

它接收一个 Triangle 类型的对象，然后通过 super 把该对象传递给构造函数 TwoDShape：

```
// Construct an object from an object.
TwoDShape(TwoDShape ob) {
  width = ob.width;
  height = ob.height;
}
```

关键之处在于 TwoDShape( )需要一个 TwoDShape 对象。然而，Triangle( )向它传递的是一个 Triangle 对象。可以这样做的原因在于超类引用可以引用子类对象。因此，可以向 TwoDShape( )传递一个 TwoDShape 派生类的对象的引用。因为 TwoDShape( )构造函数仅初始化子类对象中是 TwoDShape 成员的那些部分，所以对象可能还包含派生类添加的其他成员这一点并没有关系。

7.9 方法重写

在类层次结构中，当子类中的方法与其超类中的方法具有相同的返回类型和签名时，就称子类中的方法重写(override)了超类中的方法。当在子类中调用被重写的方法时，总是引用子类中定义的方法，而超类中定义的方法将被隐藏。考虑下面的程序：

```
// Method overriding.
class A {
  int i, j;
  A(int a, int b) {
    i = a;
    j = b;
  }

  // display i and j
  void show() {
    System.out.println("i and j: " + i + " " + j);
  }
}

class B extends A {
  int k;

  B(int a, int b, int c) {
    super(a, b);
    k = c;
  }

  // display k - this overrides show() in A
  void show() {              ◄──── B 中的 show( )重写了 A 中定义的 show( )
    System.out.println("k: " + k);
  }
}

class Override {
  public static void main(String args[]) {
    B subOb = new B(1, 2, 3);

    subOb.show(); // this calls show() in B
  }
}
```

程序的输出如下所示：

```
k: 3
```

当 B 类型的对象调用 show( )时，将使用 B 中定义的 show( )，即 B 中的 show( )重写了 A 中声明的 show( )。要访问超类的被重写方法，就要使用 super。例如，在下面这个版本的 B 中，就会在子类中调用超类的 show( )。

这样就会显示所有实例变量。

```
class B extends A {
  int k;

  B(int a, int b, int c) {
    super(a, b);
    k = c;
  }

  void show() {
    super.show(); // this calls A's show()
    System.out.println("k: " + k);
  }
}
```

使用 super 调用超类 A 中定义的 show( )

如果把前面程序中的 show( )替换为这里的 show( )，就会看到如下输出：

```
i and j: 1 2
k: 3
```

这里 super.show( )调用的是超类的 show( )。

方法重写只在两个方法的签名一致时才发生。如果有不一致之处，那么两个方法就只是重载而已。例如，考虑对上面程序的如下改版：

```
/* Methods with differing signatures are
   overloaded and not overridden. */
class A {
  int i, j;

  A(int a, int b) {
    i = a;
    j = b;
  }

  // display i and j
  void show() {
    System.out.println("i and j: " + i + " " + j);
  }
}

// Create a subclass by extending class A.
class B extends A {
  int k;

  B(int a, int b, int c) {
    super(a, b);
    k = c;
  }

  // overload show()
  void show(String msg) {
    System.out.println(msg + k);
  }定义
}
```

由于签名不同，这个 show( )只是重载了超类 A 中定义的 show( )

```
class Overload {
  public static void main(String args[]) {
    B subOb = new B(1, 2, 3);

    subOb.show("This is k: "); // this calls show() in B
    subOb.show(); // this calls show() in A
  }
}
```

程序的输出如下所示：

```
This is k: 3
i and j: 1 2
```

B 中的 show( )有一个字符串形参，这使它的类型签名与没有形参的 A 中的 show( )不同。因此，不会有重写(或名称隐藏)发生。

7.10 重写的方法支持多态性

尽管上一节的示例说明了方法重写的机制，但还不能显示出它们的强大功能。的确，如果方法重写只是一个名称空间的约定，那么它至多也只是令人好奇，没有什么实际价值。然而，情况并非如此。方法重写组成了 Java 最强大的概念之一：动态方法分配(dynamic method dispatch)。动态方法分配是一种机制，通过该机制，对一个被重写方法的调用会在运行时解析，而不是在编译时解析。动态方法分配是十分重要的，因为它是 Java 实现运行时多态性的机制。

我们再从超类引用变量可以引用子类对象这一重要原理开始讨论。Java 利用这一事实解决了运行时对被重写方法的调用。办法如下：当通过超类引用调用被重写方法时，Java 会根据在调用发生时引用的对象的类型来判断要执行的方法。因此，这种判断发生在运行时。当引用不同类型的对象时，将调用被重写方法的不同版本。换言之，是被引用对象的类型(而不是引用变量的类型)决定了所要执行的被重写方法。因此，如果超类包含被子类重写的方法，那么当通过超类引用变量引用不同的对象类型时，就会执行不同版本的方法。

下面是一个演示动态方法分配的示例：

```
// Demonstrate dynamic method dispatch.

class Sup {
  void who() {
    System.out.println("who() in Sup");
  }
}

class Sub1 extends Sup {
  void who() {
    System.out.println("who() in Sub1");
  }
}

class Sub2 extends Sup {
  void who() {
    System.out.println("who() in Sub2");
  }
}

class DynDispDemo {
```

```
  public static void main(String args[]) {
    Sup superOb = new Sup();
    Sub1 subOb1 = new Sub1();
    Sub2 subOb2 = new Sub2();

    Sup supRef;

    supRef = superOb;
    supRef.who();

    supRef = subOb1;
    supRef.who();

    supRef = subOb2;
    supRef.who();
  }
}
```

每种情况下，要调用的 who()版本都在运行时由引用的对象类型决定

程序的输出如下所示：

```
who() in Sup
who() in Sub1
who() in Sub2
```

该程序创建了一个名为 Sup 的超类和它的两个子类 Sub1 和 Sub2。Sup 声明了一个名为 who( )的方法，而子类则重写了该方法。在 main( )方法中，声明了 Sup、Sub1 和 Sub2 类型的对象，而且声明了一个名为 supRef 的 Sup 类型的引用。然后程序把对每种类型的对象的引用赋给 SupRef，并使用该引用调用 who( )。正如输出所示，要执行的 who( )的版本由调用时被引用的对象的类型决定，而不是由 supRef 的类类型决定。

专家解答

问：Java 中的被重写方法看起来很像 C++中的虚函数。它们有相似之处吗？

答：是的。熟悉 C++的读者会意识到 Java 中的被重写方法在目的上与 C++的虚函数一样，在操作上与其相似。

7.11 为何使用重写方法

如前所述，重写方法使 Java 支持运行时多态性。多态性是面向对象程序设计特性的关键，原因在于：它允许一般类指定其所有派生类共享的方法，同时允许子类定义这些方法或这些方法中的一部分的具体实现。重写方法是 Java 实现多态性的“单接口，多方法”的又一种方式。成功应用多态性的关键在于理解超类和子类构成的可从一般过渡到具体的层次结构。正确使用层次结构，超类可提供让子类直接使用的全部元素。不仅如此，它还定义了派生类自己实现的方法。这就允许子类灵活地定义自己的方法，同时仍然只使用一个一致的接口。因此，通过将继承与被重写方法相结合，超类可以定义出由所有子类使用的方法的基本形式。

在 TwoDShape 中应用方法重写

为更好地理解方法重写的功能，我们将在 TwoDShape 类中使用它。在前面的示例中，从 TwoDShape 派生的每个类定义了一个名为 area( )的方法。这就意味着方法 area( )作为 TwoDShape 类的一部分可能更合适，因为这样就可以让每一个子类重写它，然后定义如何计算这些类封装的形状的面积。下面的程序完成了以上工作。为方便起见，给 TwoDShape 添加了一个 name 字段(以便编写演示程序)。

```
// Use dynamic method dispatch.
class TwoDShape {
  private double width;
  private double height;
  private String name;

  // A default constructor.
  TwoDShape() {
    width = height = 0.0;
    name = "none";
  }

  // Parameterized constructor.
  TwoDShape(double w, double h, String n) {
    width = w;
    height = h;
    name = n;
  }

  // Construct object with equal width and height.
  TwoDShape(double x, String n) {
    width = height = x;
    name = n;
  }

  // Construct an object from an object.
  TwoDShape(TwoDShape ob) {
    width = ob.width;
    height = ob.height;
    name = ob.name;
  }

  // Accessor methods for width and height.
  double getWidth() { return width; }
  double getHeight() { return height; }
  void setWidth(double w) { width = w; }
  void setHeight(double h) { height = h; }

  String getName() { return name; }

  void showDim() {
    System.out.println("Width and height are " +
                       width + " and " + height);
  }
```

TwoDShape 定义的 area( )方法

```
  double area() {
    System.out.println("area() must be overridden");
    return 0.0;
  }
}

// A subclass of TwoDShape for triangles.
class Triangle extends TwoDShape {
  private String style;

  // A default constructor.
```

```
  Triangle() {
    super();
    style = "none";
  }

  // Constructor for Triangle.
  Triangle(String s, double w, double h) {
    super(w, h, "triangle");

    style = s;
  }

  // One argument constructor.
  Triangle(double x) {
    super(x, "triangle"); // call superclass constructor

    style = "filled";
  }

  // Construct an object from an object.
  Triangle(Triangle ob) {
    super(ob); // pass object to TwoDShape constructor
    style = ob.style;
  }

  // Override area() for Triangle.
  double area() {          ←———— 为Triangle重写area()方法
    return getWidth() * getHeight() / 2;
  }

  void showStyle() {
    System.out.println("Triangle is " + style);
  }
}

// A subclass of TwoDShape for rectangles.
class Rectangle extends TwoDShape {
  // A default constructor.
  Rectangle() {
    super();
  }

  // Constructor for Rectangle.
  Rectangle(double w, double h) {
    super(w, h, "rectangle"); // call superclass constructor
  }

  // Construct a square.
  Rectangle(double x) {
    super(x, "rectangle"); // call superclass constructor
  }

  // Construct an object from an object.
  Rectangle(Rectangle ob) {
    super(ob); // pass object to TwoDShape constructor
  }
```

```
    boolean isSquare() {
      if(getWidth() == getHeight()) return true;
      return false;
    }

    // Override area() for Rectangle.
    double area() {                    ← 为 Rectangle 重写 area( )方法
      return getWidth() * getHeight();
    }
  }

  class DynShapes {
    public static void main(String args[]) {
      TwoDShape shapes[] = new TwoDShape[5];

      shapes[0] = new Triangle("outlined", 8.0, 12.0);
      shapes[1] = new Rectangle(10);
      shapes[2] = new Rectangle(10, 4);
      shapes[3] = new Triangle(7.0);
      shapes[4] = new TwoDShape(10, 20, "generic");

      for(int i=0; i < shapes.length; i++) {
        System.out.println("object is " + shapes[i].getName());
        System.out.println("Area is " + shapes[i].area());   ← 为每种形状调用正确的 area( )版本
        System.out.println();
      }
    }
  }
```

程序的输出如下所示：

```
object is triangle
Area is 48.0

object is rectangle
Area is 100.0

object is rectangle
Area is 40.0

object is triangle
Area is 24.5

object is generic
area() must be overridden
Area is 0.0
```

下面详细研究一下这个程序。首先，如前所述，area( )现在是 TwoDShape 类的一部分，被 Triangle 和 Rectangle 重写。在 TwoDShape 中，area( )是一种占位符实现方式，只是告知用户该方法必须被子类重写。area( )的每一次重写都提供了一种适合于子类封装的对象类型的实现方式。因此，如果要实现椭圆类，area( )就需要计算椭圆的 area( )。

上述程序中还有一个重要功能。注意，在 main( )中，shapes 声明为 TwoDShape 对象的一个数组。然而，这个数组的元素赋值为 Triangle、Rectangle 和 TwoDShape 引用。这是有效的，因为如前所述，超类引用可以引用子类对象，程序将循环迭代数组，显示每个对象的信息。尽管程序非常简单，却说明了继承和方法重写的强大功能。

由超类引用变量引用的对象类型是在运行时被确定的，并执行相应操作。如果一个对象从TwoDShape派生而来，那么可通过调用area( )来得到它的面积。无论使用的形状的类型如何，这项操作的接口都是相同的。

7.12 使用抽象类

有时，需要创建一个这样的超类：该超类只定义一个为所有子类共享的一般形式，至于细节则交给每个子类去填充。这样的类决定了子类必须实现的方法的本质，而它自己则不提供其中一个或多个方法的实现。这种情形只在超类不能为方法创建一个有意义的实现时才会发生。前面的示例中使用的TwoDShape就属于这种情况。area( )的定义只是一个简单的占位符。它不计算、也不显示任何类型对象的面积。

在创建自己的类库时会发现，一个方法在其超类的背景下的定义没有什么意义，这种情况并不少见。处理这种情况可以用两种方式：一种方式如前例所示，就是只让它报告一条警告消息。尽管这种方式在某些情况下(如调试时)有用，但它并不总是很合适。或许有必须被子类重写的方法，以求对子类而言具有某种意义。考虑一下Triangle类，如果没有定义area( )，它就是不完整的。这种情况下，就需要一些办法来确保重写所有必需的方法。Java对于这一问题的解决方法是抽象方法(abstract method)。

抽象方法是通过指定abstract类型修饰符来创建的。抽象方法没有内容，因此无须被超类实现。这样，子类就必须重写它，因为超类中定义的方法是不能使用的。声明抽象方法的基本形式如下所示：

```
abstract type name(parameter-list);
```

可以看出，没有出现方法主体。abstract修饰符只能用于实例方法，不能用于static方法或构造函数。

包含一个或多个抽象方法的类必须通过在其class声明前添加abstract修饰符，来将其声明为抽象类。因为抽象类不定义完整的实现方式，所以抽象类也就没有自己的对象。因此，任何使用new创建抽象类对象的尝试都会导致编译时错误。

当子类继承抽象类时，它必须实现超类中的所有抽象方法。否则，也必须将子类定义为抽象类。因此，abstract属性被继承，直到有了完整的实现。

可以使用抽象类改进TwoDShape类。因为对于未定义的二维图形而言，面积概念是没有意义的，所以上述程序的下面这个改版将TwoDShape中的area( )声明为abstract，把TwoDShape也声明为abstract。当然，这意味着所有派生自TwoDShape的类必须重写area( )。

```
// Create an abstract class.
abstract class TwoDShape {    ← TwoDShape现在是抽象类
  private double width;
  private double height;
  private String name;

  // A default constructor.
  TwoDShape() {
    width = height = 0.0;
    name = "none";
  }

  // Parameterized constructor.
  TwoDShape(double w, double h, String n) {
    width = w;
    height = h;
    name = n;
  }

  // Construct object with equal width and height.
```

```
  TwoDShape(double x, String n) {
    width = height = x;
    name = n;
  }

  // Construct an object from an object.
  TwoDShape(TwoDShape ob) {
    width = ob.width;
    height = ob.height;
    name = ob.name;
  }

  // Accessor methods for width and height.
  double getWidth() { return width; }
  double getHeight() { return height; }
  void setWidth(double w) { width = w; }
  void setHeight(double h) { height = h; }

  String getName() { return name; }

  void showDim() {
    System.out.println("Width and height are " +
                       width + " and " + height);
  }

  // Now, area() is abstract.
  abstract double area();   ← 把area( )声明为抽象方法
}

// A subclass of TwoDShape for triangles.
class Triangle extends TwoDShape {
  private String style;

  // A default constructor.
  Triangle() {
    super();
    style = "none";
  }

  // Constructor for Triangle.
  Triangle(String s, double w, double h) {
    super(w, h, "triangle");

    style = s;
  }

  // One argument constructor.
  Triangle(double x) {
    super(x, "triangle"); // call superclass constructor

    style = "filled";
  }

  // Construct an object from an object.
  Triangle(Triangle ob) {
    super(ob); // pass object to TwoDShape constructor
```

```
    style = ob.style;
  }

  double area() {
    return getWidth() * getHeight() / 2;
  }

  void showStyle() {
    System.out.println("Triangle is " + style);
  }
}

// A subclass of TwoDShape for rectangles.
class Rectangle extends TwoDShape {
  // A default constructor.
  Rectangle() {
    super();
  }

  // Constructor for Rectangle.
  Rectangle(double w, double h) {
    super(w, h, "rectangle"); // call superclass constructor
  }

  // Construct a square.
  Rectangle(double x) {
    super(x, "rectangle"); // call superclass constructor
  }

  // Construct an object from an object.
  Rectangle(Rectangle ob) {
    super(ob); // pass object to TwoDShape constructor
  }

  boolean isSquare() {
    if(getWidth() == getHeight()) return true;
    return false;
  }

  double area() {
    return getWidth() * getHeight();
  }
}

class AbsShape {
  public static void main(String args[]) {
    TwoDShape shapes[] = new TwoDShape[4];

    shapes[0] = new Triangle("outlined", 8.0, 12.0);
    shapes[1] = new Rectangle(10);
    shapes[2] = new Rectangle(10, 4);
    shapes[3] = new Triangle(7.0);

    for(int i=0; i < shapes.length; i++) {
      System.out.println("object is " +
                          shapes[i].getName());
```

```
      System.out.println("Area is " + shapes[i].area());

      System.out.println();
    }
  }
}
```

正如程序所示，TwoDShape 的所有子类必须重写 area( )。为证实这一点，请创建一个不重写 area( )的子类。这时，将收到编译时错误。当然，还可创建一个 TwoDShape 类型的对象引用，上面的程序就是这么做的。然而，这时就不能再声明 TwoDShape 类型的对象了。因此，在 main( )中，shapes 数组的元素削减为 4 个，而且不再创建 TwoDShape 对象。

最后，注意 TwoDShape 仍然包含 showDim( )和 getName( )方法，这两个方法没有使用 abstract 修饰符。抽象类包含可让子类任意使用的具体方法是完全可以接受的，而且事实上也很常见。只有那些声明为 abstract 的方法需要被子类重写。

7.13 使用 final

虽然方法重写和继承的功能强大、用途广泛，但有时也需要阻止它们。例如，可能有一个封装了控制某些硬件设备的类。而且，这个类可能为用户提供初始化设备、使用私有信息的能力。这种情况下，并不希望类的用户重写初始化方法。无论出于何种原因，在 Java 中，如果要防止方法重写或类的继承，只需要使用关键字 final 即可。

7.13.1 使用 final 防止重写

为防止方法被重写，需要在方法声明的开始处将 final 指定为修饰符。声明为 final 的方法不能重写。下面的代码段演示了 final 的用法：

```
class A {
  final void meth() {
    System.out.println("This is a final method.");
  }
}

class B extends A {
  void meth() { // ERROR! Can't override.
    System.out.println("Illegal!");
  }
}
```

因为把 meth( )声明为 final，所以不能在 B 中重写它。如果重写了它，就会导致编译时错误。

7.13.2 使用 final 防止继承

通过在类的声明前添加 final 可防止类被继承。把类声明为 final 也就把它的所有方法都隐式声明为 final。把一个类既声明为 abstract，又声明为 final 是非法的，因为抽象类自身是不完整的，要依赖其子类来提供完整的实现方式。

下面是 final 类的一个示例：

```
final class A {
  // ...
```

```
}

// The following class is illegal.
class B extends A { // ERROR! Can't subclass A
  // ...
}
```

正如注释提示的那样，B 继承 A 是非法的，因为已经把 A 声明为 final 类了。

7.13.3　对数据成员使用 final

除了刚才提到的 final 用法，final 还可以应用于成员变量来创建已命名常量。如果在类变量名前使用 final，它的值在程序的生命期内就不能改变。当然，为变量赋初值是允许的。例如第 6 章中所示的一个名为 ErrorMsg 的简单错误管理类。该类把一个可读字符串映射到出错代码。这里，通过添加代表错误的 final 常量改进了原来的类。现在，传递给 getErrorMsg( )的不再是数字 2，而是已命名的整数常量 DISKERR。

```
// Return a String object.
class ErrorMsg {
  // Error codes.
  final int OUTERR    = 0;
  final int INERR     = 1;  ←—— 声明 final 常量
  final int DISKERR   = 2;
  final int INDEXERR  = 3;

  String msgs[] = {
    "Output Error",
    "Input Error",
    "Disk Full",
    "Index Out-Of-Bounds"
  };

  // Return the error message.
  String getErrorMsg(int i) {
    if(i >=0 & i < msgs.length)
      return msgs[i];
    else
      return "Invalid Error Code";
  }
}

class FinalD {
  public static void main(String args[]) {
    ErrorMsg err = new ErrorMsg();          ←—— 使用 final 常量

    System.out.println(err.getErrorMsg(err.OUTERR));
    System.out.println(err.getErrorMsg(err.DISKERR));
  }
}
```

注意在 main( )中是如何使用 final 常量的。因为它们是 ErrorMsg 类的成员，所以必须通过该类的对象访问。当然，子类也可以继承它们，并且在子类中可以直接访问它们。

对于 final 常量，许多 Java 程序员习惯使用大写的标识符，正如前例所示。但这不是一条必须遵守的规则。

专家解答

问： final 成员变量可声明为 static 吗？final 可以用到方法的形参和局部变量上吗？

答： 两个问题的答案都是肯定的。将 final 成员变量声明为 static 允许通过类名而不是对象来引用常量。例如，如果将 ErrorMsg 中的常量修改为 static，那么 main( )中的 println( )语句可以如下所示：

```
System.out.println(err.getErrorMsg(ErrorMsg.OUTERR));
System.out.println(err.getErrorMsg(ErrorMsg.DISKERR));
```

将形参声明为 final 可以防止在方法内部修改它。将局部变量声明为 final 可以防止它被多次赋值。

7.14 Object 类

Java 定义了一个名为 Object 的特殊类，它是所有类的隐式超类。换言之，其他所有类都是 Object 的子类。这意味着 Object 类型的引用变量可以引用任何类的对象。而且，因为数组是作为类来实现的，所以 Object 类型的变量也可以引用任何数组。

Object 类定义了下列方法(见表 7-1)，这意味着在每个对象中都可以使用这些方法。

表 7-1 Object 类定义的方法

方　法	目　的
Object clone( )	创建一个新对象，它与被克隆的对象一模一样
boolean equals(Object *object*)	确定两个对象是否相等
void finalize( )	在未使用的对象被回收之前调用(JDK 9 废弃了它)
Class<?> getClass( )	在运行时获取对象的类
int hashCode( )	返回与调用对象相关的哈希代码
void notify( )	继续执行等待调用对象的线程
void notifyAll( )	继续执行等待调用对象的所有线程
String toString( )	返回描述对象的字符串
void wait( ) void wait(long *milliseconds*) void wait(long *milliseconds*, int *nanoseconds*)	等待另一个线程的执行

getClass( )、notify( )、notifyAll( )和 wait( )方法被声明为 final。其他方法则可以重写。其中的有些方法将在本书的后面介绍。现在，我们注意这两个方法：equals( )和 toString( )。equals()方法比较两个对象的内容。如果对象相等，那么返回 true，否则返回 false。toString()方法返回一个字符串，该字符串描述了调用它的对象，而且当使用 println( )输出对象时将自动调用该方法。许多类都重写该方法，这样可使它们对自己创建的对象类型进行适当的描述。

最后要注意 getClass()的返回类型使用了特殊语法。这涉及 Java 的泛型特性。泛型允许将类或方法使用的数据的类型指定为形参。第 13 章将讨论泛型。

7.15 自测题

1. 超类有权访问子类的成员吗？子类有权访问超类的成员吗？

2. 创建一个名为 Circle 的 TwoDShape 的子类，它包括一个计算圆面积的 area( )方法和一个使用 super 初始化 TwoDShape 部分的构造函数。

3. 如何防止子类访问超类的成员？

4. 描述本章中两个 super 版本的目的及用法。

5. 已知层次结构如下：

```
class Alpha { ...

class Beta extends Alpha { ...

Class Gamma extends Beta { ...
```

当初始化一个 Gamma 对象时，这些类的构造函数的调用顺序是什么？

6. 超类引用可以引用一个子类对象。解释为什么当它与方法重写相关时，这一点变得特别有用？

7. 什么是抽象类？

8. 如何使方法不被重写？如何使类不被继承？

9. 解释继承、方法重写和抽象类是如何支持多态性的。

10. 什么类是其他所有类的超类？

11. 包含至少一个抽象方法的类必须被声明为抽象类，对吗？

12. 用于创建已命名常量的关键字是什么？

13. 假设 B 类继承了 A 类。此外，假设 makeObj()方法的声明如下：

```
A makeObj(int which ) {
  if(which == 0) return new A();
  else return new B();
}
```

注意，makeObj()返回对 A 或 B 类型对象的引用，具体取决于其值。但请注意 makeObj()的返回类型是 A(超类引用可指向子类对象)。这种情况下，假设使用的是 JDK 10 或更高版本，以下声明中 myRef 的类型是什么，为什么？

```
var myRef = makeObj(1);
```

14. 假设对于 13 题描述的情况，对于下面这个语句，myRef 的类型是什么？

```
var myRef = (B) makeObj(1);
```

第8章

包 和 接 口

关键技能与概念

- 使用包
- 理解包如何影响访问
- 应用 protected 访问修饰符
- 导入包
- 了解 Java 的标准包
- 理解接口的基础知识
- 实现接口
- 应用接口引用
- 了解接口变量
- 扩展接口
- 创建默认、静态和私有接口方法

本章学习 Java 的两个最具革新性的特性：包和接口。包是相关类的组合。包帮助组织代码并提供另一个封装层。如第 15 章所述，包在模块功能中也具有重要作用。接口定义了一系列由类实现的方法。接口本身并不实现任何方法，它纯粹是一个逻辑结构。包和接口可以对程序的组织有更大的控制能力。

8.1 包

在程序设计中，将相关的程序段组合起来经常是很有益的。在 Java 中，这是通过使用包来实现的。包服务于两个目的。首先，它提供了把相关程序段组织成一个单元的机制，在包中定义的类必须通过它们的包名来访问。这样，包就提供了一种给类的集合命名的途径。其次，包还参与了 Java 的访问控制机制。包中定义的类可以声明为包所私有的，使包外的代码无法访问。这样，包就提供了一种封装类的方式。下面进一步介绍每个特性。

一般而言，当命名类的时候，是从名称空间(namespace)中分配一个名称。名称空间定义了一个声明性区域。在 Java 中，同一个名称空间中的两个类不能使用相同的名称。这样，在给定的名称空间中，每一个类名必然是唯一的。在前面几章的例子中都使用了默认的名称空间。尽管这对于简短的示例程序很适合，但是随着程序的增大和默认的名称空间变得拥挤，就会出现问题。在大型程序中，为每一个类找到唯一的名称可能就困难了。进一步而言，就是必须避免名称与在同一个项目下运行的其他程序创建的代码以及与 Java 类库相互冲突。包就是解决这些问题的办法，因为它提供了一种为名称空间分区的方法。在包中定义一个类时，该包的名称将附加到每个类上，这样就避免了与其他包中同名的类发生名称冲突。

由于包通常包含的是相关的类，因此 Java 对包中的代码定义了特殊的访问权限。在一个包中，可以定义代码使它可以被同一个包中的其他代码访问，但不能被该包外的代码访问。这样就创建了一个相关类的独立的组，并且保证了其操作是私有的。

8.1.1 定义包

Java 中的所有类都属于某个包。当没有指定 package 语句时，使用默认的包。而且，默认包没有名称，这就使得默认包是透明的，所以前面几章中都没有考虑包。虽然对于简短的示例程序而言默认包很适合，但对实际应用程序而言是不够的。大多数情况下，应该为代码定义一个或多个包。

要创建一个包，需要在 Java 源文件的顶部使用 package 命令，这样在该文件中声明的类就会属于指定的包。由于一个包定义了一个名称空间，因此放入该文件中的类的名称就成为该包的名称空间的一部分。

下面是 package 语句的一般格式：

```
package pkg;
```

这里，pkg 是包的名称。例如，下面的语句创建了一个名为 mypack 的包：

```
package mypack;
```

Java 使用文件系统来管理包，每一个包都保存在自己的目录中。本书中包的示例和讨论都采用这种方法。例如，所声明的属于 mypack 的任何类的.class 文件都必须保存在名为 mypack 的目录中。

像 Java 的其他元素一样，包名也是区分大小写的。这就意味着存储包的目录的名称必须和包的名称完全一致。如果在尝试本章中的例子时遇到麻烦，记住要仔细地检查包名和目录名。包名通常使用小写字母。

多个文件中可能包括相同的 package 语句。package 语句只是指定了在一个文件中定义的类属于哪一个包，它并不排除在同一个包中包含其他文件中的其他类。大多数实际应用中的包跨越了许多文件。

可以创建一个包层次结构。为此，只需要使用句点把每一个包和位于其上的包区分开来即可。下面是多层结构包语句的一般格式：

```
package pack1.pack2.pack3...packN;
```

当然，必须创建目录来支持所创建的包层次结构。例如：

```
package alpha.beta.gamma;
```

必须存储在 .../alpha/beta/gamma 中，其中的...指定通向特定目录的路径。

8.1.2 寻找包和 CLASSPATH

如前所述，包是由目录镜像的。这提出了一个重要问题：Java 的运行时系统如何知道到哪里寻找你所创建的包呢？对于本章中的示例，答案有 3 个：首先，默认情况下，Java 的运行时系统使用当前的工作目录作为它的起点。这样，如果包位于在当前目录的子目录中，就能找到它。其次，可通过设定 CLASSPATH 环境变量来指定一个或多个目录路径。最后，可以在 java 或 javac 中使用-classpath 选项来指定类的路径。必须指出，从 JDK 9 开始，包可以是模块的一部分，因此可以在模块路径中找到。但模块和模块路径的讨论放在第 15 章中。现在只使用类路径。

例如，考虑下面的包声明：

```
package mypack
```

为让程序找到 mypack，必须具备下面的三个条件之一：程序从 mypack 的上一级目录中执行，或者把 CLASSPATH 设置为包含指向 mypack 的路径，或者在通过 java 运行程序时使用-classpath 选项指定 mypack 的路径。

试验本书中例子的最简单方式就是在当前的开发目录中创建包目录，把.class 文件放在合适的目录中，然后从开发目录中执行程序。下面的示例采用的就是这种方式。

最后一点提示：为避免混淆，最好把所有与包有关的.java 和.class 文件都放在它们各自的包目录中。而且，从包目录的上一级目录中编译每个文件。

8.1.3 一个简短的包示例

记住先前的有关讨论，试验以下这个简短的包示例。它创建了一个简单的图书数据库，包含在一个名为 bookpack 的包中。

```
// A short package demonstration.
package bookpack;          ←—— 该文件属于 bookpack 包

class Book {           ←—— 因此，Book 属于 bookpack
  private String title;
  private String author;
  private int pubDate;

  Book(String t, String a, int d) {
    title = t;
    author = a;
    pubDate = d;
  }

  void show() {
    System.out.println(title);
    System.out.println(author);
    System.out.println(pubDate);
    System.out.println();
  }
```

```
}

class BookDemo {                    ← BookDemo 也属于 bookpack
  public static void main(String args[]) {
    Book books[] = new Book[5];

    books[0] = new Book("Java: A Beginner's Guide",
                        "Schildt", 2019);
    books[1] = new Book("Java: The Complete Reference",
                        "Schildt", 2019);
    books[2] = new Book("Introducing JavaFX 8 Programming",
                        "Schildt", 2015);
    books[3] = new Book("Red Storm Rising",
                        "Clancy", 1986);
    books[4] = new Book("On the Road",
                        "Kerouac", 1955);

    for(int i=0; i < books.length; i++) books[i].show();
  }
}
```

将这个文件命名为 BookDemo.java 并将其放在名为 bookpack 的目录中。

接下来，编译这个文件。为此，需要在 bookpack 的上一级目录中指定：

```
javac bookpack/BookDemo.java
```

然后，使用下面的命令执行这个类：

```
java bookpack.BookDemo
```

记住，在执行这个命令时应位于 bookpack 的上一级目录中(或者使用前一节介绍的另外两个选项之一来指定 bookpack 的路径)。

如上所述，BookDemo 和 Book 现在属于 bookpack 包。这意味着 BookDemo 本身不能执行。也就是说，不能使用下面的命令行：

```
java BookDemo
```

相反，BookDemo 必须和它的包名相配。

8.2 包和成员访问

前面的章节介绍了访问控制的基本知识，包括 private 和 public 修饰符，但尚未讲清楚全部过程。原因是包也要参与 Java 的访问控制机制，完整地讨论这个问题必须首先把包全部讲清楚。在继续之前，要注意 JDK 9 添加的模块功能也提高了可访问性的另一种维度，但这里只关注包和类之间的交互作用。

元素的可见性取决于它的访问说明——private、public、protected 或默认，也取决于元素所在的包。因此，一个元素的可见性就由它所属的类和所属的包的可见性来决定。这种多层次的访问控制方法适用于丰富的访问权限分类。表 8-1 简要说明了各种访问层次。下面分别学习每种访问选项。

表 8-1 类成员访问

	private 成员	默认成员	protected 成员	public 成员
在同一个类中可见	是	是	是	是
在位于同一个包中的子类中可见	否	是	是	是
在位于同一个包中的非子类中可见	否	是	是	是
在位于不同包的子类中可见	否	否	是	是
在位于不同包的非子类中可见	否	否	否	是

如果一个类的某一成员没有显式的访问修饰符，那么它在其包中就是可见的，但是在包外是不可见的。因此，可在包的内部为元素使用默认的访问说明，使其在包内为公有的，而对别的包为私有的。

显式声明为 public 的成员在任何位置都是可见的，包括不同的类和不同的包。它们的使用和访问不受限制。私有成员仅对于它所属的类中的其他成员是可访问的。私有成员不受所在包的成员关系的影响。被指定为 protected 的成员对于其所属包和其全部子类(包括其他包中的子类)都是可访问的。

表 8-1 仅适用于类的成员。一个类仅有两种可能的访问级别：默认的和公有的。声明为 public 的类可以被任何其他的代码访问。如果一个类具有默认的访问权，它仅仅允许同一个包中的其他代码访问。而且，一个被声明为 public 的类必须驻留于同名的文件中。

注意，JDK 9 添加的模块功能也可以影响可访问性，模块参见第 15 章。

包访问示例

在前面的包示例中，Book 和 BookDemo 位于同一个包中，所以 BookDemo 使用 Book 没有问题，因为默认的访问权限允许对同一个包中的所有成员进行访问。然而，如果 Book 位于一个包中，而 BookDemo 位于另一个包中，情况就不同了。这种情况下，访问 Book 将被拒绝。为使 Book 可以被其他的包所用，必须做三处修改：首先，Book 需要声明为 public，这使 Book 在 bookpack 外是可见的；其次，它的构造函数必须是 public 的；最后，它的 show( )方法也必须是 public 的。这就使它们在 bookpack 外也是可见的。因此，为使 Book 为其他的包所调用，必须按照如下所示对它重新编码：

```
// Book recoded for public access.
package bookpack;

public class Book {   ← Book 及其成员必须被声明为 public，以便由其他包使用
  private String title;
  private String author;
  private int pubDate;

  // Now public.
  public Book(String t, String a, int d) {
    title = t;
    author = a;
    pubDate = d;
  }

  // Now public.
  public void show() {
    System.out.println(title);
    System.out.println(author);
    System.out.println(pubDate);
    System.out.println();
```

```
  }
}
```

为从另一个包使用 Book，必须使用下一节介绍的 import 语句，或者必须完全限定它的名称，包含其完整的包声明。例如，下面有一个名为 UseBook 的类，它包含在 bookpackext 包中，它完全限定了 Book 以便使用它：

```
// This class is in package bookpackext.
package bookpackext;

// Use the Book class from bookpack.
class UseBook {                                        使用包名 bookpack 限定 Book
  public static void main(String args[]) {
    bookpack.Book books[] = new bookpack.Book[5]; ◄

    books[0] = new bookpack.Book("Java: A Beginner's Guide",
                   "Schildt", 2019);
    books[1] = new bookpack.Book("Java: The Complete Reference",
                   "Schildt", 2019);
    books[2] = new bookpack.Book("Introducing JavaFX 8 Programming",
                   "Schildt", 2015);
    books[3] = new bookpack.Book("Red Storm Rising",
                   "Clancy", 1986);
    books[4] = new bookpack.Book("On the Road",
                   "Kerouac", 1955);

    for(int i=0; i < books.length; i++) books[i].show();
  }
}
```

注意每次使用 Book 时如何在前面加上 bookpack 限定符。没有这个说明，在编译 UseBook 时就无法找到 Book。

8.3 理解被保护的成员

Java 初学者有时会被 protected 的用法和意义搞糊涂。如上所述，protected 修饰符创建了一个允许它的包和其他包中的子类访问的成员。这样，protected 成员可被所有的子类使用，但仍旧可以拒绝包外的代码随意访问。

为更好地理解 protected 的作用，下面通过一个例子来说明。首先修改 Book 类，使它的实例变量成为 protected 成员，如下所示：

```
// Make the instance variables in Book protected.
package bookpack;

public class Book {
  // these are now protected
  protected String title;    ┐
  protected String author;   ├── 它们现在是 protected 成员
  protected int pubDate;     ┘

  public Book(String t, String a, int d) {
    title = t;
    author = a;
    pubDate = d;
  }

  public void show() {
```

```
    System.out.println(title);
    System.out.println(author);
    System.out.println(pubDate);
    System.out.println();
  }
}
```

接下来，创建 Book 的一个子类，命名为 ExtBook，创建一个名为 ProtectDemo 的类来使用 ExtBook。ExtBook 增加了一个字段来存储出版商的名字和几个访问器方法。这些类都位于名为 bookpackext 的包中，如下所示：

```
// Demonstrate protected.
package bookpackext;

class ExtBook extends bookpack.Book {
  private String publisher;

  public ExtBook(String t, String a, int d, String p) {
    super(t, a, d);
    publisher = p;
  }

  public void show() {
    super.show();
    System.out.println(publisher);
    System.out.println();
  }

  public String getPublisher() { return publisher; }
  public void setPublisher(String p) { publisher = p; }

  /* These are OK because subclass can access
     a protected member. */
  public String getTitle() { return title; }
  public void setTitle(String t) { title = t; }
  public String getAuthor() { return author; }  ◄──── 子类可以访问 Book 的成员
  public void setAuthor(String a) { author = a; }
  public int getPubDate() { return pubDate; }
  public void setPubDate(int d) { pubDate = d; }
}

class ProtectDemo {
  public static void main(String args[]) {
    ExtBook books[] = new ExtBook[5];

    books[0] = new ExtBook("Java: A Beginner's Guide",
                   "Schildt", 2019, "Oracle Press");
    books[1] = new ExtBook("Java: The Complete Reference",
                   "Schildt", 2019, "Oracle Press");
    books[2] = new ExtBook("Introducing JavaFX 8 Programming",
                   "Schildt", 2015,
                   "Oracle Press");
    books[3] = new ExtBook("Red Storm Rising",
                   "Clancy", 1986, "Putnam");
    books[4] = new ExtBook("On the Road",
                   "Kerouac", 1955, "Viking");
```

```
    for(int i=0; i < books.length; i++) books[i].show();

    // Find books by author
    System.out.println("Showing all books by Schildt.");
    for(int i=0; i < books.length; i++)
      if(books[i].getAuthor() == "Schildt")
        System.out.println(books[i].getTitle());

//    books[0].title = "test title"; // Error - not accessible
  }
}
```

非子类不允许访问 protected 域

首先看一下 ExtBook 中的代码，由于 ExtBook 扩展了 Book，因此即使 ExtBook 位于不同的包中，它也可以访问 Book 中的 protected 成员。因此，它可以直接访问 title、author 和 pubDate，它在为这些变量创建的访问器方法中就是这样做的。然而，在 ProtectDemo 中，访问这些变量会被拒绝，因为 ProtectDemo 不是 Book 的子类。例如，如果从下面的代码行中删除注释符号，程序将不能通过编译：

```
//    books[0].title = "test title"; // Error - not accessible
```

8.4 导入包

当使用另一个包中的类时，应该使用包名来完全限定类名，如前面的例子所示。然而，这样的方法可能很容易变得令人讨厌，尤其是当要限定的类深埋在包层次结构中时。Java 是由程序员为程序员而开发的，而程序员不喜欢单调的结构，因此，就应该有更方便的方法来使用包中的内容，这就是 import 语句。使用 import 语句可访问包中的一个或多个成员。这就能够直接使用这些成员，而不必显式地限定包。

下面是 import 语句的一般形式：

```
import pkg.classname;
```

其中，*pkg* 是包名，可以包括它的完整路径，*classname* 是被导入的类的名字。如果要导入包的全部内容，可用星号(*)代替类名。下面是两种形式的例子：

```
import mypack.MyClass
import mypack.*;
```

在第一个例子中，MyClass 类从 mypack 中导入。在第二个例子中，mypack 中的全部类都被导入。在 Java 源文件中，import 语句紧跟随 package 语句(如果存在)出现，并且位于任何类定义之前。

可使用 import 语句导入 bookpack 包，这样 Book 类就可以不必限定地使用了。为此，只需要把 import 语句添加到任何使用 Book 的文件顶部即可。

```
import bookpack.*;
```

例如，下面的例子对 UseBook 类重新编码来使用 import：

```
// Demonstrate import.
package bookpackext;
 import bookpack.*;      // 导入 bookpack

// Use the Book class from bookpack.
class UseBook {
  public static void main(String args[]) {
    Book books[] = new Book[5];      // 这里可以直接引用 Book 而不必限定
```

```
    books[0] = new Book("Java: A Beginner's Guide",
                    "Schildt", 2019);
    books[1] = new Book("Java: The Complete Reference",
                    "Schildt", 2019);
    books[2] = new Book("Introducing JavaFX 8 Programming",
                    "Schildt", 2015);
    books[3] = new Book("Red Storm Rising",
                    "Clancy", 1986);
    books[4] = new Book("On the Road",
                    "Kerouac", 1955);

    for(int i=0; i < books.length; i++) books[i].show();
  }
}
```

注意：

不再需要用 Book 的包名来限定 Book 了。

8.5 Java 的类库位于包中

如本书前面所述，Java 定义了所有程序都可以使用的大量标准类。这个类库通常称为 Java API(Application Programming Interface，应用程序编程接口)。Java API 存放在包中，在包层次的顶部是 java。java 以下是几个子包，如表 8-2 所示。

表 8-2 java 的子包

子 包	描 述
java.lang	包含大量的通用类
java.io	包含 I/O 类
java.net	包含支持联网的类
java.util	包含大量实用类，包括 Collections Framework
java.awt	包含支持 Abstract Window Toolkit 的类

从本书开头就一直在使用 java.lang。它包含 System 类，使用 println( )执行输出时一直在使用它。java.lang 很特殊，因为它会自动导入每个 Java 程序中。这就是在先前的示例程序中不必导入 java.lang 的原因。然而，必须显式地导入其他包。在后续章节中将学习几个包。

8.6 接口

在面向对象程序设计中，定义一个类必须做什么而不是怎样做有时是很有益的。前面有一个这样的例子：抽象方法。抽象方法为方法定义了签名，但不提供实现方式。子类必须自己实现由其超类定义的抽象方法。这样，抽象方法就指定了方法的接口而不是实现。尽管抽象类和方法很有用，但还可将这一概念进一步延伸。在 Java 中，可使用关键字 interface 把类的接口和实现方式完全分开。

在语法上，接口类似于抽象类。因为可以在接口里定义的一个或多个方法都不包含实体。这些方法必须由类实现，以定义它们的操作。因此接口指定必须做什么，但是不说明如何做。一旦接口被定义，任意数量的类都可以实现它。而且，一个类可以实现任意数量的接口。

为实现接口，类必须为接口描述的方法提供主体(实现)。每个类自由决定其实现方式的细节。这样，两个类可能以不同方式实现同一个接口，但是每个类仍旧支持同样一套方法。因此，识别接口的代码可以利用这两个类的对象，因为接口对于这些对象是相同的。通过提供 interface 关键字，Java 允许充分利用“一个接口，多个方法”的多态性。

在继续讲解前，有一个要点值得一提。JDK 8 为接口新增了一个特性，该特性使接口的功能发生了很大变化。JDK 8 之前，接口仅能定义类可以做什么，但不说明如何去做，这一点在本节前面已描述过。但 JDK 8 改变了这一点，现在，可向接口方法添加一个默认实现，这样就能指定接口的行为。而且，现在支持静态接口方法，从 JDK 9 开始，接口也可以包含私有方法。因此，接口现在可以指定某种行为。然而，从本质上讲，这种方法是一种具有特殊用途的特性，仍然保留了接口的最初用途。因此，作为一条通用规则，通常仍然会创建和使用不包含这些新功能的接口。基于这个原因，首先讨论接口的一般形式。本章末尾将讨论新接口功能。

下面是接口的一般简化形式：

```
access interface name {
  ret-type method-name1(param-list);
  ret-type method-name2(param-list);
  type var1 = value;
  type var2 = value;
  // ...
  ret-type method-nameN(param-list);
  type varN = value;
}
```

对于顶级接口，access 要么是 public，要么不使用。当不包含访问修饰符时，执行默认的访问方式，接口仅对于它所在包的其他成员可用。当接口声明为 public 时，可被任何其他代码使用(当接口声明为 public 时，它必须位于同名的文件中)。name 是接口名，可以是任何有效的标识符，但 var 除外(这是 JDK 10 添加的保留类型名)。

在接口的一般形式中，方法的声明仅使用其返回类型和签名。实际上，它们是抽象方法。这样，包含接口的每一个类都必须实现全部方法。在接口中，方法隐式声明为 public。

在接口中声明的变量不是实例变量。相反，它们被隐式声明为 public、final 和 static，并且必须初始化。因此，它们实际上是常量。

下面是一个接口定义的例子。它将这个接口指定给一个类，这个类会生成一系列数字。

```
public interface Series {
  int getNext(); // return next number in series
  void reset(); // restart
  void setStart(int x); // set starting value
}
```

这个接口被声明为 public，所以它可以被任何包中的代码实现。

8.7 实现接口

接口被定义后，一个或多个类可以实现该接口。要实现一个接口，需要在类定义中包含 implements 子句，然后创建该接口需要的方法。包括 implements 子句的类的一般形式如下所示：

```
class classname extends superclass implements interface {
   // class-body
}
```

要实现多个接口，可以用逗号分开接口。当然，extends 子句是可选的。

实现接口的方法必须声明为 public。同样，实现方法的类型签名必须与接口定义中指定的类型签名完全匹配。

下面的例子实现了前面介绍的 Series 接口。它创建了一个名为 ByTwos 的类，ByTwos 类生成一个数列，其中每个数字都比前一个数字大 2：

```
// Implement Series.
class ByTwos implements Series {
  int start;
  int val;             实现 Series 接口

  ByTwos() {
    start = 0;
    val = 0;
  }

  public int getNext() {
    val += 2;
    return val;
  }

  public void reset() {
    val = start;
  }

  public void setStart(int x) {
    start = x;
    val = x;
  }
}
```

注意方法 getNext( )、reset( )和 setStart( )都使用 public 访问修饰符声明。这样做是必要的。无论何时实现一个由接口定义的方法，它都必须实现为 public，因为接口中的所有成员都隐式声明为 public。

下面是一个演示 ByTwos 的类：

```
class SeriesDemo {
  public static void main(String args[]) {
    ByTwos ob = new ByTwos();

    for(int i=0; i < 5; i++)
      System.out.println("Next value is " +
                         ob.getNext());

    System.out.println("\nResetting");
    ob.reset();
    for(int i=0; i < 5; i++)
      System.out.println("Next value is " +
                         ob.getNext());

    System.out.println("\nStarting at 100");
    ob.setStart(100);
    for(int i=0; i < 5; i++)
      System.out.println("Next value is " +
                         ob.getNext());
  }
}
```

程序的输出结果如下所示：

```
Next value is 2
Next value is 4
Next value is 6
Next value is 8
Next value is 10

Resetting
Next value is 2
Next value is 4
Next value is 6
Next value is 8
Next value is 10

Starting at 100
Next value is 102
Next value is 104
Next value is 106
Next value is 108
Next value is 110
```

实现接口的类定义它们自己的附加成员是允许的，而且也很常见。例如，下面的 ByTwos 版本增加了方法 getPrevious( )，该方法返回前面的值：

```
// Implement Series and add getPrevious().
class ByTwos implements Series {
  int start;
  int val;
  int prev;

  ByTwos() {
    start = 0;
    val = 0;
    prev = -2;
  }

  public int getNext() {
    prev = val;
    val += 2;
    return val;
  }

  public void reset() {
    val = start;
    prev = start - 2;
  }

  public void setStart(int x) {
    start = x;
    val = x;
    prev = x - 2;
  }

  int getPrevious() {   ←—— 添加一个不是由 Series 定义的方法
    return prev;
  }
}
```

注意，添加 getPrevious( )需要修改由 Series 定义的方法的实现。然而，因为接口对那些方法是一样的，所以这种修改是不留痕迹的，并且不破坏已有的代码。这是接口的一个优点。

如上所述，任意数量的类可以实现一个接口。例如，下面有一个名为 ByThrees 的类，它生成一个 3 的倍数的数列：

```
// Implement Series.
class ByThrees implements Series {    ←——— 以不同方式实现 Series
  int start;
  int val;

  ByThrees() {
    start = 0;
    val = 0;
  }

  public int getNext() {
    val += 3;
    return val;
  }

  public void reset() {
    val = start;
  }

  public void setStart(int x) {
    start = x;
    val = x;
  }
}
```

更重要的一点是：如果一个类包含一个接口，但是没有完全实现那个接口定义的方法，那么该类必须声明为抽象类。不能为这样的类创建对象，但可将该类用作抽象超类，允许子类提供完整的实现。

8.8 使用接口引用

你可能会对可以声明接口类型的引用变量感到惊讶。换句话说，可以创建接口引用变量。这样的变量可以引用实现它的接口的任何对象。当通过接口引用调用一个对象上的方法时，将执行此对象实现的那个版本的方法。这个过程类似于使用超类引用去访问子类对象，如第 7 章所述。

下面的例子演示了这一过程。它使用同一个接口引用变量调用 ByTwos 和 ByThrees 对象上的方法。

```
// Demonstrate interface references.

class ByTwos implements Series {
  int start;
  int val;

  ByTwos() {
    start = 0;
    val = 0;
  }

  public int getNext() {
    val += 2;
```

```
      return val;
    }

    public void reset() {
      val = start;
    }

    public void setStart(int x) {
      start = x;
      val = x;
    }
  }

  class ByThrees implements Series {
    int start;
    int val;

    ByThrees() {
      start = 0;
      val = 0;
    }

    public int getNext() {
      val += 3;
      return val;
    }

    public void reset() {
      val = start;
    }

    public void setStart(int x) {
      start = x;
      val = x;
    }
  }

  class SeriesDemo2 {
    public static void main(String args[]) {
      ByTwos twoOb = new ByTwos();
      ByThrees threeOb = new ByThrees();
      Series ob;

      for(int i=0; i < 5; i++) {
        ob = twoOb;
        System.out.println("Next ByTwos value is " +
                           ob.getNext());
        ob = threeOb;
        System.out.println("Next ByThrees value is " +
                           ob.getNext());
      }
    }
  }
```

通过接口引用访问对象

在 main( )中，ob 声明为接口 Series 的引用。这意味着它可以用于存储任何实现 Series 的对象的引用。在本例中，它用于引用 twoOb 和 threeOb，它们分别是 ByTwos 和 ByThrees 类型的对象，都可以实现 Series。接口引用变量仅能识别其接口所声明的方法。因此，ob 不能用于访问其他任何可能由该对象支持的变量或方法。

练习 8-1(ICharQ.java、IQDemo.java) 创建队列接口

为在实际中了解接口的强大功能，下面看一个实际例子。在以前的章节中，使用过一个名为 Queue 的类，该类实现了一个简单的固定大小的字符队列。然而，有许多方法可以实现一个队列。例如，队列可以是固定大小的，或者是可变大小的。队列可以是线性的，在这种情况下可以被用完；或者可能是循环的，在这种情况下只要有元素被拿掉就可以再放入元素。队列也可以装进数组、链表或二叉树中。不管怎样实现队列，该队列的接口始终是一样的。方法 put( )和 get( )为队列定义了接口，而没有定义实现细节。因为队列的接口和它的实现是分开的，所以定义队列接口很容易，由每一种实现方式去定义具体内容。

在本练习中，将为一个字符队列创建一个接口和三种实现方式。这三种实现方式都使用一个数组来存储字符。一种是以前使用过的固定大小的线性队列，另一种是循环队列。在循环队列中当到达内部的数组末尾时，get 和 put 索引将自动返回到起点。这样，任何数目的元素都能存储在一个循环队列中，当然前提是这些元素也可以取出。最后一种实现方式创建了一个动态队列，当超过其大小时就会根据需要自动增长。

步骤：

(1) 创建一个名为 ICharQ.java 的文件并把下面的接口定义放进该文件：

```
// A character queue interface.
public interface ICharQ {
  // Put a character into the queue.
  void put(char ch);

  // Get a character from the queue.
  char get();
}
```

可以看出，这个接口非常简单，仅由两个方法组成。每一个实现 ICharQ 的类都需要实现这两个方法。

(2) 创建一个名为 IQDemo.java 的文件。

(3) 通过添加如下所示的 FixedQueue 类创建 IQDemo.java：

```
// A fixed-size queue class for characters.
class FixedQueue implements ICharQ {
  private char q[]; // this array holds the queue
  private int putloc, getloc; // the put and get indices

  // Construct an empty queue given its size.
  public FixedQueue(int size) {
    q = new char[size]; // allocate memory for queue
    putloc = getloc = 0;
  }

  // Put a character into the queue.
  public void put(char ch) {
    if(putloc==q.length) {
      System.out.println(" - Queue is full.");
      return;
    }

    q[putloc++] = ch;
  }
```

```
  // Get a character from the queue.
  public char get() {
    if(getloc == putloc) {
      System.out.println(" - Queue is empty.");
      return (char) 0;
    }

    return q[getloc++];
  }
}
```

ICharQ 的这种实现方式来自于第 5 章的 Queue 类，你应该很熟悉了。

(4) 给 IQDemo.java 加上如下所示的 CircularQueue 类，它实现了字符循环队列：

```
// A circular queue.
class CircularQueue implements ICharQ {
  private char q[]; // this array holds the queue
  private int putloc, getloc; // the put and get indices

  // Construct an empty queue given its size.
  public CircularQueue(int size) {
    q = new char[size+1]; // allocate memory for queue
    putloc = getloc = 0;
  }

  // Put a character into the queue.
  public void put(char ch) {
    /* Queue is full if either putloc is one less than
       getloc, or if putloc is at the end of the array
       and getloc is at the beginning. */
    if(putloc+1==getloc |
       ((putloc==q.length-1) & (getloc==0))) {
      System.out.println(" - Queue is full.");
      return;
    }

    q[putloc++] = ch;
    if(putloc==q.length) putloc = 0; // loop back
  }

  // Get a character from the queue.
  public char get() {
    if(getloc == putloc) {
      System.out.println(" - Queue is empty.");
      return (char) 0;
    }

    char ch = q[getloc++];
    if(getloc==q.length) getloc = 0; // loop back
    return ch;
  }
}
```

循环队列会重新使用数组的空间，这些空间在元素被检索后释放。这样，只要元素是可删除的，循环数组就可以存储无限多个元素。尽管概念上简单——当到达数组结尾时仅重置索引为 0——但是边界条件起初会有点混乱。在循环队列中，当保存新元素导致一个未检索的元素被覆盖，而不是到达内部数组的末尾时，队列是满的。因此，put( )必须检验几个条件以确定队列是不是满的。如注释所述，当 putloc 比 getloc 小 1 时，或者 putloc 在数组的结尾而 getloc 在数组的开头时，队列是满的。如前面一样，当 getloc 和 putloc 相等时，队列是空的。要使这种检验更容易些，可以创建一个比队列大小大 1 的内部数组。

(5) 把 DynQueue 类放进 IQDemo.java 中，如下所示，它实现了一个“可增长的”队列，当空间耗尽时，该队列就会扩大。

```
// A dynamic queue.
class DynQueue implements ICharQ {
  private char q[]; // this array holds the queue
  private int putloc, getloc; // the put and get indices

  // Construct an empty queue given its size.
  public DynQueue(int size) {
    q = new char[size]; // allocate memory for queue
    putloc = getloc = 0;
  }

  // Put a character into the queue.
  public void put(char ch) {
    if(putloc==q.length) {
      // increase queue size
      char t[] = new char[q.length * 2];

      // copy elements into new queue
      for(int i=0; i < q.length; i++)
        t[i] = q[i];

      q = t;
    }

    q[putloc++] = ch;
  }

  // Get a character from the queue.
  public char get() {
    if(getloc == putloc) {
      System.out.println(" - Queue is empty.");
      return (char) 0;
    }

    return q[getloc++];
  }
}
```

在这个队列的实现方式中，当队列填满时，试图存储另一个元素会导致一个新的内部数组被分配，该数组是原数组大小的两倍，队列的当前内容被复制到这个数组中，新数组的引用存储在 q 中。

(6) 为演示 ICharQ 的这 3 种实现方式，把下面的类输入 IQDemo.java 中。它使用一个 ICharQ 引用来访问全部 3 个队列。

```
// Demonstrate the ICharQ interface.
class IQDemo {
  public static void main(String args[]) {
    FixedQueue q1 = new FixedQueue(10);
```

```
DynQueue q2 = new DynQueue(5);
CircularQueue q3 = new CircularQueue(10);

ICharQ iQ;

char ch;
int i;

iQ = q1;
// Put some characters into fixed queue.
for(i=0; i < 10; i++)
  iQ.put((char) ('A' + i));

// Show the queue.
System.out.print("Contents of fixed queue: ");
for(i=0; i < 10; i++) {
  ch = iQ.get();
  System.out.print(ch);
}
System.out.println();

iQ = q2;
// Put some characters into dynamic queue.
for(i=0; i < 10; i++)
  iQ.put((char) ('Z' - i));

// Show the queue.
System.out.print("Contents of dynamic queue: ");
for(i=0; i < 10; i++) {
  ch = iQ.get();
  System.out.print(ch);
}

System.out.println();

iQ = q3;
// Put some characters into circular queue.
for(i=0; i < 10; i++)
  iQ.put((char) ('A' + i));

// Show the queue.
System.out.print("Contents of circular queue: ");
for(i=0; i < 10; i++) {
  ch = iQ.get();
  System.out.print(ch);
}

System.out.println();

// Put more characters into circular queue.
for(i=10; i < 20; i++)
  iQ.put((char) ('A' + i));

// Show the queue.
System.out.print("Contents of circular queue: ");
for(i=0; i < 10; i++) {
```

```
      ch = iQ.get();
      System.out.print(ch);
    }

    System.out.println("\nStore and consume from" +
                       " circular queue.");

    // Store in and consume from circular queue.
    for(i=0; i < 20; i++) {
      iQ.put((char) ('A' + i));
      ch = iQ.get();
      System.out.print(ch);
    }
  }
}
```

(7) 这个程序的输出结果如下：

```
Contents of fixed queue: ABCDEFGHIJ
Contents of dynamic queue: ZYXWVUTSRQ
Contents of circular queue: ABCDEFGHIJ
Contents of circular queue: KLMNOPQRST
Store and consume from circular queue.
ABCDEFGHIJKLMNOPQRST
```

(8) 下面的内容由读者自己实践。创建 DynQueue 的一个循环版本。向 IChar( )添加 reset()方法来重置队列。创建一个 static 方法，将一个队列的内容复制到另一个队列中。

8.9 接口中的变量

如上所述，在接口中可以声明变量，但变量隐式声明为 public、static 和 final。初看时，你可能认为这些变量的应用非常有限，但事实恰恰相反。大型程序通常利用几个常量值来描述数组的大小、各种限制、特殊值等。由于大型程序在通常情况下是由许多独立的源文件组成的，这就需要一种方便的方法使这些常量对每一个文件都可用。在 Java 中，接口变量提供了一种解决办法。

要定义一组共享的常量，可创建一个接口，其中仅包含这些常量，不包含任何方法。需要访问这些常量的文件只需要实现该接口即可。这样就可以使用接口中的这些常量了。下面是一个例子：

```
// An interface that contains constants.
interface IConst {
  int MIN = 0;
  int MAX = 10;                                   这些是常量
  String ERRORMSG = "Boundary Error";
}

class IConstD implements IConst {
  public static void main(String args[]) {
    int nums[] = new int[MAX];

    for(int i=MIN; i < 11; i++) {
      if(i >= MAX) System.out.println(ERRORMSG);
      else {
        nums[i] = i;
        System.out.print(nums[i] + " ");
```

```
        }
      }
    }
  }
```

注意：

使用接口定义共享常量的技术是颇有争议的。在此介绍它只是为了保证完整性。

8.10 接口能够扩展

通过使用关键字 extends，一个接口可以继承另一个接口。扩展接口的语法与继承类的语法一样。当一个类实现继承了其他接口的接口时，它必须为在接口继承链中定义的所有方法提供实现方式，如下例所示：

```
// One interface can extend another.
interface A {
  void meth1();
  void meth2();
}

// B now includes meth1() and meth2() - it adds meth3().
interface B extends A {   <-- B 继承 A
  void meth3();
}

// This class must implement all of A and B
class MyClass implements B {
  public void meth1() {
    System.out.println("Implement meth1().");
  }

  public void meth2() {
    System.out.println("Implement meth2().");
  }

  public void meth3() {
    System.out.println("Implement meth3().");
  }
}

class IFExtend {
  public static void main(String args[]) {
    MyClass ob = new MyClass();

    ob.meth1();
    ob.meth2();
    ob.meth3();
  }
}
```

作为试验，可尝试删除 MyClass 中 meth1( )的实现，这将导致编译时错误。如前所述，任何实现接口的类都必须实现由该接口定义的全部方法，包括从其他接口继承的方法。

8.11 默认接口方法

如前所述，在JDK 8之前，接口不能定义任何实现。这意味着在Java以前的版本中，由接口定义的方法是抽象的，不包括方法体。这是接口的一般形式，在前面的讨论中使用的就是这种类型的接口。JDK 8版本的发布改变了这一点，其中给接口添加了一个新功能——默认方法。默认方法允许为接口方法定义默认实现。换句话说，通过使用默认方法，现在可为接口方法提供方法体，使其不再是抽象方法。在开发默认方法时，它也称为扩展方法(extension method)，这两个术语经常互用。

默认方法的主要作用是，在不破坏现有代码的情况下，提供一种扩展接口的方式。回顾一下，由接口定义的所有方法必须有实现。在过去，如果添加一个新方法到一个活跃的、广泛使用的接口，就会破坏现有的代码，因为该方法没有具体的实现。默认方法通过提供要被使用的实现(假设没有其他显式提供的方法)，解决了该问题。因此，默认方法的出现不会破坏现有的代码。

默认方法的另一个作用是定义接口中的方法，实际上，这是可选的，取决于接口的使用方式。例如，接口可以定义一组处理一系列元素的方法，如其中的remove( )方法旨在从序列中删除元素。但如果接口既支持可修改的序列又支持不可修改的序列，那么remove( )实质上就是可选的，因为不可修改的序列不会使用它。以前，即使不需要，实现不可修改的序列的类也必须定义remove( )的空实现。现在，可在接口中为remove( )指定默认实现，它要么什么也不做，要么报告错误。提供这样的默认方法可以阻止在不可修改序列(环境)中使用的类定义自己的、替代版本的remove( )。因此，通过提供默认方法，接口可以使类对remove( )的实现是可选的。

重点要指出的是，默认方法的出现并不会改变接口的如下重要方面：接口仍然不能有实例变量。因此接口和类的差别在于：类可以维护状态信息，而接口不能。进一步讲，接口仍然不能通过自身来创建实例，而必须由类来实现。因此，从JDK 8开始，即使接口可以定义默认方法，但如果没有创建实例，那么仍然必须由类来实现。

最后一点：作为一项通用规则，默认方法仅适用于专用功能。用户创建的接口仍主要用于指定要做什么，而并不说明如何去做。不过，包含默认方法可以带来更大的灵活性。

8.11.1 默认方法的基础知识

接口的默认方法的定义方式与通过类定义方法的方式类似。主要差别在于声明默认方法时前面使用了default关键字。例如，考虑下面这个简单接口：

```
public interface MyIF {
  // This is a "normal" interface method declaration.
  // It does NOT define a default implementation.
  int getUserID();

  // This is a default method. Notice that it provides
  // a default implementation.
  default int getAdminID() {
    return 1;
  }
}
```

代码中的MyIF声明了两个方法。第一个方法是getUserID( )，它是一个标准的接口方法声明，未定义任何实现。第二个方法是getAdminID( )，它包含一个默认实现。在本例中，它返回值1。特别要注意getAdminID( )的声明方式，在它的声明前有一个default修饰符。这种语法可以被泛化，要定义默认方法，在声明前加上default修饰符即可。

因为getAdminID( )方法包括默认实现，所以实现类(implementing class)没必要重写它。换言之，如果实现类没有提供自己的实现，就会使用默认实现。例如，下面所示的MyIFImp类就是完全有效的：

```
// Implement MyIF.
class MyIFImp implements MyIF {
  // Only getUserID() defined by MyIF needs to be implemented.
  // getAdminID() can be allowed to default.
  public int getUserID() {
    return 100;
  }
}
```

如下代码创建了 MyIFImp 的一个实例，并用它来调用 getUserID( )和 getAdminID( )：

```
// Use the default method.
class DefaultMethodDemo {
  public static void main(String args[]) {

    MyIFImp obj = new MyIFImp();

    // Can call getUserID(), because it is explicitly
    // implemented by MyIFImp:
    System.out.println("User ID is " + obj.getUserID());

    // Can also call getAdminID(), because of default
    // implementation:
    System.out.println("Administrator ID is " + obj.getAdminID());
  }
}
```

输出如下所示：

```
User ID is 100
Administrator ID is 1
```

可以看出，这段代码中自动使用了 getAdminID( )的默认实现。MyIFImp 类对它的定义并不是必需的。因此，通过类来实现 getAdminID( )就是可选的。当然，如果类需要返回一个不同的 ID，通过类来实现该方法就是必需的。

对实现类而言，定义其默认方法的实现是可行的，也很常见。例如，MyIFImp2 重写了 getAdminID( )，如下所示：

```
class MyIFImp2 implements MyIF {
  // Here, implementations for both getUserID( ) and getAdminID( ) are
  // provided.
  public int getUserID() {
    return 100;
  }

  public int getAdminID() {
    return 42;
  }
}
```

现在，当调用 getAdminID( )时，返回的就不再是它的默认值了。

8.11.2 默认方法的实际应用

虽然前面介绍了使用默认方法的机制，但并未阐明其在实际应用中的价值。为此，再次回到本章前面介绍的 Series 接口示例。为便于讨论，假定 Series 接口的应用非常广泛，并且很多程序都依赖于它。另外，还要假定通过对用法模式进行分析，发现 Series 的许多实现正在添加一个方法，该方法返回一个数组，该数组中包含的元素为该序列中接下来的 n 个元素。这种情况下，你决定增强 Series，使它包括这样一个方法，调用新方法 getNext Array( )并声明它，如下所示：

```
int[] getNextArray(int n)
```

在此，n 指定要检索的元素的个数。若在默认方法之前将这个方法添加给 Series，将破坏先前存在的代码，因为现有的实现并没有定义该方法。但通过为这个新方法提供默认方法，就可以将它添加到 Series，而不会破坏代码。下面介绍这个过程。

某些情况下，当把默认方法添加给现有接口时，它的实现仅报告一个错误，说明试图使用默认方法。在没有为默认方法提供实现的情况下，有必要使用这种方法。这种类型的默认方法定义了要做的是什么，实际上，这是可选的代码。但在某些情况下，可以定义适用于所有情况的默认方法。在此介绍的是针对 getNextArray( )的默认方法。因为 Series 已经定义了类实现 getNext( )，所以 getNextArray( )的默认版本可以使用它。下面给出了一种实现新版 Series 的方法，新版中包括了默认方法 getNextArray( )：

```
// An enhanced version of Series that includes a default
// method called getNextArray().
public interface Series {
  int getNext(); // return next number in series

  // Return an array that contains the next n elements
  // in the series beyond the current element.
  default int[] getNextArray(int n) {
    int[] vals = new int[n];

    for(int i=0; i < n; i++) vals[i] = getNext();
    return vals;
  }

  void reset(); // restart
  void setStart(int x); // set starting value
}
```

特别要注意默认方法 getNextArray( )的实现方式。因为 getNext( )是 Series 原有说明的一部分，所以实现 Series 的任何类都会提供该方法。因此可在 getNextArray( )内使用 getNext( )来获得序列中接下来的 n 个元素。结果就导致实现 Series 增强版的任何类都可以使用 getNextArray( )，并且不需要通过类来重写它。这样也不会破坏先前存在的代码。当然，如果愿意，仍然可以为类提供它自己的 getNextArray( )实现。

如前面的示例所述，默认方法主要有以下两大优点：

- 在不破坏现有代码的情况下，能够合理地增强接口的功能。
- 在不需要类提供占位符实现的情况下，提供了一种可选的功能。

对于 getNextArray( )而言，第二点特别重要。如果 Series 的实现不需要 getNextArray( )提供的功能，就不必提供它自己的占位符实现，这样就允许创建清除代码(cleaner code)。

8.11.3　多继承问题

如本书前面所述，Java 并不支持类的多重继承。现在继承可以包含默认方法，你可能想知道接口是否可以提供一种方法来消除这种限制。事实上，答案是不可以。前面介绍过类和接口之间的一个主要区别在于：类可以包含状态信息(通过使用实例变量)，而接口不可以。

前面在介绍默认方法时提到了少许与多重继承相关的概念。例如，可以有一个实现了两个接口的类。如果每个接口都提供了默认方法，就会从接口中继承某些行为。因此，为了限制这种扩展，默认方法不支持行为的多重继承。这种情况下，可能会发生名称冲突。

例如，假定接口 Alpha 和 Beta 都由一个名为 MyClass 的类实现。如果这两个接口都提供了一个名为 reset( )的方法，且该方法声明了一个默认实现，会发生什么情况呢？MyClass 类是使用 Alpha 版本的 reset( )方法还是使用 Beta 版本的 reset( )方法呢？或者，考虑一下 Beta 扩展 Alpha 的情况。使用的是默认方法的哪个版本呢？或者，MyClass 是否提供了它自己的方法实现呢？为了处理这些或其他类似的情况，Java 定义了一组规则，解决了名称冲突的问题。

首先，在所有情况下，类的实现都优先于接口的默认实现。因此，如果 MyClass 提供了 reset( )默认方法的重写版本，就使用 MyClass 的版本。即使 MyClass 实现了 Alpha 和 Beta，也是如此。这种情况下，两个默认方法都会被 MyClass 的实现重写。

其次，如果某个类继承了两个具有相同默认方法的接口，并且该类没有重写默认方法，那将导致错误。继续前面的示例，如果 MyClass 继承了 Alpha 和 Beta，但没有重写 reset( )，将发生错误。

如果一个接口继承了另一个接口，并且这两个接口都定义了一个共用的默认方法，那么继承接口(inheriting interface)的默认方法就具有优先权。因此，对于前面的示例，如果 Beta 扩展了 Alpha，就会使用 Beta 版本的 reset( )方法。

可以使用一种新形式 super 来显式引用默认实现。super 的一般形式如下：

```
InterfaceName.super.methodName( )
```

例如，如果 Beta 想引用 Alpha 的 reset( )的默认实现，可以使用如下语句：

```
Alpha.super.reset();
```

8.12 在接口中使用静态方法

JDK 8 还向接口添加了另一个新功能：定义一个或多个 static 方法的能力。与类中的 static 方法一样，接口定义的 static 方法可由任何对象单独调用。因此，要调用 static 方法，接口的实现不是必需的，接口的实例也不是必需的。但对 static 方法的调用是通过指定接口名称，后跟一个句点和方法名称来实现的。调用 static 方法的一般形式如下：

```
InterfaceName.staticMethodName
```

注意，这种调用方式与调用类中 static 方法的方式类似。

下面的示例演示了如何将一个 static 方法添加给前面介绍过的 MyIF 接口。这个 static 方法为 getUniversalID()，它返回值 0。

```
public interface MyIF {
  // This is a "normal" interface method declaration.
  // It does NOT define a default implementation.
  int getUserID();

  // This is a default method. Notice that it provides
  // a default implementation.
  default int getAdminID() {
    return 1;
  }

  // This is a static interface method.
  static int getUniversalID() {
```

```
    return 0;
  }
}
```

可调用 getUniversalID()方法，如下所示：

```
int uID = MyIF.getUniversalID();
```

如前所述，在调用 getUniversalID()方法时，MyIF 接口的实现或实例都不是必需的，因为该方法是 static 方法。最后要提及的一点是：static 接口方法既不能被实现类继承，也不能被子接口继承。

8.13 私有接口方法

从 JDK 9 开始，接口可以包含私有方法。私有接口方法只能由同一个接口定义的默认方法或另一个私有方法调用。因为私有接口方法指定为 private，所以不能由定义它的接口外部的代码使用。这个限制包括子接口，因为私有接口方法不由子接口继承。

私有接口方法的主要优点是，它允许两个或多个默认方法使用同一个代码段，避免了代码的重复。例如，下面是 Series 接口的一个改进版本，其中添加了第二个默认方法 skipAndGetNextArray()，它会跳过指定数量的元素，返回包含后续元素的数组。它使用私有方法 getArray()获取指定大小的元素数组。

```
// A further enhanced version of Series that includes two
// default methods that use a private method called getArray();
public interface Series {
  int getNext(); // return next number in series

  // Return an array that contains the next n elements
  // in the series beyond the current element.
  default int[] getNextArray(int n) {
    return getArray(n);
  }

  // Return an array that contains the next n elements
  // in the series, after skipping elements.
  default int[] skipAndGetNextArray(int skip, int n) {

    // Skip the specified number of elements.
    getArray(skip);

    return getArray(n);
  }

  // A private method that returns an array containing
  // the next n elements.
  private int[] getArray(int n) {
    int[] vals = new int[n];

    for(int i=0; i < n; i++) vals[i] = getNext();
    return vals;
  }

  void reset(); // restart
  void setStart(int x); // set starting value
}
```

注意，getNextArray()和 skipAndGetNextArray()都使用私有方法 getArray()获取要返回的数组，这就避免这两个方法重复相同的代码段。记住，因为 getArray()是私有的，所以不能在 Series 接口的外部调用。因此，它只能在 Series 接口内部的默认方法中使用。

尽管私有接口方法是很少需要使用的功能，但在需要使用它们时，它们会非常有用。

8.14 有关包和接口的最后思考

虽然本书介绍的这些示例并没有频繁使用包或接口，但这两个工具是 Java 编程环境的重要组成部分。事实上，用 Java 编写的所有真实程序都包含在包中。一些程序也可能实现接口。如第 15 章所述，包在 JDK 9 添加的新模块功能中具有重要作用。因此，理解这两个工具的用法很重要。

8.15 自测题

1. 使用练习 8-1 中的代码，把 ICharQ 接口和它的 3 种实现方式放进名为 qpack 的包内。把演示队列的类 IQDemo 保存在默认的包内，说明如何导入和使用 qpack 中的类。
2. 什么是名称空间？为什么 Java 允许区分名称空间很重要？
3. 包一般存储在____________中。
4. 解释受保护访问与默认访问方式的不同。
5. 解释一个包的成员被其他包使用的两种方式。
6. “一个接口，多个方法”是 Java 的关键原则，什么特性可以最好地体现这一点？
7. 多少类可以实现一个接口？一个类可以实现多少个接口？
8. 接口可以扩展吗？
9. 为第 7 章中的 Vehicle 类创建一个接口。把该接口命名为 IVehicle。
10. 在接口中变量被隐式声明为 static 和 final，它们可以在程序的其他部分共享吗？
11. 包实际上是类的容器，这种说法是否正确？
12. 什么标准 Java 包是自动导入程序中的？
13. 声明默认接口方法时使用的是哪个关键字？
14. 从 JDK 8 开始，可以在接口中定义 static 方法吗？
15. 假定练习 8-1 中的 ICharQ 接口已广泛使用了多年。现在，想给它添加一个名为 reset( )的方法，该方法用于将队列重置为空队列，即为开始状态。JDK 8 或后续版本在不破坏先前存在的代码的情况下，如何实现这一点呢？
16. 如何调用接口中的 static 方法？
17. 接口可以有私有方法吗？

第9章

异常处理

关键技能与概念

- 了解异常的层次结构
- 使用 try 和 catch
- 理解未捕获的异常的影响
- 使用多重 catch 语句
- 捕获子类异常
- 嵌套的 try 代码块
- 抛出异常
- 了解 Throwable 的成员
- 使用 finally
- 使用 throws
- 了解 Java 的内置异常
- 创建自定义异常类

本章讨论的是异常处理。异常是在运行时发生的错误。使用 Java 的异常处理子系统，可以用一种结构化的可控方式来处理运行时错误。尽管多数现代程序设计语言都提供了某种形式的异常处理，但 Java 支持的异常处理既简洁又灵活。

异常处理的主要优点就是，可以自动生成许多先前不得不手动输入大型程序中的异常处理代码。例如，在一些较早的计算机语言中，当方法调用失败时会返回错误代码，因此在每次调用方法时，都要手动检查这些值。这种方法既繁杂又易出错。于是，通过允许程序定义可以在错误发生时自动执行的代码块来简化错误处理，这个代码块被称为异常处理程序。这样，我们就不必手动检查每一个特定操作或方法调用的成功与否。如果发生错误，异常处理程序就会对其进行处理。

异常处理之所以重要的另一个原因在于 Java 为常见程序错误定义了标准异常，如除以 0 异常或未找到文件异常。为响应这些错误，程序必须监视并处理这些异常。另外，Java 的 API 库大量使用了异常。

成为一名成功的 Java 程序员意味着要能够完全驾驭 Java 异常处理子系统。

9.1 异常的层次结构

在 Java 中，所有异常都由类来表示。所有异常类都是从一个名为 Throwable 的类派生出来的。因此，当程序中发生异常时，就会生成某种异常类的一个对象。Throwable 有两个直接子类：Exception 和 Error。与 Error 类型异常相关的错误发生在 Java 虚拟机中，而不是程序中。这些类型的异常超出了我们的控制范围，而且程序通常不会对其进行处理。因此，这里不对其进行描述。

由程序活动导致的错误由 Exception 的子类表示。例如，除以 0、数组越界和文件错误都属于这一类。程序应该处理这些类型的异常。Exception 类有一个重要的子类 RuntimeException，用于表示各种常见的运行时错误。

9.2 异常处理基础

Java 异常处理是通过 5 个关键字来管理的，它们是 try、catch、throw、throws 和 finally。它们形成了相互关联的子系统，使用其中一个就意味着要使用另一个。本章将详细介绍每一个关键字。然而，首先理解每一个关键字在异常处理中所扮演的角色是很有用处的。这里简单说明它们的工作原理。

进行异常监测的程序语句包含在 try 代码块中。如果 try 代码块中有异常发生，就要抛出(throw)该异常。代码可使用 catch 捕获这个异常，并以某种合理的方式对其进行处理。系统产生的异常由 Java 运行时系统自动抛出。如果要手动抛出异常，则要使用关键字 throw。某些情况下，从一个方法抛出的异常必须用 throws 语句指定为异常。任何从 try 代码块退出时必须执行的代码，都要放在 finally 代码块中。

专家解答

问：你能给我们解释一下产生异常的条件吗？我只是想让自己更清楚一些。

答： 异常产生的方式有三种。第一种是当某些内部错误发生时，Java 虚拟机可以产生异常，该异常不在用户的控制范围以内。通常程序不会处理这种类型的异常。第二种是由程序代码中的错误(如除以 0 或数组索引越界)导致的标准异常。这种异常需要用户来处理。第三种是通过使用 throw 语句手动生成的异常。无论异常是如何产生的，处理异常的方式都是一样的。

9.2.1 使用关键字 try 和 catch

异常处理的核心是 try 和 catch。这两个关键字要一起使用，只有 try 而没有 catch，或者只有 catch 而没有 try

都不对。下面是 try/catch 异常处理代码块的基本形式：

```
try {
  // block of code to monitor for errors
}
catch (ExcepType1 exOb) {
  // handler for ExcepType1
}
catch (ExcepType2 exOb) {
  // handler for ExcepType2
}
.
.
.
```

此处，*ExcepType1* 和 *ExcepType2* 是指发生的异常类型。当抛出一个异常时，异常会由相应的 catch 语句捕获并处理。如基本形式所示，与一个 try 相关的 catch 语句可以有多个。异常类型决定了要执行哪个 catch 语句。即，如果由一个 catch 语句指定的异常类型与发生的异常类型相符，就会执行这个 catch 语句(其他 catch 语句则被跳过)。当一个异常被捕获后，*exOb* 会接收它的值。

有一点很重要：如果没有抛出异常，那么 try 代码块会正常结束，并跳过它的所有 catch 语句，从最后一个 catch 后面的第一个语句继续执行。因此，只有在抛出异常时，才会执行 catch 语句。

注意：

try 语句增加了一种新的形式，支持自动资源管理。这种新形式称为 try-with-resources。第 10 章在介绍 I/O 流(例如文件 I/O 流)的管理时将介绍这种形式，因为流是最常用的资源。

9.2.2 一个简单的异常示例

下面是一个简单示例，用于说明如何监视和捕获异常。如你所知，试图超出数组边界来索引数组会出错。当此错误发生时，JVM 会抛出 ArrayIndexOutOfBoundsException。如下程序的目的就是生成这样的一个异常，然后捕获它。

```
// Demonstrate exception handling.
class ExcDemo1 {
  public static void main(String args[]) {
    int nums[] = new int[4];

    try {  ◄──────────────────── 创建 try 代码块
      System.out.println("Before exception is generated.");

      // Generate an index out-of-bounds exception.
      nums[7] = 10;  ◄──────────────────── 尝试越过 nums 界限来索引数组
      System.out.println("this won't be displayed");
    }
    catch (ArrayIndexOutOfBoundsException exc) {  ◄────── 捕获数组越界错误
      // catch the exception
      System.out.println("Index out-of-bounds!");
    }
    System.out.println("After catch statement.");
  }
}
```

程序的输出如下所示：

```
Before exception is generated.
Index out-of-bounds!
After catch statement.
```

尽管很短，但是前面的程序还是说明了关于异常处理的几个关键点。第一，要监视的代码包含在 try 代码块中。第二，当发生异常时(本例中，是由于索引数组 nums 时超出了它的界限)，从 try 代码块抛出异常，并被 catch 语句捕获。此时，控制传递给了 catch，try 代码块被终止。即，不是调用 catch，而是程序执行转移到了它那里。因此不会执行越界索引后面的 println( )语句。执行 catch 语句之后，程序控制转移到 catch 后面的语句。因此异常处理程序的工作就是消除由异常引起的问题，以使程序可以继续正常执行。

切记，如果 try 代码块没有抛出异常，那么不执行任何 catch 语句，并且程序控制转移到 catch 语句的后面。为确定这一点，在前面的程序中将下面这行代码：

```
nums[7] = 10;
```

修改为：

```
nums[0] = 10;
```

现在，没有抛出异常，且不执行任何 catch 代码块。

理解 try 代码块中的所有代码都被监视是否生成异常是很重要的。这包括 try 代码块调用的方法可能产生的异常。从 try 代码块调用的方法抛出的异常可以被与 try 代码块匹配的 catch 语句捕获，当然这是假定方法自己没有捕获异常。例如，下面是一个有效的程序：

```
/* An exception can be generated by one
   method and caught by another. */

class ExcTest {
  // Generate an exception.
  static void genException() {
    int nums[] = new int[4];

    System.out.println("Before exception is generated.");

    // generate an index out-of-bounds exception
    nums[7] = 10;   ←———— 此处生成异常
    System.out.println("this won't be displayed");
  }
}

class ExcDemo2 {
  public static void main(String args[]) {

    try {
      ExcTest.genException();
    } catch (ArrayIndexOutOfBoundsException exc) {   ←———— 此处捕获异常
      // catch the exception
      System.out.println("Index out-of-bounds!");
    }
    System.out.println("After catch statement.");
  }
}
```

这个程序生成的输出与前面所示程序的第一个版本的输出一样，如下所示：

```
Before exception is generated.
```

```
Index out-of-bounds!
After catch statement.
```

因为 genException( )是从 try 代码块中调用的，所以它生成的(和没有捕获的)异常由 main( )中的 catch 捕获。然而需要理解的是，如果 genException( )已经捕获了自己的异常，它就不会传递给 main( )。

9.3 未捕获异常的结果

如前面的程序所示，捕获 Java 标准异常的附带好处是防止程序异常终止。当抛出异常时，它必须被某些代码捕获。一般来说，如果程序不捕获异常，它就要被 JVM 捕获。麻烦的是 JVM 的默认异常处理程序会终止执行，并显示堆栈跟踪和出错消息。例如前面示例的下面这个版本，程序就没有捕获索引越界异常。

```
// Let JVM handle the error.
class NotHandled {
  public static void main(String args[]) {
    int nums[] = new int[4];

    System.out.println("Before exception is generated.");

    // generate an index out-of-bounds exception
    nums[7] = 10;
  }
}
```

当数组索引错误发生时，程序的执行终止，并显示下面的出错消息(由于 JDK 之间的差异，读者看到的确切输出可能会有所不同)：

```
Exception in thread "main" java.lang.ArrayIndexOutOfBoundsException:
       Index 7 out of bounds for length 4
       at NotHandled.main(NotHandled.java:9)
```

尽管这样的消息对程序调试有用处，但这不是你想让别人看到的。这就是不去依赖 JVM，而让程序自己处理异常重要的原因所在。

如前所述，异常的类型必须与 catch 语句中指定的类型相符。如果不相符，异常就不会被捕获。例如，下面的程序试图用捕获 ArithmeticException(另一个 Java 内置异常)的 catch 语句来捕获数组越界错误。当数组越界时，会生成一个 ArrayIndexOutOfBoundsException 异常，但是它不会被 catch 语句捕获。结果只能导致程序异常终止。

```
// This won't work!
class ExcTypeMismatch {
  public static void main(String args[]) {
    int nums[] = new int[4];

    try {
      System.out.println("Before exception is generated.");

      //generate an index out-of-bounds exception
      nums[7] = 10;
      System.out.println("this won't be displayed");
    }

    /* Can't catch an array boundary error with an
      ArithmeticException. */
    catch (ArithmeticException exc) {
```

抛出一个 ArrayIndexOutOfBoundsException 异常

试图用 ArithmeticException 捕获它

```
      // catch the exception
      System.out.println("Index out-of-bounds!");
    }
    System.out.println("After catch statement.");
  }
}
```

输出如下所示(由于 JDK 之间的差异，读者看到的确切输出可能有所不同)：

```
Before exception is generated.
Exception in thread "main" java.lang.ArrayIndexOutOfBoundsException:
      Index 7 out of bounds for length 4
      at ExcTypeMismatch.main(ExcTypeMismatch.java:10)
```

如输出所示，用于捕获 ArithmeticException 异常的 catch 语句是不会捕获 ArrayIndexOutOfBoundsException 异常的。

异常能合理地处理错误

使程序对错误做出响应，然后继续执行是异常处理的又一大好处。例如，考虑下面的程序，一个数组的元素除以另一个数组的元素。如果发生除以 0 的情况，就会产生 Arithmetic Exception 异常。在程序中，这个异常是通过报告错误，然后继续执行来处理的。这样，所有除以 0 的尝试都不会发生导致程序突然终止的运行时错误。相反，可以合理地处理错误，使程序继续执行。

```
// Handle error gracefully and continue.
class ExcDemo3 {
  public static void main(String args[]) {
    int numer[] = { 4, 8, 16, 32, 64, 128 };
    int denom[] = { 2, 0, 4, 4, 0, 8 };

    for(int i=0; i<numer.length; i++) {
      try {
        System.out.println(numer[i] + " / " +
                           denom[i] + " is " +
                           numer[i]/denom[i]);
      }
      catch (ArithmeticException exc) {
        // catch the exception
        System.out.println("Can't divide by Zero!");
      }
    }
  }
}
```

程序的输出如下所示：

```
4 / 2 is 2
Can't divide by Zero!
16 / 4 is 4
32 / 4 is 8
Can't divide by Zero!
128 / 8 is 16
```

该例中还有一点很重要：一旦处理完异常，系统就会删除它。因此，在程序中每次循环进入 try 代码块时，它都是崭新的，前面的任何异常都被处理过了。这样程序就可以处理重复错误了。

9.4　使用多个 catch 语句

如前所述，与一个 try 相关的 catch 语句可以有多个。事实上，这也是很常见的。然而这样一来，每个 catch 语句就必须捕获一种不同类型的异常。例如，下面所示的程序既捕获数组越界异常，又捕获除以 0 异常：

```
// Use multiple catch statements.
class ExcDemo4 {
  public static void main(String args[]) {
    // Here, numer is longer than denom.
    int numer[] = { 4, 8, 16, 32, 64, 128, 256, 512 };
    int denom[] = { 2, 0, 4, 4, 0, 8 };

    for(int i=0; i<numer.length; i++) {
      try {
        System.out.println(numer[i] + " / " +
                           denom[i] + " is " +
                           numer[i]/denom[i]);
      }
      catch (ArithmeticException exc) {
        // catch the exception
        System.out.println("Can't divide by Zero!");
      }
      catch (ArrayIndexOutOfBoundsException exc) {
        // catch the exception
        System.out.println("No matching element found.");
      }
    }
  }
}
```

多个 catch 语句

程序的输出如下所示：

```
4 / 2 is 2
Can't divide by Zero!
16 / 4 is 4
32 / 4 is 8
Can't divide by Zero!
128 / 8 is 16
No matching element found.
No matching element found.
```

如输出所述，每一个 catch 语句只对自己类型的异常做出响应。

一般来说，catch 表达式按照在程序中出现的顺序被检查。只执行匹配的语句，忽略其他所有的 catch 代码块。

9.5　捕获子类异常

对于与子类相关的多个 catch 语句，有一点很重要，即超类的 catch 语句与任何一个子类都匹配。例如，因为所有异常的超类是 Throwable，所以为了捕获所有可能的异常，捕获 Throwable 就可以。如果既想捕获超类类型的异常，又想捕获子类类型的异常，就应该把子类放在 catch 语句序列的前面。否则，超类的 catch 语句会捕获所有派生类的异常。因为将超类放在前面会由于永远不执行子类语句而导致创建无法到达的代码(unreachable code)，所以这一规则必须遵守。在 Java 中，创建无法到达的代码是一种错误。

例如，考虑下面的程序：

```
// Subclasses must precede superclasses in catch statements.
class ExcDemo5 {
  public static void main(String args[]) {
    // Here, numer is longer than denom.
    int numer[] = { 4, 8, 16, 32, 64, 128, 256, 512 };
    int denom[] = { 2, 0, 4, 4, 0, 8 };

    for(int i=0; i<numer.length; i++) {
      try {
        System.out.println(numer[i] + " / " +
                           denom[i] + " is " +
                           numer[i]/denom[i]);
      }
      catch (ArrayIndexOutOfBoundsException exc) {   ← 捕获子类
        // catch the exception
        System.out.println("No matching element found.");
      }
      catch (Throwable exc) {   ← 捕获超类
        System.out.println("Some exception occurred.");
      }
    }
  }
}
```

程序的输出如下所示：

```
4 / 2 is 2
Some exception occurred.
16 / 4 is 4
32 / 4 is 8
Some exception occurred.
128 / 8 is 16
No matching element found.
No matching element found.
```

本例中，除了 ArrayIndexOutOfBoundsException 异常外，所有的异常都是由 catch (Throwable)捕获的。当创建自己的异常时，捕获子类异常的问题会变得更重要。

专家解答

问：为什么要捕获超类异常？

答： 原因有多个。这里说两点。首先，如果添加了一个捕获 Exception 类型异常的 catch 语句，实际上就是向异常处理程序添加了一个可以处理所有与程序相关的异常的语句。在无论发生什么都必须避免非正常程序终止的情况下，这样的语句可能有用。其次，在某些情况下，一批异常可以被相同的语句处理。捕获这些异常的超类可以省去重复的代码。

9.6 try 代码块可以嵌套

一个 try 代码块可嵌套在另一个 try 代码块中。由内部 try 代码块产生的异常如果没有被与该 try 代码块相关的 catch 捕获，就会被传送到外部 try 代码块。例如，下面的程序中捕获 ArrayIndexOutOfBoundsException 的不是内部 try 代码块，而是外部 try 代码块：

```
// Use a nested try block.
class NestTrys {
  public static void main(String args[]) {
    // Here, numer is longer than denom.
    int numer[] = { 4, 8, 16, 32, 64, 128, 256, 512 };
    int denom[] = { 2, 0, 4, 4, 0, 8 };

    try { // outer try
      for(int i=0; i<numer.length; i++) {
        try { // nested try
          System.out.println(numer[i] + " / " +
                             denom[i] + " is " +
                             numer[i]/denom[i]);
        }
        catch (ArithmeticException exc) {
          // catch the exception
          System.out.println("Can't divide by Zero!");
        }
      }
    }
    catch (ArrayIndexOutOfBoundsException exc) {
      // catch the exception
      System.out.println("No matching element found.");
      System.out.println("Fatal error - program terminated.");
    }
  }
}
```

嵌套的 try 代码块

程序的输出如下所示：

```
4 / 2 is 2
Can't divide by Zero!
16 / 4 is 4
32 / 4 is 8
Can't divide by Zero!
128 / 8 is 16
No matching element found.
Fatal error - program terminated.
```

本例中，内部 try 可以处理的异常(这里是除以 0 错误)允许程序继续执行，而由外部 try 捕获的数组越界错误则使程序终止。

前面的程序总结了嵌套的 try 语句的重要作用之一。通常，嵌套的 try 代码块用于以不同方式处理不同类型的错误。某些类型的错误是致命的，无法纠正。某些错误则较轻，可以马上处理。许多程序员使用外部 try 代码块捕获最严重的错误，让内部 try 代码块处理不太严重的错误。

9.7 抛出异常

前面的示例已经捕获了 JVM 自动生成的异常。然而，通过使用 throw 语句也可以手动抛出异常。基本形式如下所示：

```
throw exceptOb;
```

这里，*exceptOb* 必须是从 Throwable 派生的异常类的对象。

下面是一个通过手动抛出 ArithmeticException 来说明 throw 语句作用的示例：

```
// Manually throw an exception.
class ThrowDemo {
  public static void main(String args[]) {
    try {
      System.out.println("Before throw.");
      throw new ArithmeticException();   ← 抛出一个异常
    }
    catch (ArithmeticException exc) {
      // catch the exception
      System.out.println("Exception caught.");
    }
    System.out.println("After try/catch block.");
  }
}
```

程序的输出如下所示：

```
Before throw.
Exception caught.
After try/catch block.
```

注意在 throw 语句中是如何使用 new 创建 ArithmeticException 的。切记，throw 抛出的是对象。因此必须为类型创建一个对象，再抛出此对象，而不能仅仅抛出类型。

专家解答

问：为什么需要手动抛出异常？

答： 大多数情况下，抛出的异常都是自己创建的异常类的实例。在本章后面将看到，可将自己创建的异常类作为程序整体异常处理策略的一部分来处理代码中的错误。

重新抛出异常

由 catch 语句捕获的异常可以重新抛出以使外部 catch 可以捕获。这种重新抛出异常的最大原因是为了允许多重程序访问异常。例如，一个异常处理程序负责的是异常的一方面，而另一个异常处理程序则负责另一方面。切记，当重新抛出异常时，异常不会被同一个 catch 语句再次捕获，而是传送到下一个 catch 语句。下面是一个用于演示重新抛出异常的程序：

```
// Rethrow an exception.
class Rethrow {
  public static void genException() {
    // here, numer is longer than denom
    int numer[] = { 4, 8, 16, 32, 64, 128, 256, 512 };
    int denom[] = { 2, 0, 4, 4, 0, 8 };

    for(int i=0; i<numer.length; i++) {
      try {
        System.out.println(numer[i] + " / " +
                           denom[i] + " is " +
                           numer[i]/denom[i]);
      }
      catch (ArithmeticException exc) {
        // catch the exception
```

```
      System.out.println("Can't divide by Zero!");
    }
    catch (ArrayIndexOutOfBoundsException exc) {
      // catch the exception
      System.out.println("No matching element found.");
      throw exc; // rethrow the exception
    }
  }
 }
}

class RethrowDemo {
  public static void main(String args[]) {
    try {
      Rethrow.genException();
    }
    catch(ArrayIndexOutOfBoundsException exc) {
      // recatch exception
      System.out.println("Fatal error - " +
                         "program terminated.");
    }
  }
}
```

重新抛出异常

捕获重新抛出的异常

在本程序中，除以 0 错误是由本地 genException( )处理的，而数组越界错误被重新抛出。本例中，该异常由 main( )捕获。

9.8 Throwable 详解

到目前为止，我们已经捕获了异常，却没有对异常对象本身做任何处理。正如前面的程序所示，catch 语句指定了异常类型和一个形参。这个形参用于接收异常对象。因为所有异常都是 Throwable 的子类，所以所有的异常都支持 Throwable 定义的方法。表 9-1 列出了若干常用的方法。

表 9-1 Throwable 定义的常用方法

方 法	描 述
Throwable fillInStackTrace( )	返回一个包含完整堆栈跟踪的 Throwable 对象，该对象可以被重新抛出
String getLocalizedMessage( )	返回异常的本地描述
String getMessage( )	返回异常的描述
void printStackTrace( )	显示堆栈跟踪
void printStackTrace(PrintStream *stream*)	将堆栈跟踪发送到指定流
void printStackTrace(PrintWriter *stream*)	将堆栈跟踪发送到指定流
String toString( )	返回一个包含异常的完整描述的 String 对象。当输出一个 Throwable 对象时，println( )调用该方法

在 Throwable 定义的方法中，最令人感兴趣的是 printStackTrace( )和 toString( )这两个方法。调用 printStackTrace( )可显示标准的错误消息和导致异常发生的方法调用记录。使用toString( )可检索标准错误消息。当异常作为 println( )的一个实参时也可以调用 toString( )方法。下面的程序对这些方法进行了说明：

```
// Using the Throwable methods.
```

```
class ExcTest {
  static void genException() {
    int nums[] = new int[4];

    System.out.println("Before exception is generated.");

    // generate an index out-of-bounds exception
    nums[7] = 10;
    System.out.println("this won't be displayed");
  }
}

class UseThrowableMethods {
  public static void main(String args[]) {

    try {
      ExcTest.genException();
    }
    catch (ArrayIndexOutOfBoundsException exc) {
      // catch the exception
      System.out.println("Standard message is: ");
      System.out.println(exc);
      System.out.println("\nStack trace: ");
      exc.printStackTrace();
    }
    System.out.println("After catch statement.");
  }
}
```

程序的输出如下所示(由于 JDK 之间的差异，用户看到的确切输出可能会有所不同)：

```
Before exception is generated.
Standard message is:
java.lang.ArrayIndexOutOfBoundsException: Index 7 out of bounds for length 4

Stack trace:
java.lang.ArrayIndexOutOfBoundsException: Index 7 out of bounds for length 4
    at ExcTest.genException(UseThrowableMethods.java:10)
    at UseThrowableMethods.main(UseThrowableMethods.java:19)
After catch statement.
```

9.9 使用 finally

有时或许想要定义一个退出 try/catch 代码块时可以执行的代码块。例如，异常或许引起一个终止当前方法的错误，造成其提前返回。然而方法已经打开了一个需要关闭的文件或网络连接。这种情况在程序设计中很常见，所以 Java 提供了一种方便的方式来处理这种情况，这种方式就是使用 finally 代码块。

为指定一个要在退出 try/catch 代码块时执行的代码块，在 try/catch 代码块的末尾引入了 finally 代码块。包含 finally 的 try/catch 的基本形式如下所示：

```
try {
  // block of code to monitor for errors
}
catch (ExcepType1 exOb) {
  // handler for ExcepType1
```

```
}
catch (ExcepType2 exOb) {
  // handler for ExcepType2
}
//...
finally {
  // finally code
}
```

无论是出于何种原因，一旦执行流离开 try/catch 代码块，就会执行 finally 代码块。即无论 try 是正常结束，还是由于异常结束，最后都会执行 finally 定义的代码。如果 try 代码块中的任何代码或它的任何 catch 语句从方法返回，也会执行 finally 代码块。

下面是 finally 代码块的示例：

```
// Use finally.
class UseFinally {
  public static void genException(int what) {
    int t;
    int nums[] = new int[2];

    System.out.println("Receiving " + what);
    try {
      switch(what) {
        case 0:
          t = 10 / what; // generate div-by-zero error
          break;
        case 1:
          nums[4] = 4; // generate array index error.
          break;
        case 2:
          return; // return from try block
      }
    }
    catch (ArithmeticException exc) {
      // catch the exception
      System.out.println("Can't divide by Zero!");
      return; // return from catch
    }
    catch (ArrayIndexOutOfBoundsException exc) {
      // catch the exception
      System.out.println("No matching element found.");
    }
    finally {  <———— 在 try/catch 代码块之外执行
      System.out.println("Leaving try.");
    }
  }
}

class FinallyDemo {
  public static void main(String args[]) {

    for(int i=0; i < 3; i++) {
      UseFinally.genException(i);
      System.out.println();
    }
  }
```

```
}
```

程序的输出如下所示：

```
Receiving 0
Can't divide by Zero!
Leaving try.

Receiving 1
No matching element found.
Leaving try.

Receiving 2
Leaving try.
```

正如输出所示，无论 try 代码块如何退出，都会执行 finally 代码块。

9.10 使用 throws 语句

某些情况下，如果一个方法生成自己不做处理的异常，它就必须在 throws 语句中声明该异常。下面是包含 throws 语句的方法的基本形式：

```
ret-type methName(param-list) throws except-list {
  // body
}
```

此处，*except-list* 是一个由逗号分隔的异常列表，这些异常可能是由某个方法抛到外层的。

你可能会想，为何在前面的一些示例中没有为抛出异常的方法指定 throws 语句？答案就是，凡是 Error 或 RuntimeException 子类的异常都不必在 throws 列表中指定。Java 简单地假定一个方法可以抛出一个这样的异常。所有其他类型的异常都需要声明。如果没有，就会引起编译时错误。

实际上，本书前面已经列举了throws 语句的一个示例。回顾一下，当执行键盘输入时，需要在 main( )中添加如下语句：

```
throws java.io.IOException
```

现在可以理解为什么了吧。一条输入语句可能生成一个 IOException 异常，而此时无法处理该异常。因此要从 main( )抛出这个异常，而且需要这样来指定异常。了解异常后，就可以轻松地处理 IOException 异常了。

我们看一下处理 IOException 异常的示例。该例创建一个名为 prompt( )的方法，该方法显示一条提示消息，然后从键盘读取一个字符。因为正在执行输入，所以可能发生 IOException 异常。然而 prompt( )方法自己不能处理 IOException 异常，所以它使用了一条 throws 语句。这就意味着调用 prompt( )的方法必须处理该异常。本例中调用 prompt( )的方法是 main( )，就需要它处理错误。

```
// Use throws.
class ThrowsDemo {
  public static char prompt(String str)
     throws java.io.IOException {    ← 注意 throws 语句

    System.out.print(str + ": ");
    return (char) System.in.read();
  }

  public static void main(String args[]) {
```

```
    char ch;

    try {
      ch = prompt("Enter a letter");
    }
    catch(java.io.IOException exc) {
      System.out.println("I/O exception occurred.");
      ch = 'X';
    }

    System.out.println("You pressed " + ch);
  }
}
```

由于 prompt( )可能抛出一个异常，因此对它的调用都必须包括在 try 代码块中

还有相关的一点是，注意 IOException 被其包名 java.io 完全限定。第 10 章会介绍，Java 的 I/O 系统包含在 java.io 包中。因此 IOException 异常也包含在其中。也可以先导入 java.io，然后直接引用 IOException 异常。

9.11 另外 3 种异常功能

从 JDK 7 开始，增加了 3 种新的异常功能，从而极大地扩充了 Java 的异常处理机制。第一种新功能支持自动资源管理，当不再需要资源(例如文件)时可以自动释放资源。其基础是一种扩充形式的 try，叫做 try-with-resources 语句，第 10 章讨论文件时将进行介绍。第二种新功能是多重捕获(multi-catch)，第三种新功能有时候称为 final rethrow 或更精确的重新抛出(more precise rethrow)。接下来介绍这两种新功能。

多重捕获允许同一 catch 语句捕获两个或更多个异常。如前所述，try 语句后面可以跟踪两个或更多个 catch 语句，实际上经常会这样。虽然每个 catch 语句经常提供自己特有的代码序列，但是捕获不同异常的两个或更多个 catch 语句执行相同代码序列的情况并不少见。现在可使用一个 catch 语句处理这些异常，而不必单独捕获每种异常类型，这就减少了代码重复。

要创建多重捕获，需要在 catch 语句中指定异常列表。列表中的每个异常用 OR 运算符分隔。多重捕获的每个形参隐式为 final(如果愿意，可显式指定 final，但这是没有必要的)，所以不能为其赋新值。

以下语句显示了如何使用多重捕获功能在一个 catch 语句中同时捕获 ArithmeticException 和 ArrayIndex OutOfBoundsException 异常：

```
catch(ArithmeticException | ArrayIndexOutOfBoundsException e) {
```

下面的程序演示了多重捕获的用法：

```
// Use the multi-catch feature.  Note: This code requires JDK 7 or
// later to compile.
class MultiCatch {
  public static void main(String args[]) {
    int a=88, b=0;
    int result;
    char chrs[] = { 'A', 'B', 'C' };

    for(int i=0; i < 2; i++) {
      try {
        if(i == 0)
          result = a / b; // generate an ArithmeticException
        else
          chrs[5] = 'X'; // generate an ArrayIndexOutOfBoundsException
```

```
      // This catch clause catches both exceptions.
      }
      catch(ArithmeticException | ArrayIndexOutOfBoundsException e) {
        System.out.println("Exception caught: " + e);
      }
    }

    System.out.println("After multi-catch.");
  }
}
```

当尝试除以 0 时，程序将产生 ArithmeticException 异常。当尝试越界访问 chrs 时，将产生 ArrayIndexOutOfBounds Exception 异常。两个异常将被同一 catch 语句捕获。

“更精确的重新抛出”这一功能将可被重新抛出的异常的类型限制为相关 try 块抛出的检查异常(checked exception)，前一 catch 语句没有处理的异常，以及作为形参的子类型或超类型的异常。虽然这种功能可能不太常用，但确实可以使用。要使用 final rethrow 功能，catch 语句的形参必须是 final。这意味着在 catch 块内不能为其赋新值。可将其显式指定为 final，但没必要这么做。

9.12 Java 的内置异常

在 java.lang 标准包内，Java 定义了几个异常类。其中一些异常类已经在前面的示例中用过了。这些异常中最常用的是标准类型 RuntimeException 的子类。因为所有 Java 程序都隐式引入了 java.lang，所以从 RuntimeException 派生的多数异常都自动有效，而且它们不需要引入到任何方法的 throws 列表中。在 Java 语言中，因为编译器不检查方法是否处理或抛出这些异常，所以它们称为未检查异常(unchecked exception)。java.lang 中定义的非检查异常如表 9-2 所示。表 9-3 列出的是由 java.lang 定义的另外一些异常。如果方法可以产生这些异常却无法对其进行处理，就必须在该方法的 throws 列表中列出。这种异常称为检查异常。除了 java.lang 中定义的异常外，Java 还定义了几种与其他包相关的异常类型，如前面提到的 IOException 异常。

表 9-2 java.lang 中定义的未检查异常

异　常	含　义
ArithmeticException	运算错误，如整数除以 0
ArrayIndexOutOfBoundsException	数组索引越界
ArrayStoreException	向类型不兼容的数组元素赋值
ClassCastException	无效的强制转换
EnumConstantNotPresentException	试图使用未定义的枚举值
IllegalArgumentException	使用非法实参调用方法
IllegalCallerException	调用代码不能合法地执行一个方法
IllegalMonitorStateException	非法的监视器操作，如等待未锁的线程
IllegalStateException	环境或应用程序处于不正确的状态
IllegalThreadStateException	被请求的操作与当前线程状态不兼容
IndexOutOfBoundsException	某种类型的索引越界
LayerInstantiationException	不能创建模块层
NegativeArraySizeException	在负数范围内创建的数组
NullPointerException	对 null 引用的无效使用

(续表)

异　常	含　义
NumberFormatException	字符串到数字格式的无效转换
SecurityException	试图违反安全性
StringIndexOutOfBoundsException	试图在字符串界外索引
TypeNotPresentException	类型未找到
UnsupportedOperationException	遇到不支持的操作

表 9-3　java.lang 中定义的检查异常

异　常	含　义
ClassNotFoundException	没有找到类
CloneNotSupportedException	试图复制没有实现 Cloneable 接口的对象
IllegalAccessException	访问类被拒绝
InstantiationException	试图创建抽象类或接口的对象
InterruptedException	线程已经被另一个线程中断
NoSuchFieldException	请求的域不存在
NoSuchMethodException	请求的方法不存在
ReflectiveOperationException	与反射有关的异常的超类

专家解答

问：我听说 Java 支持链式异常(chained exception)，什么是链式异常呢？

答：链式异常是 JDK 1.4 中引入的。链式异常功能允许将一个异常指定为另一个异常发生的条件。例如，试想一下这种情况，因为试图除以 0 而使方法抛出 ArithmeticException 异常。然而，问题的真正原因是发生了 I/O 错误使除数被错误设定。尽管因为发生了这样的错误，方法肯定会抛出 ArithmeticException 异常，但是你可能也想让调用代码得知根本原因是 I/O 错误。链式异常就可以解决这个问题以及其他存在异常层次的情况。

为使用链式异常，向 Throwable 添加了两个构造函数和两个方法。这两个构造函数如下所示：

Throwable(Throwable *causeExc*)
Throwable(String *msg*, Throwable *causeExc*)

在第一种形式中，*causeExc* 是导致当前异常的异常，即*causeExc*是异常发生的根本原因。第二种形式允许在指定原因异常的同时进行描述。这两个构造函数都被添加到 Error、Exception 和 RuntimeException 类。

添加到 Throwable 的链式异常方法是 getCause( )和 initCause( )。这两个方法如下所示：

Throwable getCause( )
Throwable initCause(Throwable *causeExc*)

getCause( )方法返回导致当前异常的异常。如果没有原因异常，则返回 null。initCause( )方法将 causeExc 与调用异常建立关联，并返回一个对异常的引用。因此，可以在创建异常后将一个原因与其关联。总之，initCause( )用于为不支持前述附加构造函数的遗留异常类设置一个原因异常。

链式异常并不是所有程序都需要的。然而，万一需要知道异常的根本原因，链式异常能够提供一个很好的解决方法。

9.13 创建异常子类

尽管 Java 的内置异常处理了多数常见错误，但 Java 的异常处理机制并不局限于处理这些错误。事实上，Java 的异常处理机制还能处理用户创建的异常类型。通过使用自定义异常，可处理与应用程序相关的错误。创建异常很容易，只需要定义一个 Exception(它是 Throwable 的子类)的子类即可。子类无须做任何实际工作——正是它们存在于类型系统中，才允许将其作为异常使用。

Exception 类不定义任何自己的方法，而是继承 Throwable 提供的那些方法。因此，Throwable 定义的方法对于所有异常(包括用户创建的异常)都有效。当然，可以在创建的异常子类中重写这些方法中一个或多个。

下面的示例中创建了一个名为 NonIntResultException 的异常，该异常在两个整数相除的结果出现小数时产生。NonIntResultException 包含保存整数值的两个字段、一个构造函数和一个重写的 toString( )方法，该方法允许使用 println( )来显示对异常的描述。

```
// Use a custom exception.

// Create an exception.
class NonIntResultException extends Exception {
  int n;
  int d;

  NonIntResultException(int i, int j) {
    n = i;
    d = j;
  }

  public String toString() {
    return "Result of " + n + " / " + d +
           " is non-integer.";
  }
}

class CustomExceptDemo {
  public static void main(String args[]) {

    // Here, numer contains some odd values.
    int numer[] = { 4, 8, 15, 32, 64, 127, 256, 512 };
    int denom[] = { 2, 0, 4, 4, 0, 8 };

    for(int i=0; i<numer.length; i++) {
      try {
        if((numer[i]%2) != 0)
          throw new
            NonIntResultException(numer[i], denom[i]);

        System.out.println(numer[i] + " / " +
                           denom[i] + " is " +
                           numer[i]/denom[i]);
      }
      catch (ArithmeticException exc) {
        // catch the exception
        System.out.println("Can't divide by Zero!");
      }
      catch (ArrayIndexOutOfBoundsException exc) {
```

```
        // catch the exception
        System.out.println("No matching element found.");
      }
      catch (NonIntResultException exc) {
        System.out.println(exc);
      }
    }
  }
}
```

程序的输出如下所示：

```
4 / 2 is 2
Can't divide by Zero!
Result of 15 / 4 is non-integer.
32 / 4 is 8
Can't divide by Zero!
Result of 127 / 8 is non-integer.
No matching element found.
No matching element found.
```

专家解答

问：什么时候应该在程序中使用异常处理？什么时候创建自己的自定义异常类？

答：由于 Java API 大量使用异常来报告错误，因此几乎所有的实际程序都会使用异常处理。这是大多数 Java 新程序员都容易掌握的异常处理内容。何时及如何使用自定义异常较难确定。通常，可采用两种方式来报告错误：返回值和异常。二者孰优孰劣呢？简单地讲，在 Java 中异常处理更常用些。虽然返回错误代码在某些情况下也是一种有效方式，但异常处理可提供一种更强大的结构化方法来处理错误。专业的 Java 程序员大多采用异常方法来处理代码中的错误。

练习 9-1(QueueFullException.java、QueueEmptyException.java、FixedQueue.java、QexcDemo.java) 向队列类添加异常

本练习将创建两个异常类，这两个异常类可由练习 8-1 开发的队列类使用。它们表示队列满和队列空错误条件。这些异常分别由 put( )和get( )方法抛出。为简单起见，该练习将这些异常添加到 FixedQueue 类，也可以很容易地将这些异常添加到练习 8-1 中的其他队列类中。

步骤：

(1) 创建两个保存队列异常类的文件。将第一个文件命名为 QueueFullException.java，并向该文件输入如下代码：

```
// An exception for queue-full errors.
public class QueueFullException extends Exception {
  int size;

  QueueFullException(int s) { size = s; }
```

```
  public String toString() {
   return "\nQueue is full. Maximum size is " +
         size;
  }
}
```

当试图在已满的队列中存储元素时，就会生成 QueueFullException。

(2) 创建第二个文件 QueueEmptyException.java，并向该文件输入如下代码：

```
// An exception for queue-empty errors.
public class QueueEmptyException extends Exception {

  public String toString() {
   return "\nQueue is empty.";
  }
}
```

当试图从空队列删除一个元素时，就会生成 QueueEmptyException。

(3) 修改FixedQueue类，使其在错误发生时抛出异常，如下所示，将代码添加到FixedQueue.java 文件中：

```
// A fixed-size queue class for characters that uses exceptions.
class FixedQueue implements ICharQ {
  private char q[]; // this array holds the queue
  private int putloc, getloc; // the put and get indices

  // Construct an empty queue given its size.
  public FixedQueue(int size) {
    q = new char[size]; // allocate memory for queue
    putloc = getloc = 0;
  }

  // Put a character into the queue.
  public void put(char ch)
    throws QueueFullException {

    if(putloc==q.length)
      throw new QueueFullException(q.length);

    q[putloc++] = ch;
  }

  // Get a character from the queue.
  public char get()
    throws QueueEmptyException {

    if(getloc == putloc)
      throw new QueueEmptyException();

    return q[getloc++];
  }
}
```

注意，向 FixedQueue 添加异常需要两个步骤。首先，必须在 get( )和 put( )的声明中添加一条 throws 语句。其次，发生错误时，这些方法会抛出异常。使用异常使得调用代码能以合理方式处理错误。回顾一下，前一个版本的程序只是简单地报告了错误，抛出异常则是处理错误的更好方法。

(4) 为测试更新后的 FixedQueue 类，请使用如下所示的 QExcDemo 类，将它添加到 QExcDemo.java 文件中：

```
// Demonstrate the queue exceptions.
class QExcDemo {
  public static void main(String args[]) {
    FixedQueue q = new FixedQueue(10);
    char ch;
    int i;

    try {
      // overrun the queue
      for(i=0; i < 11; i++) {
        System.out.print("Attempting to store : " +
                         (char) ('A' + i));
        q.put((char) ('A' + i));
        System.out.println(" - OK");
      }
      System.out.println();
    }
    catch (QueueFullException exc) {
      System.out.println(exc);
    }
    System.out.println();

    try {
      // over-empty the queue
      for(i=0; i < 11; i++) {
        System.out.print("Getting next char: ");
        ch = q.get();
        System.out.println(ch);
      }
    }
    catch (QueueEmptyException exc) {
      System.out.println(exc);
    }
  }
}
```

(5) 因为 FixedQueue 实现了定义有两个队列方法 get( )和 put( )的 ICharQ 接口，所以需要修改 ICharQ，将 throws 语句添加进去。下面是更新后的 ICharQ 接口。切记，它必须在名为 ICharQ.java 的文件中。

```
// A character queue interface that throws exceptions.
public interface ICharQ {
  // Put a character into the queue.
  void put(char ch) throws QueueFullException;

  // Get a character from the queue.
  char get() throws QueueEmptyException;
}
```

(6) 下面编译更新后的 IQChar.java 文件，然后编译 FixedQueue.java、QueueFullException.java、QueueEmptyException.java 和 QExcDemo.java。最后运行 QExcDemo，运行结果如下所示：

```
Attempting to store : A - OK
Attempting to store : B - OK
Attempting to store : C - OK
```

```
Attempting to store : D - OK
Attempting to store : E - OK
Attempting to store : F - OK
Attempting to store : G - OK
Attempting to store : H - OK
Attempting to store : I - OK
Attempting to store : J - OK
Attempting to store : K
Queue is full. Maximum size is 10

Getting next char: A
Getting next char: B
Getting next char: C
Getting next char: D
Getting next char: E
Getting next char: F
Getting next char: G
Getting next char: H
Getting next char: I
Getting next char: J
Getting next char:
Queue is empty.
```

9.14 自测题

1. 位于异常层次结构顶端的是什么类？
2. 简单解释一下如何使用 try 和 catch。
3. 下面的代码段有什么错误？

```
// ...
vals[18] = 10;
catch (ArrayIndexOutOfBoundsException exc) {
  // handle error
}
```

4. 如果异常没有被捕获，将会发生什么？
5. 下面的代码段有什么错误？

```
class A extends Exception { ...

class B extends A { ...

// ...

try {
  // ...
}
catch (A exc) { ... }
catch (B exc) { ... }
```

6. 由内部 catch 捕获的异常可以重新抛给外部 catch 吗？
7. finally 代码块是程序结束前执行的最后一个代码单元，对吗？请做出解释。
8. 什么类型的异常必须显式地在方法的 throws 子句中声明？

9. 下面的代码段有什么错误？

```
class MyClass { // ... }
// ...
throw new MyClass();
```

10. 在第 6 章“自测题”的第 3 题中创建了一个 Stack 类。请向该类添加报告堆栈满和堆栈空条件的自定义异常。

11. 产生异常的三种方法是什么？

12. Throwable 的两个直接子类是什么？

13. 请解释多重捕获(multi-catch)功能。

14. 通常，代码应该捕获 Error 类型的异常吗？

第 10 章

使 用 I/O

关键技能与概念

- 理解流
- 了解字节流与字符流的区别
- 了解 Java 的字节流类
- 了解 Java 的字符流类
- 了解预定义流
- 使用字节流
- 使用字节流的文件 I/O
- 使用 try-with-resources 自动关闭文件
- 读取和写入二进制数据
- 使用随机访问文件
- 使用字符流
- 使用字符流的文件 I/O
- 将 Java 的类型封装器应用于数值字符串转换

从本书的一开始就用到了部分 Java I/O 系统，如 println( )。然而在使用时，并没有得到更多正式的解释。因为 Java I/O 系统基于类的层次结构，所以在没有对类、继承和异常进行讨论之前是无法介绍其理论和细节的。现在正是详细介绍 Java I/O 方法的时候。

要事先提及的是，Java 的 I/O 系统十分庞大，它包含许多类、接口和方法。I/O 系统庞大的原因部分在于 Java 定义了两个完整的 I/O 系统：字节 I/O 系统和字符 I/O 系统。虽然本章不可能对 Java I/O 系统的每个方面都做讨论(专门介绍 Java I/O 系统需要一整本书)，但是本章会介绍最重要和最常用的功能。幸运的是，Java I/O 系统是相互一致的，一旦理解了它的基础，I/O 系统的其余部分也就可以轻松掌握了。

在开始本章的讨论之前，要强调一点，本章介绍的 I/O 类支持基于文本的控制台 I/O 和文件 I/O，它们无法创建图形用户界面，因此无法使用它们创建窗口化应用程序。但是，Java 确实支持创建图形用户界面。第 16 章将讨论基本 GUI 编程，其中介绍 Swing (Swing 是 Java 使用最广泛的 GUI 工具包)。

10.1 基于流的 Java I/O

Java 程序通过流来执行 I/O。I/O 流(stream)是生成或使用信息的抽象。Java I/O 系统将流与物理设备相连。尽管与流相连的物理设备各有不同，但是所有的流的工作方式都是一样的。因此，相同的 I/O 类和方法可以应用于任何类型的设备。例如，用于写入控制台的方法也可以用于写入磁盘文件。Java 在定义于 java.io 包的类层次结构中实现 I/O 流。

10.2 字节流和字符流

现代版本的 Java 定义了两种类型的流：字节流和字符流(Java 最初版本只定义了字节流，但很快就添加了字符流)。字节流为处理字节的输入和输出提供了一种便利方法。例如，在读写二进制数据时就会使用字节流。字节流在处理文件时也特别有用。字符流是设计用于处理字符输入和输出的。它们使用 Unicode，因此可以国际化。而且在某些情况下，字符流比字节流的效率更高。

Java 定义两种不同类型的流这一事实使 I/O 系统十分庞大，因为这需要两个独立的类层次结构(一个用于字节，一个用于字符)。I/O 类的数量之多使其看上去令人恐惧。但是请记住，字节流的功能与字符流的功能大部分是并列的。

还有一点：在最低级别，所有 I/O 都是字节。基于字符的流只是提供了更方便有效的字符处理方法。

10.3 字节流类

字节流由两个类的层次结构定义。在它们的顶端是两个抽象类：InputStream 和 OutputStream。InputStream 定义了字节输入流共有的特点，而 OutputStream 描述的是字节输出流的行为。

从 InputStream 和 OutputStream 创建的几个具体子类提供了各种功能，并处理读写不同设备(如磁盘文件)的细节。java.io 中的字节流类参见表 10-1。不要被类的数量吓倒。一旦使用了一个字节流，其他的就可以轻松掌握了。

表 10-1 java.io 中的字节流类

字节流类	含 义	字节流类	含 义
BufferedInputStream	输入流缓冲	FileInputStream	从文件读取的输入流
BufferedOutputStream	输出流缓冲	FileOutputStream	写入文件的输出流
ByteArrayInputStream	从字节数组读取的输入流	FilterInputStream	实现 InputStream
ByteArrayOutputStream	写入字节数组的输出流	FilterOutputStream	实现 OutputStream

(续表)

字节流类	含　义	字节流类	含　义
DataInputStream	包含用于读取 Java 标准数据类型方法的输入流	DataOutputStream	包含用于写入 Java 标准数据类型方法的输出流
InputStream	描述流输入的抽象类	PipedInputStream	输入管道(input pipe)
ObjectInputStream	对象的输入流	PipedOutputStream	输出管道(output pipe)
ObjectOutputStream	对象的输出流	PrintStream	包含 print( )和 println( )的输出流
OutputStream	描述流输出的抽象类	PushbackInputStream	允许字节返回到流的输入流
SequenceInputStream	一个输入流，是两个或多个输入流的组合，逐个顺序读取		

10.4 字符流类

字符流由两个类的层次结构定义。其顶端是两个抽象类：Reader 和 Writer。Reader 用于输入，Writer 用于输出。从 Reader 和 Writer 派生的具体类用于处理 Unicode 字符流。

从 Reader 和 Writer 派生的若干具体子类用于处理不同的 I/O 任务。通常，基于字符的类与基于字节的类是相对应的。java.io 中的字符流类如表 10-2 所示。

表 10-2 java.io 中的字符流 I/O 类

字 符 流 类	含　义	字 符 流 类	含　义
BufferedReader	输入字符流缓冲	OutputStreamWriter	将字符转换为字节的输出流
BufferedWriter	输出字符流缓冲	PipedReader	输入管道
CharArrayReader	从字符数组读取的输入流	PipedWriter	输出管道
CharArrayWriter	写入字符数组的输出流	PrintWriter	包含 print( )和 println( )的输出流
FileReader	从文件读取的输入流	PushbackReader	允许字符返回到输入流的输入流
FileWriter	写入文件的输出流	Reader	描述字符流输入的抽象类
FilterReader	过滤 reader	StringReader	读取字符串的输入流
FilterWriter	过滤 writer	StringWriter	写入字符串的输出流
InputStreamReader	将字节转换为字符的输入流	Writer	描述字符流输出的抽象类
LineNumberReader	统计行数的输入流		

10.5 预定义流

我们知道，所有 Java 程序都会自动导入 java.lang 包。该包定义了一个名为 System 的类，它封装了运行时环境的几个要素。其中包含三个预定义的流变量 in、out 和 err。这些字段在 System 中被声明为 public、final 和 static。这就意味着程序的任何部分无须引用具体的 System 对象就可以使用它们。

System.out 是标准输出流。默认情况下是控制台。System.in 是标准输入流，默认情况下是键盘。System.err 是标准错误流，默认情况下也是控制台。然而这些流都可以被重定向到任何兼容的 I/O 设备。

System.in 是 InputStream 类型的对象。System.out 和 System.err 是 PrintStream 类型的对象。尽管它们通常用于对控制台读取和写入字符，但这些都是字节流。因为预定义流属于没有包含字符流的 Java 原始规范，所以它们不是字符流而是字节流。如后面所述，如有必要，可将它们打包到基于字符的流中。

10.6 使用字节流

我们从字节流开始介绍 Java I/O。如前所述，字节流层次结构的顶端是 InputStream 类和 OutputStream 类。InputStream 类的方法如表 10-3 所示，OutputStream 类的方法如表 10-4 所示。

一般来说，InputStream 类和 OutputStream 类的方法可根据错误抛出 IOException。这两个抽象类定义的方法对于它们的所有子类都是有效的。因此，它们形成了所有字节流的最小 I/O 功能集。

表 10-3 InputStream 类定义的方法

方　法	描　述
int available( )	返回当前可读取的输入字节数
void close( )	关闭输入源，任何读取尝试都将生成 IOException
void mark(int *numBytes*)	在输入流的当前点放置标记，在读取 *numBytes* 个字节之前保持有效
boolean markSupported( )	如果调用流支持 mark( )/reset( )，则返回 true
static InputStream nullInputStream( )	返回一个打开但为空的流，该流不包含任何数据。因此，它总是在流的末尾，不能获得任何输入。然而，这个流可以关闭(由 JDK 11 中添加)
int read( )	返回一个整数表示输入的下一个有效字节，返回–1 时表示到达文件末尾
int read(byte *buffer*[ ])	尝试将 buffer.length 个字节读入缓冲区，并返回实际成功读取的字节数。返回–1 时表示到达文件末尾
int read(byte *buffer*[ ], int *offset*,int *numBytes*)	尝试将 numBytes 个字节读入缓冲区中以 buffer[offset]开头的位置，并返回实际成功读取的字节数。返回–1 时表示到达文件末尾
byte[ ] readAllBytes( )	以字节数组形式读取并返回流中所有可用的字节。尝试在流的末尾读取字节，会返回一个空数组
byte[ ] readNBytes(int *numBytes*)	尝试读取 *numBytes* 字节，以字节数组的形式返回结果。如果在读取 *numBytes* 字节之前到达流的末尾，那么返回的数组将包含小于 *numBytes* 字节的内容(由 JDK 11 添加)
int readNBytes(byte *buffer*[ ], int *offset*,int *numBytes*)	尝试将 *numBytes* 个字节读入缓冲区中以 *buffer*[*offset*]开始的位置，并返回实际成功读取的字节数。尝试在流的末尾读取字节，会返回 0 个字节
void reset( )	将输入指针重新改为原来设置的标记
long skip(long *numBytes*)	忽略(即跳过)*numBytes* 个输入字节，返回实际忽略的字节数
Long transferTo(OutputStream *outStrm*)	把调用流的内容复制到 *outStrm* 中，返回所复制的字节数

表 10-4 OutputStream 类定义的方法

方　法	描　述
void close( )	关闭输出流，而且任何写尝试都将生成 IOException
void flush( )	将已经缓冲的任何输出发送到其目标，即刷新输出缓冲区
static OutputStream nullOutputStream( )	返回一个打开但为空的输出流，该流没有写入任何输出。然而，这个流可以关闭(由 JDK 11 添加)
void write(int *b*)	向输出流写入单个字节。注意，形参是 int 类型，它允许使用无须强制转换回 *byte* 的表达式以调用 write( )
void write(byte *buffer*[ ])	向输出流写入一个完整的字节数组
void write(byte *buffer*[ ], int *offset*, int *numBytes*)	从数组缓冲区的 *buffer*[*offset*]位置开始写入 *numBytes* 个字节的子区间

10.6.1 读取控制台输入

起初，使用字节流是执行控制台输入的唯一方法，而且许多 Java 代码依然只能使用字节流。现在，可以使用字节流或字符流。对于商业代码而言，读取控制台输入的首选方法是使用字符流。这样做可以使程序更易国际化，更易维护，而且直接操作字符要比在字符与字节间来回转换方便得多。然而对于程序示例、自己使用的小型实用程序和处理键盘输入的应用程序而言，使用字节流也是可取的。出于这一点，这里使用字节流来介绍控制台 I/O。

因为 System.in 是 InputStream 类的一个实例，所以可以自动拥有访问 InputStream 类定义的方法的权限。然而，InputStream 类只定义了一个读取字节的输入方法 read( )。read( )的三个版本如下所示：

```
int read( ) throws IOException
int read(byte data[ ]) throws IOException
int read(byte data[ ], int start, int max) throws IOException
```

第 3 章介绍过如何使用第一个版本的 read( )通过键盘(从 System.in)读取字符。当到达流的末尾时，返回–1。第二个版本的 read( )从输入流读取字节，并将它们放入 data 字节数组中，直到数组满、到达流的末尾或有错误发生。它返回读取的字节数，如果到达流的末尾，则返回–1。第三个版本的 read( )从 start 指定的位置开始将字节放入 data 中，直到存储 max 个字节为止。它返回读取的字节数，如果到达流的末尾，则返回–1。错误发生时，所有版本都抛出 IOException。

下面是一个演示从 System.in 读取字节数组的程序。注意，可能发生的任何 I/O 异常都被抛出到 main( )以外。这种方法在从控制台读取数据时十分常见，但是如果愿意，也可以自己处理这些类型的错误。

```
// Read an array of bytes from the keyboard.

import java.io.*;

class ReadBytes {
  public static void main(String args[])
    throws IOException {
      byte data[] = new byte[10];

      System.out.println("Enter some characters.");
      System.in.read(data);          ←———— 从键盘读取一个字节数组
      System.out.print("You entered: ");
      for(int i=0; i < data.length; i++)
        System.out.print((char) data[i]);
  }
}
```

程序运行结果如下所示：

```
Enter some characters.
Read Bytes
You entered: Read Bytes
```

10.6.2 写入控制台输出

与控制台输入的情况一样，Java 起初只为控制台输出提供了字节流。Java 1.1 增加了字符流。要想实现高可移植性代码，推荐使用字符流。但是，因为 System.out 是一个字节流，所以基于字节的控制台输出依然被广泛应用。事实上，到现在为止本书中的所有程序使用的都是控制台输出，所以这里介绍它。

使用大家熟悉的 print( )和 println( )可以轻松地完成控制台输出。这些方法由 PrintStream 类定义(System.out 引用的对象类型)。虽然 System.out 是一个字节流，但是使用这种流用于简单的控制台输出也是可行的。

因为 PrintStream 是一个从 OutputStream 派生的输出流，所以它还实现了低级别的方法 write( )。因此，使用 write( )向控制台写入是完全可行的。PrintStream 定义的 write( )的最简单形式如下所示：

```
void write(int byteval)
```

该方法通过*byteval*向文件写入指定的字节。尽管 byteval 声明为整数，但只写入其中的低 8 位。下面是一个使用 write( )输出字符“X”并换行的简单示例：

```
// Demonstrate System.out.write().
class WriteDemo {
  public static void main(String args[]) {
    int b;

    b = 'X';
    System.out.write(b);        ←—— 向屏幕写一个字节
    System.out.write('\n');
  }
}
```

不会经常使用 write( )来执行控制台输出(尽管在某些情况下很有用)，因为 print( )和 println( )用起来更简单。

PrintStream 还提供了另外两个输出方法：printf( )和 format( )。使用它们可以更详细地控制所输出的数据的格式。例如，可以指定显示的小数位数、最低字段宽度或负值的格式。虽然本书的示例中不会使用这两个方法，但是在掌握更高级的 Java 知识后，需要深入了解它们。

10.7 使用字节流读写文件

Java 提供了一些类和方法来读写文件。当然，最常用的文件类型还是磁盘文件。在 Java 中，所有文件都由字节组成，而且 Java 也提供了从文件读字节和向文件写字节的方法。因此，使用字节流来读写文件是很常见的。然而，Java 可将一个由字节组成的文件包含在一个基于字符的对象中，这在本章后面展示。

为创建一个与文件相链接的字节流，需要使用 FileInputStream 或 FileOutputStream。要打开文件，只需要创建这些类的一个对象，将文件名指定为构造函数的一个实参。一旦打开文件，就可以对其进行读取或写入。

10.7.1 从文件输入

创建 FileInputStream 对象，可以打开用于输入的文件。下面是它最常用的构造函数：

```
FileInputStream(String fileName) throws FileNotFoundException
```

这里，*fileName* 指定了要打开的文件的名称。如果该文件不存在，就会抛出 FileNotFoundException，这是 IOException 的一个子类。

需要使用 read( )方法来读取文件。我们使用的 read( )版本如下所示：

```
int read( ) throws IOException
```

每次调用 read( )时，它都会从文件读取一个字节，并将其作为整数值返回。当到达文件结尾时，read( )会返回–1。出现错误时，会抛出 IOException。因此，这个 read( )版本与用来从控制台读取数据的版本相同。

当处理完文件后，必须调用 close( )来关闭它，其基本形式如下所示：

```
void close( ) throws IOException
```

关闭文件可释放分配给文件的系统资源，以允许这些资源被其他文件使用。不关闭文件会导致内存泄漏，因为不再使用的资源仍然会占用分配的内存空间。

下面的程序使用 read( )来输入文件，并显示文本文件的内容，文件名被指定为一个命令行实参。注意 try/catch 块如何处理可能发生的 I/O 错误。

```
/* Display a text file.

   To use this program, specify the name
   of the file that you want to see.
   For example, to see a file called TEST.TXT,
   use the following command line.

   java ShowFile TEST.TXT
*/

import java.io.*;

class ShowFile {
  public static void main(String args[])
  {
    int i;
    FileInputStream fin;

    // First make sure that a file has been specified.
    if(args.length != 1) {
      System.out.println("Usage: ShowFile File");
      return;
    }

    try {
      fin = new FileInputStream(args[0]);    ←—— 打开文件
    } catch(FileNotFoundException exc) {
      System.out.println("File Not Found");
      return;
    }

    try {
      // read bytes until EOF is encountered
      do {
        i = fin.read();                 ←—— 从文件读取
        if(i != -1) System.out.print((char) i);
      } while(i != -1);                 ←—— 当 i=-1 时，到达文件末尾
    } catch(IOException exc) {
      System.out.println("Error reading file.");
    }

    try {
      fin.close();                ←—— 关闭文件
    } catch(IOException exc) {
      System.out.println("Error closing file.");
    }
  }
}
```

注意，前面的代码在读取文件的 try 代码块完成后关闭了文件流。虽然这种方法在某些情况下有用，但 Java

提供了一种在通常情况下更好的方法，即在 finally 代码块中调用 close( )。在这种方法中，访问文件的所有方法都包含在一个 try 代码块中，finally 代码块用来关闭文件。这样，无论 try 代码块如何终止，文件都会被关闭。使用前面的示例，下面演示了如何重新编写读取文件的 try 代码块：

```
try {
  do {
    i = fin.read();
    if(i != -1) System.out.print((char) i);
  } while(i != -1);
} catch(IOException exc) {
  System.out.println("Error Reading File");
} finally {
  // Close file on the way out of the try block.
  try {
    fin.close();
  } catch(IOException exc) {
    System.out.println("Error Closing File");
  }
}
```

使用 finally 语句关闭文件

这种方法的优点之一是，如果访问文件的代码由于某种与 I/O 无关的异常而终止，finally 代码块仍然会关闭文件。虽然在这个例子(和其他多数示例程序)中这不是一个问题，因为在发生未预料到的异常时程序简单地结束了，但是在大型的程序中却可能造成很多麻烦。使用 finally 可以避免这些麻烦。

有时，将程序中打开文件和访问文件的部分放到一个 try 代码块(而不是分开它们)，然后使用一个 finally 代码块关闭文件，这样更加简单。例如，下面是另一种编写 ShowFile 程序的方式：

```
/* This variation wraps the code that opens and
   accesses the file within a single try block.
   The file is closed by the finally block.
*/

import java.io.*;

class ShowFile {
  public static void main(String args[])
  {
    int i;
    FileInputStream fin = null;

    // First, confirm that a file name has been specified.
    if(args.length != 1) {
      System.out.println("Usage: ShowFile filename");
      return;
    }

    // The following code opens a file, reads characters until EOF
    // is encountered, and then closes the file via a finally block.
    try {
      fin = new FileInputStream(args[0]);

      do {
        i = fin.read();
        if(i != -1) System.out.print((char) i);
      } while(i != -1);
```

此处 fin 初始化为 null

```
    } catch(FileNotFoundException exc) {
      System.out.println("File Not Found.");
    } catch(IOException exc) {
      System.out.println("An I/O Error Occurred");
    } finally {
      // Close file in all cases.
      try {
        if(fin != null) fin.close();          ← 只有在 fin 不为 null 时才关闭
      } catch(IOException exc) {
        System.out.println("Error Closing File");
      }
    }
  }
}
```

在这种方法中，注意 fin 被初始化为 null。然后，在 finally 代码块中，只有 fin 不为 null 时才关闭文件。可以这么做的原因是，只有文件被成功打开时，fin 才会不为 null。因为，如果在打开文件的过程中出现异常，就不会调用 close( )。

前面示例中的 try/catch 序列还可以更加精简。因为 FileNotFoundException 是 IOException 的一个子类，所以不需要单独捕获。例如，这个 catch 语句可以用来捕获两个异常，从而不必单独捕获 FileNotFoundException。这种情况下，将显示描述错误的标准异常消息。

```
...
} catch(IOException exc) {
  System.out.println("I/O Error: " + exc);
} finally {
...
```

在这种方法中，任何错误，包括打开文件时发生的错误，都会被一个 catch 语句处理。这种方法十分简洁，所以本书中的多数 I/O 示例都采用了这种方法。但要注意，如果想单独处理打开文件时发生的错误(例如，用户错误地键入了文件名)，这种方法就不合适了。此时，可能会在进入访问文件的 try 代码块之前，提示输入正确的文件名。

专家解答

问：我注意到当到达文件结尾时，read( )返回–1，而当文件出错时却不返回任何特殊值，为什么？

答： 在 Java 中，错误由异常来处理。因此，如果 read( )或其他任何 I/O 方法返回一个值，这就意味着没有错误发生。这比使用特殊代码来处理 I/O 错误要清楚得多。

10.7.2 写入文件

为打开一个文件用于输出，需要创建一个 FileOutputStream 对象。下面是它的两个最常用的构造函数。

```
FileOutputStream(String fileName) throws FileNotFoundException
FileOutputStream(String fileName, boolean append)
  throws FileNotFoundException
```

如果无法创建文件，就会抛出 FileNotFoundException。在第一种形式中，当一个输出文件打开后，以前任何已有的同名文件都会被销毁。在第二种形式中，如果 append 为 true，那么输出会添加到文件的末尾。否则，文件会被重写。

需要使用 write( )方法来写入文件。它的最简形式如下所示：

```
void write(int byteval) throws IOException
```

该方法向文件写入由 *byteval* 指定的字节。尽管 *byteval* 被声明为整数，但它只有低 8 位可以写入文件。如果在写的过程中发生错误，就会抛出 IOException。

一旦处理完输出文件，就必须使用 close( )关闭它，如下所示：

```
void close( ) throws IOException
```

关闭文件可以释放分配给文件的系统资源，以允许这些资源被其他文件使用。它还可以确保保存在磁盘缓冲区中的输出都真正写入物理磁盘。

下面的程序复制了一个文本文件。源文件名和目的文件名都在命令行中指定。

```
/* Copy a text file.
   To use this program, specify the name
   of the source file and the destination file.
   For example, to copy a file called FIRST.TXT
   to a file called SECOND.TXT, use the following
   command line.

   java CopyFile FIRST.TXT SECOND.TXT
*/

import java.io.*;

class CopyFile {
  public static void main(String args[]) throws IOException
  {
    int i;
    FileInputStream fin = null;
    FileOutputStream fout = null;

    // First, make sure that both files has been specified.
    if(args.length != 2) {
      System.out.println("Usage: CopyFile from to");
      return;
    }

    // Copy a File.
    try {
      // Attempt to open the files.
      fin = new FileInputStream(args[0]);
      fout = new FileOutputStream(args[1]);

      do {
        i = fin.read();
        if(i != -1) fout.write(i);
      } while(i != -1);

    } catch(IOException exc) {
      System.out.println("I/O Error: " + exc);
    } finally {
      try {
        if(fin != null) fin.close();
      } catch(IOException exc) {
        System.out.println("Error Closing Input File");
      }
```

从一个文件读取字节，然后写入另一个文件

```
        try {
          if(fout != null) fout.close();
        } catch(IOException exc) {
          System.out.println("Error Closing Output File");
        }
      }
    }
  }
```

10.8 自动关闭文件

在前面的小节中，示例程序在不需要文件时，显式调用了close( )来关闭文件。从 Java 第一次创建后，就以这种方法关闭文件。所以，现在的代码广泛使用这种方法。这种方法仍然有效，也很有用。但从 JDK 7 开始，Java 新增了一种功能，自动关闭资源的过程为管理资源(如文件流)提供了另一种更简化的方式。这种功能的基础是一种新形式的 try 语句，称为 try-with-resources，有时称为自动资源管理。try-with-resources 的主要优势在于避免了当不再需要文件或其他资源时忘记关闭文件的情况。前面已经解释过，忘记关闭文件可能会导致内存泄漏，并引起其他问题。

try-with-resources 语句的基本形式如下：

```
try (resource-specification) {
  // use the resource
}
```

这里，*resource-specification* 是一条声明并初始化资源(例如文件)的语句。它包含一个变量声明，该变量的初始化是通过引用被管理对象来实现的。当 try 块结束时，资源会自动释放。就文件而言，这意味着文件将被自动关闭，因此不需要显式调用 close( )。try-with-resources 语句也可包含 catch 和 finally 语句。

注意：

从 JDK 9 开始，try 的资源形式语句也可以包含一个在程序前面声明并初始化的变量。但该变量必须有效地声明为 final，这意味着在指定其初始值后，就不能给它赋予新值。

try-with-resources 语句只能用于实现了 java.lang 定义的 AutoCloseable 接口的那些资源。这个接口定义了 close( ) 方法。java.io 中的 Closeable 接口继承了 AutoCloseable。两个接口都被流类实现，包括 FileInputStream 和 FileOutputStream。因此，在使用流(包括文件流)时，可使用 try-with-resources。

作为自动关闭文件的第一个示例，下面的程序对 ShowFile 程序做了修改，以使用 try-with-resources：

```
/* This version of the ShowFile program uses a try-with-resources
   statement to automatically close a file when it is no longer needed.
*/

import java.io.*;

class ShowFile {
  public static void main(String args[])
  {
    int i;

    // First, make sure that a file name has been specified.
    if(args.length != 1) {
      System.out.println("Usage: ShowFile filename");
      return;
```

```
    }

    // The following code uses try-with-resources to open a file
    // and then automatically close it when the try block is left.
    try(FileInputStream fin = new FileInputStream(args[0])) {   ← try-with-resources 块

      do {
       i = fin.read();
       if(i != -1) System.out.print((char) i);
      } while(i != -1);

    } catch(IOException exc) {
      System.out.println("I/O Error: " + exc);
    }
  }
}
```

在这个程序中，要特别注意 try-with-resources 语句中打开文件的方式：

```
try(FileInputStream fin = new FileInputStream(args[0])) {
```

注意 try 语句的资源声明部分声明了一个名为 fin 的 FileInputStream，并把由构造函数打开的文件的引用赋值给它。因此，在这个版本的程序中，变量 fin 是 try 块的局部变量，在进入 try 时创建。退出 try 时，与 fin 关联的文件会由于隐式调用 close( )而被自动关闭。因为不需要显式调用 close( )，所以不会发生忘记关闭文件的情况。这是自动资源管理的一个关键优势。

try 语句中声明的资源隐式地被指定为 final，理解这一点很重要。这意味着在创建资源后不能为它赋值。另外，该资源的作用域被限定为声明它的 try-with-resources 语句内。

在继续之前，有必要提一下，从 JDK 10 开始，可以使用局部变量类型推断来指定 try-with-resources 语句中声明的资源类型。为此，将类型指定为 var。当完成此操作时，资源的类型将从其初始化器推断。例如，前面程序中的 try 语句现在可以这样写：

```
try(var fin = new FileInputStream(args[0])) {
```

这里，fin 推断为 FileInputStream 类型，因为这是其始化器的类型。为使在 JDK 10 之前的 Java 环境中工作的读者能够编译示例，本书其余部分中的 try-with-resource 语句将不使用类型推断。当然，以后应该考虑在自己的代码中使用它。

在一条 try 语句中可以管理多个资源。为此，只需要将每个资源声明用分号隔开。下面的程序就是一个例子。它重新编写了前面的 CopyFile 程序，使其使用一条 try-with-resources 语句来同时管理 fin 和 fout。

```
/* A version of CopyFile that uses try-with-resources.
   It demonstrates two resources (in this case files) being
   managed by a single try statement.

*/

import java.io.*;

class CopyFile {
  public static void main(String args[]) throws IOException
  {
    int i;

    // First, confirm that both files have been specified.
```

```
    if(args.length != 2) {
      System.out.println("Usage: CopyFile from to");
      return;
    }

    // Open and manage two files via the try statement.
    try (FileInputStream fin = new FileInputStream(args[0]);
         FileOutputStream fout = new FileOutputStream(args[1]))
    {                                                          管理两个资源

      do {
        i = fin.read();
        if(i != -1) fout.write(i);
      } while(i != -1);

    } catch(IOException exc) {
      System.out.println("I/O Error: " + exc);
    }
  }
}
```

在这个程序中，注意在 try 中打开输入和输出文件的方式：

```
try (FileInputStream fin = new FileInputStream(args[0]);
     FileOutputStream fout = new FileOutputStream(args[1]))
{
```

在这个 try 块结束后，fin 和 fout 都会被关闭。比较两个版本的程序会发现，这个版本的程序更加简短。能够简化源代码是 try-with-resources 带来的另一个好处。

try-with-resources 还有一个需要解释的方面。一般来说，try 块执行时，可能发生这样的情况：当 finally 语句中的资源关闭时，try 块中的一个异常可能会引起另一个异常。如果是“普通”的 try 语句，原来的异常会被第二个异常取代，从而丢失。但在 try-with-resources 语句中，第二个异常将被抑制。但是它不会丢失，而是被添加到与第一个异常相关的被抑制异常的列表中。通过使用 Throwable 定义的 getSuppressed( )方法可以获得被抑制异常的列表。

由于 try-with-resources 存在这么多优势，因此本章后面的示例中都会使用它。但是，熟悉传统的显式调用 close( )的方法仍然十分重要。这有几个原因。首先，现在仍然有大量遗留代码依赖于传统的方法。所有 Java 程序员都应该完全了解和熟悉这种传统方法，以便维护和更新原来的代码。其次，在某些时候，可能需要工作在不能使用 JDK 7 的环境中。此时，将无法使用 try-with-resources 语句，所以必须使用传统的方法。最后，有些情况下，显式关闭资源可能比自动关闭资源更合适。虽然如此，但如果正在使用 Java 的现代版本，通常应该使用更新的自动化方法来管理资源。与传统方法相比，这种方法更简洁、更健壮。

10.9　读写二进制数据

目前，我们已经读写了包括 ASCII 字符的字节，但是也可以读取和写入其他类型的数据，的确这也很常见。例如，可以创建包含 int、double 或 short 数据的文件。要读取和写入 Java 基本类型的二进制值，需要使用 DataInputStream 和 DataOutputStream。

DataOutputStream 实现了 DataOutput 接口。该接口定义了把所有 Java 基本类型写入文件的方法。数据的写入使用的是内部二进制格式，而不是人们可读的文本形式，理解这一点很重要。Java 基本类型常用的输出方法如表 10-5 所示。当错误发生时，每种方法都可抛出 IOException。

表 10-5 DataOutputStream 定义的常用输出方法

输出方法	目　的
void writeBoolean(boolean *val*)	写入 *val* 指定的 boolean 类型数据
void writeByte(int *val*)	写入 *val* 指定的低阶字节
void writeChar(int *val*)	写入 *val* 指定为字符的值
void writeDouble(double *val*)	写入 *val* 指定的 double 类型数据
void writeFloat(float *val*)	写入 *val* 指定的 float 类型数据
void writeInt(int *val*)	写入 *val* 指定的 int 类型数据
void writeLong(long *val*)	写入 *val* 指定的 long 类型数据
void writeShort(int *val*)	写入 *val* 指定为 short 类型的值

下面是 DataOutputStream 的构造函数。注意它建立在 OutputStream 的实例的基础之上。

```
DataOutputStream(OutputStream outputStream)
```

这里，outputStream 是写入数据的流。要向文件写入输出，可以使用由 FileOutputStream 为该形参创建的对象。

DataInputStream 实现了 DataInput 接口，该接口定义了读取所有 Java 基本类型的方法。这些方法如表 10-6 所示，每种方法都可以抛出 IOException。DataInputStream 使用一个 InputStream 实例作为自己的基础，用读取不同 Java 数据类型的方法来覆盖它。切记，DataInputStream 是以二进制格式，而不是人们可读的文本格式来读取数据。DataInputStream 的构造函数如下所示：

```
DataInputStream(InputStream inputStream)
```

表 10-6 DataInputStream 定义的常用输入方法

输入方法	目　的	输入方法	目　的
boolean readBoolean( )	读取 boolean 类型数据	float readFloat( )	读取 float 类型数据
byte readByte( )	读取 byte 类型数据	int readInt( )	读取 int 类型数据
char readChar( )	读取 char 类型数据	long readLong( )	读取 long 类型数据
double readDouble( )	读取 double 类型数据	short readShort( )	读取 short 类型数据

这里，inputStream 是与创建的 DataInputStream 的实例相连的流。要从文件读取输入，可以使用由 FileInputStream 为该形参创建的对象。

下面是一个说明 DataOutputStream 和 DataInputStream 的程序。它首先向文件写入各种类型的数据，然后从文件读取这些数据。

```
// Write and then read back binary data.

import java.io.*;

class RWData {
  public static void main(String args[])
  {
    int i = 10;
    double d = 1023.56;
    boolean b = true;

    // Write some values.
    try (DataOutputStream dataOut =
```

```
            new DataOutputStream(new FileOutputStream("testdata")))
    {
      System.out.println("Writing " + i);
      dataOut.writeInt(i);

      System.out.println("Writing " + d);
      dataOut.writeDouble(d);

      System.out.println("Writing " + b);
      dataOut.writeBoolean(b);

      System.out.println("Writing " + 12.2 * 7.4);
      dataOut.writeDouble(12.2 * 7.4);
    }
```

写入二进制数据

```
    catch(IOException exc) {
      System.out.println("Write error.");
      return;
    }

    System.out.println();

    // Now, read them back.
    try (DataInputStream dataIn =
            new DataInputStream(new FileInputStream("testdata")))
    {
      i = dataIn.readInt();
      System.out.println("Reading " + i);

      d = dataIn.readDouble();
      System.out.println("Reading " + d);

      b = dataIn.readBoolean();
      System.out.println("Reading " + b);

      d = dataIn.readDouble();
      System.out.println("Reading " + d);
    }
```

读取二进制数据

```
    catch(IOException exc) {
      System.out.println("Read error.");
    }
  }
}
```

程序的输出如下所示：

```
Writing 10
Writing 1023.56
Writing true
Writing 90.28

Reading 10
Reading 1023.56
Reading true
Reading 90.28
```

练习 10-1(CompFiles.java) 文件比较程序

本练习开发一个简单实用的文件比较程序。它通过打开两个文件，然后读取并比较每一个文件中对应的字节集合来实现比较功能。如果找到不匹配的项，文件就是不相同的。如果同时到达每个文件的末尾，并且没有找到不匹配的项，那么文件就是相同的。注意，程序中使用 try-with-resources 语句来自动关闭文件。

步骤：

(1) 创建一个名为 CompFiles.java 的文件。

(2) 将下列程序添加到 CompFiles.java 中：

```
/*
  Try This 10-1

  Compare two files.

  To use this program, specify the names
  of the files to be compared on the command line.

  java CompFile FIRST.TXT SECOND.TXT
*/

import java.io.*;

class CompFiles {
  public static void main(String args[])
  {
    int i=0, j=0;

    // First make sure that both files have been specified.
    if(args.length !=2 ) {
      System.out.println("Usage: CompFiles f1 f2");
      return;
    }

    // Compare the files.
    try (FileInputStream f1 = new FileInputStream(args[0]);
         FileInputStream f2 = new FileInputStream(args[1]))
    {
      // Check the contents of each file.
      do {
        i = f1.read();
        j = f2.read();
        if(i != j) break;
      } while(i != -1 && j != -1);

      if(i != j)
        System.out.println("Files differ.");
      else
        System.out.println("Files are the same.");
    } catch(IOException exc) {
      System.out.println("I/O Error: " + exc);
    }
  }
}
```

(3) 为测试 CompFiles，首先将 CompFiles.java 复制到一个名为 temp 的文件。然后，运行下面的命令行：

```
java CompFiles CompFiles.java temp
```

程序将报告文件是相同的。接着，使用下面的命令行比较 CompFiles.java 和 CopyFile.java(前面已经出现过)：

```
java CompFiles CompFiles.java CopyFile.java
```

这两个文件是不相同的，CompFiles 将报告这一点。

(4) 可自己使用不同的选项来增强 CompFiles。例如，添加一个忽略大小写的选项。也可考虑让 CompFiles 显示文件中存在不同之处的位置。

10.10 随机访问文件

目前，我们已经使用了顺序文件(sequential file)，即必须以线性方式、逐字节访问的文件。然而，Java 也允许以随机顺序来访问文件内容。为此，要使用封装有随机访问文件的 RandomAccessFile。RandomAccessFile 不是从 InputStream 或 OutputStream 派生而来的。相反，它实现了定义 I/O 基本方法的接口 DataInput 和 DataOutput。它还支持定位请求，即可以在文件中定位文件指针(file pointer)。我们使用的构造函数如下所示：

```
RandomAccessFile(String fileName, String access)
    throws FileNotFoundException
```

这里，*fileName* 中存储的是被传入的文件的名称，*access* 确定了允许的文件访问类型。如果是“r”，文件只能读不能写。如果是“rw”，文件既可以读，又可以写。*access* 形参也支持 rws 和 rwd，它们(用于本地设备)确保对文件的修改会立即写入物理设备。

这里的 seek( )方法用于设置文件中文件指针的当前位置：

```
void seek(long newPos) throws IOException
```

这里，*newPos* 指定从文件开头进行计算、以字节计数的文件指针的新位置。在调用 seek( )以后，下一个读或写操作将在新的文件位置发生。

RandomAccessFile 实现了 read( )和 write( )方法，以及 DataInput 和 DataOutput 接口，这就意味着读写基本类型的方法(如 readInt( )和 writeDouble( ))是有效的。

下面是演示随机访问 I/O 的一个示例。它向文件写入了 6 个 double 类型的数据，并将它们以无序顺序读回。

```
// Demonstrate random access files.

import java.io.*;

class RandomAccessDemo {
  public static void main(String args[])
  {
    double data[] = { 19.4, 10.1, 123.54, 33.0, 87.9, 74.25 };
    double d;

    // Open and use a random access file.                    打开随机访问文件
     try (RandomAccessFile raf = new RandomAccessFile("random.dat", "rw"))
     {
```

```
      // Write values to the file.
      for(int i=0; i < data.length; i++) {
        raf.writeDouble(data[i]);
      }

      // Now, read back specific values
      raf.seek(0); // seek to first double      ←—— 使用seek()设置文件指针
      d = raf.readDouble();
      System.out.println("First value is " + d);

      raf.seek(8); // seek to second double
      d = raf.readDouble();
      System.out.println("Second value is " + d);

      raf.seek(8 * 3); // seek to fourth double
      d = raf.readDouble();
      System.out.println("Fourth value is " + d);

      System.out.println();

      // Now, read every other value.
      System.out.println("Here is every other value: ");
      for(int i=0; i < data.length; i+=2) {
        raf.seek(8 * i); // seek to ith double
        d = raf.readDouble();
        System.out.print(d + " ");
      }
    }
    catch(IOException exc) {
      System.out.println("I/O Error: " + exc);
    }
  }
}
```

程序的输出如下所示:

```
First value is 19.4
Second value is 10.1
Fourth value is 33.0

Here is every other value:
19.4 123.54 87.9
```

注意每个值是如何定位的。因为每一个 double 值都是 8 字节长，所以每个值都以 8 字节为界限。因此，第 1 个值定位在 0，而第 2 个值就从字节 8 处开始，第三个值从字节 16 处开始，依此类推，读取第 4 个值时，程序就应该寻找字节 24 的位置。

专家解答

问： 在阅读 JDK 提供的文档时，注意到有一个名为 Console 的类，可以使用它执行基于控制台的 I/O 吗？

答： 简单的回答是可以。Console 类是 JDK 6 添加的，用来从控制台读写。Console 只是提供了方便，因为它的大多数功能都可以通过 System.in 和 System.out 获得。但是，使用它可以简化某些类型的控制台交互，尤其是在从控制台读取字符串时。

Console 类没有提供构造函数。Console 对象通过调用 System.console( )获得，如下所示：

```
static Console console( )
```

如果控制台可用，将返回一个对控制台的引用；否则，返回 null。控制台不会在所有情况下都可用，例如当程序作为后台任务运行时。因此，如果返回 null，就说明无控制台 I/O 可用。

Console 定义了一些执行 I/O 的方法，如 readLine( )和 printf( )。它还定义了一个 readPassword( )方法，该方法用来获得密码，可以让应用程序读取密码，而不必回显键盘输入。还可获得一个附加到控制台的对 Reader 和 Writer 的引用。总之，Console 是一个对某些类型的应用程序有用的类。

10.11 使用 Java 字符流

正如前几节所述，Java 的字节流既功能强大，又十分灵活。然而它们并不是处理字符 I/O 的理想途径。为此，Java 定义了字符流类。在字符流类层次结构的顶端是抽象类 Reader 和 Writer。表 10-7 列出了 Reader 类的方法，表 10-8 列出了 Writer 类的方法。所有方法在出现错误时都抛出 IOException。由这两个抽象类定义的方法对于所有子类都是有效的。因此，它们就形成了一个所有字符流都应具备的最小 I/O 功能集合。

表 10-7 Reader 定义的方法

方 法	描 述
abstract void close( )	关闭输入源，而且任何读操作都会产生 IOException
void mark(int *numChars*)	在输入流的当前点放置标记，标记在读取 *numChars* 个字符之前一直保持有效
boolean markSupported( )	如果该流支持 mark( )/reset( )，就返回 true
static Reader nullReader( )	返回一个打开但为空的读取器，该读取器不包含任何数据。因此，阅读器总在流的末尾，无法获得任何输入。然而，读取器可以关闭(由 JDK 11 添加)
int read( )	返回一个整数，表示调用输入流的下一个有效字符。当到达流末尾时返回–1
int read(char *buffer*[ ])	尝试将 buffer.length 个字符读入缓冲区，并返回成功读取的实际字符数。当到达流末尾时，返回–1
abstract int read(char *buffer*[ ], int *offset*,int *numChars*)	尝试将 *numChars* 个字符读入缓冲区中以 *buffer*[*offset*]开始的位置，返回成功读取的字符数。当到达流末尾时，返回–1
int read(CharBuffer *buffer*)	尝试填充 *buffer* 指定的缓冲区，返回成功读取的字符数。当到达流末尾时返回–1。CharBuffer 是一个封装字符序列(如字符串)的类
boolean ready( )	如果下一个输入请求不等待就返回 true，否则返回 false
void reset( )	将输入指针重置为前面设定的标记
long skip(long *numChars*)	跳过输入的 *numChars* 个字符，返回实际跳过的字符数
long transferTo(Writer writer)	将调用读取器的内容复制到写入器，返回复制的字符数(由 JDK 10 添加)

表 10-8 Writer 定义的方法

方　法	描　述
Writer append(char *ch*)	把 *ch* 追加到调用输出流的末尾，返回调用输出流的引用
Writer append(CharSequence *chars*)	把 *chars* 追加到调用输出流的末尾，返回调用输出流的引用。CharSequence 是一个定义字符序列上的只读操作的接口
Writer append(CharSequence *chars*, int *begin*, int *end*)	把 *chars* 的从 *begin* 到 *end* 之间的字符序列追加到调用输出流的末尾，返回调用输出流的引用。CharSequence 是一个定义字符序列上的只读操作的接口
abstract void close( )	关闭输出流，之后的任何写操作都会产生 IOException
abstract void flush( )	将已经缓冲的任何输出发送到其目标，即它用于刷新输出缓冲区
static Writer nullWriter( )	返回一个打开但为空的输出写入器，该写入器不向其写入任何输出。然而，该写入器可以关闭(由 JDK 11 添加)
void write(int *ch*)	向调用输出流写入一个字符。注意，形参是 int 类型，它支持直接用表达式调用 write( )而无须将它们强制转换为 char
void write(char *buffer*[ ])	向调用输出流写入一个完整的字符数组
abstract void write(char *buffer*[ ], int *offset*,int *numChars*)	从数组缓冲区的 *buffer*[*offset*]开始向输出流写入 *numChars* 个字符的子区间
void write(String *str*)	向调用输出流写入 *str*
void write(String *str*, int *offset*, int *numChars*)	从指定的 *offset* 开始，从数组 *str* 写入 *numChars* 个字符的子区间

10.11.1 使用字符流的控制台输入

对于要国际化的代码而言，使用 Java 字符流从控制台输入作为一种从键盘读取字符的方法比使用字节流更好、更方便。然而，因为 System.in 是一个字节流，所以需要将 System.in 包含在某一类型的 Reader 中。读取控制台输入最合适的类是 BufferedReader，它支持缓冲的输入流。然而，不能直接从 System.in 构造 BufferedReader。必须首先将它转换为一个字符流。为此，需要使用 InputStreamReader 把字节转换为字符。为获得与 System.in 链接的 InputStreamReader 对象，需要使用下面所示的构造函数：

```
InputStreamReader(InputStream inputStream)
```

因为 System.in 引用一个 InputStream 类型的对象，所以它可以用于 *inputStream*。

接下来，使用 InputStreamReader 产生的对象，使用下面的构造函数构造一个 BufferedReader，如下所示：

```
BufferedReader(Reader inputReader)
```

这里，*inputReader* 是与创建的 BufferedReader 实例链接的流。把它放在一起，下面的代码行创建了与键盘相连的 BufferedReader：

```
BufferedReader br = new BufferedReader(new
                         InputStreamReader(System.in));
```

在这条语句执行后，br 将成为一个通过 System.in 与控制台相连的字符流。

1. 读取字符

使用 BufferedReader 定义的 read( )方法从 System.in 读取字符与使用字节流读取十分相似。BufferedReader 定

义了下面这三个版本的 read( )：

```
int read( ) throws IOException
int read(char data[ ]) throws IOException
int read(char data[ ], int start, int max) throws IOException
```

第一个 read( )读取一个 Unicode 字符。当到达流的末尾时，返回–1。第二个 read( )从输入流读取字符，然后把它们放入 data 直到数组满、到达流末尾或发生错误为止。它返回读取的字符数量，或者在到达流的末尾时返回–1。第三个 read( )从 start 指定的位置开始将输入读到 data，直到存储了 max 个字符为止。它返回读取字符的数量，或者在到达流的末尾时返回–1。这三个 read( )版本在发生错误时都抛出 IOException。

下面的程序演示了 read( )的用法，它从控制台读取字符，直到用户输入句点为止。注意任何可能生成的 I/O 异常都只是抛出到 main( )之外。如本章前面所述，在从控制台读取字符时这种方法是通用的。当然，也可以选择在程序控制下处理这些类型的错误。

```
// Use a BufferedReader to read characters from the console.
import java.io.*;

class ReadChars {
  public static void main(String args[])
    throws IOException
  {
    char c;
    BufferedReader br = new        ← 创建链接到 System.in 的 BufferedReader
            BufferedReader(new
                    InputStreamReader(System.in));

    System.out.println("Enter characters, period to quit.");

    // read characters
    do {
      c = (char) br.read();
      System.out.println(c);
    } while(c != '.');
  }
}
```

下面是运行结果：

```
Enter characters, period to quit.
One Two.
O
n
e

T
w
o
.
```

2. 读取字符串

为从键盘读取字符串，需要使用 BufferedReader 类的成员 readLine( )，其基本形式如下所示：

```
String readLine( ) throws IOException
```

它返回的 String 对象包含了读取的字符。如果试图在流的末尾读取，就会返回 null。

下面的程序演示了 BufferedReader 类和 readLine( )方法。程序读取并显示文本行，直到输入单词“stop”。

```
// Read a string from console using a BufferedReader.
import java.io.*;

class ReadLines {
  public static void main(String args[])
    throws IOException
  {
    // create a BufferedReader using System.in
    BufferedReader br = new BufferedReader(new
                        InputStreamReader(System.in));
    String str;

    System.out.println("Enter lines of text.");
    System.out.println("Enter 'stop' to quit.");
    do {
      str = br.readLine();   ←—— 使用来自 BufferedReader 的 readLine( )读取一行文本
      System.out.println(str);
    } while(!str.equals("stop"));
  }
}
```

10.11.2 使用字符流的控制台输出

尽管 Java 还允许使用 System.out 向控制台写入，但是它更多地应用于调试程序或如本书那样用于示例程序。对于真正的程序而言，在 Java 中向控制台写入的更合适方法是使用 PrintWriter 流。PrintWriter 是一个字符流类。如上所述，使用字符类进行控制台输出可使程序的国际化更为简单。

PrintWriter 定义了几个构造函数。我们将使用的构造函数如下所示：

```
PrintWriter(OutputStream outputStream, boolean flushingOn)
```

这里，*outputStream* 是一个 OutputStream 类型的对象，而 *flushOn* 控制 Java 是否在每次调用 println( )方法时刷新输出流。如果 *flushOn* 为 true，刷新就自动进行。如果为 false，刷新就不是自动进行的。

PrintWriter 支持包括 Object 在内的所有类型的 print( )和 println( )方法。因此，可以像在 System.out 中使用它们一样来使用这些方法。如果实参不是基本类型，PrintWriter 方法将调用对象的 toString( )方法，然后打印结果。

为使用 PrintWriter 向控制台写入，需要为输出流指定 System.out，在每一次调用 println( )之后刷新流。例如，下面这行代码创建了一个与控制台输出相连的 PrintWriter：

```
PrintWriter pw = new PrintWriter(System.out, true);
```

下面的应用程序演示了如何使用 PrintWriter 来处理控制台输出：

```
// Demonstrate PrintWriter.
import java.io.*;

public class PrintWriterDemo {
  public static void main(String args[]) {
    PrintWriter pw = new PrintWriter(System.out, true);   ←—— 创建一个链接到 System.out 的 PrintWriter
    int i = 10;
    double d = 123.65;
```

```
        pw.println("Using a PrintWriter.");
        pw.println(i);
        pw.println(d);

        pw.println(i + " + " + d + " is " + (i+d));
    }
}
```

程序的输出如下所示：

```
Using a PrintWriter.
10
123.65
10 + 123.65 is 133.65
```

切记，在学习 Java 或调试程序时使用 System.out 向控制台输出简单的文本是没有错的。然而，使用 PrintWriter 会使实际的应用程序更易于国际化。因为在本书的示例中使用 Print Writer 没有什么优势，所以为方便起见，我们将继续使用 System.out 向控制台写入。

10.12 使用字符流的文件 I/O

尽管字节文件处理是最常见的，但是使用字符流进行 I/O 操作也是可能的。字符流的优势是它们可以直接操作 Unicode 字符。因此，如果想存储 Unicode 文本，字符流肯定是最好的选择。一般来说，如果要执行基于字符的文件 I/O，就要使用 FileReader 和 FileWriter 类。

10.12.1 使用 FileWriter

FileWriter 创建一个可以用于写入文件的 Writer。它最常用构造函数如下所示：

```
FileWriter(String fileName) throws IOException
FileWriter(String fileName, boolean append) throws IOException
```

这里，*fileName* 是文件的完整路径名。如果 *append* 为 true，那么输出被添加至文件的末尾。否则，文件被重写。两个构造函数都会在发生错误时抛出 IOException。FileWriter 是从 OutputStreamWriter 和 Writer 派生而来的。因此，它可使用这些类定义的方法。

下面是一个简单的键盘-磁盘实用程序，它读取从键盘输入的文本行，并且把它们写入名为 test.txt 的文件中。文本会一直读取，直到用户输入单词“stop”为止。它使用 FileWriter 输出到文件。

```
// A simple key-to-disk utility that demonstrates a FileWriter.

import java.io.*;

class KtoD {
  public static void main(String args[])
  {

    String str;
    BufferedReader br =
           new BufferedReader(
                new InputStreamReader(System.in));

    System.out.println("Enter text ('stop' to quit).");
```

```
    try (FileWriter fw = new FileWriter("test.txt"))  ← 创建一个 FileWriter
    {
      do {
        System.out.print(": ");
        str = br.readLine();

        if(str.compareTo("stop") == 0) break;

        str = str + "\r\n"; // add newline
        fw.write(str);
      } while(str.compareTo("stop") != 0);
    } catch(IOException exc) {
      System.out.println("I/O Error: " + exc);
    }
  }
}
```

10.12.2 使用 FileReader

FileReader 类创建了一个可用于读取文件内容的 Reader。它的最常用构造函数如下所示：

```
FileReader(String fileName) throws FileNotFoundException
```

这里，*fileName* 是文件的完整路径名。如果文件不存在，它就会抛出一个 FileNotFoundException。FileReader 是由 InputStreamReader 和 Reader 派生而来的。因此，它可以访问这些类定义的方法。

下面的程序创建了一个简单的磁盘-屏幕实用程序，即从一个名为 test.txt 的文本文件读取内容，然后在屏幕上显示其内容。因此，它是上一节中的键盘-磁盘实用程序的补充。

```
// A simple disk-to-screen utilitiy that demonstrates a FileReader.

import java.io.*;

class DtoS {
  public static void main(String args[]) {
    String s;
                                                        创建一个 FileReader
    // Create and use a FileReader wrapped in a BufferedReader.
     try (BufferedReader br = new BufferedReader(new FileReader("test.txt")))
    {
       while((s = br.readLine()) != null) {  ← 读取文件各行并将它们显示在屏幕上
        System.out.println(s);
      }
    } catch(IOException exc) {
      System.out.println("I/O Error: " + exc);
    }
  }
}
```

在本例中，注意 FileReader 包含在 BufferedReader 中。这使它可以使用 readLine( )。而且，关闭 BufferedReader(本例中是 br)会自动关闭文件。

专家解答

问：我听说有另一个 I/O 包称为 NIO，你能告诉我它的一些情况吗？

答： NIO 是一种新的 I/O，是在 JDK 1.4 中加入 Java 语言的。它支持基于通道的 I/O 操作方法。NIO 类包含在 java.nio 及其子包(如 java.nio.channels 和 java.nio.charset)中。

NIO 构建于两个基础元素之上：缓冲区(buffer)和通道(channel)。缓冲区存储数据。通道则作为通向一台 I/O 设备(如文件或套接字)的开放连接。总之，使用新 I/O 系统，可以获得与一台 I/O 设备连接的通道和存储数据的缓冲区。这样，可以根据需要对缓冲区输入或输出数据。

NIO 使用的其他两个实体是 charset 和 selector。charset 定义了字节映射为字符的方法。可以使用编码器将字符序列编码为字节，也可以使用解码器把字节序列解码为字符。selector 支持基于键盘的无阻塞多重 I/O。换言之，selector 可以通过多重通道来执行 I/O 操作。selector 最适于支持套接字的通道。

从 JDK 7 开始，NIO 被大大增强了，以至于现在经常会使用 NIO.2 这个词。改进之处包括增加了 3 个新包(java.nio.file、java.nio.file.attribute 和 java.nio.file.spi)；增加了一些新的类、接口和方法；并直接支持流 I/O。这些改进扩展了 NIO 的用途，特别是在文件方面。

NIO 类不会代替本章讨论的 java.io 中定义的 I/O 类，理解这一点很重要。相反，NIO 类设计用于作为标准 I/O 系统的补充，以提供另一种在某些情况下更合适的 I/O 方法。

10.13 使用 Java 的类型封装器转换数值字符串

在结束关于 I/O 的讨论之前，我们将介绍在读数值字符串时一项很有用的技术。我们知道，Java 的 println( )方法提供了一种向控制台输出各类数据的方法，包括内置类型的数值，如 int 和 double。因此，println( )自动将数值转换为可读形式。但是，read( )这样的方法没有提供类似的功能，可以读取包含数值的字符串，并将之转换为内部二进制格式。例如，没有一种 read( )方法可以读取“100”这样的字符串，然后将其自动转换为对应的二进制值并存储在 int 变量中。Java 提供了其他多种方法来完成这一任务，其中最简单的方法可能是使用 Java 的类型封装器(wrapper)。

Java 的类型封装器是封装或包装了基本类型的类。因为基本类型不是对象，所以需要类型封装器。这在某种程度上限制了它们的使用。例如，基本类型不能通过引用来传递。为满足这种需要，Java 为每个基本类型都提供了相应的类。

类型封装器有 Double、Float、Long、Integer、Short、Byte、Character 和 Boolean。这些类提供了大量方法将基本类型整合到 Java 的对象层次结构中。另一方面的作用是，数值封装器还定义了可以把数值字符串转换为对应二进制值的方法。表 10-9 显示了一些转换方法。每个方法都返回字符串相应的二进制值。

表 10-9 封装器定义的转换方法

封 装 器	转换方法
Double	static double parseDouble(String *str*) throws NumberFormatException
Float	static float parseFloat(String *str*) throws NumberFormatException
Long	static long parseLong(String *str*) throws NumberFormatException
Integer	static int parseInt(String *str*) throws NumberFormatException
Short	static short parseShort(String *str*) throws NumberFormatException
Byte	static byte parseByte(String *str*) throws NumberFormatException

Integer 封装器还提供了一种可以指定基数的分析方法。

这种分析方法提供了一种简便的途径，把从键盘或文本文件作为字符串读取的数值转换为对应的内部格式。例如，下面的程序演示了 parseInt( )和 parseDouble( )。程序计算用户输入数据的平均数。首先，程序让用户输入要计算平均数的值的数量。然后使用 readLine( )来读取数值，并使用 parseInt( )把字符串转换为整数。接着使用 parseDouble( )把字符串转换为对应的 double 类型，并输入这些值。

```
/* This program averages a list of numbers entered
   by the user. */

import java.io.*;

class AvgNums {
  public static void main(String args[])
    throws IOException
  {
    // create a BufferedReader using System.in
    BufferedReader br = new
      BufferedReader(new InputStreamReader(System.in));
    String str;
    int n;
    double sum = 0.0;
    double avg, t;

    System.out.print("How many numbers will you enter: ");
    str = br.readLine();
    try {
      n = Integer.parseInt(str);        ←—— 把字符串转换为 int 类型
    }
    catch(NumberFormatException exc) {
      System.out.println("Invalid format");
      n = 0;
    }

    System.out.println("Enter " + n + " values.");
    for(int i=0; i < n ; i++) {
      System.out.print(": ");
      str = br.readLine();
      try {
        t = Double.parseDouble(str);    ←—— 把字符串转换为 double 类型
      } catch(NumberFormatException exc) {
        System.out.println("Invalid format");
        t = 0.0;
      }
      sum += t;
    }
    avg = sum / n;
    System.out.println("Average is " + avg);
  }
}
```

运行结果如下所示：

```
How many numbers will you enter: 5
Enter 5 values.
: 1.1
```

```
: 2.2
: 3.3
: 4.4
: 5.5
Average is 3.3
```

专家解答

问： 基本类型封装器类还可以做什么？

答： 基本类型封装器提供了一些方法来帮助将基本类型整合到对象层次结构中。例如，Java 库提供的包括映射、列表和集合在内的各种存储机制只能应用于对象。因此，例如要存储 int 数据，就必须把它封装到一个对象中。而且，所有类型封装器都有一个名为 compare To( )的方法，它可以比较包含在封装器中的值；还有一个用于测试两个值是否相等的方法 equals( )；以及以不同形式返回对象值的一些方法。第 12 章在介绍自动装箱时将再次讨论类型封装器。

练习 10-2(FileHelp.java) 创建一个基于磁盘的 Help 系统

练习 4-1 中创建了一个显示 Java 控制语句信息的 Help 类。在那个练习的实现方式中，帮助信息存储在类本身中，用户从包含若干编号选项的菜单中选择帮助。

尽管这种方法是完全可行的，但肯定不是创建 Help 系统的理想途径。例如，要添加或修改帮助信息，程序的源代码都需要改动。而且帮助主题的选择是通过数字而不是名称来完成的，这非常乏味，而且不适于较长的帮助主题列表。这里通过创建基于磁盘的 Help 系统来弥补这一缺陷。

基于磁盘的 Help 系统把帮助信息存储在帮助文件中。帮助文件是一个标准的文本文件，它可以在不改动 Help 程序的同时，被任意修改或扩展。用户通过输入帮助主题的名称来获取相关的帮助。Help 系统则在帮助文件中查找这一帮助主题。如果找到，就显示帮助主题的相关信息。

步骤：

(1) 创建 Help 系统使用的帮助文件。帮助文件是标准的文本文件，其组织形式如下：

```
#topic-name1
topic info

#topic-name2
topic info
.
.
.
#topic-nameN
topic info
```

每个帮助主题名称的前面必须有一个#，帮助主题名称必须单独放在一行中。将#放在每个帮助主题名称的前面可使程序迅速找到每个帮助主题的开始位置。帮助主题名称的后面可以是关于本帮助主题的任意数量的信息行。但是，一个主题信息的结束和另一个主题信息的开始之间必须有一个空行。而且，每行的结尾不能有空格。

下面是一个可以测试基于磁盘的 Help 系统的简单帮助文件。它存储 Java 控制语句的相关信息。

```
#if
if(condition) statement;
else statement;

#switch
switch(expression) {
  case constant:
    statement sequence
    break;
    // ...
  }

#for
for(init; condition; iteration) statement;

#while
while(condition) statement;

#do
do {
  statement;
} while (condition);

#break
break; or break label;

#continue
continue; or continue label;
```

命名该文件为 helpfile.txt。

(2) 创建一个名为 FileHelp.java 的文件。

(3) 使用下面几行代码开始创建新的 Help 类:

```
class Help {
  String helpfile; // name of help file

  Help(String fname) {
    helpfile = fname;
  }
```

将帮助文件的名称传递到 Help 构造函数，并将其存储到实例变量 helpfile 中。因为每个 Help 实例都有自己的 helpfile 副本，所以每个实例都可以使用一个不同的文件。因此，可为不同系列的主题创建不同系列的帮助文件。

(4) 将这里显示的 helpOn( )方法添加到 Help 类中。该方法用于检索指定主题的帮助。

```
// Display help on a topic.
boolean helpOn(String what) {
  int ch;
  String topic, info;

  // Open the help file.
  try (BufferedReader helpRdr =
        new BufferedReader(new FileReader(helpfile)))
```

```
{
  do {
    // read characters until a # is found
    ch = helpRdr.read();

    // now, see if topics match
    if(ch == '#') {
      topic = helpRdr.readLine();
      if(what.compareTo(topic) == 0) { // found topic
        do {
          info = helpRdr.readLine();
          if(info != null) System.out.println(info);
        } while((info != null) &&
               (info.compareTo("") != 0));
        return true;
      }
    }
  } while(ch != -1);
}
catch(IOException exc) {
  System.out.println("Error accessing help file.");
  return false;
}
return false; // topic not found
}
```

首先要注意的是 helpOn( )自行可以处理所有可能的 I/O 异常，甚至不必引入 throws 语句。通过处理自己的异常，使得执行自己的代码时无须担负异常处理的任务。因此，其他代码只需要调用 helpOn( )就可以了，无须将这一调用包含到 try/catch 代码块中。

使用包含在 BufferedReader 中的 FileReader 打开帮助文件。因为帮助文件包含文本，所以使用字符流以使 Help 系统更有效地实现国际化。

helpOn( )方法的工作过程如下：将包含主题名称的字符串传递到 what 形参。然后，打开帮助文件。接着在文件中寻找与 what 匹配的主题。切记，在文件中每个主题的前面都有一个#，这样查找循环就在文件中搜索#即可。每当搜索到一个#，它就检查#后面的主题是否与 what 中的主题相匹配。如果匹配，就显示与该主题相关的信息。如果找到匹配项，helpOn( )就返回 true，否则返回 false。

(5) Help 类也提供一个名为 getSelection( )的方法。它提示用户输入主题，并返回用户输入的主题字符串。

```
// Get a Help topic.
String getSelection() {
  String topic = "";

  BufferedReader br = new BufferedReader(
          new InputStreamReader(System.in));

  System.out.print("Enter topic: ");
  try {
    topic = br.readLine();
  }
  catch(IOException exc) {
    System.out.println("Error reading console.");
```

```
    }
    return topic;
  }
```

该方法创建附加于 System.in 的 BufferedReader。然后，它提示输入主题名称，读取主题，并将主题返回给调用者。

(6) 完整的基于磁盘的 Help 系统如下所示：

```
/*
   Try This 10-2

   A help program that uses a disk file
   to store help information.
*/

import java.io.*;

/* The Help class opens a help file,
   searches for a topic, and then displays
   the information associated with that topic.
   Notice that it handles all I/O exceptions
   itself, avoiding the need for calling
   code to do so. */
class Help {
  String helpfile; // name of help file

  Help(String fname) {
    helpfile = fname;
  }

  // Display help on a topic.
  boolean helpOn(String what) {
    int ch;
    String topic, info;

    // Open the help file.
    try (BufferedReader helpRdr =
            new BufferedReader(new FileReader(helpfile)))
    {
      do {
        // read characters until a # is found
        ch = helpRdr.read();

        // now, see if topics match
        if(ch == '#') {
          topic = helpRdr.readLine();
          if(what.compareTo(topic) == 0) { // found topic
            do {
              info = helpRdr.readLine();
              if(info != null) System.out.println(info);
            } while((info != null) &&
                    (info.compareTo("") != 0));
```

```
          return true;
        }
      }
    } while(ch != -1);
  }
  catch(IOException exc) {
    System.out.println("Error accessing help file.");
    return false;
  }
  return false; // topic not found
}

// Get a Help topic.
String getSelection() {
  String topic = "";

  BufferedReader br = new BufferedReader(
          new InputStreamReader(System.in));

  System.out.print("Enter topic: ");
  try {
    topic = br.readLine();
  }
  catch(IOException exc) {
    System.out.println("Error reading console.");
  }
  return topic;
}
}

// Demonstrate the file-based Help system.
class FileHelp {
  public static void main(String args[]) {
    Help hlpobj = new Help("helpfile.txt");
    String topic;

    System.out.println("Try the help system. " +
                       "Enter 'stop' to end.");
    do {
      topic = hlpobj.getSelection();

      if(!hlpobj.helpOn(topic))
        System.out.println("Topic not found.\n");

    } while(topic.compareTo("stop") != 0);
  }
}
```

专家解答

问：除了基本类型封装器定义的 parse 方法外，还有其他简单方法可以把使用键盘输入的数值字符串转换成对应的二进制形式吗？

答：还有。另一种把数值字符串转换为内部二进制形式的方法是使用 java.util 包中的 Scanner 类定义的方法。Scanner 读取格式化(即人们可读)的输入，并将其转换为二进制形式。Scanner 可读取多种源的输入，包括控制台和文件。因此，可以使用 Scanner 读取从键盘输入的数值字符串，并将其值赋给一个变量。虽然 Scanner 包含诸多功能，这里无法一一介绍，但下面的说明还是可以演示其基本用法的。

要使用 Scanner 读取键盘输入，首先必须创建一个与控制台输入链接的 Scanner。为此，需要使用下面的构造函数：

```
Scanner(InputStream from)
```

这创建了一个使用 from 指定的流作为输入源的 Scanner。可以使用这个构造函数创建一个链接到控制台输入的 Scanner，如下所示：

```
Scanner conin = new Scanner(System.in);
```

可以这样做是因为 System.in 是一个 InputStream 类型的对象。在执行这行代码后，可以使用 conin 读取键盘输入。创建一个 Scanner 后，使用它读取数值输入就很简单了。一般过程如下：

(1) 通过调用 Scanner 的 hasNextX 方法来确定是否有特定类型的输入，其中 X 是目标数据类型。

(2) 如果有输入，调用 Scanner 的 next*X* 方法读取输入。

如前所述，Scanner 定义了两组方法来读取输入。第一组是 hasNext 方法，包括 hasNextInt( )和hasNextDouble( )等。如果目标数据类型是数据流中的下一个可用项，hasNext 方法将返回 true，否则返回 false。例如，只有流中的下一项是人们可读的整数形式时，hasNextInt( )才返回 true。如果目标数据可用，可以通过调用 Scanner 的 next 方法来读取它们，例如 nextInt( )或 nextDouble( )。这些方法将人们可读的数据形式转换为内部的二进制表示，并返回结果。例如，读取整数要调用 nextInt( )。

下面的代码显示了如何从键盘读取整数：

```
Scanner conin = new Scanner(System.in);
int i;

if (conin.hasNextInt()) i = conin.nextInt();
```

使用这些代码时如果在键盘上输入数字 123，那么 i 将包含值 123。从技术角度看，在调用 next 方法前可以不调用 hasNext 方法。但这么做通常不是一个好主意。如果 next 方法不能找到它需要的类型的数据，就会抛出 InputMismatch Exception。因此，最好在调用 next 方法之前先调用对应的 hasNext 方法来确认目标类型的数据可用。

10.14 自测题

1. 为什么 Java 既定义了字节流又定义了字符流？
2. 既然控制台输入和输出是基于文本的，那么为什么 Java 还要使用字节流来进行控制台输入输出？
3. 写出如何打开文件来读取字节。
4. 写出如何打开文件来读取字符。
5. 写出如何打开文件来进行随机访问输入/输出。
6. 如何将数值字符串(如“123.23”)转换为对应的二进制形式？

7. 编写一个复制文本文件的程序。在处理过程中，将所有的空格转换为连字符。请使用字节流文件类。使用传统的方法，通过显式调用 close( )来关闭文件。

8. 重写自测题 7 中描述的程序，以使其使用字符流类。这一次，使用 try-with-resources 语句来自动关闭文件。

9. System.in 是什么类型的流？

10. 当到达流的末尾时，InputStream 的 read( )方法返回什么？

11. 读取二进制数据的是什么类型的流？

12. Reader 和 Writer 位于 ____________类层次结构的顶端。

13. try-with-resources 语句用于 _________________。

14. 如果使用传统的方法来关闭文件，那么在 finally 块中关闭文件通常是一种不错的方法。对吗？

15. 在 try-with-resources 语句中声明资源时，可以使用本地变量类型推断功能吗？

第 11 章

多线程程序设计

关键技能与概念

- 理解多线程的基础知识
- 了解 Thread 类和 Runnable 接口
- 创建一个线程
- 创建多个线程
- 确定线程何时结束
- 使用线程优先级
- 理解线程同步
- 使用同步方法
- 使用同步代码块
- 线程间的通信
- 线程的挂起、继续执行和停止

尽管Java包含许多革新功能，但最精彩的部分是对多线程程序设计(multithreaded programming)的内置支持。

多线程程序可包含两个或多个可并发运行的部分。这种程序的每一部分称为一个线程，每个线程定义了不同的执行路径。因此，多线程是多任务的特殊形式。

11.1 多线程的基础知识

多任务有两种不同的类型：基于进程的多任务和基于线程的多任务。理解两者的不同是十分重要的。进程本质上是正在执行的程序。因此，基于进程的多任务是允许计算机同时运行两个或多个程序的功能。例如，允许在运行Java编译器的同时使用文本编辑器或浏览 Internet 就是基于进程的多任务。在基于进程的多任务中，程序是调度程序(scheduler)可以调度的最小代码单元。

在基于线程的多任务环境中，线程是最小的可调度代码单元。这就意味着程序一次可以执行两项或多项任务。例如，文本编辑器可以在打印的同时格式化文本，只要这两个动作是由两个单独的线程执行就可以。尽管 Java 程序使用基于进程的多任务环境，但是基于进程的多任务并不受 Java 的控制。基于多线程的多任务也是如此。

多线程的主要优势就是可以编写出非常高效的程序，因为它允许利用大多数程序中出现的空闲时间。你可能知道，多数 I/O 设备，无论是网络端口、磁盘驱动器，还是键盘，速度都比 CPU 慢得多。因此，程序经常要花费大部分执行时间用于等待向设备发送或从设备接收信息。通过使用多线程，程序可在这些空闲时间执行其他任务。例如，当程序的一部分向 Internet 发送文件时，另一部分就可以读取键盘输入，还有一部分依然可将下一个要发送的数据块存入缓冲区。

你可能知道，在过去几年中，多处理器和多核系统已经十分常见。当然，单处理器系统的使用仍然十分广泛。Java 的多线程功能在这两类系统中都可以工作，理解这一点十分重要。在单核系统中，并发执行的线程共享 CPU，每个线程都收到一个 CPU 时间片。因此，在单核系统中，实际上两个或更多个线程并不是同时运行的，而是利用了空闲的 CPU 时间。但是，在多处理器/多核系统中，两个或更多个线程实际上可以同时执行。很多情况下，这可以进一步提高程序效率，提高特定操作的速度。

线程有多种状态，可处于运行状态(running)，可以处于就绪状态(ready to run)，一旦得到 CPU 时间就可以执行。正在执行的线程可以挂起(suspended)，即暂停执行。稍后可以继续执行(resumed)。线程在等待资源时可以处于阻塞状态(blocked)。线程在执行结束，且不能继续执行时可以终止(terminated)。

基于线程的多任务的出现产生了对同步(synchronization)这一特殊类型功能的需求。同步允许线程以某种定义良好的方式协调执行。Java 有专用于同步的完整子系统，它的主要功能也将在此介绍。

如果为 Windows 等操作系统编写过程序，就已经熟悉多线程程序设计了。然而 Java 通过语言元素来管理线程这一事实使得编写多线程程序特别方便。许多细节都自动处理过了。

11.2 Thread 类和 Runnable 接口

Java 的多线程系统建立在 Thread 类及其对应接口 Runnable 的基础之上。它们都包含在 java.lang 包中。Thread 封装了执行的线程。为创建新线程，程序可以扩展 Thread 或实现 Runnable 接口。

Thread 类定义了几个方法来帮助管理线程。表 11-1 是几个较常用的方法(在使用这些方法时将更详细地介绍它们)。

表 11-1 Thread 类的几个常用方法

方法	含义
final String getName( )	获取线程名
final int getPriority( )	获取线程优先级
final boolean isAlive( )	确定线程是否仍在运行
final void join( )	等待线程终止

(续表)

方 法	含 义
void run( )	线程的进入点
static void sleep(long *milliseconds)*	按照指定的时间挂起线程，以毫秒为单位
void start( )	通过调用线程的 run( )方法启动线程

所有进程最少有一个被称为主线程(main thread)的执行线程，因为它是程序开始时执行的线程。因此，主线程是本书前面所有示例程序已经用到的线程。可以从主线程创建其他线程。

11.3 创建一个线程

通过实例化一个 Thread 类型的对象可以创建一个线程。Thread 类封装可运行的对象。如上所述，Java 定义了两种创建可运行对象的方法：

- 实现 Runnable 接口
- 扩展 Thread 类

本章的多数示例使用的是实现 Runnable 接口的方法。然而练习 11-1 演示的是如何扩展 Thread 来实现线程。切记：两种方法都要用到 Thread 类来实例化、访问及控制线程。唯一的不同就在于线程的类是如何创建的。

Runnable 接口抽象了一个可执行代码单元。可以在实现 Runnable 接口的任何对象上构造线程。Runnable 只定义了一个名为 run( )的方法，其声明如下所示：

```
public void run( )
```

在 run( )内，可以定义组成新线程的代码。run( )可以调用其他方法，使用其他类，可以像主线程那样声明变量，理解这一点很重要。唯一的区别在于 run( )是为程序中的另一个并发执行的线程建立进入点。这个线程在 run( )返回时结束。

在创建一个实现 Runnable 接口的类后，会在这个类的对象上实例化一个 Thread 类型的对象。Thread 定义了几个构造函数。其中首先用到的构造函数如下所示：

```
Thread(Runnable threadOb)
```

在这个构造函数中，threadOb 是一个实现了 Runnable 接口的类的实例。这个函数定义了从哪里开始执行线程。

创建新线程后，直到调用它的 start( )方法时，它才会运行，该方法是在 Thread 中声明的。其实，start( )执行的是对 run( )的调用。start( )方法如下所示：

```
void start( )
```

下面的示例创建了一个新线程，并且开始运行该线程：

```
// Create a thread by implementing Runnable.

class MyThread implements Runnable {   ← MyThread 对象可以运行于自己的线程中，因为
 String thrdName;                         MyThread 类实现了 Runnable 接口

 MyThread(String name) {
   thrdName = name;
 }

 // Entry point of thread.
 public void run() {   ← 线程开始执行
   System.out.println(thrdName + " starting.");
```

```
    try {
      for(int count=0; count < 10; count++) {
        Thread.sleep(400);
        System.out.println("In " + thrdName +
                           ", count is " + count);
      }
    }
    catch(InterruptedException exc) {
      System.out.println(thrdName + " interrupted.");
    }
    System.out.println(thrdName + " terminating.");
  }
}

class UseThreads {
  public static void main(String args[]) {
    System.out.println("Main thread starting.");

    // First, construct a MyThread object.
    MyThread mt = new MyThread("Child #1");   ←—— 创建可运行对象

    // Next, construct a thread from that object.
     Thread newThrd = new Thread(mt);   ←—— 在该对象上构建线程

    // Finally, start execution of the thread.
    newThrd.start();   ←—— 开始运行线程

    for(int i=0; i<50; i++) {
      System.out.print(".");
      try {
        Thread.sleep(100);
      }
      catch(InterruptedException exc) {
        System.out.println("Main thread interrupted.");
      }
    }

    System.out.println("Main thread ending.");
  }
}
```

下面详细介绍这个程序。首先，MyThread 类实现了 Runnable 接口。这意味着 MyThread 类型的对象适于作为线程使用，并可将其传送给 Thread 构造函数。

在 run( )内部，建立了一个从 0 到 9 进行统计的循环。注意对 sleep( )的调用。sleep( )方法会使调用它的线程挂起以毫秒为单位的指定周期。其基本形式如下所示：

```
static void sleep(long milliseconds) throws InterruptedException
```

挂起的毫秒数在 milliseconds 中指定。该方法可以抛出 InterruptedException，因此必须在 try 块中调用。sleep( )方法也有第二种形式，允许以毫秒和纳秒(如果需要这一级别精度的话)为单位指定周期。在 run( )中，每次执行循环时，sleep( )会将线程暂停 400 毫秒。这样可以使线程的运行变慢，以便有时间观察其执行。

在 main( )中，可使用以下语句序列创建一个新的 Thread 对象：

```
// First, construct a MyThread object.
MyThread mt = new MyThread("Child #1");
```

```
// Next, construct a thread from that object.
Thread newThrd = new Thread(mt);

// Finally, start execution of the thread.
newThrd.start();
```

如注释提示的那样，首先创建一个 MyThread 对象。该对象用于构造一个 Thread 对象。因为 MyThread 类实现了 Runnable 接口，所以这是可行的。最后，新线程通过调用 start( )开始执行。这会启动子线程的 run( )方法。调用 start( )后，执行返回到 main( )，并且进入 main( )的 for 循环。这个循环迭代 50 次，每次暂停 100 毫秒。这样两个线程继续运行，共享单核系统中的 CPU，直到它们的循环结束为止。该程序产生的输出如下所示，因为计算环境的不同，所以看到的具体输出可能与此处的不尽相同：

```
Main thread starting.
.Child #1 starting.
...In Child #1, count is 0
....In Child #1, count is 1
....In Child #1, count is 2
...In Child #1, count is 3
....In Child #1, count is 4
....In Child #1, count is 5
....In Child #1, count is 6
...In Child #1, count is 7
....In Child #1, count is 8
....In Child #1, count is 9
Child #1 terminating.
............Main thread ending.
```

在这个线程示例中，还有一个值得注意的地方。为演示主线程和 mt 并发执行，必须使 main( )在 mt 结束以后才终止。这里通过两个线程的时间差实现这一点。因为在 main( )的 for 循环中调用 sleep( )导致延迟 5 秒(50 次迭代×100 毫秒)，但是在 run( )的循环内的总延迟只有 4 秒(10 次迭代×400 毫秒)，所以 run( )比 main( )早结束大约 1 秒。结果，主线程和 mt 都将并发执行，直到 mt 结束。在这之后大约 1 秒，main( )也会结束。

虽然这种使用时间差来确保 main( )最后结束的方法对于这个简单例子来说足够了，但在实际程序中却不会这么做。Java 提供了更好的方法来等待线程结束。但是，这种方法用于接下来的几个程序是没问题的。在本章后面，将介绍让一个线程等待另一个线程结束的更好方法。

最后一点：在多线程程序中，往往想让主线程作为最后一个完成运行的线程。一般来说，程序会在它的所有线程结束前继续运行，因此将主线程作为最后一个结束的线程是没必要的。然而，这却是一个应该遵循的良好的编程习惯，当第一次学习多线程程序时更是如此。

专家解答

问：在多线程程序中，为什么推荐主线程作为最后结束的线程？

答：主线程是有序关闭程序(例如关闭文件)的一个很方便的地方。它也为程序提供了定义良好的退出点。因此使其最后结束很合理。幸运的是，如你将要看到的，使主线程等待子线程完成之后再结束并不是什么难事。

一个改进和两个简单的变体

前面的程序演示了基于 Runnable 创建线程，再启动该线程的基础知识。该程序的方法完全有效，常常就是用户期望的。但两个简单的变体可以使 MyThread 更灵活，在某些情况下更容易使用。而且，创建自己的 Runnable

类时，这些变体也是有帮助的。还可以对 MyThread 进行一个重要改进，使之利用 Thread 类的另一个功能。下面先进行这个改进。

在前面的程序中，注意实例变量 thrdName 由 MyThread 定义，用于保存线程名。但是 MyThread 没必要存储线程名，因为可在创建线程时就为其命名。为此，使用下面这个版本的 Thread 构造函数：

```
Thread(Runnable threadOb, String name)
```

这里，*name* 变成了线程的名称。通过调用 Thread 定义的 getName( )，可以获取线程的名称，其基本形式如下所示：

```
final String getName( )
```

创建时提供线程名有两个优点。第一，不需要使用独立的变量存储该名称，因为 Thread 类已经提供了这个功能。第二，线程名可用于包含了该线程引用的所有代码。最后一个要点是，尽管下面的语句并不必要，但是在创建线程后，依然可以通过调用 setName( )来设置线程的名称，如下所示：

```
final void setName(String threadName)
```

这里，*threadName* 指定线程的名称。

如前所述，根据具体的情形，可以使用两个变体使 MyThread 更容易使用。第一，MyThread 构造函数可以为线程创建一个 Thread 对象，在实例变量中存储对该线程的引用。采用这种方式，MyThread 构造函数一返回，就可以启动该线程。为此只需要在 MyThread 封装的 Thread 实例上调用 start( )即可。

第二个变体提供了一种方式：只要创建了线程，该线程就开始执行。不需要把线程的创建与线程的执行分隔开时，就可以采用这种方式。对于 MyThread，一种实现方式是提供静态工厂方法(factory method)：

(1) 创建一个新的 MyThread 实例。

(2) 在与该实例相关的线程上调用 start( )。

(3) 返回对新建 MyThread 对象的一个引用。

采用这种方式，就可以通过一个方法调用来创建并启动线程。这会简化 MyThread 的使用，在必须创建并启动几个线程时尤其方便。

下面是前面程序的改进版：

```
// MyThread variations. This version of MyThread
// creates a Thread when its constructor is called and
// stores it in an instance variable called thrd.
// It also sets the name of the thread and provides
// a factory method to create and start a thread.

class MyThread implements Runnable {
  Thread thrd;  ←—— 线程的引用保存在 thrd 中

  // Construct a new thread using this Runnable and give
  // it a name.
  MyThread(String name) {
    thrd = new Thread(this, name);  ←—— 线程在创建时命名
  }

  // A factory method that creates and starts a thread.
  public static MyThread createAndStart(String name) {
    MyThread myThrd = new MyThread(name);

    myThrd.thrd.start(); // start the thread  ←—— 开始执行线程
    return myThrd;
```

```
  }

  // Entry point of thread.
  public void run() {
    System.out.println(thrd.getName() + " starting.");
    try {
      for(int count=0; count<10; count++) {
        Thread.sleep(400);
        System.out.println("In " + thrd.getName() +
                           ", count is " + count);
      }
    }
    catch(InterruptedException exc) {
      System.out.println(thrd.getName() + " interrupted.");
    }
    System.out.println(thrd.getName() + " terminating.");
  }
}

class ThreadVariations {
  public static void main(String args[]) {
    System.out.println("Main thread starting.");

    // Create and start a thread.
    MyThread mt = MyThread.createAndStart("Child #1");

    for(int i=0; i < 50; i++) {
      System.out.print(".");
      try {
        Thread.sleep(100);
      }
      catch(InterruptedException exc) {
        System.out.println("Main thread interrupted.");
      }
    }

    System.out.println("Main thread ending.");
  }
}
```

这一版本与前面产生的输出相同。注意现在 MyThread 不再包含线程名，它提供了一个实例变量 thrd，来保存 MyThread 构造函数创建的 MyThread 对象的引用。如下所示：

```
MyThread(String name) {
  thrd = new Thread(this, name);
}
```

因此，在执行 MyThread 构造函数后，thrd 包含新建线程的引用。要启动线程，只需要调用 thrd 上的 start( )。接着，特别注意 createAndStart( )工厂方法，如下所示：

```
// A factory method that creates and starts a thread.
public static MyThread createAndStart(String name) {
  MyThread myThrd = new MyThread(name);

  myThrd.thrd.start(); // start the thread
  return myThrd;
}
```

调用这个方法时，会创建 MyThread 的一个新实例 myThrd。接着在 thrd 的 myThrd 副本上调用 start( )。最后返回对新建 MyThread 实例的引用。因此，一旦返回对 createAndStart( )的调用，线程就已经启动了。所以，在 main()中，下面的代码会在一个调用中创建线程，并开始执行它：

```
MyThread mt = MyThread.createAndStart("Child #1");
```

因为 createAndStart( )提供了便利，所以本章的几个示例都使用它。而且，在自己的基于线程的应用程序中使用这种方式也很有帮助。当然，如果希望线程的执行与它的创建是分开的，只需要创建一个 MyThread 对象，以后再调用 start( )。

专家解答

问：前面使用了术语“工厂方法”，还在 createAndStart( )中显示了一个例子。你能提供比较一般的定义吗？

答：好。一般而言，工厂方法会返回类的一个对象。通常，工厂方法是类的 static 方法。工厂方法可以用于许多不同的情形。下面是一些示例。如 createAndStart( )所示，工厂方法可以构造一个对象，再设置特定的状态，然后返回给调用者。另一种类型的工厂方法用于提供易于记忆的名称，来表示要构造的各种对象。

例如，假定有一个类 Line，需要使用工厂方法创建特定颜色的线条，例如 createRedLine( )或 createBlueLine( )。不需要记住对构造函数的各种复杂调用，而可以使用工厂方法，其名称显示了要构建的线型。有些情况下，工厂方法还可以重用对象，而不是构造新对象。在继续学习 Java 的过程中，会发现工厂方法在 Java API 库中非常常见。

练习 11-1(ExtendThread.java) Queue 类

实现 Runnable 是一种创建可实例化线程对象的类的方法，而扩展 Thread 则是另外一种。在本练习中，将通过创建与程序 UseThreadsImproved 功能相同的程序，来介绍如何扩展 Thread。

当一个类扩展 Thread 时，它必须重写作为新线程进入点的 run( )方法。它也必须调用 start( )来开始执行新线程。当然，重写其他 Thread 方法也是可以的，但是并不要求这样做。

步骤：

(1) 创建一个名为 ExtendThread.java 的文件。该文件以如下代码开头：

```
/*
  Try This 11-1

  Extend Thread.
*/
class MyThread extends Thread {
```

注意 MyThread 扩展 Thread，而不是实现 Runnable。

(2) 添加如下的 MyThread 构造函数：

```
// Construct a new thread.
MyThread(String name) {
  super(name); // name thread
}
```

其中，第一个 super 用于调用如下版本的 Thread 构造函数：

```
Thread(String threadName)
```

这里，*threadName* 是线程的名称。如前所述，Thread 提供了保存线程名的功能。所以 MyThread 不需要实例变量来存储名称。

(3) 添加如下 run( )方法，以完成 MyThread：

```
// Entry point of thread.
public void run() {
  System.out.println(getName() + " starting.");
  try {
    for(int count=0; count < 10; count++) {
      Thread.sleep(400);
      System.out.println("In " + getName() +
                         ", count is " + count);
    }
  }
  catch(InterruptedException exc) {
    System.out.println(getName() + " interrupted.");
  }

  System.out.println(getName() + " terminating.");
 }
}
```

注意对 getName( )的调用，因为 ExtendThread 扩展了 Thread，所以可以直接调用 Thread 的所有方法，包括 getName( )方法。

(4) 接着添加 ExtendThread 类，如下所示：

```
class ExtendThread {
  public static void main(String args[]) {
    System.out.println("Main thread starting.");

    MyThread mt = new MyThread("Child #1");

    mt.start();

    for(int i=0; i < 50; i++) {
      System.out.print(".");
      try {
        Thread.sleep(100);
      }
      catch(InterruptedException exc) {
        System.out.println("Main thread interrupted.");
      }
    }

    System.out.println("Main thread ending.");
  }
}
```

在 main()方法中，请注意 MyThread 实例的创建方式，首先介绍下面两行代码：

```
MyThread mt = new MyThread("Child #1");
mt.start();
```

因为 MyThread 现在实现了 Thread，所以直接在 MyThread 实例 mt 上调用 start( )。

(5) 下面是已完成的程序，输出结果与前面的 UseThreads 示例相同。但在这个例子中，扩展了 Thread，而不是实现 Runnable。

```
/*
  Try This 11-1

  Extend Thread.
*/
class MyThread extends Thread {

  // Construct a new thread.
  MyThread(String name) {
    super(name); // name thread
  }

  // Entry point of thread.
  public void run() {
    System.out.println(getName() + " starting.");
    try {
      for(int count=0; count < 10; count++) {
        Thread.sleep(400);
        System.out.println("In " + getName() +
                           ", count is " + count);
      }
    }
    catch(InterruptedException exc) {
      System.out.println(getName() + " interrupted.");
    }

    System.out.println(getName() + " terminating.");
  }
}

class ExtendThread {
  public static void main(String args[]) {
    System.out.println("Main thread starting.");

    MyThread mt = new MyThread("Child #1");

    mt.start();

    for(int i=0; i < 50; i++) {
      System.out.print(".");
      try {
        Thread.sleep(100);
      }
      catch(InterruptedException exc) {
        System.out.println("Main thread interrupted.");
      }
    }

    System.out.println("Main thread ending.");
  }
}
```

(6) 扩展 Thread 时，也可以使用 static 工厂方法，在一个步骤中创建并启动线程，类似于前面所示的 ThreadVariations 示例。为此，给 MyThread 添加如下方法：

```
public static MyThread createAndStart(String name) {
```

```
    MyThread myThrd = new MyThread(name);
    myThrd.start();
    return myThrd;
  }
```

可以看出，这个方法创建了具有特定名称的 MyThread 实例，在该线程上调用 start()，再返回对该线程的一个引用。要使用 createAndStart( )，在 main( )中把如下代码：

```
System.out.println("Main thread starting.");
MyThread mt = new MyThread("Child #1");
```

替换为

```
MyThread mt = MyThread.createAndStart("Child #1");
```

完成这些修改后，程序会像以前那样运行，但使用一个方法调用来创建并启动线程。

11.4　创建多个线程

前面的程序只创建了一个子线程，实际上一个程序可以创建任意多个线程。例如，下面的程序就创建了三个子线程：

```
// Create multiple threads.

class MyThread implements Runnable {
  Thread thrd;

  // Construct a new thread.
  MyThread(String name) {
    thrd = new Thread(this, name);
  }

  // A factory method that creates and starts a thread.
  public static MyThread createAndStart(String name) {
    MyThread myThrd = new MyThread(name);

    myThrd.thrd.start(); // start the thread
    return myThrd;
  }

  // Entry point of thread.
  public void run() {
    System.out.println(thrd.getName() + " starting.");
    try {
      for(int count=0; count < 10; count++) {
        Thread.sleep(400);
        System.out.println("In " + thrd.getName() +
                           ", count is " + count);
      }
    }
    catch(InterruptedException exc) {
      System.out.println(thrd.getName() + " interrupted.");
    }
    System.out.println(thrd.getName() + " terminating.");
  }
```

```
}

class MoreThreads {
  public static void main(String args[]) {
    System.out.println("Main thread starting.");

    MyThread mt1 = MyThread.createAndStart("Child #1");
    MyThread mt2 = MyThread.createAndStart("Child #2");  ◀—— 创建并开始执行 3 个线程
    MyThread mt3 = MyThread.createAndStart("Child #3");

    for(int i=0; i < 50; i++) {
      System.out.print(".");
      try {
        Thread.sleep(100);
      }
      catch(InterruptedException exc) {
        System.out.println("Main thread interrupted.");
      }
    }

    System.out.println("Main thread ending.");
  }
}
```

程序的输出如下所示：

```
Main thread starting.
Child #1 starting.
.Child #2 starting.
Child #3 starting.
...In Child #3, count is 0
In Child #2, count is 0
In Child #1, count is 0
....In Child #1, count is 1
In Child #2, count is 1
In Child #3, count is 1
....In Child #2, count is 2
In Child #3, count is 2
In Child #1, count is 2
...In Child #1, count is 3
In Child #2, count is 3
In Child #3, count is 3
....In Child #1, count is 4
In Child #3, count is 4
In Child #2, count is 4
....In Child #1, count is 5
In Child #3, count is 5
In Child #2, count is 5
...In Child #3, count is 6
.In Child #2, count is 6
In Child #1, count is 6
...In Child #3, count is 7
In Child #1, count is 7
In Child #2, count is 7
....In Child #2, count is 8
In Child #1, count is 8
In Child #3, count is 8
```

```
....In Child #1, count is 9
Child #1 terminating.
In Child #2, count is 9
Child #2 terminating.
In Child #3, count is 9
Child #3 terminating.
............Main thread ending.
```

可以看出，一旦主线程启动，三个子线程都将共享 CPU。注意线程按照创建的顺序启动。然而，情况并不总是这样。Java 可按自己的方式自由调度线程的执行。当然，由于时间或环境的不同，程序的具体输出可能不尽相同，所以如果测试程序时发现有些许不同，也不必大惊小怪。

专家解答

问：为什么在 Java 中创建子线程有两种方法(通过扩展线程或实现 Runnable 接口)，使用哪种方法更合适呢？

答： Thread 类定义了几个派生类可重写的方法。在这些方法中，必须被重写的一个方法是 run( )。当然，在实现 Runnable 接口时也需要重写该方法。一些 Java 程序员认为仅在通过某些方式增强或修改类时才应该扩展这些类。因此，如果不重写 Thread 的任何其他方法，最好实现 Runnable 接口。另外，实现 Runnable 接口可让线程继承除 Thread 类外的其他类。

11.5　确定线程何时结束

知道线程何时结束是很有用的。例如，在前面的示例中，为演示使主线程的存活时间长于其他线程的好处，就需要做到这一点。在这些程序中，这是通过让主线程的睡眠时间多于它创建的子线程来实现的。当然，这不能说是一个令人满意的或通用的解决方法。

幸运的是，Thread 提供了两种方法，可确定线程是否结束。第一种方法是在线程中调用 isAlive( )，其基本形式如下所示：

```
final boolean isAlive( )
```

如果调用 isAlive( )方法的线程仍在运行，该方法就返回 true，否则返回 false。为使用 isAlive( )，用下面的 MoreThreads 版本替换前面程序中的 MoreThreads：

```
// Use isAlive().
class MoreThreads {
  public static void main(String args[]) {
    System.out.println("Main thread starting.");

    MyThread mt1 = MyThread.createAndStart("Child #1");
    MyThread mt2 = MyThread.createAndStart("Child #2");
    MyThread mt3 = MyThread.createAndStart("Child #3");

    do {
      System.out.print(".");
      try {
        Thread.sleep(100);
      }
      catch(InterruptedException exc) {
        System.out.println("Main thread interrupted.");
```

```
      }
    } while (mt1.thrd.isAlive() ||
             mt2.thrd.isAlive() ||   ←—— 等到所有线程终止为止
             mt3.thrd.isAlive());

    System.out.println("Main thread ending.");
  }
}
```

该版本的输出与前面的十分相似，但是 main( )在其他线程结束后立即终止。另一个区别是它使用 isAlive( )来等待子线程结束。另一种等待线程结束的方法是调用 join( )，如下所示：

```
final void join( ) throws InterruptedException
```

该方法将等待，直到它调用的线程终止。它的名字表示调用线程会一直等待，直到指定线程加入它。join( )的另一种形式允许指定等待指定线程终止的最长时间。

下面是一个使用 join( )来确保主线程最后结束的程序：

```
// Use join().

class MyThread implements Runnable {
  Thread thrd;

  // Construct a new thread.
  MyThread(String name) {
    thrd = new Thread(this, name);
  }

  // A factory method that creates and starts a thread.
  public static MyThread createAndStart(String name) {
    MyThread myThrd = new MyThread(name);

    myThrd.thrd.start(); // start the thread
    return myThrd;
  }

  // Entry point of thread.
  public void run() {
    System.out.println(thrd.getName() + " starting.");
    try {
      for(int count=0; count < 10; count++) {
        Thread.sleep(400);
        System.out.println("In " + thrd.getName() +
                           ", count is " + count);
      }
    }
    catch(InterruptedException exc) {
      System.out.println(thrd.getName() + " interrupted.");
    }
    System.out.println(thrd.getName() + " terminating.");
  }
}

class JoinThreads {
  public static void main(String args[]) {
    System.out.println("Main thread starting.");
```

```
    MyThread mt1 = MyThread.createAndStart("Child #1");
    MyThread mt2 = MyThread.createAndStart("Child #2");
    MyThread mt3 = MyThread.createAndStart("Child #3");

    try {
      mt1.thrd.join();
      System.out.println("Child #1 joined.");
      mt2.thrd.join();                              一直等到指定线程结束
      System.out.println("Child #2 joined.");
      mt3.thrd.join();
      System.out.println("Child #3 joined.");
    }
    catch(InterruptedException exc) {
      System.out.println("Main thread interrupted.");
    }
    System.out.println("Main thread ending.");
  }
}
```

程序的输出如下所示。当测试程序时，具体输出结果可能与此不尽相同。

```
Main thread starting.
Child #1 starting.
Child #2 starting.
Child #3 starting.
In Child #2, count is 0
In Child #1, count is 0
In Child #3, count is 0
In Child #2, count is 1
In Child #3, count is 1
In Child #1, count is 1
In Child #2, count is 2
In Child #1, count is 2
In Child #3, count is 2
In Child #2, count is 3
In Child #3, count is 3
In Child #1, count is 3
In Child #3, count is 4
In Child #2, count is 4
In Child #1, count is 4
In Child #3, count is 5
In Child #1, count is 5
In Child #2, count is 5
In Child #3, count is 6
In Child #2, count is 6
In Child #1, count is 6
In Child #3, count is 7
In Child #1, count is 7
In Child #2, count is 7
In Child #3, count is 8
In Child #2, count is 8
In Child #1, count is 8
In Child #3, count is 9
Child #3 terminating.
In Child #2, count is 9
Child #2 terminating.
```

```
In Child #1, count is 9
Child #1 terminating.
Child #1 joined.
Child #2 joined.
Child #3 joined.
Main thread ending.
```

可以看出，当对 join( )的调用返回后，线程就停止执行。

11.6 线程的优先级

每个线程都与优先级设置相关。线程的优先级部分决定了相对于其他活动线程，某个线程可以被分配多少 CPU 时间。总体而言，优先级低的分配的时间少，优先级高的分配的时间多。可以想象，CPU 时间分配的多少对线程的执行特点和它与系统中同时执行的其他线程之间的交互作用有着深远的影响。

还有一点很重要，即除了线程的优先级以外，还有其他一些因素也对分配给线程多少 CPU 时间有影响。例如，如果一个高优先级的线程正在等待某一资源(可能是键盘输入)，那么它就会被阻塞，而运行一个较低优先级的线程。然而当高优先级的线程获得了对资源的访问权后，它就可以占用低优先级线程的 CPU 时间，继续执行。另一个影响线程调度的因素就是操作系统实现多任务的方法(参见稍后的“专家解答”)。因此，仅将高优先级赋予一个线程，将低优先级赋予另一个线程并不一定意味着前一个线程就会比后一个线程运行得快或者获得的运行时间更多。高优先级的线程仅具有占用更多 CPU 时间的可能。

当启动子线程时，其优先级设置与父线程相等。可通过调用 Thread 的成员方法 setPriority( )来修改线程的优先级。其基本形式如下所示：

```
final void setPriority(int level)
```

这里，level 为调用线程指定了新的优先级设置。level 的值必须在 MIN_PRIORITY 和 MAX_PRIORITY 的范围内。目前，这些值分别为 1 和 10。要把线程返回为默认优先级，需要指定当前为 5 的 NORM_PRIORITY。这些优先级都在 Thread 中定义为 static final 变量。

通过调用 Thread 的 getPriority( )方法，可获得当前优先级设置，如下所示：

```
final int getPriority( )
```

下面的示例说明了不同优先级的两个线程。这些线程作为 Priority 的实例被创建。run( )方法包含一个统计迭代次数的循环。当任何一个统计值达到 10 000 000 或静态变量 stop 为 true 时，循环停止。最初，设置 stop 为 false，第一个完成统计数的线程将把 stop 设置为 true。这会导致第二个线程在它的下一个时间片终止。每次执行循环时，currentName 中的字符串都会与正在执行线程的名称进行比较。如果它们不相等，就意味着发生了任务转换。每次发生任务转换时，将显示新线程的名称，并给 currentName 赋予新线程的名称。这样就可以非常精确地观察每个线程访问 CPU 的频度。两个线程都停止后，将显示每个循环的迭代次数。

```
// Demonstrate thread priorities.

class Priority implements Runnable {
  int count;
  Thread thrd;

  static boolean stop = false;
  static String currentName;

  // Construct a new thread.
  Priority(String name) {
```

```
    thrd = new Thread(this, name);
    count = 0;
    currentName = name;
  }

  // Entry point of thread.
  public void run() {
    System.out.println(thrd.getName() + " starting.");
    do {
      count++;

      if(currentName.compareTo(thrd.getName()) != 0) {
        currentName = thrd.getName();
        System.out.println("In " + currentName);
      }

    } while(stop == false && count < 10000000);  ◄── 第一个线程到达 10 000 000 时停止所有线程
    stop = true;

    System.out.println("\n" + thrd.getName() +
                       " terminating.");
  }
}

class PriorityDemo {
  public static void main(String args[]) {
    Priority mt1 = new Priority("High Priority");
    Priority mt2 = new Priority("Low Priority");
    Priority mt3 = new Priority("Normal Priority #1");
    Priority mt4 = new Priority("Normal Priority #2");
    Priority mt5 = new Priority("Normal Priority #3");

    // set the priorities
    mt1.thrd.setPriority(Thread.NORM_PRIORITY+2);  ◄── 赋予 mt1 比 mt2 高的优先级
    mt2.thrd.setPriority(Thread.NORM_PRIORITY-2);
    // Leave mt3, mt4, and mt5 at the default, normal priority level

    // start the threads
    mt1.thrd.start();
    mt2.thrd.start();
    mt3.thrd.start();
    mt4.thrd.start();
    mt5.thrd.start();

    try {
      mt1.thrd.join();
      mt2.thrd.join();
      mt3.thrd.join();
      mt4.thrd.join();
      mt5.thrd.join();
    }
    catch(InterruptedException exc) {
      System.out.println("Main thread interrupted.");
    }

    System.out.println("\nHigh priority thread counted to " +
```

```
                    mt1.count);
    System.out.println("Low priority thread counted to " +
                    mt2.count);
    System.out.println("1st Normal priority thread counted to " +
                    mt3.count);
    System.out.println("2nd Normal priority thread counted to " +
                    mt4.count);
    System.out.println("3rd Normal priority thread counted to " +
                    mt5.count);

  }
}
```

下面是输出结果：

```
High priority thread counted to 10000000
Low priority thread counted to 3477862
1st Normal priority thread counted to 7000045
2nd Normal priority thread counted to 6576054
3rd Normal priority thread counted to 7373846
```

在此次运行中，高优先级线程获得了绝对多的 CPU 时间。当然，程序的具体输出是由 CPU 的速度、系统中的 CPU 数量、使用的操作系统，以及系统中运行的其他任务的数量决定的。因此，如果环境正常，低优先级线程就可能获得最多 CPU 时间。

专家解答

问：操作系统的多任务实现方式会影响分配给线程的 CPU 时间吗？

答： 除了线程的优先级设置以外，影响线程执行的最重要因素就是操作系统实现多任务和调度的方法。一些操作系统至少偶尔使用抢占式的多任务方法，为每个线程分配一个时间片。还有一些系统使用非抢占式调度方法，一个线程只有放弃执行后，另一个线程才能执行。在非抢占式系统中，一个线程很容易占用 CPU，无法使其他线程运行。

11.7 同步

使用多线程时，有时需要协调两个或多个线程的活动。使线程协调工作的过程称为同步(synchronization)。需要同步的最常见原因是两个或多个线程都需要访问在某一时刻只能由一个线程使用的共享资源。例如，当一个线程正在向一个文件写入时，第二个线程就不能同时向这个文件写入。需要同步的第二个原因是当一个线程正在等待另一个线程引发的事件时。这种情况下，必须有一种方法使第一个线程挂起，直到事件发生为止。然后，等待的线程必须继续执行。

Java 中同步的关键是用于控制对象访问的监视器(monitor)。监视器通过实现“锁”来工作。当一个对象被一个线程锁住后，其他线程就不能访问该对象。当该线程退出时，要为对象解锁，使其他线程可以访问它。

Java 中的所有对象都拥有一个监视器。该功能已经内置于 Java 语言本身。因此，可以同步所有对象。关键字 synchronized 和所有对象都具备的几个定义良好的方法都支持同步。因为同步一开始就设计到 Java 中，所以使用它比你所想象的要简单。事实上，对于许多程序，对象的同步几乎是透明的。

同步代码的方法有两种。两种方法都使用了关键字 synchronized，在此，对这两种方法都做介绍。

11.8 使用同步方法

可通过使用 synchronized 关键字修改方法来同步对方法的访问。当调用方法时，调用线程进入对象监视器，对象监视器锁住对象。在对象被锁的同时，其他线程不能进入方法，也不能进入对象定义的其他同步方法。当线程从方法返回时，监视器为对象解锁，允许下一个线程使用对象。因此，同步的实现实质上不需要进行程序设计。

下面的程序通过控制对 sumArray( )方法的访问，来演示如何使用同步方法对一个整数数组的元素进行求和运算。

```
// Use synchronize to control access.

class SumArray {
  private int sum;

  synchronized int sumArray(int nums[]) {     ◄──── sumArray()被同步
    sum = 0; // reset sum

    for(int i=0; i<nums.length; i++) {
      sum += nums[i];
      System.out.println("Running total for " +
             Thread.currentThread().getName() +
             " is " + sum);
      try {
        Thread.sleep(10); // allow task-switch
      }
      catch(InterruptedException exc) {
        System.out.println("Thread interrupted.");
      }
    }
    return sum;
  }
}

class MyThread implements Runnable {
  Thread thrd;
  static SumArray sa = new SumArray();
  int a[];
  int answer;

  // Construct a new thread.
  MyThread(String name, int nums[]) {
    thrd = new Thread(this, name);
    a = nums;
  }

  // A factory method that creates and starts a thread.
  public static MyThread createAndStart(String name, int nums[]) {
    MyThread myThrd = new MyThread(name, nums);

    myThrd.thrd.start(); // start the thread
    return myThrd;
  }

  // Entry point of thread.
  public void run() {
```

```
    int sum;

    System.out.println(thrd.getName() + " starting.");

    answer = sa.sumArray(a);
    System.out.println("Sum for " + thrd.getName() +
                       " is " + answer);

    System.out.println(thrd.getName() + " terminating.");
  }
}

class Sync {
  public static void main(String args[]) {
    int a[] = {1, 2, 3, 4, 5};

    MyThread mt1 = MyThread.createAndStart("Child #1", a);
    MyThread mt2 = MyThread.createAndStart("Child #2", a);

    try {
      mt1.thrd.join();
      mt2.thrd.join();
    }
    catch(InterruptedException exc) {
      System.out.println("Main thread interrupted.");
    }

  }
}
```

程序的输出如下所示(在你的计算机上，结果可能有所不同)：

```
Child #1 starting.
Running total for Child #1 is 1
Child #2 starting.
Running total for Child #1 is 3
Running total for Child #1 is 6
Running total for Child #1 is 10
Running total for Child #1 is 15
Sum for Child #1 is 15
Child #1 terminating.
Running total for Child #2 is 1
Running total for Child #2 is 3
Running total for Child #2 is 6
Running total for Child #2 is 10
Running total for Child #2 is 15
Sum for Child #2 is 15
Child #2 terminating.
```

下面仔细研究这个程序。程序创建了三个类。第一个类是 SumArray，它包含对整数数组求和的 sumArray( )方法。第二个类是 MyThread，它使用一个 SumArray 类型的 static 对象获取一个整数数组的和。这个对象被命名为 sa，因为它声明为 static，所以只有一个副本被 MyThread 的所有实例共享。第三个类是 Sync，它创建了两个线程来计算整数数组的和。

在 sumArray( )内部调用 sleep( )，以便在发生任务切换时，有意允许任务切换发生，但这是不可能发生的。因为 sumArray( )被同步了，所以在一个时刻只有一个线程可以使用它。 因此，当第二个子线程开始执行时，它在第一个子线程使用完 sumArray( )之前是不会进入 sumArray( )的。这样就确保了生成正确的结果。

为彻底理解 synchronized 的作用，可将其从 sumArray( )的声明中删除。此后，sumArray( )就不再同步了，任何数量的线程都可以同时使用它。这样带来的问题就是存储在 sum 中的总和可以被每个线程通过调用 static 对象 sa 的 sumArray( )改变。因此当两个线程同时调用 sa.sumArray( )时，就会因为 sum 反映的是两个混合在一起的线程的总和而产生错误结果。例如，下面是将 synchronized 从 sumArray( )声明中删除后的程序的运行示例结果(具体结果可能会有所不同)：

```
Child #1 starting.
Running total for Child #1 is 1
Child #2 starting.
Running total for Child #2 is 1
Running total for Child #1 is 3
Running total for Child #2 is 5
Running total for Child #2 is 8
Running total for Child #1 is 11
Running total for Child #2 is 15
Running total for Child #1 is 19
Running total for Child #2 is 24
Sum for Child #2 is 24
Child #2 terminating.
Running total for Child #1 is 29
Sum for Child #1 is 29
Child #1 terminating.
```

正如输出所示，两个子线程正在并发调用 sumArray( )，而 sum 的值则被破坏了。在继续讨论之前，我们先回顾一下同步方法的一些要点：

- 通过在声明前加上 synchronized 来创建同步方法。
- 对于任何给定对象，一旦同步方法被调用，就会锁住对象，其他线程的执行就不能使用同一对象上的同步方法。
- 其他线程试图使用正在使用的对象时将进入等待状态，直到对象解锁为止。
- 当线程离开同步方法时，对象被解锁。

11.9 同步语句

尽管在创建的类中创建 synchronized 方法是实现同步的一种简单有效的方法，但这并不适用于所有情况。例如，可能需要对某些不被 synchronized 修改的方法的访问进行同步。若想使用由第三方创建的类，而无法访问源代码就会出现这种情况。因此，在类中无法将 synchronized 添加到相应的方法中。如何同步访问这种类的对象呢？很幸运，这个问题的解决方法很简单：只需要把对这种类定义的方法调用放入 synchronized 代码块中即可。

下面是 synchronized 代码块的基本形式：

```
synchronized(objref) {
  // statements to be synchronized
}
```

这里，*objref* 是对被同步对象的引用。一旦进入同步代码块，在退出该块之前，其他线程将不能再调用 *objref* 引用的对象的同步方法。

例如，另一种对 sumArray( )同步调用的方法是从同步代码块中调用它，该版本的程序如下所示：

```
// Use a synchronized block to control access to SumArray.
class SumArray {
```

```
  private int sum;

  int sumArray(int nums[]) {        ◄──── 这里，sumArray( )没有同步
    sum = 0; // reset sum

    for(int i=0; i<nums.length; i++) {
      sum += nums[i];
      System.out.println("Running total for " +
             Thread.currentThread().getName() +
             " is " + sum);
      try {
        Thread.sleep(10); // allow task-switch
      }
      catch(InterruptedException exc) {
        System.out.println("Thread interrupted.");
      }
    }
    return sum;
  }
}

class MyThread implements Runnable {
  Thread thrd;
  static SumArray sa = new SumArray();
  int a[];
  int answer;

  // Construct a new thread.
  MyThread(String name, int nums[]) {
    thrd = new Thread(this, name);
    a = nums;
  }

  // A factory method that creates and starts a thread.
  public static MyThread createAndStart(String name, int nums[]) {
    MyThread myThrd = new MyThread(name, nums);

    myThrd.thrd.start(); // start the thread
    return myThrd;
  }

  // Entry point of thread.
  public void run() {
    int sum;

    System.out.println(thrd.getName() + " starting.");

    // synchronize calls to sumArray()
    synchronized(sa) {        ◄──── 这里，在 sa 对象上对 sumArray( )的调用被同步
      answer = sa.sumArray(a);
    }
    System.out.println("Sum for " + thrd.getName() +
                   " is " + answer);

    System.out.println(thrd.getName() + " terminating.");
  }
```

```
}

class Sync {
  public static void main(String args[]) {
    int a[] = {1, 2, 3, 4, 5};

    MyThread mt1 = MyThread.createAndStart("Child #1", a);
    MyThread mt2 = MyThread.createAndStart("Child #2", a);

    try {
      mt1.thrd.join();
      mt2.thrd.join();
    } catch(InterruptedException exc) {
      System.out.println("Main thread interrupted.");
    }
  }
}
```

这个版本生成与前面使用同步方法的版本相同的正确结果。

专家解答

问：我听说过“并发工具”，它们是什么？另外，什么是 Fork/Join 框架？

答： 并发工具打包在 java.util.concurrent 及其子包中，支持并发程序设计。与其他几种工具一起，它们提供了同步器、线程池、执行管理器和锁来扩展程序员对线程执行的控制。并发 API 最令人激动的特性就是 Fork/Join 框架。

Fork/Join 框架支持所谓的“并行编程”。这个术语常指利用包含两个或更多个处理器(包括多核系统)的计算机将一个任务划分为多个子任务的技术，每个子任务都在自己的处理器上执行。可以想象，这种方法可带来极高的吞吐量和性能。Fork/Join 框架的主要优势在于易于使用，它简化了多线程代码的开发，可以自动伸缩以利用系统中的多个处理器。因此，它有助于为一些常见的程序设计任务创建并发解决方案，例如对数组的元素执行操作。在有了更多的多线程开发经验后，应该仔细研究并发工具，特别是 Fork/Join 框架。

11.10　使用 notify( )、wait( )和 notifyAll( )的线程通信

考虑下列情况。线程 T 在一个同步方法中执行，它需要访问一个名为 R 的资源，但该资源暂时不可用。T 应该做什么？如果 T 进入某种形式的轮询循环来等待 R，那么与 T 相关的对象就不能被其他线程访问。这不是一个最优解决方案，因为它没有充分利用多线程环境的程序设计优势。更好的解决方案是让 T 暂时放弃对该对象的控制，以允许其他线程继续运行。当 R 可用时，通知 T，然后 T 继续执行。这种方法依赖于某种形式的线程通信，即一个线程可通知另一个线程它被阻塞，而其他线程也可以通知它继续执行。Java 使用 wait( )、notify( )和 notifyAll( )方法支持线程间通信。

wait( )、notify( )和 notifyAll( )方法是所有对象的一部分，因为它们是由 Object 类实现的。这些方法只能在同步环境中调用。它们的用法如下：当一个线程暂时阻塞无法运行时，它调用 wait( )。这会导致线程睡眠，而对象的监视器会被释放，以允许其他线程使用该对象。过一段时间后，当另一个线程进入同一个监视器，调用 notify( )或 notifyAll( )时，睡眠线程被唤醒。

下面是 Object 定义的不同形式的 wait( )：

```
final void wait( ) throws InterruptedException
final void wait(long millis) throws InterruptedException
final void wait(long millis, int nanos) throws InterruptedException
```

第一种形式会等待，直到被通知。第二种形式会等待，直到被通知或直到经过以毫秒为单位指定的周期。第三种形式允许以纳秒为单位指定等待周期。

下面是 notify( )和 notifyAll( )的基本形式：

```
final void notify( )
final void notifyAll( )
```

对 notify( )的调用恢复了一个等待线程。对 notifyAll( )的调用通知所有线程，具有最高优先级的线程获得对象的访问权。

在研究使用 wait( )的例子之前，需要指出一点。尽管 wait( )通常会等待直到 notify( )或 notifyAll( )被调用，但在极少数情况下，等待线程也可能被伪装的唤醒任务唤醒。导致伪装的唤醒任务的条件很复杂，超出了本书的讨论范围。但是，由于存在这种伪装唤醒的可能性，因此 Oracle 建议对 wait( )的调用应该在一个循环中，该循环会检查线程等待的条件。下面的例子说明了该技术。

使用 wait( )和 notify( )的示例

为理解 wait( )和 notify( )的应用以及对它们的需要，我们创建一个程序，通过在屏幕上显示单词Tick和Tock来模拟钟表声音。为此，我们将创建 TickTock 类，它包含方法 tick( )和 tock( )。tick( )方法显示单词“Tick”，而 tock( )显示单词“Tock”。为运行钟表，应创建两个线程，一个调用 tick( )，而另一个调用 tock( )。目的就是使两个线程以如下方式运行：程序的输出显示连续的“Tick Tock”，即一个 Tick 后跟一个 Tock 的重复模式。

```
// Use wait() and notify() to create a ticking clock.

class TickTock {

  String state; // contains the state of the clock

  synchronized void tick(boolean running) {
    if(!running) { // stop the clock
      state = "ticked";
      notify(); // notify any waiting threads
      return;
    }

    System.out.print("Tick ");

    state = "ticked"; // set the current state to ticked

    notify(); // let tock() run          ← tick( )通知 tock( )
    try {
      while(!state.equals("tocked"))
         wait(); // wait for tock() to complete          ← tick( )等待 tock( )
    }
    catch(InterruptedException exc) {
      System.out.println("Thread interrupted.");
    }
  }

  synchronized void tock(boolean running) {
    if(!running) { // stop the clock
      state = "tocked";
      notify(); // notify any waiting threads
      return;
```

```
    }

    System.out.println("Tock");

    state = "tocked"; // set the current state to tocked

    notify(); // let tick() run          ←—— tock( )通知 tick( )
    try {
      while(!state.equals("ticked"))
        wait(); // wait for tick to complete          ←—— tock( )等待 tick( )
    }
    catch(InterruptedException exc) {
      System.out.println("Thread interrupted.");
    }
  }
}

class MyThread implements Runnable {
  Thread thrd;
  TickTock ttOb;

  // Construct a new thread.
  MyThread(String name, TickTock tt) {
    thrd = new Thread(this, name);
    ttOb = tt;
  }

  // A factory method that creates and starts a thread.
  public static MyThread createAndStart(String name, TickTock tt) {
    MyThread myThrd = new MyThread(name, tt);

    myThrd.thrd.start(); // start the thread
    return myThrd;
  }

  // Entry point of thread.
  public void run() {

    if(thrd.getName().compareTo("Tick") == 0) {
      for(int i=0; i<5; i++) ttOb.tick(true);
      ttOb.tick(false);
    }
    else {
      for(int i=0; i<5; i++) ttOb.tock(true);
      ttOb.tock(false);
    }
  }
}

class ThreadCom {
  public static void main(String args[]) {
    TickTock tt = new TickTock();
    MyThread mt1 = MyThread.createAndStart("Tick", tt);
    MyThread mt2 = MyThread.createAndStart("Tock", tt);

    try {
```

```
      mt1.thrd.join();
      mt2.thrd.join();
    } catch(InterruptedException exc) {
      System.out.println("Main thread interrupted.");
    }
  }
}
```

程序的输出如下所示：

```
Tick Tock
Tick Tock
Tick Tock
Tick Tock
Tick Tock
```

下面详细研究这个程序。时钟的核心是 TickTock 类，它包含两个方法：tick( )和 tock( )，这两个方法彼此通信以确保 Tick 和 Tock 能重复出现。注意 state 字段。当时钟运行时，state 将包含字符串 ticked 或 tocked，用来指示时钟的状态。在 main( )中，创建了一个名为 tt 的 TickTock 对象，该对象用来启动两个线程的执行。

这两个线程是基于 MyThread 类型的对象。MyThread 构造函数和 createAndStart()方法都带有两个实参。第一个是线程名称，即 Tick 或 Tock。第二个是对 TickTock 对象的引用，本例中是 tt。在 MyThread 的 run( )方法中，如果线程名称是 Tick，则调用 tick( )方法。如果线程名称是 Tock，则调用 tock( )方法。有 5 次调用传递 true 作为每个方法的实参，只要传递 true，时钟就运行。最后一次调用对每一个方法传递 false，终止时钟。

程序最重要的部分在 TickTock 的 tick( )和 tock( )方法中。为方便起见，先研究一下 tick( )方法，如下所示：

```
synchronized void tick(boolean running) {
  if(!running) { // stop the clock
    state = "ticked";
    notify(); // notify any waiting threads
    return;
  }

  System.out.print("Tick ");

  state = "ticked"; // set the current state to ticked

  notify(); // let tock() run
  try {
    while(!state.equals("tocked"))
      wait(); // wait for tock() to complete
  }
  catch(InterruptedException exc) {
    System.out.println("Thread interrupted.");
  }
}
```

首先，注意 synchronized 修饰了 tick( )。切记，wait( )和 notify( )只应用于同步方法。该方法首先检查 running 形参值。该形参用于提供一个明确的时钟停止信号。如果它是 false，时钟就停止。如果是这种情况，则将 state 设为 ticked，并调用 notify( )以使任何等待的线程运行。稍后将返回介绍这一点。

假设当执行 tick( )时，时钟正在运行，于是显示单词 Tick，并将 state 设为 ticked，然后调用 notify( )。调用 notify( )允许等待同一个对象的线程运行。接下来，在 while 循环中调用 wait( )，这会使 tick( )挂起，直到另一个线程调用 notify( )。因此，只有另一个线程调用了同一个对象的 notify( )，循环才会进行迭代。结果，当调用 tick( )时，它就会显示 Tick，并让另一个线程运行，然后挂起。

调用 wait( )的 while 循环会检查 state 的值，等待它为 tocked。而只有在 tock( )方法执行后，state 才会变为 tocked。如前所述，使用 while 循环检查此条件可防止伪装的唤醒任务重新启动线程。如果在 wait( )返回时 state 不是 tocked，则意味着发生了伪装的唤醒操作，此时只是调用 wait( )。

除了显示的内容为 Tock 并将 state 设为 tocked 以外，tock( )方法与 tick( )是完全一样的。因此，当进入时，它显示 Tock，调用 notify( )，然后等待。当把它们作为一对来看待时，调用 tick( )后只能调用 tock( )，而调用 tock( )之后也只能调用 tick( )，依此类推。因此，这两个方法是相互同步的。

时钟停止时，调用 notify( )的原因是使最后一个 wait( )调用成功实现。切记，tick( )和 tock( )都在显示它们的消息之后执行 wait( )调用。这样，问题就在于当时钟停止时，两个方法中有一个还处于等待状态。因此，需要最后一个 notify( )调用，以使处于等待状态的方法运行。作为一次试验，删除这个 notify( )调用，观察会发生什么情况。正如你所见到的，程序将“挂起”，需要按下组合键 Ctrl+C 来退出程序。出现这种情况的原因在于，当最后一个 tock( )调用 wait( )时，没有相应的 notify( )调用来让 tock( )结束。因此，tock( )只能停留在原地，永远等待。

在继续讨论前，如果对时钟的正常运行是否确实需要调用 wait( )和 notify( )还存有疑虑，就用下面这个版本的 TickTock 类替换上面程序中的 TickTock 类。这个版本删除了所有 wait( )和 notify( )。

```
// No calls to wait() or notify().
class TickTock {

  String state; // contains the state of the clock

  synchronized void tick(boolean running) {
    if(!running) { // stop the clock
      state = "ticked";
      return;
    }

    System.out.print("Tick ");

    state = "ticked"; // set the current state to ticked
  }

  synchronized void tock(boolean running) {
    if(!running) { // stop the clock
      state = "tocked";
      return;
    }

    System.out.println("Tock");

    state = "tocked"; // set the current state to tocked
  }
}
```

替换之后，程序生成的输出如下所示：

```
Tick Tick Tick Tick Tick Tock
Tock
Tock
Tock
Tock
```

很明显，tick( )和 tock( )方法不再同步！

专家解答

问： 我听说过“死锁”这个术语，它用于运行不当的多线程程序。什么是死锁，如何避免呢？还有一个问题，什么是竞争条件(race condition)？怎么避免？

答： 顾名思义，死锁描述的情况是一个线程等待另一个线程来做某事，而后者却又在等待前者。因此，两个线程都被挂起，相互等待，谁也执行不了。这就像两位过于礼貌的谦谦君子，都坚持让对方先通过大门。

避免死锁看似容易，其实不然。例如环状死锁，死锁的原因常常不是通过看一下源代码就能找到的，因为并发执行的线程在运行时交互的方式十分复杂。为避免死锁，就需要仔细编程，彻底检查。切记，如果一个多线程程序偶尔挂起，那就可能是死锁的缘故。

当两个或更多个线程尝试同时访问共享资源，但又没有进行合适的同步时，就会发生竞争条件。例如，当一个线程增加变量的当前值时，另一个线程可能在向这个变量写入新值。如果没有同步，变量的新值取决于线程的执行顺序(是第一个线程增加了变量的原始值，还是第二个线程写入了新值？)。发生这样的情况，就称这两个线程在“相互竞争”，其结果取决于哪一个线程先执行结束。与死锁一样，竞争条件的发生可能不太容易发现。解决办法就是以预防为主：仔细地编程，正确地同步对共享资源的访问。

11.11 线程的挂起、继续执行和停止

有时挂起执行的线程是十分有用的。例如，一个单独的线程可以用于显示一天中的时间，如果用户不需要时钟，那么该线程就应该挂起。无论情况怎样，挂起线程都是件简单的事情。挂起后，重新启动也很简单。

从 Java 2 开始，挂起、停止和继续执行线程的机制与早期 Java 版本不尽相同。在 Java 2 以前，程序使用由 Thread 定义的 suspend( )、resume( )和 stop( )来暂停、重新启动和停止线程的执行。它们的形式如下所示：

```
final void resume( )
final void suspend( )
final void stop( )
```

尽管这些方法对于管理线程的执行看似非常合理方便，但是现在不能再使用它们。原因如下：Thread 类的 suspend( )方法已经被 Java 2 摒弃了，因为它有时会导致与死锁有关的严重系统错误。此外，Java 2 也摒弃了 resume( )方法。虽然它不会产生什么问题，但是使用它必须使用 suspend( )方法。Java 2 还摒弃了 Thread 类的 stop( )方法，因为该方法有时也会导致严重的系统错误。

因为现在无法使用 suspend( )、resume( )或 stop( )方法来控制线程，所以你可能首先会想到，这样就无法暂停、重启或终止线程了。然而，幸运的是，事实并非如此。线程的设计必须有一个 run( )方法来周期性地检查它，以确定该线程是否应该挂起、继续执行或停止其执行。通常，这是依靠两个标志变量来完成的。一个用于挂起和继续执行，另一个用于停止。对于挂起和继续执行，只要标志变量设置为 running，那么 run( )方法必须继续让线程执行。如果标志变量设置成 suspend，那么线程必须暂停。对于停止标志而言，如果设置它为 stop，那么线程必须终止。

下面的程序演示了实现自己的 suspend( )、resume( )和 stop( )版本的方法：

```
// Suspending, resuming, and stopping a thread.

class MyThread implements Runnable {
  Thread thrd;
  boolean suspended;   ←—— 当为 true 时挂起线程
  boolean stopped;     ←—— 当为 true 时终止线程
```

```
MyThread(String name) {
  thrd = new Thread(this, name);
  suspended = false;
  stopped = false;
}

// A factory method that creates and starts a thread.
public static MyThread createAndStart(String name) {
  MyThread myThrd = new MyThread(name);

  myThrd.thrd.start(); // start the thread
  return myThrd;
}

// Entry point of thread.
public void run() {
  System.out.println(thrd.getName() + " starting.");
  try {
    for(int i = 1; i < 1000; i++) {
      System.out.print(i + " ");
      if((i%10)==0) {
        System.out.println();
        Thread.sleep(250);
      }

      // Use synchronized block to check suspended and stopped.
      synchronized(this) {
        while(suspended) {
          wait();
        }
        if(stopped) break;
      }
    }
  } catch (InterruptedException exc) {
    System.out.println(thrd.getName() + " interrupted.");
  }
  System.out.println(thrd.getName() + " exiting.");
}

// Stop the thread.
synchronized void mystop() {
  stopped = true;

// The following ensures that a suspended thread can be stopped.
  suspended = false;
  notify();
}

// Suspend the thread.
synchronized void mysuspend() {
  suspended = true;
}

// Resume the thread.
synchronized void myresume() {
```

这个同步化代码块检查 suspended 和 stopped

```
      suspended = false;
      notify();
    }
  }

  class Suspend {
    public static void main(String args[]) {
      MyThread mt1 = MyThread.createAndStart("My Thread");

      try {
        Thread.sleep(1000); // let ob1 thread start executing

        mt1.mysuspend();
        System.out.println("Suspending thread.");
        Thread.sleep(1000);

        mt1.myresume();
        System.out.println("Resuming thread.");
        Thread.sleep(1000);

        mt1.mysuspend();
        System.out.println("Suspending thread.");
        Thread.sleep(1000);

        mt1.myresume();
        System.out.println("Resuming thread.");
        Thread.sleep(1000);

        mt1.mysuspend();
        System.out.println("Stopping thread.");
        mt1.mystop();

      } catch (InterruptedException e) {
        System.out.println("Main thread Interrupted");
      }

      // wait for thread to finish
      try {
        mt1.thrd.join();
      } catch (InterruptedException e) {
        System.out.println("Main thread Interrupted");
      }

      System.out.println("Main thread exiting.");
    }
  }
```

程序的输出如下所示(在你的计算机上，输出结果可能与此稍有不同):

```
My Thread starting.
1 2 3 4 5 6 7 8 9 10
11 12 13 14 15 16 17 18 19 20
21 22 23 24 25 26 27 28 29 30
31 32 33 34 35 36 37 38 39 40
Suspending thread.
Resuming thread.
41 42 43 44 45 46 47 48 49 50
```

```
51 52 53 54 55 56 57 58 59 60
61 62 63 64 65 66 67 68 69 70
71 72 73 74 75 76 77 78 79 80
Suspending thread.
Resuming thread.
81 82 83 84 85 86 87 88 89 90
91 92 93 94 95 96 97 98 99 100
101 102 103 104 105 106 107 108 109 110
111 112 113 114 115 116 117 118 119 120
Stopping thread.
My Thread exiting.
Main thread exiting.
```

程序的工作原理如下：线程类 MyThread 定义了两个布尔型变量 suspended 和 stopped，它们用于监督线程的挂起和终止。构造函数将它们两个都初始化为 false。run( )方法包含可以检查 suspended 的同步代码块。如果该变量为 true，那么调用 wait( )方法挂起线程的执行，而这就需要调用将 suspended 设为 true 的 mysuspend( )。要继续执行，则需要调用将 suspended 设置为 false 的 myresume( )，然后调用 notify( )来重新启动线程。

停止线程需要调用将 stopped 设置为 true 的 mystop( )。此外，mystop( )还可将 suspended 设置为 false，然后调用 notify( )。这些步骤都是终止挂起的线程所必需的。

专家解答

问： 多线程看起来是改进程序效率的有效方法，你能给我一些高效使用多线程的提示吗？

答： 高效使用多线程的关键就是采用并行方式(而不是串行方式)进行思考。例如，当程序中有两个完全独立的子系统时，可让它们使用独立线程。但需要注意，如果创建的线程太多，就会降低程序的性能而不是增强性能。记住系统开销与线程间的切换相关。如果创建的线程太多，就会有更多的 CPU 时间用于线程的切换而不是执行程序。

练习 11-2(UseMain.java) 使用主线程

所有 Java 程序都至少有一个执行线程，名为主线程，它是程序在开始运行时自动分配给程序的。目前，我们已经认为主线程是理所当然的。在下面的练习中，主线程的处理方式与其他线程是一样的。

步骤：

(1) 创建一个名为 UseMain.java 的文件。

(2) 为访问主线程，必须有一个引用主线程的 Thread 对象。这可通过调用 Thread 的静态成员方法 currentThread( )来完成。它的基本形式如下所示：

```
static Thread currentThread( )
```

该方法返回一个调用它的线程的引用。因此，如果在执行主线程时调用 currentThread( )，会得到一个主线程的引用。一旦获得了这个引用，就可以像控制其他线程那样控制主线程了。

(3) 将下面的程序输入到文件中。它首先获得主线程的引用，然后得到并设置主线程的名称和优先级。

```
/*
  Try This 11-2

  Controlling the main thread.
*/
```

```
class UseMain {
  public static void main(String args[]) {
    Thread thrd;

    // Get the main thread.
    thrd = Thread.currentThread();

    // Display main thread's name.
    System.out.println("Main thread is called: " +
                       thrd.getName());

    // Display main thread's priority.
    System.out.println("Priority: " +
                       thrd.getPriority());

    System.out.println();

    // Set the name and priority.
    System.out.println("Setting name and priority.\n");
    thrd.setName("Thread #1");
    thrd.setPriority(Thread.NORM_PRIORITY+3);

    System.out.println("Main thread is now called: " +
                       thrd.getName());

    System.out.println("Priority is now: " +
                       thrd.getPriority());
  }
}
```

(4) 程序的输出如下所示：

```
Main thread is called: main
Priority: 5

Setting name and priority.

Main thread is now called: Thread #1
Priority is now: 8
```

(5) 对于在主线程上执行的操作，要特别小心。例如，如果在 main( )的末尾添加下列代码，那么程序永远不会终止，因为它会一直等待主线程结束。

```
try {
   thrd.join();
} catch(InterruptedException exc) {
  System.out.println("Interrupted");
}
```

11.12 自测题

1. 为什么 Java 的多线程功能可编写出效率更高的程序？
2. ____________类和__________接口支持多线程。
3. 创建可运行对象时，为什么可能需要扩展 Thread 类而不是实现 Runnable 接口呢？

4. 说明如何使用 join( )来等待一个名为 MyThrd 的线程对象结束。

5. 说明如何设置名为 MyThrd 的线程，使其优先级高于普通优先级 3 个级别。

6. 向一个方法添加关键字 synchronized 的影响是什么？

7. wait( )和 notify( )方法用于执行________________________。

8. 修改 TickTock 类以使其真正保存时间。即让每个 tick 占用半秒，每个 tock 也占用半秒。这样，每个 tick-tock 就会占用一秒(任务切换时间不计)。

9. 新程序中为何不使用 suspend( )、resume( )和 stop( )？

10. Thread 定义的什么方法用于获取线程名？

11. isAlive( )的返回值是什么？

12. 自己尝试一下在前几章开发的 Queue 类中添加同步功能，以使其正常使用多线程。

第 12 章

枚举、自动装箱、静态导入和注解

关键技能与概念

- 了解枚举的基础知识
- 使用枚举的基于类的特性
- 对枚举应用 values( )和 valueof( )方法
- 创建具有构造函数、实例变量和方法的枚举
- 使用枚举从 Enum 继承的 ordinal( )和 compareTo( )方法
- 使用 Java 的类型封装器
- 了解自动装箱和自动拆箱的基础知识
- 使用带有方法的自动装箱
- 了解如何在表达式中自动装箱
- 应用静态导入
- 了解注解(annotation)

本章讨论枚举、自动装箱、静态导入和注解。虽然最初的 Java 定义中不包含它们，但在 JDK 5 增加了这些功

能后，Java 的能力和实用性进一步提高了。枚举和自动装箱是大家期待已久的功能。静态导入简化了静态成员的使用。注解则扩展了可嵌入到源文件中的各种信息。将这些功能结合起来可以更好地解决常见的程序设计难题。老实说，很难想象现在的 Java 如果没有这些功能会是什么样子。这些功能已经变得非常重要。另外，本章还将讨论 Java 的类型封装器。

12.1 枚举

枚举最简单的形式就是用来定义新的数据类型的命名常量列表。枚举类型的对象只能包含该列表定义的值。因此，枚举提供了一种方式，可以精确定义新的数据类型，其中包含固定数目的有效值。

枚举在日常生活中很常见。例如，美国硬币的枚举是 1 美分、5 美分、10 美分、25 美分、50 美分和 1 美元。月份的枚举包含 1 月到 12 月共 12 个月。一周各天的枚举是星期一、星期二、星期三、星期四、星期五、星期六和星期日。

从编程角度看，枚举在需要定义一组代表条目集合的值时很有用。例如，可用枚举代表一组状态代码，如成功、等待、失败和重试等，它们表示某种动作的进度。过去，这些值定义为 final 变量，但枚举提供了一种更加结构化的方法。

枚举的基础知识

枚举使用enum关键字创建。例如，下面是一个简单的枚举示例，它列出了各种运输工具：

```
// An enumeration of transportation.
enum Transport {
  CAR, TRUCK, AIRPLANE, TRAIN, BOAT
}
```

标识符CAR、TRUCK 等称为枚举常量，它们都隐式声明为一个公有的静态 Transport 成员。而且，枚举常量的类型就是声明常量的枚举的类型，在本例中是 Transport。在 Java 中，这些常量称为自我类型化(self-typed)，其中 self 指包含枚举常量的枚举。

定义了枚举后，就可以创建枚举类型的变量。但是，尽管枚举定义了一个类类型，却不能使用 new 实例化枚举。应该像处理基本类型那样来声明和使用枚举变量。例如，下面的语句声明了一个 Transport 枚举类型的变量 tp：

```
Transport tp;
```

由于 tp 是 Transport 类型的，因此只能向它赋予枚举定义的值。例如，向 tp 赋值 AIRPLANE：

```
tp = Transport.AIRPLANE;
```

注意，标识符 AIRPLANE 由 Transport 限定。

可使用关系运算符==来比较两个枚举常量是否相等。例如，下面的语句比较 tp 的值是否与 TRAIN 常量相等：

```
if(tp == Transport.TRAIN) // ...
```

还可以使用枚举值来控制 switch 语句。当然，所有 case 语句都必须使用来自 switch 表达式所用枚举中的 enum 常量。例如，下面的 switch 语句是完全有效的：

```
// Use an enum to control a switch statement.
switch(tp) {
  case CAR:
    // ...
  case TRUCK:
    // ...
```

注意在 case 语句中，枚举常量的名称没有使用枚举类型名称来限定，也就是说，使用了 TRUCK 而不是 Transport.TRUCK。这是因为 switch 表达式中的枚举类型已经隐式指定了 case 常量的枚举类型，也就没必要使用枚举类型名称来限定 case 语句中的常量了。实际上，这样做反而会导致编译错误。

当枚举常量在诸如 println( )的语句中显示时，将输出其名称。例如，下面的语句显示名称 BOAT：

```
System.out.println(Transport.BOAT);
```

下面的程序组合了各段代码来演示 Transport 枚举：

```
// An enumeration of Transport varieties.
enum Transport {
  CAR, TRUCK, AIRPLANE, TRAIN, BOAT      ←—— 声明一个枚举
}

class EnumDemo {
  public static void main(String args[])
  {
    Transport tp;      ←—— 声明一个 Transport 引用

    tp = Transport.AIRPLANE;      ←—— 为 tp 赋值常量 AIRPLANE

    // Output an enum value.
    System.out.println("Value of tp: " + tp);
    System.out.println();

    tp = Transport.TRAIN;

    // Compare two enum values.
    if(tp == Transport.TRAIN)      ←—— 比较两个 Transport 对象是否相等
      System.out.println("tp contains TRAIN.\n");

    // Use an enum to control a switch statement.
    switch(tp) {      ←—— 使用枚举控制 switch 语句
      case CAR:
        System.out.println("A car carries people.");
        break;
      case TRUCK:
        System.out.println("A truck carries freight.");
        break;
      case AIRPLANE:
        System.out.println("An airplane flies.");
        break;
      case TRAIN:
        System.out.println("A train runs on rails.");
        break;
      case BOAT:
        System.out.println("A boat sails on water.");
        break;
    }
  }
}
```

程序的输出如下所示：

```
Value of tp: AIRPLANE
```

```
tp contains TRAIN.

A train runs on rails.
```

在继续讲解前，有一点需要注意，这里 Transport 中的常量使用大写，即使用 CAR 而不是 car。但是，大写不是必需的，没有规则要求枚举常量都是大写。由于枚举经常替代 final 变量，而 final 变量通常是大写的，所以程序员自然也习惯于为枚举常量使用大写。当然，还有其他一些观点和样式，但为了保持一致性，本书也对枚举常量使用大写形式。

12.2 Java 语言中的枚举是类类型

前面的示例虽然说明了如何创建和使用枚举，但并没有揭示枚举的全部功能。与在许多其他语言中实现枚举的方式不同，Java 将枚举实现为类类型。尽管不会使用 new 实例化枚举，但是枚举的表现非常像其他的类。将枚举定义为类使得 Java 中的枚举有了其他语言中的枚举所没有的功能。例如，可以给枚举提供构造函数，添加实例变量和方法，甚至实现接口。

12.3 values( )和 valueOf( )方法

所有枚举都自动拥有两个预定义方法：values( )和 valueOf( )。它们的基本形式如下所示：

```
public static enum-type[ ] values( )
public static enum-type valueOf(String str)
```

values( )方法返回一个包含枚举常量列表的数组。valueOf( )方法返回一个枚举常量，其值对应于传递给 str 的字符串。在这两个方法中，*enum-type* 都是枚举类型。例如，在前面的 Transport 枚举中，Transport.valueOf("TRAIN")的返回类型是 Transport，返回值是 TRAIN。下面的程序演示了 values( )和 valueOf( )方法：

```
// Use the built-in enumeration methods.

// An enumeration of Transport varieties.
enum Transport {
  CAR, TRUCK, AIRPLANE, TRAIN, BOAT
}

class EnumDemo2 {
  public static void main(String args[])
  {
    Transport tp;

    System.out.println("Here are all Transport constants");

    // use values()
    Transport allTransports[] = Transport.values();   ← 获得 Transpont 常量数组
    for(Transport t : allTransports)
      System.out.println(t);

    System.out.println();

    // use valueOf()
    tp = Transport.valueOf("AIRPLANE");   ← 获得名为 AIRPLANE 的常量
    System.out.println("tp contains " + tp);
```

```
  }
}
```

程序的输出如下所示:

```
Here are all Transport constants
CAR
TRUCK
AIRPLANE
TRAIN
BOAT

tp contains AIRPLANE
```

注意该程序使用了 for-each 形式的 for 循环来迭代通过调用 values( )获得的常量数组。出于演示目的，创建了变量 allTransports，并将其赋值为对枚举数组的引用。但是，这样做不是必需的，因为可以像下面这样来编写 for 循环，而不必使用 allTransports 变量：

```
for(Transport t : Transport.values())
  System.out.println(t);
```

现在，注意如何通过调用 valueOf( )方法来获得对应于名称 AIRPLANE 的值：

```
tp = Transport.valueOf("AIRPLANE");
```

如上所述，valueOf( )返回与作为字符串表示的常量名称相关联的枚举值。

12.4 构造函数、方法、实例变量和枚举

每一个枚举常量都是一个枚举类型的对象，理解这一点很重要。因此，枚举可以定义构造函数，添加方法，包含实例变量。当定义枚举的构造函数时，会在创建每个枚举常量时调用构造函数。每个枚举常量都可以调用枚举定义的任何方法。每个枚举常量对于枚举定义的实例变量都包含自己的副本。下面的 Transport 演示了构造函数、实例变量和方法的用法，它为每种运输类型提供了一种常见速度。

```
// Use an enum constructor, instance variable, and method.
enum Transport {
   CAR(65), TRUCK(55), AIRPLANE(600), TRAIN(70), BOAT(22);   ←—— 注意初始化值

  private int speed; // typical speed of each transport   ←—— 添加一个实例变量

  // Constructor
   Transport(int s) { speed = s; }   ←—— 添加一个构造函数

  int getSpeed() { return speed; }   ←—— 添加一个方法
}

class EnumDemo3 {
  public static void main(String args[])
  {
    Transport tp;

      // Display speed of an airplane.
      System.out.println("Typical speed for an airplane is " +
                         Transport.AIRPLANE.getSpeed() +   ←—— 调用 getSpeed( )以获得速度
```

```
                    " miles per hour.\n");

      // Display all Transports and speeds.
      System.out.println("All Transport speeds: ");
      for(Transport t : Transport.values())
        System.out.println(t + " typical speed is " +
                           t.getSpeed() +
                           " miles per hour.");
  }
}
```

程序的输出如下所示:

```
Typical speed for an airplane is 600 miles per hour.

All Transport speeds:
CAR typical speed is 65 miles per hour.
TRUCK typical speed is 55 miles per hour.
AIRPLANE typical speed is 600 miles per hour.
TRAIN typical speed is 70 miles per hour.
BOAT typical speed is 22 miles per hour.
```

该版本的 Transport 添加了 3 项内容。首先是实例变量 speed，它用来保存每一种运输类型的速度。其次是 Transport 构造函数，它用来传递运输类型的速度。最后是方法 getSpeed( )，它返回 Speed 的值。

当在 main( )中声明变量 tp 时，指定每一个常量都要调用一次 Transport 的构造函数。注意构造函数的实参是如何指定的，它们放在括号中，跟在每个常量的后面，如下所示：

```
CAR(65), TRUCK(55), AIRPLANE(600), TRAIN(70), BOAT(22);
```

这些值被传递给 Transport( )的 s 形参，然后赋值给 speed。还要注意枚举常量列表，它由一个分号终止，即最后一个常量 BOAT 的后面跟一个分号。当一个枚举中包含其他成员时，枚举列表必须以分号结束。

由于每个枚举常量都有自己的 speed 副本，因此可通过调用 getSpeed( )获得指定运输类型的速度。例如，在 main( )中，使用下面的调用获得飞机的速度：

```
Transport.AIRPLANE.getSpeed()
```

专家解答

问：Java 现在添加了枚举，是否不必再使用 final 变量？换句话说，枚举使得 final 变量过时了吗?

答： 不对。枚举适于处理必须由标识符表示的条目列表的情况，而 final 变量适用于拥有的常量值(如数组大小)可用于许多地方的情况。它们各有所长。有了枚举后，就不必在某些适合使用枚举的地方让 final 勉为其难了。

每一种运输类型的速度都通过使用 for 循环遍历枚举来获得。由于每个枚举常量都拥有一个 speed 副本，因此，与一个常量相关联的值和与另一个常量相关联的值是不同的。这是一个重要的概念，只有当枚举实现为类时才有效，就像在 Java 中这样。

前面的示例中只包含了一个构造函数，其实一个枚举可以提供两个或多个重载形式，就像其他类那样。

两点重要限制

应用枚举时有两个重要限制：首先，枚举不能继承另一个类；其次，enum 不能是超类。这意味着不能扩展 enum。除此之外，enum 和其他类类型都一样。关键是要记住，每一个枚举常量都是定义枚举的类的一个对象。

12.5　枚举继承 enum

虽然在声明 enum 时不能继承超类，但所有枚举都自动继承 java.lang.Enum。该类定义了多个方法，可供所有枚举使用。大多数情况下并不需要使用这些方法，但有两个方法可能会偶尔用到：ordinal( )和 compareTo( )。

ordinal( )方法包含一个指示枚举常量在常量列表中的位置的值，称为顺序值。ordinal( )方法如下所示：

```
final int ordinal( )
```

它返回调用常量的顺序值。顺序值从 0 开始。因此，在 Transport 枚举中，CAR 的顺序值是 0，TRUCK 是 1，AIRPLANE 是 2，依此类推。

可以使用 compareTo( )方法来比较相同枚举中的两个常量的顺序值。该方法的基本形式如下所示：

```
final int compareTo(enum-type e)
```

其中，*enum-type* 是枚举类型，*e* 是与调用常量相比较的常量。注意，调用常量和 *e* 常量必须是相同枚举的常量。如果调用常量的顺序值小于 *e* 常量的顺序值，那么 compareTo( )方法返回负数；如果两个顺序值相等，该方法返回 0；如果调用常量的顺序值大于 *e* 常量的顺序值，那么返回正数。

以下程序演示了 ordinal( )和 compareTo( )方法：

```
// Demonstrate ordinal() and compareTo().

// An enumeration of Transport varieties.
enum Transport {
  CAR, TRUCK, AIRPLANE, TRAIN, BOAT
}

class EnumDemo4 {
  public static void main(String args[])
  {
    Transport tp, tp2, tp3;

    // Obtain all ordinal values using ordinal().
    System.out.println("Here are all Transport constants" +
                       " and their ordinal values: ");
    for(Transport t : Transport.values())
      System.out.println(t + " " + t.ordinal()); ←——— 获得顺序值

    tp = Transport.AIRPLANE;
    tp2 = Transport.TRAIN;
    tp3 = Transport.AIRPLANE;

    System.out.println();

    // Demonstrate compareTo()
    if(tp.compareTo(tp2) < 0) ←——— 比较顺序值
      System.out.println(tp + " comes before " + tp2);

    if(tp.compareTo(tp2) > 0)
      System.out.println(tp2 + " comes before " + tp);

    if(tp.compareTo(tp3) == 0)
      System.out.println(tp + " equals " + tp3);
  }
```

```
}
```

程序的输出如下所示:

```
Here are all Transport constants and their ordinal values:
CAR 0
TRUCK 1
AIRPLANE 2
TRAIN 3
BOAT 4

AIRPLANE comes before TRAIN
AIRPLANE equals AIRPLANE
```

练习 12-1(TrafficLightDemo.java) 计算机控制的交通指示灯

枚举通常用于以下情况：程序需要一组常量，但各常量的实际值是任意的，并且各不相同。在程序设计中经常会遇到这种情况，一个常见的例子是处理某些设备可能存在的状态。例如，假定要编写一个控制交通指示灯的程序。程序必须自动遍历指示灯的 3 个状态：绿灯、黄灯和红灯。还必须有其他代码来获得指示灯的当前颜色，并且把指示灯的颜色设置为一种已知的初始状态。这意味着必须以某种方式表示 3 种状态。虽然可以使用整数值(如 1、2 和 3)或字符串(如 red、green 和 yellow)来表示这 3 种状态，但是使用枚举更加方便。使用枚举可以让代码比使用字符串更加高效，比使用整数值更加结构化。

在本练习中，将创建一个模拟自动交通指示灯的程序。本练习不仅实际演示了枚举的应用，还演示了多线程和同步的示例。

步骤：

(1) 创建一个名为 TrafficLightDemo.java 的文件。

(2) 首先定义一个枚举 TrafficLightColor 来代表 3 种指示灯的状态，如下所示：

```
// An enumeration of the colors of a traffic light.
enum TrafficLightColor {
  RED, GREEN, YELLOW
}
```

在需要指示灯的颜色时，就使用其枚举值。

(3) 接下来定义 TrafficLightSimulator，它是封装交通指示灯模拟程序的类，如下所示：

```
// A computerized traffic light.
class TrafficLightSimulator implements Runnable {
  private TrafficLightColor tlc; // holds the traffic light color
  private boolean stop = false; // set to true to stop the simulation
  private boolean changed = false; // true when the light has changed

  TrafficLightSimulator(TrafficLightColor init) {
    tlc = init;
  }

  TrafficLightSimulator() {
    tlc = TrafficLightColor.RED;
  }
```

注意 TrafficLightSimulator 实现了 Runnable 接口。这样做很有必要，因为使用了一个独立线程来运行每个交通指示灯。该线程将遍历 3 种颜色。此处创建了两个构造函数。第一个构造函数指定初始指示灯的颜色。第二个构造函数默认为红色。

下面介绍实例变量。对交通指示灯线程的引用保存在 thrd 中。当前的指示灯颜色保存在 tlc 中。stop 变量用来终止该模拟程序，它的初始值为 false。指示灯将一直运行，直到该变量设置为 true。当指示灯颜色改变时，changed 变量为 true。

(4) 下面添加 run( )方法，开始运行指示灯：

```
// Start up the light.
public void run() {
  while(!stop) {
    try {
      switch(tlc) {
        case GREEN:
          Thread.sleep(10000); // green for 10 seconds
          break;
        case YELLOW:
          Thread.sleep(2000); // yellow for 2 seconds
          break;
        case RED:
          Thread.sleep(12000); // red for 12 seconds
          break;
      }
    } catch(InterruptedException exc) {
      System.out.println(exc);
    }
    changeColor();
  }
}
```

该方法遍历指示灯的 3 种颜色。首先，它根据当前的颜色睡眠合适的时间，然后调用 changeColor( ) 方法将指示灯的颜色转换为序列中的下一种颜色。

(5) 现在添加 changeColor( )方法，如下所示:

```
// Change color.
synchronized void changeColor() {
  switch(tlc) {
    case RED:
      tlc = TrafficLightColor.GREEN;
      break;
    case YELLOW:
      tlc = TrafficLightColor.RED;
      break;
    case GREEN:
      tlc = TrafficLightColor.YELLOW;
  }

  changed = true;
  notify(); // signal that the light has changed
}
```

switch 语句检查保存在 tlc 中的当前颜色，然后将序列中的下一种颜色赋给它。注意该方法已经同步。这样做是必要的，因为它调用 notify( )来通知颜色转换的发生，而 notify( )只能在同步环境中才能调用。

(6) 下一个方法是 waitForChange( )，它一直等待，直到指示灯的颜色发生变化。

```
// Wait until a light change occurs.
synchronized void waitForChange() {
  try {
    while(!changed)
      wait(); // wait for light to change
    changed = false;
  } catch(InterruptedException exc) {
    System.out.println(exc);
  }
}
```

该方法只是调用了 wait( )，直到 changeColor( )执行对 notify( )的调用才会返回。因此，waitForChange( )直到颜色发生变化时才会返回。

(7) 最后添加方法 getColor( )，它返回当前指示灯的颜色；添加方法 cancel( )，它通过设置 stop 为 true 来终止指示灯线程。这两个方法如下所示：

```
// Return current color.
synchronized TrafficLightColor getColor() {
  return tlc;
}

// Stop the traffic light.
synchronized void cancel() {
  stop = true;
}
```

(8) 下面是演示交通指示灯程序的完整代码：

```
// Try This 12-1

// A simulation of a traffic light that uses
// an enumeration to describe the light's color.

// An enumeration of the colors of a traffic light.
enum TrafficLightColor {
  RED, GREEN, YELLOW
}

// A computerized traffic light.
class TrafficLightSimulator implements Runnable {
  private TrafficLightColor tlc; // holds the traffic light color
  private boolean stop = false; // set to true to stop the simulation
  private boolean changed = false; // true when the light has changed

  TrafficLightSimulator(TrafficLightColor init) {
    tlc = init;
  }

  TrafficLightSimulator() {
    tlc = TrafficLightColor.RED;
  }

  // Start up the light.
  public void run() {
```

```
    while(!stop) {
      try {
        switch(tlc) {
          case GREEN:
            Thread.sleep(10000); // green for 10 seconds
            break;
          case YELLOW:
            Thread.sleep(2000); // yellow for 2 seconds
            break;
          case RED:
            Thread.sleep(12000); // red for 12 seconds
            break;
        }
      } catch(InterruptedException exc) {
        System.out.println(exc);
      }
      changeColor();
    }
  }

  // Change color.
  synchronized void changeColor() {
    switch(tlc) {
      case RED:
        tlc = TrafficLightColor.GREEN;
        break;
      case YELLOW:
        tlc = TrafficLightColor.RED;
        break;
      case GREEN:
        tlc = TrafficLightColor.YELLOW;
    }

    changed = true;
    notify(); // signal that the light has changed
  }

  // Wait until a light change occurs.
  synchronized void waitForChange() {
    try {
      while(!changed)
        wait(); // wait for light to change
      changed = false;
    } catch(InterruptedException exc) {
      System.out.println(exc);
    }
  }

  // Return current color.
  synchronized TrafficLightColor getColor() {
    return tlc;
  }

  // Stop the traffic light.
  synchronized void cancel() {
    stop = true;
```

```
  }
}

class TrafficLightDemo {
  public static void main(String args[]) {
    TrafficLightSimulator tl =
      new TrafficLightSimulator(TrafficLightColor.GREEN);
    Thread thrd = new Thread(tl);
    thrd.start();

    for(int i=0; i < 9; i++) {
      System.out.println(tl.getColor());
      tl.waitForChange();
    }

    tl.cancel();
  }
}
```

程序的输出如下所示，交通指示灯依次遍历绿灯、黄灯和红灯：

```
GREEN
YELLOW
RED
GREEN
YELLOW
RED
GREEN
YELLOW
RED
```

在该程序中，注意是如何使用枚举让获得指示灯状态的代码变得更简洁、更加结构化的。由于指示灯只有 3 种状态(红色、绿色或黄色)，因此使用枚举能够确保只有这 3 个值有效，从而防止发生意外错误。

(9) 还可以利用枚举的类功能来改进前面的程序。例如，通过对 TrafficLightColor 添加构造函数、实例变量和方法，可以显著改进前面的程序。具体实现留作练习，请参考本章自测题中的第 4 题。

12.6 自动装箱

从 JDK 5 开始，Java 添加了两个很有帮助的功能：自动装箱(autoboxing)和自动拆箱(auto-unboxing)。自动装箱/自动拆箱极大地简化了在基本类型和对象之间转换所需的代码。由于这些情况经常在 Java 代码中出现，因此自动装箱/自动拆箱功能将影响几乎所有的 Java 程序员。第 13 章将介绍自动装箱/自动拆箱对于使用泛型(generic)的重要贡献。

自动装箱/自动拆箱直接和 Java 的类型封装器，以及值进出封装器实例的方式相关。因此，下面将介绍类型封装器以及手工装箱和拆箱值的过程。

12.7 类型封装器

如你所知，Java 使用基本类型(如 int 或 double)来保存该语言支持的基本数据类型。使用基本类型而不是对象，是出于性能的考虑。如果对这些基本类型使用对象，哪怕最简单的计算都会带来不可接受的开销。因此，基本类型不属于对象层次结构，它们不继承 Object。

尽管使用基本类型有性能上的优势，但是有时还需要使用对象表示。例如，不能通过方法的引用来传递简单类型。而且，许多 Java 实现的标准数据结构都是对象，这意味着不能使用这些数据结构来保存基本类型。为处理这些情况和其他一些情况，Java 提供了类型封装器(type wrapper)，它们是一些在对象中封装基本类型的类。第 10 章简要介绍过类型封装器，现在将详细讨论。

类型封装器有 Double、Float、Long、Integer、Short、Byte、Character 和 Boolean，它们包含在 java.lang 中。这些类提供了各种方法将基本类型完整地集成到 Java 的对象层次结构中。

可能最常用的类型封装器是那些代表数值的封装器，它们是 Byte、Short、Integer、Long、Float 和 Double。这些数值类型封装器都继承自抽象类 Number。Number 声明了以不同的数值类型返回对象值的方法。这些方法如下所示：

```
byte byteValue( )

double doubleValue( )

float floatValue( )

int intValue( )

long longValue( )

short shortValue( )
```

例如，doubleValue( )返回 double 类型的对象值，floatValue( )返回 float 类型的对象值。这些方法都由各自的数值类型封装器实现。

这些数值类型封装器都定义了构造函数，允许从给定值或表示该值的字符串中构造对象。例如，下面是为 Integer 和 Double 定义的构造函数：

```
Integer(int num)
Integer(String str) throws NumberFormatException

Double(double num)
Double(String str) throws NumberFormatException
```

如果 str 没有包含有效数值，将抛出 NumberFormatException 异常。但从 JDK 9 开始，类型封装器的构造函数被废弃了。目前推荐使用 valueOf( )方法中的一个来获取封装器对象。valueOf( )是所有封装器类和所有数值类的一个静态成员，将数值或字符串转换为对象。例如，下面是 Integer 支持的两种形式：

```
static Integer valueOf(int val)
static Integer valueOf(String valStr) throws NumberFormatException
```

其中 val 指定一个整数值，valStr 指定一个字符串，它表示以字符串形式正确格式化的数值。每种形式都返回封装了指定值的 Integer 对象。下面是一个示例：

```
Integer iOb = Integer.valueOf(100);
```

执行这个语句后，值 100 用一个 Integer 实例表示。因此 iOb 把值 100 封装到一个对象中。

所有的类型封装器都重写了 toString( )。它以人们可读的形式返回包含在封装器的值。这样做允许通过把类型封装器对象传递给 println( )来输出值，而不必把它转换为基本类型。

把值封装在对象中的过程称为装箱(boxing)。在 JDK 5 之前，装箱都是手工进行的，由程序员显式构造一个带有所需值的封装器实例。因此在前面的示例中，值 100 被装箱到 iOb 中。

从类型封装器提取值的过程称为拆箱(unboxing)。在 JDK 5 之前，拆箱也是手工完成的，程序员需要显式调用一个封装器的方法来获得其值。例如，下面的语句手工将 iOb 中的值拆箱到 int：

```
int i = iOb.intValue();
```

其中，intValue( )把封装在 iOb 中的值返回为 int。

下面的程序演示了前面的概念：

```
// Demonstrate manual boxing and unboxing with a type wrapper.
class Wrap {
  public static void main(String args[]) {

    Integer iOb = new Integer.valueOf(100);  ←——— 手工装箱值 100

     int i = iOb.intValue();  ←——— 手工拆箱 iOb 中的值

    System.out.println(i + " " + iOb); // displays 100 100
  }
}
```

这个程序将整数值 100 封装在一个名为 iOb 的 Integer 对象中。然后，程序通过调用 intValue( )获得这个值，并将其存储在 i 中。最后，程序显示了 i 和 iOb 的值，两者均为 100。

在 JDK 5 之前的所有 Java 版本中，手工装箱和拆箱值的一般步骤都与前面的示例一样，而且这种做法在遗留的许多代码中仍然广泛使用着。问题在于，由于这种做法需要程序员手工创建用于封装值的对象，以及在需要其值时显式获得合适的基本类型，所以这种方法既枯燥，又容易出错。幸好，自动装箱/拆箱从根本上改变了这些步骤。

12.8 自动装箱的基础知识

自动装箱是指在需要某种基本类型的对象时，把该基本类型自动封装(装箱)到其等效的类型封装器中的过程。不必显式地构造对象。自动拆箱是指当需要某个装箱对象的值时，从类型封装器把装箱对象的值自动提取出来(拆箱)的过程。不必调用诸如 intValue( )或 doubleValue( )的方法。

自动装箱和自动拆箱功能极大地简化了一些算法的编码工作，解除了手工装箱和拆箱值的烦琐劳动，还有助于防止错误的发生。使用自动装箱后，就不必手工构造对象来封装基本类型。只需要把该值赋给一个类型封装器引用，Java 即可自动地构造对象。例如，下面是构造其值为 100 的 Integer 对象的现代方式：

```
Integer iOb = 100; // autobox an int
```

注意没有使用 new 来显式地创建新对象，Java 可自动地完成这项工作。

要拆箱对象，只需要把该对象的引用赋给一个基本类型的变量。例如，要拆箱 iOb，可使用下面的语句，而细节由 Java 自动处理。

```
int i = iOb; // auto-unbox
```

下面的程序演示了前面的语句：

```
// Demonstrate autoboxing/unboxing.
class AutoBox {
  public static void main(String args[]) {

     Integer iOb = 100; // autobox an int  ←—┐
                                             ├— 自动装箱和自动拆箱值 100
    int i = iOb; // auto-unbox  ←————————————┘
```

```
    System.out.println(i + " " + iOb); // displays 100 100
  }
}
```

12.9　自动装箱和方法

除了赋值这种简单情况之外，自动装箱在基本类型必须转换为对象时会自动发生，自动拆箱在对象必须转换为基本类型时自动发生。也就是说，当实参传递给方法，或者从方法返回值时可能发生自动装箱和自动拆箱。考虑下面的程序：

```
// Autoboxing/unboxing takes place with
// method parameters and return values.

class AutoBox2 {
  // This method has an Integer parameter.
  static void m(Integer v) {          ←——接收一个 Integer 值
    System.out.println("m() received " + v);
  }

  // This method returns an int.
  static int m2() {        ←——— 返回一个 int 值
    return 10;
  }

  // This method returns an Integer.
  static Integer m3() {          ←——— 返回一个 Integer 值
    return 99; // autoboxing 99 into an Integer.
  }

  public static void main(String args[]) {

    // Pass an int to m(). Because m() has an Integer
    // parameter, the int value passed is automatically boxed.
    m(199);

    // Here, iOb receives the int value returned by m2().
    // This value is automatically boxed so that it can be
    // assigned to iOb.
    Integer iOb = m2();
    System.out.println("Return value from m2() is " + iOb);

    // Next, m3() is called. It returns an Integer value
    // which is auto-unboxed into an int.
    int i = m3();
    System.out.println("Return value from m3() is " + i);

    // Next, Math.sqrt() is called with iOb as an argument.
    // In this case, iOb is auto-unboxed and its value promoted to
    // double, which is the type needed by sqrt().
    iOb = 100;
    System.out.println("Square root of iOb is " + Math.sqrt(iOb));
  }
}
```

该程序显示下面的结果：

```
m() received 199
Return value from m2() is 10
Return value from m3() is 99
Square root of iOb is 10.0
```

注意在该程序中，m()指定了一个 Integer 形参。在 main()中，传递给 m()方法的 int 值为 199。由于 m()接受 Integer 形参，该值将自动装箱。接下来调用 m2( )，它返回 int 值 10。该值被赋给 main( )中的 iOb。由于 iOb 是 Integer，m2( )返回的值被自动装箱。接下来调用 m3( ),它返回一个自动拆箱为 int 的 Integer。最后，以 iOb 为实参调用 Math.sqrt( )。这时，iOb 被自动拆箱，其值会升级为 double，因为这是 Math.sqrt( )所需的类型。

12.10 发生在表达式中的自动装箱/自动拆箱

自动装箱/自动拆箱通常发生在与对象相关联的转换过程中。它们也可应用于表达式。在表达式中，数值对象被自动拆箱，表达式的结果必要时被重新装箱。考虑下面的程序：

```
// Autoboxing/unboxing occurs inside expressions.

class AutoBox3 {
  public static void main(String args[]) {
    Integer iOb, iOb2;
    int i;

    iOb = 99;
    System.out.println("Original value of iOb: " + iOb);

    // The following automatically unboxes iOb,
    // performs the increment, and then reboxes
    // the result back into iOb.
    ++iOb;
    System.out.println("After ++iOb: " + iOb);

    // Here, iOb is unboxed, its value is increased by 10,
    // and the result is boxed and stored back in iOb.
    iOb += 10;
    System.out.println("After iOb += 10: " + iOb);

    // Here, iOb is unboxed, the expression is
    // evaluated, and the result is reboxed and
    // assigned to iOb2.
    iOb2 = iOb + (iOb / 3);
    System.out.println("iOb2 after expression: " + iOb2);

    // The same expression is evaluated, but the
    // result is not reboxed.
    i = iOb + (iOb / 3);
    System.out.println("i after expression: " + i);
  }
}
```

自动装箱/自动拆箱在表达式中发生

程序的输出如下所示：

```
Original value of iOb: 99
```

```
After ++iOb: 100
After iOb += 10: 110
iOb2 after expression: 146
i after expression: 146
```

在该程序中，要特别关注下面的语句：

```
++iOb;
```

该语句递增 iOb 的值，其工作原理为：拆箱 iOb，递增其值，重新装箱结果。

由于有了自动拆箱，就可以使用整型数值对象(如 Integer)来控制 switch 语句。例如，考虑下面的代码段：

```
Integer iOb = 2;

switch(iOb) {
  case 1: System.out.println("one");
    break;
  case 2: System.out.println("two");
    break;
  default: System.out.println("error");
}
```

在计算 switch 表达式时，拆箱 iOb 并获得其 int 值。

正如程序中的示例所示，由于有了自动装箱/自动拆箱，在表达式中使用数值对象既直观又简便。在 Java 以前的版本中，上述代码则需要进行强制类型转换并调用诸如 intValue( )的方法。

一点警告

Java 提供了自动装箱/自动拆箱功能后，程序员可能只想使用 Integer 或 Double 等对象，而完全抛弃基本类型。例如，使用自动装箱/自动拆箱可以编写下面的代码：

```
// A bad use of autoboxing/unboxing!
Double a, b, c;

a = 10.2;
b = 11.4;
c = 9.8;

Double avg = (a + b + c) / 3;
```

在本例中，Double 类型的对象保存值，然后求平均值，并将结果赋给另一个 Double 对象。尽管上述代码从技术上讲是正确的，并且确实可以工作，却没有很好地应用自动装箱/自动拆箱。它比使用基本类型 double 的相应代码的效率低很多。原因在于每一次装箱和拆箱都增加了使用基本类型所没有的开销。

一般来说，应该严格限制类型封装器的使用，只在需要基本类型的对象表示时才使用。自动装箱/自动拆箱并不是作为取消基本类型的“后门”添加到 Java 中的。

12.11　静态导入

Java 支持关键字 import 的扩展用法。通过在 import 后面跟关键字 static，import 语句就可用来导入类或接口的静态成员。这称为静态导入。使用静态导入时，可直接通过静态成员的名称来引用它们，而不必使用其类名来限定它们。这样做简化并缩短了使用静态成员的语法。

为理解静态导入的用处，下面先介绍一个不使用它的示例。以下程序求解一个二次方程，公式如下所示：

$$ax^2 + bx + c = 0$$

该程序使用两个来自Java内置数学类Math的静态方法，Math类属于java.lang。第一个静态方法是Math.pow( )，它返回指定幂的值。第二个静态方法是 Math.sqrt( )，它返回实参的平方根。

```
// Find the solutions to a quadratic equation.
class Quadratic {
  public static void main(String args[]) {

    // a, b, and c represent the coefficients in the
    // quadratic equation: ax^2 + bx + c = 0
    double a, b, c, x;

    // Solve 4x^2 + x - 3 = 0 for x.
    a = 4;
    b = 1;
    c = -3;

    // Find first solution.
    x = (-b + Math.sqrt(Math.pow(b, 2) - 4 * a * c)) / (2 * a);
    System.out.println("First solution: " + x);

    // Find second solution.
    x = (-b - Math.sqrt(Math.pow(b, 2) - 4 * a * c)) / (2 * a);
    System.out.println("Second solution: " + x);
  }
}
```

由于 pow( )和 sqrt( )是静态方法，因此必须通过使用其类名 Math 来调用。这导致一长串的表达式：

```
x = (-b + Math.sqrt(Math.pow(b, 2) - 4 * a * c)) / (2 * a);
```

而且，每一次调用 pow( )、sqrt( )或其他数学方法，如 sin( )、cos( )和 tan( )时，都指定类名会很烦琐。通过使用静态导入就可以消除这种指定类名的烦琐，下面是上述程序的新版本：

```
// Use static import to bring sqrt() and pow() into view.
import static java.lang.Math.sqrt;   // 静态导入 sqrt( )和 pow ( )
import static java.lang.Math.pow;

class Quadratic {
  public static void main(String args[]) {

    // a, b, and c represent the coefficients in the
    // quadratic equation: ax^2 + bx + c = 0
    double a, b, c, x;

    // Solve 4x^2 + x - 3 = 0 for x.
    a = 4;
    b = 1;
    c = -3;

    // Find first solution.
    x = (-b + sqrt(pow(b, 2) - 4 * a * c)) / (2 * a);
    System.out.println("First solution: " + x);

    // Find second solution.
    x = (-b - sqrt(pow(b, 2) - 4 * a * c)) / (2 * a);
```

```
    System.out.println("Second solution: " + x);
  }
}
```

该程序中，名称 sqrt 和 pow 使用如下静态导入语句来声明：

```
import static java.lang.Math.sqrt;
import static java.lang.Math.pow;
```

在这两条语句之后，不再需要使用类名来限定 sqrt( )和 pow( )。因此，表达式会变得比较简洁，如下所示：

```
x = (-b + sqrt(pow(b, 2) - 4 * a * c)) / (2 * a);
```

可以看到，这种形式要简短许多，也易读许多。

有两种基本形式的 import static 语句。第一种形式是前面的示例采用的，声明了单个名称，其基本形式如下所示：

```
import static pkg.type-name.static-member-name;
```

其中，*type-name* 是包含所需静态成员的类或接口的名称。完整的包名由 *pkg* 指定。成员名称由 *static-member-name* 指定。

第二种形式导入所有的静态成员。其基本形式如下所示：

```
import static pkg.type-name.*;
```

在使用类定义的许多静态方法或域时，这种形式允许使用它们而不必逐个指定。因此，前面的程序也可以使用这条 import 语句来指定 pow( )、sqrt( )以及 Math 的其他所有静态成员：

```
import static java.lang.Math.*;
```

当然，静态导入不只局限于 Math 类或者只局限于方法。例如，下面的语句引入了静态域 System.out：

```
import static java.lang.System.out;
```

在该语句之后，可向控制台进行输出而不必使用 System 来限定 out，如下所示：

```
out.println("After importing System.out, you can use out directly.");
```

是否像这样来导入 System.out 还值得考虑。尽管它简化了语句，但是它不再能够让所有人都清晰地看出被引用的 out 就是 System.out。

尽管静态导入会带来便利，但是也不能滥用。别忘了，Java 把库组织到包中就是为了避免名称空间的冲突。当导入静态成员时，会把这些成员提升到全局名称空间。因此会增加潜在的名称空间冲突的可能性，并可能在无意中隐藏其他名称。如果在程序中只使用静态成员一两次，最好不用导入它。另外，某些静态名称(如 System.out)组织得很好，不需要导入。静态导入用于需要重复使用静态成员(例如执行一系列数学计算)的情况。总之，要善用(而不是滥用)该功能。

专家解答

问：可使用静态导入功能来导入自己创建的类的静态成员吗？

答： 可以。可以使用静态导入功能来导入自己创建的类或接口的静态成员。当定义了多个需要在大型程序中频繁使用的静态成员时，这样做会很方便。例如，如果一个类定义了许多 static final 常量，这些常量定义了各种限制，那么使用静态导入会省去许多烦琐的键入工作。

12.12 注解(元数据)

Java 提供了一项可在源文件中嵌入附加信息的功能。这些信息称为注解(annotation)，它们不会改变程序的运行。但是，这些信息在开发和部署期间可以由许多工具使用。例如，注解可以由源代码生成器、编译器或部署工具处理。虽然元数据(metadata)这个术语也用来指示这项功能，但是术语“注解”的描述性更好、更常用。

注解是一个庞大复杂的话题，对其深入讨论超出了本书的范围。这里仅做简要讨论，以便读者熟悉其概念。

注意：

关于元数据和注解的详细讨论可在作者撰写的另一本书《Java 9编程参考官方教程(第 10 版)》(由清华大学出版社引进并出版)中找到。

注解通过基于 interface 的机制创建，如下所示：

```
// A simple annotation type.
@interface MyAnno {
  String str();
  int val();
}
```

上述语句声明了一个名为 MyAnno 的注解。注意 interface 关键字前有一个@，它告诉编译器此处声明了一个注解。接下来，注意两个成员 str( )和 val( )。所有的注解都仅由方法声明组成。但是不能提供方法的主体，而是由 Java 来实现这些方法。这些方法实际上就像字段一样。

所有的注解类型都自动扩展 Annotation 接口。因此，Annotation 是所有注解的超接口，它在 java.lang.annotation 包中声明。

起初，注解仅用来标注声明。这样使用它时，任何类型的声明都可以有一个与之关联的注解。例如，类、方法、字段、形参和 enum 常量都可以有注解。甚至注解还可以带有注解。在上述所有情况下，注解都位于其余声明部分之前。从 JDK 8 开始，也可以对类型用法(type use)进行注解，如强制转换类型或方法返回类型。

使用注解之后，需要向其成员提供值。例如，下面是一个应用于方法的 MyAnno 示例：

```
// Annotate a method.
@MyAnno(str = "Annotation Example", val = 100)
public static void myMeth() { // ...
```

该注解与方法 myMeth( )链接。下面仔细分析一下注解的语法。注解名前置了@，后面跟成员初始值的括号列表。为了给成员提供值，需要向成员名赋值。因此，该例中字符串 Annotation Example 赋给 MyAnno 的 str 成员。注意该赋值语句中 str 后面没有跟括号。为注解成员提供值时，只使用其名称。因此，在本例中注解成员就像字段一样。

不带形参的注解称为标记注解(marker annotation)，它们在指定时不传递实参，也不使用括号。它们的唯一作用就是标记声明带有某种属性。

Java 定义了许多内置注解，大多数是专用的，有 9 个是通用的。下面的 4 个从 java.lang.annotation 导入：@Retention、@Documented、@Target 和@Inherited。下面的 5 个包括在 java.lang 中：@Override、@Deprecated、@SafeVarargs、@FunctionalInterface 和@SuppressWarnings。表 12-1 列出了这些内置注解。

表 12-1　通用的内置注解

注　解	说　明
@Retention	指定与注解相关联的保持策略。保持策略确定注解在编译和部署过程中保持多久
@Documented	标记注解，告诉工具注解被文档化，它只用作注解声明的注解
@Target	指定应用注解的声明的类型，它只用作另一个注解的注解。@Target 有一个实参，它必须是来自 ElementType 枚举的常量，该枚举定义了各种常量，如 CONSTRUCTOR、FIELD 和 METHOD 等。该实参确定应用注解的声明的类型，如果没有指定@Target，对任何声明就不能使用注解
@Inherited	标记注解，让超类的注解由子类继承
@Override	标记注解。使用@Override 注解标记的方法必须重写来自超类的方法，否则将导致编译时错误。这样做可以确保超类方法被重写，而不只是被重载
@Deprecated	标记注解，指示一个声明已经过时，已被新形式取代。从 JDK 9 开始，改进了@Deprecated，允许指定元素在哪个 Java 版本中废弃，废弃的元素是否计划删除
@SafeVarargs	标记注解，表示没有与方法或构造函数的可变长度形参有关的不安全动作发生。只能用于 static 或 final 方法或构造函数
@SuppressWarnings	指定由编译器发出的一条或多条警告将禁止。要禁止的警告通过字符串形式的名称指定
@FunctionalInterface	标记注解，用来注解接口声明。指示被注解的接口是一个函数式接口，该接口包含且仅包含一个抽象方法。可通过 lambda 表达式来使用函数式接口(第 14 章将详细介绍函数式接口)。@FunctionalInterface 是纯信息式的，理解这一点很重要。根据定义，任何包含且仅包含一个抽象方法的接口都是函数式接口

注意：

在 java.lang.annotation 中，JDK 8 新增了两个注解：@Repeatable 和@Native。其中@Repeatable 支持重复的注解，可将这些注解多次应用到某个声明。@Native 用于注解可执行代码(即本机代码)所访问的常量字段。这两个注解都是专用注解，对它们的讨论超出了本书的范围。

下面是一个使用@Deprecated 注解标记 MyClass 类和 getMsg( )方法的示例。当编译该程序时，将发出警告，指出使用了这些不再建议使用的元素。

```
// An example that uses @Deprecated.

// Deprecate a class.
 @Deprecated          ←———— 标记一个不再建议使用的类
class MyClass {
  private String msg;

  MyClass(String m) {
    msg = m;
  }

  // Deprecate a method within a class.
  @Deprecated         ←————┐
  String getMsg() {        │
    return msg;        标记一个不再建议使用的方法
  }

  // ...
}
```

```
class AnnoDemo {
  public static void main(String args[]) {
    MyClass myObj = new MyClass("test");

    System.out.println(myObj.getMsg());
  }
}
```

注意，多年来，Java API 库中的几个元素已经废弃，Java 在继续演化的过程中，还可能废弃其他元素。切记，尽管废弃的 API 元素仍旧可用，但不建议使用它们。一般会提供被废弃 API 元素的替代品。

12.13 自测题

1. 枚举常量被称为自我类型化，如何理解？
2. 所有枚举自动继承什么类?
3. 对于下面的枚举，编写一个程序来使用 values( )列出常量及其顺序值：

```
enum Tools {
  SCREWDRIVER, WRENCH, HAMMER, PLIERS
}
```

4. 练习 12-1 中开发的交通指示灯模拟程序可通过一点小小的修改得到改进，方法是利用枚举的类特性。在前面的版本中，每种指示灯的显示时长都由 TrafficLightSimulator 类控制，通过硬编码把这些值传递给 run( )方法。修改这一点，让每一种指示灯的显示时长保存在 TrafficLightColor 枚举中。为此，需要添加一个构造函数、一个私有的实例变量以及一个名为 getDelay( )的方法。完成了这些修改工作之后，看看程序有哪些方面的改进。你是否还能想出其他改进措施(提示：尝试使用顺序值来切换指示灯，而不依赖于 switch 语句)。
5. 给出装箱和拆箱的定义。自动装箱/自动拆箱如何影响这两种行为?
6. 修改下面的代码段，以便使用自动装箱：

```
Double val = Double.valueOf(123.0);
```

7. 说明静态导入的作用是什么?
8. 下面语句的作用是什么?

```
import static java.lang.Integer.parseInt;
```

9. 静态导入是用于特定情况，还是能用于所有类的静态成员?
10. 注解的语法基于__________。
11. 什么是标记注解?
12. 注解只能应用于方法吗?

第13章

泛 型

关键技能与概念

- 了解泛型的好处
- 创建泛型类
- 应用受限的类型形参
- 使用通配符实参
- 应用受限的通配符
- 创建泛型方法
- 创建泛型构造函数
- 创建泛型接口
- 使用原类型(raw type)
- 使用菱形运算符进行类型推断
- 了解擦除特性
- 避免歧义错误

- 了解泛型的限制

从 1.0 版本开始，Java 增添了许多新功能。所有这些功能都极大地增强和扩展了 Java 语言。在这些新增功能中，泛型最为重要，因为泛型对于整个 Java 语言都有着巨大的影响。例如，泛型添加了一种全新的语法元素，导致内核 API 中的许多类和方法发生了变化。说泛型重新塑造了 Java 语言也不为过。

泛型这个话题十分庞大，很多都超出了本书的讨论范围。但是对于泛型的基本理解却是所有 Java 程序员必需的。初看起来，泛型的语法让人感觉有些生畏，但是使用起来很简单。学完本章后，就将理解泛型的一些主要概念，并掌握如何在程序中有效地使用泛型。

13.1 泛型的基础知识

泛型的核心概念就是参数化类型(parameterized type)。参数化类型很重要，因为它使程序员能创建将要操作的数据类型作为形参的类、接口和方法。操作类型形参的类、接口和方法就称为是泛型的，如泛型类、泛型方法等。

泛型代码的主要优点是它们可以自动处理传递给其类型形参的数据类型。许多算法不管应用于什么数据类型，在逻辑上都是相同的。例如，快速排序算法不管其排序项是 Integer、String、Object 还是 Thread，算法逻辑都是相同的。使用泛型，就可以独立于特定数据类型来一次性定义算法，然后把该算法应用于各种数据类型，而不需要做额外的工作。

在引入泛型之前，Java 实际上也允许程序员通过操作对 Object 的引用，创建通用的类、接口和方法。因为 Object 是所有其他类的超类，所以 Object 引用可以引用任何对象类型。因此，在泛型代码出现之前，通用类、接口和方法通过使用 Object 引用来操作各种数据类型。问题是这种做法无法提供类型安全性，因为强制类型转换要求显式地把 Object 转换为所要操作的实际数据类型。因此，可能会偶尔出现类型不匹配的错误。泛型提高了类型安全性，因为它让这些强制类型转换自动地、隐式地进行。总之，泛型扩展了重用代码的能力，可以更加安全、可靠地进行。

专家解答

问：听说 Java 的泛型类似于 C++的模板，事实是否如此？

答： Java 的泛型的确类似于 C++的模板。Java 称为参数化类型的东西，C++称为模板。但是，Java 泛型和 C++模板并不等同，而且二者在泛型类型方面有一些本质区别。大多数时候，Java 的方法比较简单易用。

一句忠告：如果有 C++背景知识，不要比照 C++急于得出 Java 中的泛型如何工作的结论。两种方法在处理泛型代码时存在细微但根本的区别。

13.2 简单的泛型示例

在开始讨论泛型的理论知识前，先看一个简单的泛型示例。下面的程序定义了两个类：第一个是泛型类 Gen；第二个是 GenDemo，它使用了 Gen。

```
// A simple generic class.
// Here, T is a type parameter that
// will be replaced by a real type
// when an object of type Gen is created.
class Gen<T> {    ← 声明一个泛型类，T 是泛型类型形参
  T ob; // declare an object of type T
```

```
  // Pass the constructor a reference to
  // an object of type T.
  Gen(T o) {
    ob = o;
  }

  // Return ob.
  T getob() {
    return ob;
  }

  // Show type of T.
  void showType() {
    System.out.println("Type of T is " +
                       ob.getClass().getName());
  }
}

// Demonstrate the generic class.
class GenDemo {
  public static void main(String args[]) {
    // Create a Gen reference for Integers.
    Gen<Integer> iOb;                  ← 创建对 Gen<Integer>类型的对象的引用

    // Create a Gen<Integer> object and assign its
    // reference to iOb. Notice the use of autoboxing
    // to encapsulate the value 88 within an Integer object.
    iOb = new Gen<Integer>(88);        ← 初始化 Gen<Integer>类型的对象

    // Show the type of data used by iOb.
    iOb.showType();

    // Get the value in iOb. Notice that
    // no cast is needed.
    int v = iOb.getob();
    System.out.println("value: " + v);

    System.out.println();

    // Create a Gen object for Strings.
    Gen<String> strOb = new Gen<String>("Generics Test"); ← 创建 Gen<String>类型的对象和引用

    // Show the type of data used by strOb.
    strOb.showType();

    // Get the value of strOb. Again, notice
    // that no cast is needed.
    String str = strOb.getob();
    System.out.println("value: " + str);
  }
}
```

程序的输出如下所示：

```
Type of T is java.lang.Integer
value: 88
```

```
Type of T is java.lang.String
value: Generics Test
```

下面仔细分析该程序。首先注意以下声明 Gen 的语句：

```
class Gen<T> {
```

其中，T 是类型形参的名称，该名称用作当创建对象时将传递给 Gen 的实际类型的占位符。因此在 Gen 中，只要需要类型形参就使用 T。注意，T 包括在<>中。此语法也可以推广。声明类型形参时，它都包括在尖括号中。由于 Gen 使用了类型形参，因此它是一个泛型类。

在 Gen 的声明中，名称 T 没有具体意义，任何有效的标识符都可以使用，但传统上都使用 T。而且，建议类型形参的名称使用单字符的大写字母。另外两个常用的类型形参名称是 V 和 E。关于类型参数名称的另一点是：从 JDK 10 开始，不能使用 var 作为类型形参的名称。

接下来使用 T 来声明对象 ob，如下所示：

```
T ob; // declare an object of type T
```

如上所述，T 是当创建 Gen 对象时指定的实际类型的占位符，因此 ob 是传递给 T 的类型的对象。例如，如果将 String 类型传递给 T，那么 ob 就是 String 类型的。

下面看看 Gen 的构造函数：

```
Gen(T o) {
  ob = o;
}
```

注意形参 o 是 T 类型的，这表示 o 的实际类型由创建 Gen 对象时传递给 T 的类型决定。同样，由于形参 o 和成员变量 ob 都是 T 类型的，因此它们的类型都与创建 Gen 对象时传递给 T 的实际类型相同。

类型形参 T 还可用来指定方法的返回类型，如 getob( )方法所示：

```
T getob() {
  return ob;
}
```

由于 ob 也是 T 类型的，因此与 getob( )指定的返回类型兼容。

showType( )方法显示 T 的类型。为此，它调用 Class 对象上的 getName( )方法，Class 对象是通过调用 ob 对象的 getClass( )方法返回的。以前我们没有使用过该特性，所以下面仔细分析一下。第 7 章讲过，Object 类定义了方法 getClass( )。因此，getClass( )是所有类类型的成员。它返回一个 Class 对象，该对象对应于调用它的对象的类类型。Class 是一个在 java.lang 中定义的类，封装了有关类的信息。Class 定义了多个可在运行时获得有关类的信息的方法，其中包括 getName( )方法，它返回代表类名的字符串。

GenDemo 类演示了泛型类 Gen。它首先创建一个整数 Gen 版本，如下所示：

```
Gen<Integer> iOb;
```

仔细看看这个声明。首先，注意类型 Integer 在 Gen 之后的尖括号中指定。本例中，Integer 是传递给 Gen 的类型形参 T 的类型实参。这样就创建了一个 Gen 版本，使得所有对 T 的引用都转换为对 Integer 的引用。因此，对于上述声明，ob 是 Integer 类型，getob( )的返回类型是 Integer。

需要指出，Java 编译器不会实际创建不同版本的 Gen，也不会创建任何其他泛型类。前面的说明只是方便理解，并不会实际发生。实际情况是，编译器将删除所有泛型类型信息，执行必要的类型转换，以便确保代码的行为与创建的特定版本的 Gen 相符合。因此，实际上程序中只存在一个版本的 Gen。删除泛型类型信息的过程称为擦除(erasure)，本章后面将会讨论。

下一行语句将一个 Integer 版本的 Gen 类实例的引用赋值给 iOb：

```
iOb = new Gen<Integer>(88);
```

注意，当调用 Gen 构造函数时，还指定了类型实参 Integer。这样做是必要的，因为被赋值引用的对象(本例中是 iOb)的类型是 Gen<Integer>。因此，new 返回的引用也必须是类型 Gen <Integer>，否则将发生编译时错误。例如，下面的赋值将导致编译时错误：

```
iOb = new Gen<Double>(88.0); // Error!
```

由于 iOb 的类型是 Gen<Integer>，因此它不能用来引用 Gen<Double>类型的对象。这种类型检查功能是泛型的主要优点之一，因为它能确保类型安全性。

如程序注释所述，下面的赋值语句：

```
iOb = new Gen<Integer>(88);
```

使用自动装箱功能把 int 值 88 封装为 Integer。这样做是可以的，因为 Gen<Integer>创建了一个使用 Integer 作为实参的构造函数。由于需要 Integer，Java 将自动把 int 值 88 装箱为 Integer。当然，赋值语句也可以显式编写，如下所示：

```
iOb = new Gen<Integer>(Integer.valueOf(88));
```

但是使用这种形式并没有什么好处。

然后该程序显示 iOb 中 ob 的类型，它是 Integer。接下来使用下面一行语句获得 ob 的值：

```
int v = iOb.getob();
```

由于 getob( )的返回类型是 T，它在 iOb 声明时由 Integer 替代，因此 getob( )的返回类型也是 Integer，它在赋值给 v(int 类型)时自动拆箱为 int。因此，不必把 getob( )的返回类型强制转换为 Integer。

接下来，GenDemo 声明了一个 Gen<String>类型的对象：

```
Gen<String> strOb = new Gen<String>("Generics Test");
```

由于类型实参是 String，因此 String 在 Gen 中替代了 T。正如程序剩余的部分所示，这在概念上创建了一个 String 版本的 Gen。

13.2.1 泛型只能用于引用类型

当声明泛型类型的实例时，传递给类型形参的类型实参必须是类类型。不能使用基本类型，如 int 或 char。例如，对于 Gen，可将任何类类型传递给 T，但是不能给 T 传递基本类型。下面的声明是非法的：

```
Gen<int> intOb = new Gen<int>(53); // Error, can't use primitive type
```

当然，不能指定基本类型并非严重的限制，因为可以使用类型封装器(正如前面的示例所示)来封装基本类型。而且，Java 的自动装箱和自动拆箱机制使得类型封装器的使用变得透明。

13.2.2 泛型类型是否相同基于其类型实参

对于泛型类型的理解至关重要的一点是，某个特定版本的泛型类型的引用与相同泛型类型的另一个版本不兼容。例如，对于前面的程序，下面一行代码有错误，无法编译：

```
iOb = strOb; // Wrong!
```

尽管 iOb 和 strOb 都是 Gen<T>类型，但它们是对不同类型的引用，因为它们的类型实参不同。这也是泛型增强类型安全性和防止错误发生的途径之一。

13.2.3 带有两个类型形参的泛型类

可在泛型类型中声明多个类型形参。要指定多个类型形参，只需要使用逗号分隔的形参列表。例如，下面的 TwoGen 类是 Gen 类的变体，它使用了两个类型形参：

```
// A simple generic class with two type
// parameters: T and V.
 class TwoGen<T, V> {  ◀——— 使用两个类型形参
  T ob1;
  V ob2;

  // Pass the constructor references to
  // objects of type T and V.
  TwoGen(T o1, V o2) {
    ob1 = o1;
    ob2 = o2;
  }

  // Show types of T and V.
  void showTypes() {
    System.out.println("Type of T is " +
                       ob1.getClass().getName());

    System.out.println("Type of V is " +
                       ob2.getClass().getName());
  }

  T getob1() {
    return ob1;
  }

  V getob2() {
    return ob2;
  }
}

// Demonstrate TwoGen.
class SimpGen {
  public static void main(String args[]) {
                                          此处的 Integer 传递给 T，String 传递给 V
    TwoGen<Integer, String> tgObj =  ◀———┘
      new TwoGen<Integer, String>(88, "Generics");

    // Show the types.
    tgObj.showTypes();

    // Obtain and show values.
    int v = tgObj.getob1();
    System.out.println("value: " + v);

    String str = tgObj.getob2();
    System.out.println("value: " + str);
```

```
  }
}
```

该程序的输出如下所示：

```
Type of T is java.lang.Integer
Type of V is java.lang.String
value: 88
value: Generics
```

注意 TwoGen 是如何声明的：

```
class TwoGen<T, V> {
```

它指定了两个类型形参 T 和 V，中间用逗号分隔。由于有两个类型形参，因此在创建对象时要有两个类型实参传递给 TwoGen，如下所示：

```
TwoGen<Integer, String> tgObj =
  new TwoGen<Integer, String>(88, "Generics");
```

这里，Integer 取代了 T，String 取代了 V。虽然本例中的两个类型实参不同，但是类型实参也可以相同。例如，下面的代码也有效：

```
TwoGen<String, String> x = new TwoGen<String, String>("A", "B");
```

这里，T 和 V 都是 String 类型的。当然，如果类型实参相同，就没必要使用两个类型形参。

13.2.4 泛型类的一般形式

前面的示例中给出的泛型语法可以推广。下面总结了声明泛型类的一般语法形式：

```
class class-name<type-param-list> { // ...
```

下面是声明泛型类引用并创建泛型实例的语法：

```
class-name<type-arg-list> var-name =
     new class-name<type-arg-list>(cons-arg-list);
```

13.3 受限类型

在前面的示例中，类型形参可以由任何类类型取代。这样做对于大多数情况都适合，但是，有时需要限制传递给类型形参的类型。例如，假定要创建一个能够保存数值并且执行各种数学函数(如计算倒数或获得小数部分)的泛型类。而且，希望对任何数值(包括整数、浮点数和双精度数)执行计算。因此，需要使用类型形参指定通用类型的数值。要创建这样的类，可以尝试这样做：

```
// NumericFns attempts (unsuccessfully) to create
// a generic class that can compute various
// numeric functions, such as the reciprocal or the
// fractional component, given any type of number.
class NumericFns<T> {
  T num;

  // Pass the constructor a reference to
  // a numeric object.
```

```
  NumericFns(T n) {
    num = n;
  }

  // Return the reciprocal.
  double reciprocal() {
    return 1 / num.doubleValue(); // Error!
  }

  // Return the fractional component.
  double fraction() {
    return num.doubleValue() - num.intValue(); // Error!
  }

  // ...
}
```

但是，NumericFns 不能通过编译，因为两个方法都产生编译时错误。先看看 reciprocal( )方法，它获取 num 的倒数。为此，必须用 1 除以 num 的值。num 值通过调用 doubleValue( )方法获得，doubleValue( )获得保存在 num 中的数值对象的 double 版本。由于所有的数值类，如 Integer 和 Double 都是 Number 的子类，而 Number 定义了 doubleValue( )方法，所以该方法对所有的数值封装器类有效。问题是，编译器无法知道你要创建只使用数值类型的 NumericFns 对象。因此，当试图编译 NumericFns 时，会报告错误，指示 doubleValue( )方法未知。对于 fraction() 也会发生相同的错误，它需要调用 doubleValue( )和 intValue( )。两个调用都报告方法未知。为解决该问题，需要有某种办法告诉编译器，来确保只实际传递数值类型给 T。而且，需要有某种方法来确保只有数值类型被实际传递。

为此，Java 提供了受限类型(bounded type)。在指定类型形参时，可以创建一个上限(upper bound)来声明超类，所有的类型实参都必须继承该超类。这是通过在指定类型形参时使用 extends 子句完成的，如下所示：

```
<T extends superclass>
```

该语句指定 *T* 只能由 *superclass* 或 *superclass* 的子类替换。因此，*superclass* 定义了包含 *superclass* 在内的上限。可使用上限来修正前面的 NumericFns 类，方法是指定 Number 作为上限，如下所示：

```
// In this version of NumericFns, the type argument
// for T must be either Number, or a class derived
// from Number.
class NumericFns<T extends Number> {
  T num;

  // Pass the constructor a reference to
  // a numeric object.
  NumericFns(T n) {
    num = n;
  }

  // Return the reciprocal.
  double reciprocal() {
    return 1 / num.doubleValue();
  }

  // Return the fractional component.
  double fraction() {
    return num.doubleValue() - num.intValue();
```

本例中，类型实参必须是 Number 或 Number 的子类

```
    }

    // ...
  }

  // Demonstrate NumericFns.
  class BoundsDemo {
    public static void main(String args[]) {

      NumericFns<Integer> iOb =            ◄———— Integer 正确，因为它是 Number 的子类
                        new NumericFns<Integer>(5);

      System.out.println("Reciprocal of iOb is " +
                          iOb.reciprocal());
      System.out.println("Fractional component of iOb is " +
                          iOb.fraction());

      System.out.println();

      NumericFns<Double> dOb =             ◄———— Double 也正确
                        new NumericFns<Double>(5.25);

      System.out.println("Reciprocal of dOb is " +
                          dOb.reciprocal());
      System.out.println("Fractional component of dOb is " +
                          dOb.fraction());


      // This won't compile because String is not a
      // subclass of Number.
  //  NumericFns<String> strOb = new NumericFns<String>("Error"); ◄—
    }                                          String 非法，因为它不是 Number 的子类
  }
```

程序的输出如下所示：

```
Reciprocal of iOb is 0.2
Fractional component of iOb is 0.0

Reciprocal of dOb is 0.19047619047619047
Fractional component of dOb is 0.25
```

注意，现在使用下面的语句声明 NumericFns：

```
class NumericFns<T extends Number> {
```

由于类型 T 现在由 Number 约束，因此 Java 编译器就会知道所有类型 T 的对象都能调用 doubleValue( )，因为它是 Number 声明的一个方法。这样做很方便，而且还有额外的好处：约束 T 还可以防止创建非数值的 NumericFns 对象。例如，如果删除程序末尾几行语句的注释，然后重新编译程序，将产生编译时错误，因为 String 不是 Number 的子类。

受限类型在需要确保一种类型形参与另一种兼容时特别有用。例如，下面的类 Pair 保存了两个必须彼此兼容的对象：

```
class Pair<T, V extends T> {   ◄———— 这里的 V 必须与 T 的类型
  T first;                           相同，或是 T 的子类
  V second;
```

```
  Pair(T a, V b) {
    first = a;
    second = b;
  }

  // ...
}
```

Pair 有两个类型形参：T 和 V，且 V 扩展了 T。因此，V 必须与 T 相同或是其子类。这样做可确保 Pair 构造函数的两个实参的类型要么相同，要么相关。下面的构造函数是有效的：

```
// This is OK because both T and V are Integer.
Pair<Integer, Integer> x = new Pair<Integer, Integer>(1, 2);

// This is OK because Integer is a subclass of Number.
Pair<Number, Integer> y = new Pair<Number, Integer>(10.4, 12);
```

下面的构造函数是无效的：

```
// This causes an error because String is not
// a subclass of Number
Pair<Number, String> z = new Pair<Number, String>(10.4, "12");
```

这里，String 不是 Number 的子类，它违反了 Pair 指定的限制。

13.4 使用通配符实参

尽管类型安全性很有用，但有时会妨碍完全可以接受的构造。例如，对于上面的 NumericFns 类，假定需要添加方法 absEqual( )，如果两个 NumericFns 对象包含的数值的绝对值相等，则返回 true。而且，希望该方法能够正常工作，而不管每一个对象保存的数值类型是什么。例如，如果一个对象包含 Double 值 1.25，另一个对象包含 Float 值–1.25，那么 absEqual( )方法仍能返回 true。实现 absEqual( )的途径之一是为其传递 NumericFns 实参，然后把该实参的绝对值和调用对象的绝对值相比较，如果值相等，则返回 true。例如，可按如下方式来调用 absEqual( )：

```
NumericFns<Double> dOb = new NumericFns<Double>(1.25);
NumericFns<Float> fOb = new NumericFns<Float>(-1.25);

if(dOb.absEqual(fOb))
  System.out.println("Absolute values are the same.");
else
  System.out.println("Absolute values differ.");
```

初看起来，创建 absEqual( )似乎很容易。遗憾的是，当声明 NumericFns 类型的形参时就会出现问题。应该为 NumericFns 的类型形参指定什么类型？你可能会首先想到下面的解决方案，把 T 用作类型形参：

```
// This won't work!
// Determine if the absolute values of two objects are the same.
boolean absEqual(NumericFns<T> ob) {
  if(Math.abs(num.doubleValue()) ==
       Math.abs(ob.num.doubleValue()) return true;

  return false;
}
```

其中，标准方法 Math.abs( )用来获得每一个数的绝对值，然后对值做比较。问题是它只对其类型与调用对象相同的其他 NumericFns 对象起作用。例如，如果调用对象的类型是 NumericFns<Integer>，则形参 ob 也必须是 NumericFns<Integer>类型。它不能用来比较其他类型，如 NumericFns<Double>类型的对象。因此，该方法无法产生通用的(也就是泛型)解决方案。

要创建泛型的 absEqual( )方法，必须使用 Java 的另一个泛型特性：通配符实参。通配符实参由“？”指定，代表未知的类型。下面是使用通配符编写 absEqual( )方法的方式之一：

```
// Determine if the absolute values of two
// objects are the same.
boolean absEqual(NumericFns<?> ob) {   ←—— 注意通配符
  if(Math.abs(num.doubleValue()) ==
      Math.abs(ob.num.doubleValue())) return true;

  return false;
}
```

其中，NumericFns<?>表示匹配任何类型的 NumericFns 对象，从而允许任意两个 NumericFns 对象比较其绝对值。下面的程序对此做了演示：

```
// Use a wildcard.
class NumericFns<T extends Number> {
  T num;

  // Pass the constructor a reference to
  // a numeric object.
  NumericFns(T n) {
    num = n;
  }

  // Return the reciprocal.
  double reciprocal() {
    return 1 / num.doubleValue();
  }

  // Return the fractional component.
  double fraction() {
    return num.doubleValue() - num.intValue();
  }

  // Determine if the absolute values of two
  // objects are the same.
  boolean absEqual(NumericFns<?> ob) {
    if(Math.abs(num.doubleValue()) ==
        Math.abs(ob.num.doubleValue())) return true;

    return false;
  }

  // ...
}

// Demonstrate a wildcard.
class WildcardDemo {
  public static void main(String args[]) {
```

```
    NumericFns<Integer> iOb =
                   new NumericFns<Integer>(6);

    NumericFns<Double> dOb =
                   new NumericFns<Double>(-6.0);

    NumericFns<Long> lOb =
                   new NumericFns<Long>(5L);

    System.out.println("Testing iOb and dOb.");      在该调用中，通配符类型匹配 Double
    if(iOb.absEqual(dOb))  <-----------------------------|
      System.out.println("Absolute values are equal.");
    else
      System.out.println("Absolute values differ.");

    System.out.println();

    System.out.println("Testing iOb and lOb.");      在该调用中，通配符类型匹配 Long
    if(iOb.absEqual(lOb))  <-----------------------------|
      System.out.println("Absolute values are equal.");
    else
      System.out.println("Absolute values differ.");

  }
}
```

程序的输出如下所示：

```
Testing iOb and dOb.
Absolute values are equal.

Testing iOb and lOb.
Absolute values differ.
```

在该程序中，注意下面两行对 absEqual( )的调用：

```
if(iOb.absEqual(dOb))

if(iOb.absEqual(lOb))
```

在第一个调用中，iOb 是一个 NumericFns<Integer>类型的对象，dOb 是一个 NumericFns<Double>类型的对象。但是，通过使用通配符，就可以让 iOb 在调用 absEqual( )时传递 dOb。相同的情况也可以应用于第二个调用，该调用中传递 NumericFns<Long>类型的对象。

最后要提示的一点是：通配符并不影响能够创建的 NumericFns 对象的类型，理解这一点很重要。这是由 NumericFns 声明中的 extends 子句控制的。通配符只是匹配任何有效的 NumericFns 对象。

13.5 受限通配符

通配符实参可以像类型形参那样受限制。在创建的方法只用于特定超类的子类的对象时，受限通配符特别重要。为进一步说明原因，下面列举一个简单示例。考虑下面的一组类：

```
class A {
  // ...
}
```

```
class B extends A {
  // ...
}

class C extends A {
  // ...
}

// Note that D does NOT extend A.
class D {
  // ...
}
```

其中，类 A 由类 B 和类 C 扩展，但是没有被类 D 扩展。

接下来，考虑下面这个非常简单的泛型类：

```
// A simple generic class.
class Gen<T> {
  T ob;

  Gen(T o) {
    ob = o;
  }
}
```

Gen 有一个类型形参，它指定保存在 ob 中的对象类型。由于 T 被解除限制，因此 T 类型是非严格限定的。也就是说，T 可以是任意类类型。

现在假定需要创建一个方法，以任何 Gen 对象的类型作为实参，只要其类型形参是 A 或 A 的子类即可。也就是说，需要创建一个只在 Gen<type>对象上操作的方法，其中 type 是 A 或 A 的子类。为此，必须使用受限通配符。下面的方法 test( )有一个实参，实参类型是 Gen 对象且其类型形参是 A 或 A 的子类：

```
// Here, the ? will match A or any class type
// that extends A.
static void test(Gen<? extends A> o) {
  // ...
}
```

下面的类演示了可传递给 test( )的 Gen 对象类型：

```
class UseBoundedWildcard {
  // Here, the ? will match A or any class type
  // that extends A.
   static void test(Gen<? extends A> o) {   ←—— 使用受限通配符
    // ...
  }

  public static void main(String args[]) {
    A a = new A();
    B b = new B();
    C c = new C();
    D d = new D();

    Gen<A> w = new Gen<A>(a);
    Gen<B> w2 = new Gen<B>(b);
    Gen<C> w3 = new Gen<C>(c);
```

```
    Gen<D> w4 = new Gen<D>(d);

    // These calls to test() are OK.
    test(w);
    test(w2);      这些都是合法的，因为 w、w2 和 w3 是 A 的子类
    test(w3);

    // Can't call test() with w4 because
    // it is not an object of a class that
    // inherits A.
//    test(w4); // Error!      这是无效的，因为 w4 不是 A 的子类
  }
}
```

在 main( )中创建了类型为 A、B、C 和 D 的对象，然后使用它们来分别创建 4 个 Gen 对象，最后分别调用 test( )，把最后一次调用的代码注释掉。前 3 个调用是有效的，因为 w、w2 和 w3 是 Gen 对象，其类型是 A 或 A 的子类。但是，最后一个对 test( )的调用是非法的，因为 w4 是 D 类型的对象，而 D 没有继承 A。因此，test( )中的受限通配符不接受 w4 作为实参。

总之，要为通配符建立上限，可使用如下所示的通配符表达式：

```
<? extends superclass>
```

其中，superclass 是用作上限的类名。注意这里有一条包含性子句，因为构成上限(由 superclass 指定)的类也在限制中。

还可指定通配符的下限，方法是在通配符声明中添加一条 super 子句，一般形式如下所示：

```
<? super subclass>
```

在本例中，只有 subclass 的超类是可接受的实参。这是一条包含性子句。

专家解答

问：可将一个泛型类的一个实例强制转换为另一个实例吗？

答： 可以，但二者必须兼容，并且其类型实参要相同。例如，假定泛型类 Gen 的声明如下所示：

```
class Gen<T> { // ...
```

接下来假定 x 的声明如下所示：

```
Gen<Integer> x = new Gen<Integer>();
```

则下面的转换是合法的：

```
(Gen<Integer>) x // legal
```

因为 x 是 Gen<Integer>的实例。但是下面的转换不合法：

```
(Gen<Long>) x // illegal
```

因为 x 不是 Gen<Long>的实例。

13.6 泛型方法

正如前面的示例所示，泛型类中的方法可以使用类的类型形参，因此能自动成为与类型形参相关的泛型方法。但是，也可以声明使用一个或多个自己的类型形参的泛型方法。而且，可以创建不包含在泛型类中的泛型方法。

下面的程序声明了一个名为GenericMethodDemo的非泛型类，以及该类中的一个静态泛型方法arraysEqual( )。该方法判断两个数组是否以相同的顺序包含相同的值。它可用来比较任意两个数组，只要数组的类型相同或兼容即可。

```
// Demonstrate a simple generic method.
class GenericMethodDemo {

  // Determine if the contents of two arrays are the same.
  static <T extends Comparable<T>, V extends T> boolean
    arraysEqual(T[] x, V[] y) {
    // If array lengths differ, then the arrays differ.
    if(x.length != y.length) return false;

    for(int i=0; i < x.length; i++)
      if(!x[i].equals(y[i])) return false; // arrays differ

    return true; // contents of arrays are equivalent
  }

  public static void main(String args[]) {

    Integer nums[] = { 1, 2, 3, 4, 5 };
    Integer nums2[] = { 1, 2, 3, 4, 5 };
    Integer nums3[] = { 1, 2, 7, 4, 5 };
    Integer nums4[] = { 1, 2, 7, 4, 5, 6 };

    if(arraysEqual(nums, nums))
      System.out.println("nums equals nums");

    if(arraysEqual(nums, nums2))
      System.out.println("nums equals nums2");

    if(arraysEqual(nums, nums3))
      System.out.println("nums equals nums3");

    if(arraysEqual(nums, nums4))
      System.out.println("nums equals nums4");

    // Create an array of Doubles
    Double dvals[] = { 1.1, 2.2, 3.3, 4.4, 5.5 };

    // This won't compile because nums and dvals
    // are not of the same type.
//    if(arraysEqual(nums, dvals))
//      System.out.println("nums equals dvals");
  }
}
```

泛型方法

T和V的类型实参在调用方法时隐式确定

程序的输出如下所示：

```
nums equals nums
nums equals nums2
```

下面仔细分析 arraysEqual( )方法。首先，注意声明该方法的语句：

```
static <T extends Comparable<T>, V extends T> boolean arraysEqual(T[] x, V[] y) {
```

类型形参在方法的返回类型之前声明。其次，注意类型 T 扩展了 Comparable<T>。Comparable 是在 java.lang 中声明的一个接口。实现 Comparable 的类定义了可以调用的对象。因此，需要 Comparable 的上限来确保 arraysEqual( )只能由可以相互比较的对象使用。Comparable 是泛型的，且它的类型形参指定了它所比较的对象类型(后面将介绍如何创建泛型接口)。接下来注意类型 V 是类型 T 的上限。因此，V 必须与 T 的类型相同或是其子类。这种关系使得 arraysEqual( )只能使用彼此可以比较的实参调用。还要注意 arraysEqual( )是静态方法，这使得它可以独立于任何对象调用。但是泛型方法既可以是静态的，也可以是非静态的，对此没有严格限制。

现在注意 arraysEqual( )是如何在 main( )中调用的：使用了正常的调用语法，而不必指定类型实参。这是因为实参的类型可以自动识别，T 和 V 的类型会相应地进行调整。例如，在第一个调用中：

```
if(arraysEqual(nums, nums))
```

第一个实参的基类型是 Integer，导致使用 Integer 取代了 T。第二个实参的基类型也是 Integer，也用 Integer 取代了 V。因此，对 arraysEqual( )的调用是合法的，两个数组可以进行比较。

现在，注意注释掉的代码，如下所示：

```
//   if(arraysEqual(nums, dvals))
//     System.out.println("nums equals dvals");
```

如果删除注释并尝试编译程序，将会出现错误。原因是类型形参 V 由 T 限制(在 V 的声明的 extends 子句中)。这意味着 V 必须与 T 的类型相同或是其子类。在本例中，第一个实参的类型是 Integer，使得 T 的类型为 Integer，但是第二个实参的类型为 Double，它不是 Integer 的子类。这使得对 arraysEqual( )的调用非法，并导致编译时的类型不匹配错误。

对用来创建 arraysEqual( )的语法进行推广，下面是泛型方法的语法：

```
<type-param-list> ret-type meth-name(param-list) { // ...
```

其中，*type-param-list* 是由逗号分隔的类型形参列表。注意，对于泛型方法，类型形参列表位于返回类型之前。

13.7　泛型构造函数

即使其类不是泛型，构造函数也可以是泛型的。例如，下面的程序中，Summation 类不是泛型的，但其构造函数是泛型的：

```
// Use a generic constructor.
class Summation {
  private int sum;

   <T extends Number> Summation(T arg) {   ← 泛型构造函数
    sum = 0;

    for(int i=0; i <= arg.intValue(); i++)
      sum += i;
  }

  int getSum() {
```

```
        return sum;
    }
}

class GenConsDemo {
    public static void main(String args[]) {
        Summation ob = new Summation(4.0);

        System.out.println("Summation of 4.0 is " +
                          ob.getSum());
    }
}
```

Summation 类计算并封装传递给其构造函数的数值之和。N 的和是 0 至 N 的所有整数的和。由于Summation( )指定类型形参由 Number 限制，因此可使用任何数值类型，包括 Integer、Float 以及 Double 来构造 Summation 对象。不管使用何种数值类型，其值都通过调用 intValue( )方法转换为 Integer，然后计算总和。因此，类 Summation 不需要泛型，只要其构造函数是泛型就可以了。

13.8　泛型接口

如前面的 GenericMethodDemo 程序所示，接口也可以是泛型的。在该示例中，标准接口 Comparable<T>用于确保比较两个数组的元素。当然，也可定义自己的泛型接口。泛型接口的指定方式和泛型类相似。下面的示例创建了一个泛型接口 Containment，它可以由保存一个或多个值的类实现。它声明了一个方法 contains( )来判断调用对象是否包含指定的值。

```
// A generic interface example.

// A generic containment interface.
// This interface implies that an implementing
// class contains one or more values.
interface Containment<T> {        ←—— 泛型接口
    // The contains() method tests if a
    // specific item is contained within
    // an object that implements Containment.
    boolean contains(T o);
}

// Implement Containment using an array to
// hold the values.
class MyClass<T> implements Containment<T> {    ←—— 任何实现泛型接口的类，其自身
    T[] arrayRef;                                     也必须是泛型的

    MyClass(T[] o) {
        arrayRef = o;
    }

    // Implement contains()
    public boolean contains(T o) {
        for(T x : arrayRef)
            if(x.equals(o)) return true;
        return false;
    }
}
```

```
class GenIFDemo {
  public static void main(String args[]) {
    Integer x[] = { 1, 2, 3 };

    MyClass<Integer> ob = new MyClass<Integer>(x);

    if(ob.contains(2))
      System.out.println("2 is in ob");
    else
      System.out.println("2 is NOT in ob");

    if(ob.contains(5))
      System.out.println("5 is in ob");
    else
      System.out.println("5 is NOT in ob");

    // The following is illegal because ob
    // is an Integer Containment and 9.25 is
    // a Double value.
//    if(ob.contains(9.25)) // Illegal!
//      System.out.println("9.25 is in ob");
  }
}
```

输出如下所示：

```
2 is in ob
5 is NOT in ob
```

尽管该程序的大多数地方容易理解，但有两点需要指出。首先，注意 Containment 使用如下语句声明：

```
interface Containment<T> {
```

一般而言，泛型接口与泛型类的声明方式相同。在本例中，类型形参 T 指定所包含的对象类型。

接下来，Containment 由 MyClass 实现。注意声明 MyClass 的语句：

```
class MyClass<T> implements Containment<T> {
```

一般而言，如果一个类实现了泛型接口，那么该类也必须是泛型的，至少它接受传递给接口的类型形参。例如，下面试图声明 MyClass 的语句是错误的：

```
class MyClass implements Containment<T> { // Wrong!
```

该声明的错误在于 MyClass 没有声明类型形参，这意味着无法向 Containment 传递类型形参。在本例中，标识符 T 是未知的，编译器将报告出错。当然，如果类实现泛型接口的特定类型，如下所示：

```
class MyClass implements Containment<Double> { // OK
```

那么实现接口的类则不必是泛型。

可以猜出，泛型接口指定的类型形参也可以受限。这样做可以限制接口能够实现的数据类型。例如，如果想将 Containment 限制为数值类型，可以这样声明接口：

```
interface Containment<T extends Number> {
```

现在，任何实现该接口的类都必须向 Containment 传递一个也具有相同限制的类型实参。例如，现在 MyClass 必须这样来声明：

```
class MyClass<T extends Number> implements Containment<T> {
```

特别要注意 MyClass 声明类型形参 T，然后把它传递给 Containment 的方式。由于 Containment 现在需要扩展 Number 的类型，因此实现接口的类(MyClass)也必须指定相同的限制。而且，一旦建立了限制，就不需要在 implements 子句中再次指定它。实际上这样做会出错，例如下面的声明就不正确，无法编译：

```
// This is wrong!
class MyClass<T extends Number>
  implements Containment<T extends Number> { // Wrong!
```

一旦创建了类型形参，就可以把它直接传递给接口，而不需要进行额外的修改。

下面是泛型接口的一般语法：

```
interface interface-name<type-param-list> { // ...
```

其中，*type-param-list* 是由逗号分隔的类型形参列表。当实现泛型接口时，必须指定类型实参，如下所示：

```
class class-name<type-param-list>
      implements interface-name<type-param-list> {
```

练习 13-1(IGenQ.java、QueueFullException.java、QueueEmptyException.java、GenQueue.java、GenQDemo.java) 创建一个泛型队列

泛型带给程序设计的最大好处之一就是能够创建可靠、可重用的代码。如本章开头所述，许多算法不管使用的数据类型是什么，算法逻辑都是相同的。例如，队列的工作方式对于整数、字符串或 File 对象都是相同的。不必为每一种类型的对象分别创建独立的队列类，创建单个通用的解决方案就可以使用任何类型的对象。这样，设计、编码、测试和调试的开发过程可以一次完成，而不必在每次队列需要一种新数据类型时重复进行。

本练习将把从练习 5-2 开始开发的队列示例改进为泛型队列，以便最终完成这个队列程序。该程序包括一个定义了队列操作的泛型接口、两个异常类和一种队列实现方式：固定大小的队列。当然，读者也可以试验其他类型的泛型队列，如泛型动态队列或泛型循环队列，只要在本练习的基础上改进即可。

同前面的练习 9-1 中开发的队列一样，本练习也将队列组织到一组单独的文件中：一个代表接口，一个代表队列异常类，一个代表固定队列的实现方式，一个代表演示队列的程序。这种组织方式仿照了实际环境中的项目组织方式。

步骤：

(1) 创建泛型队列的第一步是创建一个用来描述队列的两种操作(put 和 get)的泛型接口。泛型队列接口名为 IGenQ，如下所示，该接口对应的文件名为 IGenQ.java：

```
// A generic queue interface.
public interface IGenQ<T> {
  // Put an item into the queue.
  void put(T ch) throws QueueFullException;

  // Get an item from the queue.
  T get() throws QueueEmptyException;
}
```

注意，使用泛型类型形参 T 来指定队列保存的数据类型。

(2) 接下来创建文件 QueueFullException.java 和 QueueEmptyException.java，将这两个文件分别添加到相应的类中：

```
// An exception for queue-full errors.
public class QueueFullException extends Exception {
  int size;

  QueueFullException(int s) { size = s; }

  public String toString() {
   return "\nQueue is full. Maximum size is " +
         size;
  }
}

// An exception for queue-empty errors.
public class QueueEmptyException extends Exception {

  public String toString() {
    return "\nQueue is empty.";
  }
}
```

这两个类封装了两个队列错误：队列满和队列空。它们不是泛型类，因为它们和队列保存的数据类型无关。因此，这两个文件与练习 9-1 中的相同。

(3) 下面创建文件 GenQueue.java。该文件中的代码实现了一个固定大小的队列，如下所示：

```
// A generic, fixed-size queue class.
class GenQueue<T> implements IGenQ<T> {
  private T q[]; // this array holds the queue
  private int putloc, getloc; // the put and get indices

  // Construct an empty queue with the given array.
  public GenQueue(T[] aRef) {
    q = aRef;
    putloc = getloc = 0;
  }

  // Put an item into the queue.
  public void put(T obj)
    throws QueueFullException {

    if(putloc==q.length)
      throw new QueueFullException(q.length);

    q[putloc++] = obj;
  }

  // Get a character from the queue.
  public T get()
    throws QueueEmptyException {

    if(getloc == putloc)
      throw new QueueEmptyException();
```

```
    return q[getloc++];
  }
}
```

GenQueue是一个带有类型形参T的泛型类,T指定了队列中保存的数据类型。注意T也传递给IGenQ接口。

GenQueue 构造函数接受一个用来保存队列的数组引用。因此，要构造 GenQueue，应该首先创建一个数组，其类型与将要保存在队列中的对象类型兼容，其大小足以保存将要放入队列的对象数目。例如，下面的语句演示了如何创建保存字符串的队列：

```
String strArray[] = new String[10];
GenQueue<String> strQ = new GenQueue<String>(strArray);
```

(4) 创建文件 GenQDemo.java，向其中添加演示泛型队列的程序代码：

```
/*
   Try This 13-1

   Demonstrate a generic queue class.
*/
class GenQDemo {
  public static void main(String args[]) {
    // Create an integer queue.
    Integer iStore[] = new Integer[10];
    GenQueue<Integer> q = new GenQueue<Integer>(iStore);

    Integer iVal;

    System.out.println("Demonstrate a queue of Integers.");
    try {
      for(int i=0; i < 5; i++) {
        System.out.println("Adding " + i + " to q.");
        q.put(i); // add integer value to q
      }
    }
    catch (QueueFullException exc) {
      System.out.println(exc);
    }
    System.out.println();

    try {
      for(int i=0; i < 5; i++) {
        System.out.print("Getting next Integer from q: ");
        iVal = q.get();
        System.out.println(iVal);
      }
    }
    catch (QueueEmptyException exc) {
      System.out.println(exc);
    }

    System.out.println();

    // Create a Double queue.
    Double dStore[] = new Double[10];
```

```
    GenQueue<Double> q2 = new GenQueue<Double>(dStore);

    Double dVal;

    System.out.println("Demonstrate a queue of Doubles.");
    try {
      for(int i=0; i < 5; i++) {
        System.out.println("Adding " + (double)i/2 +
                           " to q2.");
        q2.put((double)i/2); // add double value to q2
      }
    }
    catch (QueueFullException exc) {
      System.out.println(exc);
    }
    System.out.println();

    try {
      for(int i=0; i < 5; i++) {
        System.out.print("Getting next Double from q2: ");
        dVal = q2.get();
        System.out.println(dVal);
      }
    }
    catch (QueueEmptyException exc) {
      System.out.println(exc);
    }
  }
}
```

(5) 编译并运行程序，将看到如下所示的输出：

```
Demonstrate a queue of Integers.
Adding 0 to q.
Adding 1 to q.
Adding 2 to q.
Adding 3 to q.
Adding 4 to q.

Getting next Integer from q: 0
Getting next Integer from q: 1
Getting next Integer from q: 2
Getting next Integer from q: 3
Getting next Integer from q: 4

Demonstrate a queue of Doubles.
Adding 0.0 to q2.
Adding 0.5 to q2.
Adding 1.0 to q2.
Adding 1.5 to q2.
Adding 2.0 to q2.

Getting next Double from q2: 0.0
Getting next Double from q2: 0.5
Getting next Double from q2: 1.0
Getting next Double from q2: 1.5
Getting next Double from q2: 2.0
```

(6) 可尝试将练习 8-1 中的 CircularQueue 和 DynQueue 类也改进为泛型类。

13.9 原类型和遗留代码

由于 JDK 5 以前的版本都不支持泛型，因此 Java 有必要提供某种从旧的非泛型代码过渡的措施。简单来说，非泛型的遗留代码需要既保留其功能，又与泛型兼容。这意味着非泛型代码必须能够处理泛型，泛型代码也必须能够处理非泛型代码。

为处理向泛型的过渡问题，Java 允许不带任何类型实参来使用泛型类。这样做将创建一个原类型(raw type)的类。原类型与不识别泛型的遗留代码兼容。使用原类型的主要缺点是丧失了泛型的类型安全性。

下面是一个演示原类型的示例：

```
// Demonstrate a raw type.
class Gen<T> {
  T ob; // declare an object of type T

  // Pass the constructor a reference to
  // an object of type T.
  Gen(T o) {
    ob = o;
  }

  // Return ob.
  T getob() {
    return ob;
  }
}

// Demonstrate raw type.
class RawDemo {
  public static void main(String args[]) {

    // Create a Gen object for Integers.
    Gen<Integer> iOb = new Gen<Integer>(88);

    // Create a Gen object for Strings.
    Gen<String> strOb = new Gen<String>("Generics Test");

    // Create a raw-type Gen object and give it
    // a Double value.
    Gen raw = new Gen(98.6);          ←——— 不提供类型实参时，创建原类型

    // Cast here is necessary because type is unknown.
    double d = (Double) raw.getob();
    System.out.println("value: " + d);

    // The use of a raw type can lead to run-time
    // exceptions. Here are some examples.

    // The following cast causes a run-time error!
//    int i = (Integer) raw.getob(); // run-time error

    // This assignment overrides type safety.
    strOb = raw; // OK, but potentially wrong
```

```
//    String str = strOb.getob(); // run-time error

    // This assignment also overrides type safety.
    raw = iOb; // OK, but potentially wrong
//    d = (Double) raw.getob(); // run-time error
  }
}
```

该程序有几点需要说明。首先，通过下面的声明创建了泛型类 Gen 的原类型：

```
Gen raw = new Gen(98.6);
```

注意没有指定类型实参。实际上，该语句创建了一个其类型 T 被 Object 取代的 Gen 对象。

原类型不具有类型安全性。可将任何类型的 Gen 对象的引用赋给原类型的变量。反之也可以，即特定的 Gen 对象类型可以赋值为原 Gen 对象的引用。但是，这两种操作都具有潜在的不安全性，因为它们跳过了泛型的类型检查机制。

类型安全性的丧失由程序末尾注释掉的语句演示，下面分情况讨论。首先考虑下面的情况：

```
//    int i = (Integer) raw.getob(); // run-time error
```

在该语句中，获得了 raw 中 ob 的值，然后把该值转换为 Integer。问题是 raw 包含的是 Double 值，而不是 Integer 值。但是，这一点编译时无法检测出来，因为 raw 的类型是未知的。因此，该语句在运行时会失败。

下面的语句把原 Gen 对象的引用赋值给 strOb(Gen<String>类型的引用)：

```
    strOb = raw; // OK, but potentially wrong
//    String str = strOb.getob(); // run-time error
```

从语法上看，赋值语句是正确的，但实际上有问题。由于 strOb 是 Gen<String>类型的，因此它被认为包含一个字符串。但赋值后，strOb 引用的对象包含 Double。因此，在运行时当试图把 strOb 的内容赋值给 str 时，将产生运行时错误，因为 strOb 现在包含 Double。由此可见，把原类型引用赋值给泛型引用跳过了类型安全性机制。

下面的语句是前面示例的相反过程：

```
    raw = iOb; // OK, but potentially wrong
//    d = (Double) raw.getob(); // run-time error
```

其中，泛型引用赋值给了原引用变量。尽管从语法上看是正确的，但也会产生问题，这可以从第二行看出。在本例中，raw 引用了一个包含 Integer 对象的对象，但是类型转换假定它包含 Double。该错误在编译时无法防止，因此它将导致运行时错误。

由于原类型具有固有的潜在风险，因此当使用原类型可能跳过类型安全性时，javac 将显示一些未检测警告(unchecked warning)。在前面的程序中，下面的语句产生了未检测警告：

```
Gen raw = new Gen(98.6);

strOb = raw; // OK, but potentially wrong
```

第一行是因为不带类型实参调用 Gen 构造函数而产生警告。第二行是因为把原引用赋值给泛型变量而产生警告。

起初，可能会认为下面的语句也会产生未检测警告，其实不然：

```
raw = iOb; // OK, but potentially wrong
```

因为该赋值语句产生的类型安全性损失与创建 raw 时已经发生的相比没有增加，所以编译器不会发出警告。

最后一点提示：应该把原类型的使用限制在必须混合使用遗留代码和新的泛型代码的情况下。原类型只是一种过渡措施，而不是应该用于新代码的功能。

13.10　使用菱形运算符进行类型推断

从JDK 7开始，可以简化用于创建泛型类型示例的语法。在继续讨论之前，先回顾一下本章前面介绍的TwoGen类。下面显示了它的一部分代码以方便讨论。注意它使用了两个泛型类型。

```
class TwoGen<T, V> {
  T ob1;
  V ob2;

  // Pass the constructor a reference to
  // an object of type T.
  TwoGen(T o1, V o2) {
    ob1 = o1;
    ob2 = o2;
  }
  // ...
}
```

在 JDK 7 以前的 Java 版本中，要创建 TwoGen 的实例，必须使用如下所示的语句：

```
TwoGen<Integer, String> tgOb =
  new TwoGen<Integer, String>(42, "testing");
```

这里两次指定了类型实参(即 Integer 和 String)：第一次是在声明 tgOb 时，第二次是在通过 new 创建 TwoGen 的实例时。虽然这种形式本身没有错，但没必要这么冗长。因为在 new 子句中，类型实参的类型很容易推断出来，所以没必要第二次指定它们。为应对这种情况，JDK 7 添加了一个语法元素，用于避免第二次指定。

从 JDK 7 开始，可以把前面的声明重写为下面的形式：

```
TwoGen<Integer, String> tgOb = new TwoGen<>(42, "testing");
```

注意该实例的创建部分简单地使用了<>，即一个空的类型实参列表。这称为菱形运算符。它告诉编译器推断 new 表达式中构造函数所需的类型实参。这种类型推断语法的主要优势是缩短了有时相当长的声明语句。对于指定受限的泛型类型，它特别有帮助。

可将前面的示例加以推广。当使用类型推断时，泛型引用和实例创建的声明语法的基本形式如下：

```
class-name<type-arg-list> var-name = new class-name< >(cons-arg-list);
```

这里，new 子句的类型实参列表是空的。

虽然类型推断主要用在声明语句中，但是也可以用于形参传递。例如，如果把下面的方法添加到 TwoGen 中：

```
boolean isSame(TwoGen<T, V> o) {
  if(ob1 == o.ob1 && ob2 == o.ob2) return true;
  else return false;
}
```

那么下面的调用是合法的：

```
if(tgOb.isSame(new TwoGen<>(42, "testing"))) System.out.println("Same");
```

在本例中，传递给 isSame( )的实参的类型可以从形参的类型推断出来，所以不需要再次指定。

尽管菱形运算符提供了方便，但本书剩余部分中的泛型示例在声明泛型类的实例时仍然采用完整的语法。这有两个原因。第一，使用完整的语法便于清晰地看出正在创建什么，这对于查看示例代码很有帮助。第二，示例可在任何支持泛型的编译器下运行。当然，在自己的代码中，使用类型推断语法可以简化声明。

13.11 局部变量类型推断和泛型

如前所述，通过使用菱形运算符，泛型已经支持类型推断。但是，也可以使用 JDK 10 为泛型类添加的新局部变量类型推断特性。例如，再次假设是 TwoGen 类，下面的声明：

```
TwoGen<Integer, String> tgObj =
  new TwoGen<Integer, String>(42, "testing");
```

可以使用局部变量类型推断功能重写：

```
var tgOb = new TwoGen<Integer, String>(42, "testing");
```

在本例中，tgOb 的类型被推断为 TwoGen<Integer, String>，因为这是其初始化器的类型。还要注意，使用 var 得到的声明会比不使用它更短。一般来说，泛型类型名称通常很长，而且某些情况下很复杂。使用 var 是大大缩短此类声明的另一种方法。与上述菱形运算符相同，本书余下的示例将继续使用完整的泛型语法，但是在自己的代码中，使用局部变量类型推断功能可能非常有用。

13.12 擦除特性

通常，程序员不必知道 Java 编译器是如何把源代码翻译成目标代码的。但是对于泛型，对此过程有个大致了解是很重要的，因为它能解释泛型特性的工作原理，以及为什么有些时候泛型的行为出人意料。为此，需要简要讨论一下泛型在 Java 中是如何实现的。

泛型加入 Java 中受到的一个主要制约就是需要与以前版本的 Java 兼容。简单地讲，就是泛型代码必须和已有的非泛型代码兼容。因此，任何对 Java 语言的语法或对 JVM 的修改都要避免破坏已有的代码。Java 在实现泛型的同时又能够满足兼容性约束是通过使用擦除特性(erasure)实现的。

擦除特性的工作原理大致如下：当 Java 代码编译时，所有泛型类型信息都将被删除(擦除)。这意味着使用类型形参的受限类型来替换类型形参，如果没有显式地指定受限类型，则受限类型为 Object，然后应用合适的强制类型转换(由类型实参确定)来与类型实参指定的类型保持兼容。编译器还强制这种类型兼容性。这种方法对于泛型意味着在运行时不存在类型形参，它们只是一种源代码机制。

13.13 歧义错误

添加泛型之后带来了一种新的错误类型——歧义(ambiguity)，对此应该警惕。当擦除特性导致两个明显不同的泛型声明被解析为相同的擦除类型，进而导致冲突时，就会产生歧义错误。下面是一个方法重载产生歧义的示例：

```
// Ambiguity caused by erasure on
// overloaded methods.
class MyGenClass<T, V> {
  T ob1;
  V ob2;

  // ...
```

```
    // These two overloaded methods are ambiguous
    // and will not compile.
    void set(T o) {
      ob1 = o;
    }

    void set(V o) {
      ob2 = o;
    }
}
```

注意，MyGenClass 声明了两个泛型类型：T 和 V。在 MyGenClass 内部试图基于 T 和 V 类型的形参来重载 set( )。这样做看似合理，因为 T 和 V 好像是不同的类型。但是，这里存在两个歧义问题。

首先，编写的 MyGenClass 并没有要求 T 和 V 是两种实际不同的类型。例如，按照如下所示的形式构造 MyGenClass 对象(从理论上讲)是完全正确的：

```
MyGenClass<String, String> obj = new MyGenClass<String, String>()
```

在本例中，T 和 V 都被替换为 String。这使得两个版本的 set( )相同，当然会导致错误。

其次，更主要的是，set( )的类型擦除把两个版本的方法都缩减为：

```
void set(Object o) { // ...
```

因此，在 MyGenClass 中试图重载 set( )会导致歧义。这种情况下的解决方案是使用两个独立的方法名称，而不是重载 set( )。

13.14 一些泛型限制

使用泛型时，有一些限制需要牢记。它们涉及创建类型形参的对象、静态成员、异常和数组等。下面分别介绍。

13.14.1 类型形参不能实例化

不能创建类型形参的实例，例如下面的代码：

```
// Can't create an instance of T.
class Gen<T> {
  T ob;
  Gen() {
    ob = new T(); // Illegal!!!
  }
}
```

这里，创建 T 的实例是非法的，原因很容易理解：编译器不知道要创建哪一种类型的对象。T 只是一个占位符。

13.14.2 对静态成员的限制

静态成员不能使用由包含类(enclosing class)声明的类型形参。例如，下面类的所有静态成员都是非法的：

```
class Wrong<T> {
  // Wrong, no static variables of type T.
```

```
  static T ob;

  // Wrong, no static method can use T.
  static T getob() {
    return ob;
  }
}
```

尽管不能声明使用包含类声明的类型形参的静态成员，但可以声明静态泛型方法，它们定义了自己的类型形参，就像本章前面介绍的那样。

13.14.3 泛型数组限制

数组有两个重要的泛型限制：首先，不能实例化元素类型为类型形参的数组；其次，不能创建特定类型泛型引用的数组。下面的程序演示了这两种限制：

```
// Generics and arrays.
class Gen<T extends Number> {
  T ob;

  T vals[]; // OK

  Gen(T o, T[] nums) {
    ob = o;

    // This statement is illegal.
//  vals = new T[10]; // can't create an array of T

    // But, this statement is OK.
    vals = nums; // OK to assign reference to existent array
  }
}

class GenArrays {
  public static void main(String args[]) {
    Integer n[] = { 1, 2, 3, 4, 5 };

    Gen<Integer> iOb = new Gen<Integer>(50, n);

    // Can't create an array of type-specific generic references.
    // Gen<Integer> gens[] = new Gen<Integer>[10]; // Wrong!

    // This is OK.
    Gen<?> gens[] = new Gen<?>[10]; // OK
  }
}
```

正如程序所示，声明类型为 T 的数组的引用是有效的，如下所示：

```
T vals[]; // OK
```

但是，不能实例化 T 类型的数组，如下面注释掉的代码所示：

```
// vals = new T[10]; // can't create an array of T
```

原因是编译器不知道要实际创建何种类型的数组。但是，创建对象时可以把一个类型兼容的数组的引用传递给Gen( )，并把该引用赋给 vals，如下所示：

```
vals = nums; // OK to assign reference to existent array
```

该语句是有效的，因为传递给 Gen 的数组是已知的类型，它与对象创建时 T 的类型相同。注意，在 main( ) 中不能声明引用特定泛型类型的数组。例如，下面的语句将无法编译成功：

```
// Gen<Integer> gens[] = new Gen<Integer>[10]; // Wrong!
```

13.14.4 泛型异常限制

泛型类不能扩展 Throwable，这意味着不能创建泛型异常类。

13.15 继续学习泛型

本章开始时就曾提到，这里介绍的知识足以在自己的程序中有效地使用泛型。但是，有很多相关问题和特殊情况本章没有介绍。对泛型特别感兴趣的读者可能想了解泛型如何影响类层次、运行时类型比较和重写等。笔者撰写的《Java 9 编程参考官方教程(第 10 版)》(由清华大学出版社引进并出版)一书中对这些主题和其他一些主题做了详尽介绍。

13.16 自测题

1. 泛型是 Java 添加的一项重要功能，因为它使得代码的创建：
   A. 类型安全
   B. 可重用
   C. 可靠
   D. 上述都对
2. 基本类型能用作类型实参吗?
3. 说明如何声明一个名为 FlightSched 的类，它带有两个泛型形参。
4. 对于自测题 3，修改 FlightSched 的第二个类型形参，使得它必须扩展 Thread。
5. 现在，修改 FlightSched 的第二个类型形参，使它成为第一个类型形参的子类。
6. 就泛型而言，“?”代表什么？它的作用是什么？
7. 可以限制通配符实参吗？
8. 泛型方法 MyGen( )带有一个类型形参。而且，MyGen( )带有一个其类型与该类型形参相同的形参。它还返回该类型形参的对象。写出如何声明 MyGen( )。
9. 对于下面的泛型接口：

```
interface IGenIF<T, V extends T> { // ...
```

   提供实现 IGenIF 的 MyClass 类的声明。

10. 对于泛型类 Counter<T>，说明如何创建一个其原类型的对象。
11. 类型形参在运行时存在吗?
12. 把第 9 章自测题 10 中的解决方案转换为泛型解决方案。在转换过程中，创建一个以泛型方式定义操作 push( )和 pop( )的堆栈接口 IGenStack。

13. <>是什么？

14. 如何简化下面的语句？

```
MyClass<Double,String> obj = new MyClass<Double,String>(1.1,"Hi");
```

第 14 章

lambda 表达式和方法引用

关键技能与概念

- 了解 lambda 表达式的基本形式
- 了解函数式接口的定义
- 使用 lambda 表达式
- 使用块 lambda
- 使用泛型函数式接口
- 了解 lambda 表达式中的变量捕获
- 从 lambda 表达式中抛出异常
- 理解方法引用
- 理解构造函数引用
- 了解 java.util.function 中的预定义函数式接口

从 JDK 8 版本开始，Java 新增了一个功能：lambda 表达式，它显著增强了 Java 语言的表达功能。lambda 表达式不仅为 Java 语言新增了一些语法元素，而且简化了某些通用结构的实现方式。如同几年前泛型的出现从根本上改变了 Java

语言一样，如今 lambda 表达式的出现也从根本上改变了 Java 语言。它们的出现确实都非常重要。

lambda 表达式的引入也催生了其他新的 Java 功能，如前面在第 8 章中介绍过的默认方法和本章后面将要介绍的方法引用。默认方法允许为接口方法定义默认行为，而方法引用允许在不执行方法的情况下即可引用方法。另外，lambda 表达式的引入让 API 库也增加了一些新功能。

除了带给语言的好处，还有另一个原因让 lambda 表达式成为 Java 的重要新增功能。在过去几年中，lambda 表达式已经成为计算机语言设计关注的重点。例如，C#和 C++等语言都添加了 lambda 表达式。Java 语言中添加的 lambda 表达式帮助 Java 继续保持程序员所期望的活力和创新性。本章将介绍 lambda 表达式的这一重要功能。

14.1 lambda 表达式简介

对于理解 lambda 表达式的 Java 实现，有两个结构十分关键。第一个就是 lambda 表达式自身，第二个是函数式接口。下面首先给出这两个结构的定义。

lambda 表达式本质上就是一个匿名(即未命名)方法。但是，这个方法不是独立执行的，而是用于实现由函数式接口定义的另一个方法。因此，lambda 表达式会产生一个匿名类。lambda 表达式也常称为闭包。

函数式接口是仅包含一个抽象方法的接口。一般来说，这个方法指明了接口的目标用途。因此，函数式接口通常表示单个动作。例如，标准接口 Runnable 是一个函数式接口，因为它只定义了一个方法 run( )。因此，run( )定义了 Runnable 的动作。此外，函数式接口定义了 lambda 表达式的目标类型。特别注意：lambda 表达式只能用于其目标类型已被指定的上下文中。另外，函数式接口有时称为 SAM 类型，意思是单抽象方法(Single Abstract Method)。

下面详细论述 lambda 表达式和函数式接口。

注意：

函数式接口可以指定 Object 定义的任何公有方法，例如 equals( )，而不影响其作为“函数式接口”的状态。Object 的公有方法被视为函数式接口的隐式成员，因为函数式接口的实例会默认自动实现它们。

14.1.1 lambda 表达式的基础知识

lambda 表达式依赖一个不同于前面章节所述的语法元素和运算符。这个运算符是->，有时称为 lambda 运算符或箭头运算符。它将 lambda 表达式分成两个部分。左侧指定了 lambda 表达式需要的所有参数。右侧是 lambda 体，它指定了 lambda 表达式的动作。Java 定义了两种 lambda 体。一种包含单个表达式，另一种包含一个代码块。我们首先讨论第一种类型的 lambda 表达式。

在继续讨论之前，先看几个 lambda 表达式的例子会有帮助。首先看一个可能是最简单的 lambda 表达式的例子。它的计算结果是一个常量值，如下所示：

```
() -> 98.6
```

这个 lambda 表达式没有形参，所以形参列表为空。它返回常量值 98.6，返回值的类型推断为 double 类型。因此，这个表达式的作用类似于下面的方法：

```
double myMeth() { return 98.6; }
```

当然，lambda 表达式定义的方法没有名称。

下面给出了一个更有趣的 lambda 表达式：

```
() -> Math.random() * 100
```

这个 lambda 表达式使用 Math.random( )获得一个伪随机数，将其乘以 100，然后返回结果。这个 lambda 表达式也不需要形参。

当 lambda 表达式需要形参时，需要在运算符左侧的形参列表中指定。下面是一个简单例子：

```
(n) -> 1.0 / n
```

这个 lambda 表达式返回形参 n 的值的倒数。因此，如果 n 为 4.0，则倒数为 0.25。尽管可以显式指定形参的类型，例如本例中的 n，但是通常不需要这么做，因为很多时候，形参的类型是可以推断出来的。与命名方法一样，lambda 表达式可指定需要用到的任意数量的形参。

任何有效的类型都可用作 lambda 表达式的返回值类型。例如，如果形参 n 的值为偶数，则下面的 lambda 表达式返回 true；否则，返回 false。

```
(n) -> (n % 2)==0
```

因此，该 lambda 表达式的返回值是 boolean 类型。

在继续讨论之前还有一点值得提及。当 lambda 表达式仅有一个形参时，不必将 lambda 运算符左侧指定的形参名称用圆括号括起来。例如，下面是一种编写 lambda 表达式的有效方式：

```
n -> (n % 2)==0
```

为保持一致性，本书对所有 lambda 表达式形参都加了圆括号，即使那些仅包含一个形参的 lambda 表达式。当然，具体采用哪种样式，则由用户来决定。

14.1.2 函数式接口

如前所述，函数式接口是指仅指定了一个抽象方法的接口。第 8 章介绍过，并非所有的接口方法都是抽象方法。从 JDK 8 开始，接口可以有一个或多个默认方法，默认方法是非抽象方法。两者都不是静态或私有的接口方法。因此，只有当未指定默认实现时，接口方法才是抽象方法。这意味着函数式接口可包含默认方法、私有方法或静态方法，但在所有情况下，它必须包含一个且仅包含一个抽象方法。因为非默认方法、非私有方法和(或)非静态的接口方法是隐式的抽象方法，所以没必要使用 abstract 修饰符(如果愿意，也可以指定该修饰符)。

下面是函数式接口的一个例子：

```
interface MyValue {
 double getValue();
}
```

在本例中，getValue( )方法是隐式的抽象方法，并且是 MyNumber 定义的唯一方法。因此，MyNumber 是一个函数式接口，其功能由 getValue( )定义。

如前所述，lambda 表达式不是独立执行的，而是构成了一个函数式接口定义的抽象方法的实现，该函数式接口定义了它的目标类型。结果，只有在定义了 lambda 表达式的目标类型的上下文中，才能使用该表达式。当把一个 lambda 表达式赋给一个函数式接口引用时，就创建了一个这样的上下文。其他目标类型上下文包括变量初始化、return 语句和方法实参等。

下面通过一个简单示例来说明。首先，声明对函数式接口 MyValue 的一个引用：

```
// Create a reference to a MyValue instance.
MyValue myVal;
```

接下来，将一个 lambda 表达式赋给该接口引用：

```
// Use a lambda in an assignment context.
```

```
myVal = () -> 98.6;
```

这个 lambda 表达式与 getValue( )兼容，因为同 getValue( )一样，它没有形参并返回一个 double 类型的值。一般而言，函数式接口定义的抽象方法的类型与 lambda 表达式的类型必须兼容。如果不兼容，就会导致编译时错误。

如果愿意，可将这两步组合到一条语句中完成，如下所示：

```
MyValue myVal = () -> 98.6;
```

这里的 myVal 在 lambda 表达式中初始化。

当目标类型上下文中出现 lambda 表达式时，会自动创建实现了函数式接口的一个类的实例，函数式接口声明的抽象方法的行为由 lambda 表达式定义。当通过目标调用该方法时，就会执行 lambda 表达式。因此，lambda 表达式提供了一种将代码片段转换为对象的方法。

在前面的例子中，lambda 表达式成了 getValue()方法的实现。因此，下面的代码将显示值 98.6：

```
// Call getValue(), which is implemented by the previously assigned
// lambda expression.
System.out.println("A constant value: " + myVal.getValue());
```

因为赋给 myVal 的 lambda 表达式返回值 98.6，所以调用 getValue( )方法时返回的值也是 98.6。

如果 lambda 表达式包含一个或多个形参，那么函数式接口中抽象方法的形参的数量也必须相同。例如，下面的函数式接口 MyParamValue 允许将值传递给 getValue( )：

```
interface MyParamValue {
  double getValue(double v);
}
```

可使用这个接口来实现本节前面介绍的返回倒数的 lambda 表达式。例如：

```
MyParamValue myPval = (n) -> 1.0 / n;
```

然后，可以使用 myPval，如下所示：

```
System.out.println("Reciprocal of 4 is " + myPval.getValue(4.0));
```

这里，getValue( )的实现是通过 myPval 引用的 lambda 表达式完成的，myPval 返回实参的倒数。在本例中，向 getValue( )传入了值 4.0，返回值为 0.25。

在前面的示例中，还有一点值得注意。注意，没有指定 n 的类型，不过可以从上下文推断出它的类型。在本例中可从 getValue( )的形参类型推断出它的类型为 double，这与 MyParamValue 接口中定义的类型一样。也可以显式指定 lambda 表达式中形参的类型。例如，下面对前面的示例进行改写的方法是有效的：

```
(double n) -> 1.0 / n;
```

这里，n 的类型显式指定为 double。通常，没必要显式指定该类型。

注意：

从 JDK 11 开始，还可以使用 var 显式地指示 lambda 表达式参数的类型推断：

```
(var n) -> 1.0 / n;
```

当然，这里使用 var 是多余的。但是，使用它可以添加注释。

在继续讨论之前，有个重点需要强调一下：为在目标类型上下文中使用 lambda 表达式，抽象方法的类型和 lambda 表达式的类型必须兼容。例如，如果抽象方法指定了两个 int 类型的形参，那么 lambda 表达式也必须指定两个形参，其类型要么显式指定为 int 类型，要么在上下文中被隐式地推断为 int 类型。总的来说，lambda 表达式的形参的类型和数量必须与方法的形参及其返回值的类型兼容。

14.1.3　几个 lambda 表达式示例

做了前面的讨论后，接下来用几个简单例子来演示 lambda 表达式的基本概念。第一个例子将前面的代码放到一起，组成一个完整程序，可以运行并体验该程序：

```
// Demonstrate two simple lambda expressions.

// A functional interface.
 interface MyValue {                        ◄─────────────────┐
  double getValue();                                          │
 }                                                            ├── 函数式接口
                                                              │
// Another functional interface.                              │
interface MyParamValue {                   ◄─────────────────┘
  double getValue(double v);
}

class LambdaDemo {
 public static void main(String args[])
  {
    MyValue myVal;  // declare an interface reference

    // Here, the lambda expression is simply a constant expression.
    // When it is assigned to myVal, a class instance is
    // constructed in which the lambda expression implements
    // the getValue() method in MyValue.
    myVal = () -> 98.6;    ◄──────────────────  一个简单的 lambda 表达式

    // Call getValue(), which is provided by the previously assigned
    // lambda expression.
    System.out.println("A constant value: " + myVal.getValue());

    // Now, create a parameterized lambda expression and assign it to
    // a MyParamValue reference. This lambda expression returns
    // the reciprocal of its argument.
    MyParamValue myPval = (n) -> 1.0 / n;   ◄────────  有一个形参的 lambda 表达式

    // Call getValue(v) through the myPval reference.
    System.out.println("Reciprocal of 4 is " + myPval.getValue(4.0));
    System.out.println("Reciprocal of 8 is " + myPval.getValue(8.0));

    // A lambda expression must be compatible with the method
    // defined by the functional interface. Therefore, these won't work:
//  myVal = () -> "three"; // Error! String not compatible with double!
//  myPval = () -> Math.random(); // Error! Parameter required!
  }
}
```

程序的样本输出如下所示：

```
A constant value: 98.6
Reciprocal of 4 is 0.25
Reciprocal of 8 is 0.125
```

如前所述，lambda 表达式必须与其想要实现的抽象方法兼容。因此，注释掉上面程序中的最后一行代码是非法的。首先，因为String类型的值与double类型不兼容，而getValue( )的返回类型是double；其次，因为MyParamValue中的 getValue(int)需要一个形参，但没有提供这个形参。

函数式接口的一个重要方面是，它可以用在与其兼容的任何 lambda 表达式中。例如，考虑下面的程序。该程序定义了一个名为 NumericTest 的函数式接口，其中声明了抽象方法 test( )。text( )方法带有两个 int 类型的形参并返回一个boolean类型的结果。该方法旨在确定传给它的相关实参是否满足某些条件，并返回测试的结果。在main( )方法中，可以使用 lambda 表达式创建 3 种不同的测试。第一种测试第一个实参是否可以被第二个实参整除；第二种测试第一个实参是否小于第二个实参；第三种在两个实参的绝对值相等的情况下返回 true。注意，完成这些测试的 lambda 表达式都带有两个形参并且返回 boolean 类型的值。当然，这是必需的，因为 test( )方法也带有两个形参而且也返回 boolean 类型的值。

```
// Use the same functional interface with three different lambda expressions.

// A functional interface that takes two int parameters and returns
// a boolean result.
interface NumericTest {
  boolean test(int n, int m);
}

class LambdaDemo2 {
  public static void main(String args[])
  {
    // This lambda expression determines if one number is
    // a factor of another.
     NumericTest isFactor = (n, d) -> (n % d) == 0;

    if(isFactor.test(10, 2))
      System.out.println("2 is a factor of 10");
    if(!isFactor.test(10, 3))
      System.out.println("3 is not a factor of 10");
    System.out.println();

    // This lambda expression returns true if the first
    // argument is less than the second.
    NumericTest lessThan = (n, m) -> (n < m);

    if(lessThan.test(2, 10))
      System.out.println("2 is less than 10");
    if(!lessThan.test(10, 2))
      System.out.println("10 is not less than 2");
    System.out.println();

    // This lambda expression returns true if the absolute
    // values of the arguments are equal.
    NumericTest absEqual = (n, m) -> (n < 0 ? -n : n) == (m < 0 ? -m : m);

    if(absEqual.test(4, -4))
      System.out.println("Absolute values of 4 and -4 are equal.");
    if(!lessThan.test(4, -5))
      System.out.println("Absolute values of 4 and -5 are not equal.");
    System.out.println();
  }
}
```

在3种不同的lambda表达式中使用了相同的函数式接口

下面是该程序的输出：

```
2 is a factor of 10
3 is not a factor of 10

2 is less than 10
10 is not less than 2

Absolute values of 4 and -4 are equal.
Absolute values of 4 and -5 are not equal.
```

如程序中所示，因为三个 lambda 表达式与 test( )方法兼容，所以可通过 NumericTest 引用来执行。事实上，没必要使用三个独立的 NumericTest 引用变量，因为对于这三种测试使用一个即可。例如，可以创建变量 myTest，然后使用它来依次引用每个测试，如下所示：

```
NumericTest myTest;

myTest = (n, d) -> (n % d) == 0;
if(myTest.test(10, 2))
  System.out.println("2 is a factor of 10");
// ...
myTest = (n, m) -> (n < m);
if(myTest.test(2, 10))
  System.out.println("2 is less than 10");
//...
myTest = (n, m) -> (n < 0 ? -n : n) == (m < 0 ? -m : m);
if(myTest.test(4, -4))
  System.out.println("Absolute values of 4 and -4 are equal.");
// ...
```

当然，如果与传统程序那样，使用三个不同的引用变量 isFactor、lessThan 和 absEqual，那么它们所引用的 lambda 表达式将十分清楚。

在前面的程序中还有一点值得一提。注意为 lambda 表达式指定两个形参的方式。例如，下面的 lambda 表达式判定一个数是不是另一个数的因子：

```
(n, d) -> (n % d) == 0
```

注意，n 和 d 之间用逗号分隔开。一般而言，每当需要一个以上的参数时，就在 lambda 运算符的左侧，使用一个带括号的参数列表来指定参数，参数之间用逗号分隔。

虽然前面的示例中，使用基本类型作为函数式接口定义的抽象方法的形参类型和返回类型，但事实上并不存在这种限制。例如，下面的程序声明了一个名为 StringTest 的函数式接口，其中包含的 test( )方法带有两个 String 类型的形参并返回一个 boolean 类型的值。因此，可使用该方法来测试与字符串相关的一些条件。下面的 lambda 表达式测试一个字符串是不是另一个字符串的子串：

```
// A functional interface that tests two strings.
interface StringTest {
  boolean test(String aStr, String bStr);
}

class LambdaDemo3 {
  public static void main(String args[])
  {
    // This lambda expression determines if one string is
    // part of another.
```

```
    StringTest isIn = (a, b) -> a.indexOf(b) != -1;

    String str = "This is a test";

    System.out.println("Testing string: " + str);

    if(isIn.test(str, "is a"))
      System.out.println("'is a' found.");
    else
      System.out.println("'is a' not found.");

    if(isIn.test(str, "xyz"))
      System.out.println("'xyz' Found");
    else
     System.out.println("'xyz' not found");
  }
}
```

以下是该程序的输出：

```
Testing string: This is a test
'is a' found.
'xyz' not found
```

注意，lambda 表达式中使用 String 类定义的 indexOf()方法，来测试一个字符串是不是另一个字符串的子串。该程序正常运行，因为通过类型推断可以确定形参 a 和 b 的类型为 String。因此，可以对 a 调用 String 类的方法。

专家解答

问：在前面提到过，如有必要，可在 lambda 表达式中显式声明形参的类型。在 lambda 表达式需要两个或多个形参的情况下，必须指定所有形参的类型吗？可以对一个或多个形参进行类型推断吗？

答： 在需要显式声明形参的类型时，列表中所有形参的类型都必须已声明。例如，下面的 lambda 表达式是合法的：

```
(int n, int d) -> (n % d) == 0
```

但下面的是非法的：

```
(int n, d) -> (n % d) == 0
```

下面的 lambda 表达式也是非法的：

```
(n, int d) -> (n % d) == 0
```

14.2 块 lambda 表达式

前面示例中显示的 lambda 体只包含单个表达式。这种类型的 lambda 体称为表达式体，具有表达式体的 lambda 表达式有时称为表达式 lambda。在表达式体中，lambda 运算符右侧的代码必须包含单个表达式。该表达式就是 lambda 的值，但有时具体情况会要求使用一个以上的表达式。为处理这类情况，Java 支持另一种类型的 lambda 表达式，其中运算符右侧的代码可由一个代码块构成，其中可包含多条语句。这种类型的 lambda 体称为块体(block body)。具有块体的 lambda 表达式有时称为块 lambda。

块 lambda 扩展了 lambda 表达式内部可以处理的操作类型，因为它允许 lambda 体包含多条语句。例如，在块 lambda 中，可以声明变量、使用循环、指定 if 和 switch 语句、创建嵌套代码块等。创建块 lambda 很容易，只需要使用花括号包围 lambda 体，就像创建其他语句块一样。

除了允许多条语句，块 lambda 的使用方法与刚才讨论过的表达式 lambda 十分类似。但是，也有一个重要区别：在块 lambda 中必须显式使用 return 语句来返回值。必须这么做，因为块 lambda 体代表的不是单个表达式。

下面这个示例使用块 lambda 来计算并返回一个 int 类型值的最小正因子。它使用的接口为 NumericFunc，该接口包含的方法 func( )接受一个 int 类型的实参并返回一个 int 类型的结果。因此，NumericFunc 支持参数值和返回值都为 int 类型的数值函数：

```
// A block lambda that finds the smallest positive factor
// of an int value.

interface NumericFunc {
  int func(int n);
}

class BlockLambdaDemo {
  public static void main(String args[])
  {

    // This block lambda returns the smallest positive factor of a value.
     NumericFunc smallestF = (n) -> {
      int result = 1;

      // Get absolute value of n.
      n =  n < 0 ? -n : n;

      for(int i=2; i <= n/i; i++)
        if((n % i) == 0) {
          result = i;
          break;
      }

      return result;
    };

    System.out.println("Smallest factor of 12 is " + smallestF.func(12));
    System.out.println("Smallest factor of 11 is " + smallestF.func(11));
  }
}
```

块 lambda 表达式

输出如下所示：

```
Smallest factor of 12 is 2
Smallest factor of 11 is 1
```

在该程序中，注意块 lambda 声明了一个变量 result，使用了一个 for 循环，并且具有一条 return 语句。在块 lambda 体内，这么做是合法的。块 lambda 体在本质上与方法体类似。另外注意一点，当 lambda 表达式中出现 return 语句时，只是从 lambda 体中返回，而不会导致包围 lambda 体的方法返回。

14.3 泛型函数式接口

lambda 表达式自身不能指定类型形参。因此，lambda 表达式不能是泛型(当然，由于存在类型推断，所有 lambda 表达式都展现出一些类似于泛型的特征)。然而，与 lambda 表达式关联的函数式接口可以是泛型的。这种情况下，lambda 表达式的目标类型部分由声明函数式接口引用时指定的实参类型来决定。

为理解泛型函数式接口的值，考虑这样的情况。本章前面的两个示例创建了两个不同的函数式接口，一个叫做 NumericTest，另一个叫做 StringTest。这两个接口都用于确定两个值是否都满足某个条件。为此，它们都定义了一个叫做 test( )的方法，该方法接受两个形参并返回一个 boolean 类型的结果。对于 NumericTest 接口，test( )方法的形参类型和返回类型为 int。对于 StringTest 接口，tets( )方法的形参类型和返回类型是 String。因此，两个方法的唯一区别是它们需要的数据类型不同。针对这种情况，使用泛型接口也是可行的。相对于使用两个其方法只是在数据类型上存在区别的函数式接口，也可以只声明一个泛型接口来处理这两种情况。下面的程序演示了这种方法：

```
// Use a generic functional interface.

// A generic functional interface with two parameters
// that returns a boolean result.
interface SomeTest<T> {          ← 泛型函数式接口
  boolean test(T n, T m);
}

class GenericFunctionalInterfaceDemo {
  public static void main(String args[])
  {
    // This lambda expression determines if one integer is
    // a factor of another.
    SomeTest<Integer> isFactor = (n, d) -> (n % d) == 0;

    if(isFactor.test(10, 2))
      System.out.println("2 is a factor of 10");
    System.out.println();

    // The next lambda expression determines if one Double is
    // a factor of another.
    SomeTest<Double> isFactorD = (n, d) -> (n % d) == 0;

    if(isFactorD.test(212.0, 4.0))
      System.out.println("4.0 is a factor of 212.0");
    System.out.println();

    // This lambda expression determines if one string is
    // part of another.
    SomeTest<String> isIn = (a, b) -> a.indexOf(b) != -1;

    String str = "Generic Functional Interface";

    System.out.println("Testing string: " + str);

    if(isIn.test(str, "face"))
      System.out.println("'face' is found.");
    else
      System.out.println("'face' not found.");
  }
}
```

输出如下所示：

```
2 is a factor of 10

4.0 is a factor of 212.0
```

```
Testing string: Generic Functional Interface
'face' is found.
```

在该程序中，泛型函数式接口 SomeTest 的声明如下所示：

```
interface SomeTest<T> {
  boolean test(T n, T m);
}
```

其中，T 指定了test( )函数的形参类型。这意味着它与任何接受两个相同类型的形参、并返回一个 boolean 类型值的 lambda 表达式相兼容。

SomeTest接口用于提供对三种不同类型的 lambda 表达式的引用。第一种表达式使用 Integer 类型，第二种表达式使用 Double 类型，第三种表达式使用 String 类型。因此，同一个函数式接口可用于引用 isFactor、isFactorD 和 isIn 表达式。区别仅在于传递给 SomeTest 的类型实参。

有趣的是，上一节中介绍的 NumericFunc 接口也可以重写为泛型接口。这一练习留在本章末尾的“自测题”中。

练习 14-1(LambdaArgumentDemo.java) 作为实参传递 lambda 表达式

lambda 表达式可用在任何提供了目标类型的上下文中。前面示例中使用的目标上下文是赋值和初始化。另一种情况就是作为实参传递 lambda 表达式。事实上，这是 lambda 表达式的一种常见且强大的用途，因为可将可执行代码作为实参传递给方法。这极大地增强了 Java 的表达力。

为了演示该过程，本练习中创建了三个字符串函数，它们执行以下操作：颠倒字符串、颠倒字符串中字母的大小写、用连字符替代空格。这些函数作为函数式接口 StringFunc 的 lambda 表达式实现。之后它们作为第一个实参传递给 changeStr( )方法。changeStr( )方法将字符串函数应用于作为第二个实参传递给 changeStr( )的字符串并返回结果。因此，changeStr( )方法可用于各种不同的字符串函数。

(1) 创建一个文件，命名为 lambdaArgumentDemo.java。

(2) 向该文件中添加函数式接口 StringFunc，如下所示：

```
interface StringFunc {
  String func(String str);
}
```

该接口定义了 func( )方法，func( )方法接受一个 String 类型的实参并返回一个 String 值。因此，该方法可处理字符串并返回结果。

(3) LambdaArgumentDemo 类的开始部分定义了 changeStr( )方法，如下所示：

```
class LambdaArgumentDemo {

  // This method has a functional interface as the type of its
  // first parameter. Thus, it can be passed a reference to any
  // instance of that interface, including an instance created
  // by a lambda expression. The second parameter specifies the
  // string to operate on.
  static String changeStr(StringFunc sf, String s) {
    return sf.func(s);
  }
```

如代码中的注释所示，changeStr( )接受两个形参。第一个形参的类型是 StringFunc。这意味着可将任何 StringFunc实例的引用传递给它。因此，可将与 StringFunc 兼容的 lambda 表达式创建的实例的引用传递给它。要操作的字符串传递给 s，并返回结果字符串。

(4) main( )方法的开始部分如下所示：

```
public static void main(String args[])
{
  String inStr = "Lambda Expressions Expand Java";
  String outStr;

  System.out.println("Here is input string: " + inStr);
```

这里，inStr 引用将处理的字符串，而 outStr 接收已修改的字符串。

(5) 定义颠倒字符串中字符的 lambda 表达式，并将其赋给 StringFunc 引用。注意，以下是块 lambda 的另一个示例：

```
// Define a lambda expression that reverses the contents
// of a string and assign it to a StringFunc reference variable.
StringFunc reverse = (str) -> {
  String result = "";

  for(int i = str.length()-1; i >= 0; i--)
    result += str.charAt(i);

  return result;
};
```

(6) 调用 changeStr( )，传入 reverse 表达式和 inStr。将结果赋给 outStr 并显示出来。

```
// Pass reverse to the first argument to changeStr().
// Pass the input string as the second argument.
outStr = changeStr(reverse, inStr);
System.out.println("The string reversed: " + outStr);
```

因为 changeStr( )的第一个形参是 StringFunc 类型，所以可将 reverse 表达式传递给它。前面曾介绍过，通过 lambda 表达式可创建其目标类型的实例，在本例中该实例就是 StringFunc。因此，lambda 表达式为有效地将代码序列传递给方法提供了便利。

(7) 程序的最后添加两个 lambda 表达式，用连字符代替空格并将字母的大小写反转，如下所示。注意，这两个 lambda 表达式被嵌入 changeStr( )方法的调用中，而没有使用单独的 StringFunc 变量。

```
  // This lambda expression replaces spaces with hyphens.
  // It is embedded directly in the call to changeStr().
  outStr = changeStr((str) -> str.replace(' ', '-'), inStr);
  System.out.println("The string with spaces replaced: " + outStr);

  // This block lambda inverts the case of the characters in the
  // string. It is also embedded directly in the call to changeStr().
  outStr = changeStr((str) -> {
                    String result = "";
                    char ch;

                    for(int i = 0; i < str.length(); i++ ) {
                      ch = str.charAt(i);
                      if(Character.isUpperCase(ch))
                        result += Character.toLowerCase(ch);
                      else
                        result += Character.toUpperCase(ch);
```

```
                    }
                    return result;
                  }, inStr);

   System.out.println("The string in reversed case: " + outStr);
  }
}
```

查看这段代码可以发现，把用连字符代替空格的 lambda 嵌入 changeStr( )方法调用中，使用起来很方便，也很容易理解。这是因为它比较短，只是调用 replace( )方法将空格替换为连字符。replace( )方法是 String 类定义的另一个方法。此该方法将要被替换的字符以及替换的内容作为实参，并返回修改后的字符串。

为便于演示，将反转字符串中字母大小写的 lambda 也嵌入 changeStr( )方法调用中。但此时生成的代码有点笨重，难以理解。通常，最好将这样的 lambda 赋给单独的引用变量(如 string-reversing lambda 中所做的那样)，然后将该变量传递给 changeStr( )方法。当然，将块 lambda 作为实参从技术角度看是正确的，如示例中所示。

还有一点值得注意，invert-case lambda 使用了由 Character 定义的 isUpperCase( )、toUpperCase( )和 toLowerCase( )静态方法。前面介绍过，Character 是一个用于字符的封装器类。对于 isUpperCase( )方法，如果它的实参是一个大写字母，则返回 true；否则返回 false。toUpperCase( )和 toLowerCase( )方法执行所暗示的操作并返回结果。除了这些方法，Character 还定义了其他几个处理或测试字符的方法。可自己钻研一下这些方法。

(8) 下面是本练习的完整代码：

```
// Use a lambda expression as an argument to a method.

interface StringFunc {
  String func(String str);
}

class LambdaArgumentDemo {

  // This method has a functional interface as the type of its
  // first parameter. Thus, it can be passed a reference to any
  // instance of that interface, including an instance created
  // by a lambda expression. The second parameter specifies the
  // string to operate on.
  static String changeStr(StringFunc sf, String s) {
    return sf.func(s);
  }

  public static void main(String args[])
  {
    String inStr = "Lambda Expressions Expand Java";
    String outStr;

    System.out.println("Here is input string: " + inStr);

    // Define a lambda expression that reverses the contents
    // of a string and assign it to a StringFunc reference variable.
    StringFunc reverse = (str) -> {
      String result = "";

      for(int i = str.length()-1; i >= 0; i--)
        result += str.charAt(i);
```

```
      return result;
    };

    // Pass reverse to the first argument to changeStr().
    // Pass the input string as the second argument.
    outStr = changeStr(reverse, inStr);
    System.out.println("The string reversed: " + outStr);

    // This lambda expression replaces spaces with hyphens.
    // It is embedded directly in the call to changeStr().
    outStr = changeStr((str) -> str.replace(' ', '-'), inStr);
    System.out.println("The string with spaces replaced: " + outStr);

    // This block lambda inverts the case of the characters in the
    // string. It is also embedded directly in the call to changeStr().
    outStr = changeStr((str) -> {
                    String result = "";
                    char ch;

                    for(int i = 0; i < str.length(); i++ ) {
                      ch = str.charAt(i);
                      if(Character.isUpperCase(ch))
                        result += Character.toLowerCase(ch);
                      else
                        result += Character.toUpperCase(ch);
                    }
                    return result;
                  }, inStr);

    System.out.println("The string in reversed case: " + outStr);
  }
}
```

程序的输出如下所示：

```
Here is input string: Lambda Expressions Expand Java
The string reversed: avaJ dnapxE snoisserpxE adbmaL
The string with spaces replaced: Lambda-Expressions-Expand-Java
The string in reversed case: lAMBDA eXPRESSIONS eXPAND jAVA
```

专家解答

问：除了变量初始化、赋值和实参传递以外，还有什么也构成了 lambda 表达式的目标类型上下文？

答：类型转换、?运算符、数组初始化器、return 语句以及 lambda 表达式自身也构成了目标类型上下文。

14.4 lambda 表达式和变量捕获

在 lambda 表达式中，可访问其外层作用域中定义的变量。例如，lambda 表达式可使用其外层类定义的实例或静态变量。lambda 表达式也可以显式或隐式地访问 this 变量，该变量引用 lambda 表达式的外层类的调用实例。因此，lambda 表达式可获取或设置其外层类的实例或静态变量的值，以及调用其外层类定义的方法。

但是，当 lambda 表达式使用其外层作用域内定义的局部变量时，会产生一种特殊情况，称为变量捕获(variable capture)。这种情况下，lambda 表达式只能使用实质上为 final 的局部变量。实质上为 final 的变量是指在第一次赋值以后，值不发生变化的变量。没必要显式地将这种变量声明为 final，不过那样做也不是错误(外层作用域的 this 参数自动成为实质上的 final 变量，lambda 表达式没有自己的 this 参数)。

lambda 表达式不能修改外层作用域内的局部变量，理解这一点很重要。修改局部变量会移除其实质上的 final 状态，从而使捕获该变量变得不合法。

下面的程序演示了实质上为 final 的局部变量和可变局部变量(mutable local variable)的区别：

```
// An example of capturing a local variable from the enclosing scope.

interface MyFunc {
  int func(int n);
}

class VarCapture {
  public static void main(String args[])
  {
    // A local variable that can be captured.
    int num = 10;

    MyFunc myLambda = (n) -> {
      // This use of num is OK. It does not modify num.
      int v = num + n;

      // However, the following is illegal because it attempts
      // to modify the value of num.
//    num++;

      return v;
    };

    // Use the lambda. This will display 18.
    System.out.println(myLambda.func(8));

    // The following line would also cause an error, because
    // it would remove the effectively final status from num.
//  num = 9;
  }
}
```

正如注释指所示，num 实质上是 final 变量，所以可在 myLambda 内使用。这就是为什么 println 语句输出数字 18 的原因所在。当通过实参 8 调用 func( )时，lambda 中 v 的值是通过将 num(这里为 10)添加到传给 n 的值(这里为 8)来设置的。因此，func( )的返回值为 18。这是有效的，因为 num 在初始化后面没有修改。但是，如果修改了 num，不管是在 lambda 表达式内还是在 lambda 表达式外，num 都会丢失其实质上 final 的状态。这会导致错误，程序将无法通过编译。

需要重点强调的是，lambda 表达式可使用和修改其调用类的实例变量，只是不能使用其外层作用域中的局部变量，除非该变量实质上是 final。

14.5 从 lambda 表达式中抛出异常

lambda 表达式可抛出异常。但是，如果抛出经检查的异常(checked exception)，该异常就必须与函数式接口的抽象方法的 throws 子句中列出的异常兼容。例如，如果 lambda 表达式抛出 IOException，那么函数式接口中的抽象方法必须列出 throws 子句中的 IOException。下面的程序演示了这个事实：

```
import java.io.*;

interface MyIOAction {
  boolean ioAction(Reader rdr) throws IOException;
}

class LambdaExceptionDemo {

  public static void main(String args[])
  {

    // This block lambda could throw an IOException.
    // Thus, IOException must be specified in a throws
    // clause of ioAction() in MyIOAction.
    MyIOAction myIO = (rdr) -> {    ←——— 这个 lambda 表达式可能抛出一个异常
      int ch = rdr.read(); // could throw IOException
      // ...
      return true;
    };
  }
}
```

因为调用 read( )方法可能导致抛出 IOException，所以函数式接口 MyIOAction 的 ioAction( )方法必须包含 throws 子句中的 IOException。如果不这样做，程序将无法通过编译，因为 lambda 表达式将不再与 ioAction( )兼容。为证实这一点，只需要移除 throws 子句并试着编译程序。如你所见，这将导致错误。

专家解答

问： lambda 表达式可使用数组作为形参吗？

答： 可以。然而，当推断形参的类型时，lambda 表达式的形参并非使用标准的数组语法指定。相反，可将形参指定为简单的名称，如指定为 n，而不是 n[]。记住，lambda 表达式的形参类型将从目标上下文中推断得出。因此，如果目标上下文需要数组，则形参类型将自动被推断为数组。为更好地理解这一点，下面介绍一个简短示例。

如下是一个名为 MyTransform 的泛型函数式接口，用于将一些转换应用于数组元素：

```
// A functional interface.
interface MyTransform<T> {
  void transform(T[] a);
}
```

注意，transform()方法的形参是类型为 T 的数组。现在，考虑如下 lambda 表达式，该表达式使用 MyTransform 将 Double 类型的数组元素转换为它们的平方根：

```
MyTransform<Double> sqrts = (v) -> {
  for(int i=0; i < v.length; i++) v[i] = Math.sqrt(v[i]);
};
```

这里，transform( )中a 的类型为 Double[]，因为当声明 sqrts 时将 Double 指定成 MyTransform 的形参类型。所以 lambda 表达式中 v 的类型被推断为 Double[]。没必要指定 v[](这么做也不合法)。

最后要指出的一点是，将 lambda 形参声明为 Double[] v 也是合法的，因为将形参显式地声明为 Double[] v 是合法的，但在本例中这么做不会有什么好处。

14.6 方法引用

有一个重要特性与 lambda 表达式相关，叫做方法引用(method reference)。方法引用提供了一种引用方法而不执行方法的方式。这种特性与 lambda 表达式相关，这是因为它也需要由兼容的函数式接口构成的目标类型上下文。计算时，方法引用也会创建函数式接口的一个实例。方法引用的类型有许多种。首先看看静态方法的方法引用。

14.6.1 静态方法的方法引用

要创建静态方法引用，需要使用下面的一般语法，也就是在类名后跟上方法名：

```
ClassName::methodName
```

注意，类名与方法名之间用双冒号隔开。::是 JDK 8 新增的分隔符，专门用于此目的。在与目标类型兼容的任何地方，都可以使用这个方法引用。

下面的程序演示了一个静态方法引用。程序首先声明了一个函数式接口 IntPredicate，该接口包含一个名为 test( )的方法。test( )方法有一个 int 类型的形参并返回一个 boolean 类型的结果。因此，可用于测试针对某个条件的整数值。然后程序创建了 MyIntPredicates 类，该类定义了三个静态方法：isPrime( )、isEven( )和 isPositive( )。它们都用于检查一个值是否满足某个条件，每个方法所执行的操作可通过其名称看出。在 MethodRefDemo 中，所创建的 numTest( )方法将对 IntPredicate 的引用作为它的第一个形参。NumTest( )的第二个形参指定所测试的整数。在 main( )中，通过调用 numTest( )，将方法引用传入要执行的测试，从而执行三种不同的测试。

```
// Demonstrate a method reference for a static method.

// A functional interface for numeric predicates that operate
// on integer values.
interface IntPredicate {
 boolean test(int n);
}

// This class defines three static methods that check an integer
// against some condition.
class MyIntPredicates {
  // A static method that returns true if a number is prime.
  static boolean isPrime(int n) {

    if(n < 2) return false;

    for(int i=2; i <= n/i; i++) {
      if((n % i) == 0)
        return false;
    }
    return true;
  }

  // A static method that returns true if a number is even.
  static boolean isEven(int n) {
    return (n % 2) == 0;
  }

  // A static method that returns true if a number is positive.
  static boolean isPositive(int n) {
    return n > 0;
```

```
  }
}

class MethodRefDemo {

  // This method has a functional interface as the type of its
  // first parameter. Thus, it can be passed a reference to any
  // instance of that interface, including one created by a
  // method reference.
  static boolean numTest(IntPredicate p, int v) {
    return p.test(v);
  }

  public static void main(String args[])
  {
    boolean result;

    // Here, a method reference to isPrime is passed to numTest().
    result = numTest(MyIntPredicates::isPrime, 17);
    if(result) System.out.println("17 is prime.");

    // Next, a method reference to isEven is used.
    result = numTest(MyIntPredicates::isEven, 12);      ← 使用 static 方法的方法引用
    if(result) System.out.println("12 is even.");

    // Now, a method reference to isPositive is passed.
    result = numTest(MyIntPredicates::isPositive, 11);
    if(result) System.out.println("11 is positive.");
  }
}
```

程序的输出如下所示：

```
17 is prime.
12 is even.
11 is positive.
```

在程序中，需要特别注意下面的这行代码：

```
result = numTest(MyIntPredicates::isPrime, 17);
```

这里，将对静态方法 isPrime( )的引用传递给 numTest( )方法的第一个实参。这是可行的，因为 isPrime 与 IntPredicate 函数式接口兼容。因此，表达式 MyIntPredicate::isPrime 的计算结果为对象引用，其中 isPrime 提供了 IntPredicate 的 test( )方法的实现。对 numTest( )方法的其他两种调用方式与此相同。

14.6.2 实例方法的方法引用

要创建对某个具体对象的实例方法的引用，需要使用下面的基本语法：

```
objRef::methodName
```

可以看到，这种语法与用于静态方法的语法类似，只不过这里使用的是对象引用，而不是类名。因此，由方法引用所引用的方法执行的操作针对的是 objRef。下面的程序演示了这一点。该程序中使用的 IntPredicate 接口和 test( )方法与前面程序中的相同。但创建了 MyIntNum 类，该类中存储 int 类型的值，并定义了方法 isFactor( )，用于确定所传入的值是不是 MyIntNum 实例所存储值的因子。之后 main( )方法创建了两个 MyIntNum 实例。它调用

numTest( )方法，将方法引用传入 isFactor( )方法并传入要检查的值。在每种情况下，方法引用的操作都会相对于具体对象。

```
// Use a method reference to an instance method.

// A functional interface for numeric predicates that operate
// on integer values.
interface IntPredicate {
  boolean test(int n);
}

// This class stores an int value and defines the instance
// method isFactor(), which returns true if its argument
// is a factor of the stored value.
class MyIntNum {
  private int v;

  MyIntNum(int x) { v = x; }

  int getNum() { return v; }

  // Return true if n is a factor of v.
  boolean isFactor(int n) {
    return (v % n) == 0;
  }
}

class MethodRefDemo2 {

  public static void main(String args[])
  {
    boolean result;

    MyIntNum myNum = new MyIntNum(12);
    MyIntNum myNum2 = new MyIntNum(16);

    // Here, a method reference to isFactor on myNum is created.
    IntPredicate ip = myNum::isFactor;   ← 对实例方法的方法引用

    // Now, it is used to call isFactor() via test().
    result = ip.test(3);
    if(result) System.out.println("3 is a factor of " + myNum.getNum());


    // This time, a method reference to isFactor on myNum2 is created.
    // and used to call isFactor() via test().
    ip = myNum2::isFactor;
    result = ip.test(3);
    if(!result) System.out.println("3 is not a factor of " + myNum2.getNum());
  }
}
```

这个程序生成如下输出：

```
3 is a factor of 12
3 is not a factor of 16
```

在程序中，要特别注意如下代码行：

```
IntPredicate ip = myNum::isFactor;
```

这里，赋给 ip 的方法引用引用了 myNum 的实例方法 isFactor( )。因此，当通过该引用调用 test( )方法时，代码如下所示：

```
result = ip.test(3);
```

test( )方法将调用 myNum 的 isFactor( )，其中 isFactor( )就是创建方法引用时指定的对象。对于方法引用 myNum2::isFactor，则存在同样的情况，只不过调用的是myNum2 上的 isFactor( )。这一点可通过输出来确认。

也可以指定一个实例方法，使其能用于给定类的任何对象，而不仅是指定的对象。此时，需要像下面这样创建方法引用：

```
ClassName::instanceMethodName
```

这里使用了类名，而不是具体对象，尽管指定的是实例方法。使用这种形式时，函数式接口方法的第一个形参匹配调用对象，第二个形参匹配实例方法指定的参数。下面是一个例子，该例重写了前面的示例。首先，它用接口 MyIntNumPredicate 替代了 IntPredicte。这里，test( )的第一个形参的类型为 MyIntNum，用于接收要操作的对象。这允许运行程序，以创建对实例方法 isFactor( )的方法引用，其中 isFactor( )可用于任何 MyIntNum 对象。

```
// Use an instance method reference to refer to any instance.

// A functional interface for numeric predicates that operate
// on an object of type MyIntNum and an integer value.
interface MyIntNumPredicate {
  boolean test(MyIntNum mv, int n);
}

// This class stores an int value and defines the instance
// method isFactor(), which returns true if its argument
// is a factor of the stored value.
class MyIntNum {
  private int v;

  MyIntNum(int x) { v = x; }

  int getNum() { return v; }

  // Return true if n is a factor of v.
  boolean isFactor(int n) {
    return (v % n) == 0;
  }
}

class MethodRefDemo3 {
  public static void main(String args[])
  {
    boolean result;

    MyIntNum myNum = new MyIntNum(12);
    MyIntNum myNum2 = new MyIntNum(16);

    // This makes inp refer to the instance method isFactor().
    MyIntNumPredicate inp = MyIntNum::isFactor;   ← 对任何 MyIntNum 类型的对象的方法引用
```

```
    // The following calls isFactor() on myNum.
    result = inp.test(myNum, 3);
    if(result)
      System.out.println("3 is a factor of " + myNum.getNum());

    // The following calls isFactor() on myNum2.
    result = inp.test(myNum2, 3);
    if(!result)
      System.out.println("3 is a not a factor of " + myNum2.getNum());
  }
}
```

程序的输出如下所示：

```
3 is a factor of 12
3 is a not a factor of 16
```

在该程序中，要特别注意如下代码行：

```
MyIntNumPredicate inp = MyIntNum::isFactor;
```

这行代码创建了对实例方法 isFactor( )的方法引用，其中 isFactor( )将处理 MyIntNum 类型的任何对象。例如，当通过 inp 调用 test( )时，代码如下所示：

```
result = inp.test(myNum, 3);
```

这行代码将调用 myNum.isFactor(3)。换言之，myNum 变成了在其中调用 isFactor(3)的对象。

专家解答

问：如何指定对泛型方法的方法引用呢？

答：通常，因为使用类型推断，所以在获得泛型方法的方法引用时，不必显式指定泛型方法的类型实参，但 Java 中确实包含了处理这类情况的语法。例如，如下代码：

```
interface SomeTest<T> {
  boolean test(T n, T m);
}

class MyClass {
  static <T> boolean myGenMeth(T x, T y) {
    boolean result = false;
    // ...
    return result;
  }
}
```

下面的语句是有效的：

```
SomeTest<Integer> mRef = MyClass::<Integer>myGenMeth;
```

这里显式指定了泛型方法 myGenMeth 的类型实参。注意，类型实参位于::之后。可将该语法泛化：当把一个泛型方法指定为方法引用时，它的类型实参就位于::之后且在方法名之前。在指定泛型类的情况下，类型实参位于类名之后且在::之前。

注意：

方法引用可用使用关键字 super 引用方法的超类版本。其语法的一般形式是 super::*methodName* 和 *typeName*.super::*methodName*。在第二种形式中，typeName 必须引用外层类或超接口。

14.7 构造函数引用

与创建方法引用相似，也可创建构造函数的引用。所需语法的一般形式如下所示：

```
classname::new
```

可以把这个引用赋值给定义的方法与构造函数兼容的任何函数式接口的引用。下面是一个简单示例：

```
// Demonstrate a Constructor reference.

// MyFunc is a functional interface whose method returns
// a MyClass reference.
interface MyFunc {
   MyClass func(String s);
}

class MyClass {
  private String str;

  // This constructor takes an argument.
  MyClass(String s) { str = s; }

  // This is the default constructor.
  MyClass() { str = ""; }

  // ...

  String getStr() { return str; }
}

class ConstructorRefDemo {
  public static void main(String args[])
  {
    // Create a reference to the MyClass constructor.
    // Because func() in MyFunc takes an argument, new
    // refers to the parameterized constructor in MyClass,
    // not the default constructor.
    MyFunc myClassCons = MyClass::new;   ←—— 构造函数引用

    // Create an instance of MyClass via that constructor reference.
    MyClass mc = myClassCons.func("Testing");

    // Use the instance of MyClass just created.
```

```
        System.out.println("str in mc is " + mc.getStr( ));
    }
}
```

程序的输出如下所示：

```
str in mc is Testing
```

在这个程序中，注意 MyFunc 的 func( )方法返回 MyClass 类型的引用，并有一个 String 类型的参数。接下来，注意 MyClass 定义了两个构造函数。第一个构造函数指定了 String 类型的一个形参，第二个构造函数是默认的无形参构造函数。现在，分析下面这行代码：

```
MyFunc myClassCons = MyClass::new;
```

这里，表达式 MyClass::new 创建了对 MyClass 构造函数的一个构造函数引用。在本例中，因为 MyFunc 的 func( )方法接受一个 String 类型的形参，所以被引用的构造函数是 MyClass(String s)，它是正确匹配的构造函数。还要注意，对这个构造函数的引用被赋给了名为 myClassCons 的 MyFunc 引用。这条语句执行后，可使用 myClassCons 来创建 MyClass 的一个实例，如下所示：

```
MyClass mc = myClassCons.func("Testing");
```

实质上，myClassCons 成了调用 MyClass(String s)的另一种方式。

如果想要 MyClass::new 使用 MyClass 的默认构造函数，则需要使用一个函数式接口来定义一个无形参的方法。例如，如果定义 MyFunc2，代码如下所示：

```
interface MyFunc2 {
  MyClass func();
}
```

以下代码行将 MyClassCons 赋给对 MyClass 的默认(即无形参)构造函数的引用：

```
MyFunc2 myClassCons = MyClass::new;
```

一般情况下，当指定::new 时所使用的构造函数的形参要与函数式接口所指定的形参相匹配。

要指出的最后一点是，为泛型类创建构造函数引用时，可在类名后以常规方式来指定类型形参。例如，如果按如下方式声明 MyGenClass：

```
MyGenClass<T> { // ...
```

下面的代码就会创建一个带有类型实参 Integer 的构造函数引用：

```
MyGenClass<Integer>::new;
```

因为可以进行类型推断，所以不必总是指定类型实参，但在必要时可以指定。

专家解答

问：可以声明创建数组的构造函数引用吗？

答： 可以。要创建对数组的构造函数引用，可以使用如下构造：

```
type[]::new
```

这里，type 指定正在创建的对象的类型。例如，假定 MyClass 的形式如前面示例中所示，且 MyClassArrayCreator 接口如下所示：

```
interface MyClassArrayCreator {
    MyClass[] func(int n);
}
```

下面的代码创建一个 MyClass 对象数组，并给出每个元素的初始值：

```
MyClassArrayCreator mcArrayCons = MyClass[]::new;
MyClass[] a = mcArrayCons.func(3);
for(int i=0; i < 3; i++)
  a[i] = new MyClass(i+"");
```

这里，对 func(3)的调用创建了三个数组元素。可将这个示例泛化。任何用于创建数组的函数式接口都必须包含这样一个方法：该方法仅接受一个 int 类型形参且返回对指定大小的数组的引用。

有趣的一点是，可创建用于其他类型的类的泛型函数式接口，如下所示：

```
interface MyArrayCreator<T> {
    T[] func(int n);
}
```

例如，可创建一个包含 5 个 Thread 对象的数组，如下所示：

```
MyArrayCreator<Thread> mcArrayCons = Thread[]::new;
Thread[] thrds = mcArrayCons.func(5);
```

14.8 预定义的函数式接口

直到现在，本章中的示例都定义了自己的函数式接口，以便清晰地演示 lambda 表达式和函数式接口背后的基本概念。但很多时候，并不需要自己定义函数式接口，因为包 java.util.function 提供了一些预定义的函数式接口。表 14-1 对它们进行了介绍。

表 14-1 java.util.function 包中提供的一些预定义函数式接口

接口	用途
UnaryOperator<T>	对类型为 T 的对象应用一元运算，并返回结果。结果的类型也是 T，它包含的方法叫做 apply( )
BinaryOperator<T>	对类型为 T 的两个对象应用操作，并返回结果。结果的类型也是 T，它包含的方法叫做 apply( )
Consumer<T>	对类型为 T 的对象应用操作，它包含的方法叫做 accept( )
Supplier<T>	返回类型为 T 的对象，包含的方法叫做 get( )
Function<T, R>	对类型为 T 的对象应用操作，并返回结果。结果是类型为 R 的对象，包含的方法叫做 apply( )
Predicate<T>	确定类型为 T 的对象是否满足某种约束。返回一个指示结果的布尔值，包含的方法叫做 test( )

下面的程序演示了 Predicate 接口的实际应用。该程序将 Predicate 用作 lambda 表达式的函数式接口，以确定某个数是否为偶数。Predicate 的抽象方法为 test( )，如下所示：

```
boolean test(T val)
```

如果 val 满足某个约束或条件，test( )方法必须返回 true。如下代码所示，如果 val 为偶数，test( )将返回 true：

```
// Use the Predicate built-in functional interface.

// Import the Predicate interface.
import java.util.function.Predicate;

class UsePredicateInterface {
  public static void main(String args[])
  {

    // This lambda uses Predicate<Integer> to determine
    // if a number is even.
    Predicate<Integer> isEven = (n) -> (n %2) == 0;  ◄—— 使用内置的 Predicate 接口

    if(isEven.test(4)) System.out.println("4 is even");

    if(!isEven.test(5)) System.out.println("5 is odd");
  }
}
```

该程序的输出如下所示：

```
4 is even
5 is odd
```

专家解答

问：本章开头提到了使用 lambda 表达式可将一些新功能融入 API 库中。可以举个例子说明一下吗？

答： 一个例子是流包 java.util.stream。这个包定义了一些流类，其中最常见的是 Stream。因为与 java.util.stream 相关，所以流是数据的管道。因此，流表示序列对象。另外，流支持多种类型的操作，允许创建管线(pipeline)来执行一系列针对数据的动作。这些动作经常由 lambda 表达式来表示。例如，使用流 API，可构造在概念上类似于对数据库进行 SQL 查询的动作序列。而且在很多情况下，这样的动作序列可以并行执行，这样就可以大大提高效率，特别是当涉及大数据集时。简言之，流 API 以高效且易用的方式为数据的处理提供了一种强大的方式。要指出的最后一点是，虽然流 API 支持的流有些类似于第 10 章描述的 I/O 流，但它们仍是有区别的。

14.9 自测题

1. 什么是 lambda 运算符？
2. 什么是函数式接口？
3. 函数式接口和 lambda 表达式是如何关联的？
4. lambda 表达式的两种常见类型是什么？
5. 给出一个 lambda 表达式，如果某个数字在 10 和 20 之间(包括 10 和 20)，该表达式返回的结果为 true。

6. 创建一个函数式接口，使之支持习题 5 中创建的 lambda 表达式。调用接口 MyTest 及其抽象方法 testing( )。

7. 创建一个计算某个整数值的阶乘的块 lambda。演示其用法。对于该函数式接口使用本章介绍的 NumericFunc。

8. 创建一个名为 MyFunc<T>的泛型函数式接口。调用它的抽象方法 func( )。让 func( )返回一个 T 类型的引用，并让它接受 T 类型的形参(因此，MyFunc 将是本章介绍的 NumericFunc 的泛型版本)。重写习题 7 的答案，演示其用法，这样就可以使用 MyFunc<T>而不使用 NumericFunc。

9. 使用练习 14-1 所示的程序创建一个 lambda 表达式，删除字符串中所有的空格并返回结果。通过将其传递给 changeStr( )演示该方法。

10. lambda 表达式可使用局部变量吗？如果可以，必须满足什么约束条件？

11. 如果 lambda 表达式抛出了经检查的异常，函数式接口中的抽象方法必须有一条包含该异常的 throws 子句。这种说法正确与否？

12. 什么是方法引用？

13. 当被计算时，方法引用会创建一个由其目标上下文提供的__________的实例。

14. 假定名为 MyClass 的类包含静态的抽象方法 myStaticMethod( )，请说明如何指定对该抽象方法的方法引用。

15. 假定名为 MyClass 的类包含实例方法 myInstMethod( )，并假定 MyClass 的一个对象称为 mcObj，请说明如何创建对 mcObj 对象的 myInstMethod( )的方法引用。

16. 在 MethodRefDemo2 程序中，将新方法 hasCommonFactor( )添加到 MyIntNum 中。如果方法 hasCommonFactor( )的 int 实参和存储在调用对象 MyIntNum 中的值至少有一个公有因子，该方法就返回 true。例如，9 和 12 就有公有因子 3，9 和 16 就没有公有因子。请通过方法引用演示 hasCommonFactor( )的用法。

17. 如何指定构造函数引用？

18. Java 定义的几个预定义函数式接口都位于哪个包中？

第 15 章

模　　块

关键技能与概念

- 了解模块的定义
- 了解与 Java 模块相关的关键字
- 使用 module 关键字声明模块
- 使用 requires 和 exports
- 理解 module-info.java 的作用
- 使用 javac 和 java 来编译、运行基于模块的程序
- 理解 java.base 的作用
- 理解如何支持在引入模块之前编写的旧代码
- 把包导出到特定模块中
- 使用隐含的可读性
- 在模块中使用服务

JDK 9 发布以来，Java 添加了一个重要功能，称为“模块”。模块提供了一种方式，来描述组成应用程序的代

码的关系和依赖层次。模块还允许控制其中的哪些部分可以访问其他模块，哪些部分不能访问。使用模块，可创建更可靠、更具伸缩性的程序。

一般而言，模块对大型应用程序的帮助最大，因为它们有助于降低通常与大型软件系统相关的管理复杂性。但小型程序也能得益于模块，因为 Java API 库现在组织到模块中。因此，现在可以指定程序需要 API 的哪些部分，不需要哪些部分。这便于用较短的运行时间部署程序，在为小型设备(例如 IoT 中的设备)创建代码时，这是非常重要的。

对模块的支持通过语言元素来提供，包括新关键字，以及对 javac、java 和其他 JDK 工具的改进，而且引入了新工具和文件格式。因此，JDK 和运行库系统实际上已升级为支持模块。简言之，模块是 Java 语言的一个重大增进和演化。本章解释这个重要的新功能的关键内容。

15.1 模块基础

在最基本的意义上，模块是可以通过模块名统一指代的包和资源的一种组合。模块声明指定了模块的名称，定义了模块及其包与其他模块的关系。模块声明是 Java 源文件中的程序语句，通过几个与模块相关的新关键字(JDK 9 新增)来支持，如下所示：

exports	module	open	opens
provides	requires	to	transitive
uses	with		

一定要理解，这些关键字仅在模块声明中才被看成关键字，在其他情形下它们会解释为标识符。因此关键字 module 也可以用作参数名，但这种用法现在是不推荐的。

模块声明包含在 module-info.java 文件中。因此，模块在 Java 源文件中定义。这个文件由 javac 编译到一个类文件中，称为模块描述符。module-info.java 文件只能包含一个模块定义，它不是通用文件。

模块声明以关键字 module 开头，下面是一般形式：

```
module moduleName {
    // module definition
}
```

模块名用 *moduleName* 指定，它必须是有效的 Java 描述符或用句点分开的描述符序列。模块定义在花括号中指定。

专家解答

问：为什么与模块相关的新关键字(例如 module 和 requires)仅在模块声明中才被看成关键字？

答： 把它们限制为模块声明的关键字，可以防止已有的旧代码把它们用作标识符时出问题。例如，假定 JDK 9 之前的某个程序使用 requires 作为变量名。将该程序移植到 JDK 9 时，如果 requires 在模块声明的外部被识别为关键字，使用它的其他代码就会出现编译错误。仅在模块声明中才把 requires 看成关键字，则程序中其他代码使用的 requires 就不受影响，仍旧有效。当然，其他与模块相关的关键字也是这样。因为它们与上下文相关，所以与模块相关的关键字以前称为受限的关键字。

尽管模块定义可以为空(即声明仅给模块命名)，但通常会指定一个或多个子句，来定义模块的特性。

15.1.1 简单的模块示例

模块功能的基础是两个关键特性。第一个是模块可以指定，它需要另一个模块。换言之，一个模块可以指定它依赖于另一个模块。依赖关系使用 requires 语句指定。默认情况下，在编译和运行期间都会检查是否有需要的模块。第二个关键特性是，模块可控制另一个模块能访问它的哪个包。这是使用 exports 关键字实现的。包中的公共和受保护的类型只有显式导出，才能由其他模块访问。下面用一个例子来演示这两个特性。

下面的例子会创建一个模块应用程序，演示一些简单的数学函数。这个应用程序非常小，但演示了创建、编译和运行基于模块的代码所需的核心概念和过程。而且，这里所示的一般方法也适用于更大的实际应用程序，强烈建议在计算机上实现这个示例，仔细完成每一步。

注意：

本章演示了使用命令行工具创建、编译和运行基于模块的代码的过程。这种方法有两个优点。首先，它适用于所有 Java 程序员，因为不需要 IDE。其次，它非常清晰地解释了模块系统的基础，包括如何使用目录。为了完成这个例子，需要手工创建一些目录，确保每个文件都放在合适的目录中。可以看出，创建实际的基于模块的应用程序时，使用支持模块的 IDE 会更容易，因为它一般会自动完成过程的许多部分。但是使用命令行工具学习模块的基本知识，可以确保为理解该主题打下坚实基础。

该应用程序定义了两个模块。第一个模块称为 appstart，它包含一个包 appstart.mymodappdemo，在类 MyModAppDemo 中定义了应用程序的入口点。因此，MyModAppDemo 包含应用程序的 main()方法。第二个方法是 appfuns，它包含一个包 appfuns.simplefuncs，其中包含类 SimpleMathFuncs。这个类定义了 3 个静态方法，来实现一些简单的数学函数。整个应用程序都包含在以 mymodapp 开头的目录树中。

在继续之前，先解释一下模块名称。首先在下面的例子中，模块名(如 appfuns)是它包含的包名(如 appfuns.simplefuncs)的前缀。这不是必需的，但这里使用它，以清晰地表明包属于哪个模块。一般而言，学习和实验模块时，简短的名称(例如本章使用的名称)是很有帮助的，可以使用任何方便的名称。但是，创建适用于发布的模块时，必须小心自己选择的名称，因为这些名称应是独一无二的。撰写本书时，获得独一无二的名称的建议方式是使用逆序的域名。在这种方法中，包含项目的域的逆序名称用作模块的前缀。例如，与 herbschildt.com 相关的项目就使用 com.herbschildt 作为模块的前缀(包名也是这样)。因为模块是新添加到 Java 中的，所以命名约定可能会随着时间而改变。当前推荐的命名约定请参阅 Java 文档。

下面开始这个例子。首先执行如下步骤，创建必要的源代码目录：

(1) 创建目录 mymodapp，这是整个应用程序的顶级目录。

(2) 在 mymodapp 下创建子目录 appsrc，这是应用程序源代码的顶级目录。

(3) 在 appsrc 下创建子目录 appstart。在这个子目录下再创建子目录 appstart，在这个目录下创建子目录 mymodappdemo，因此从 appsrc 开始创建了如下目录树：

```
appsrc\appstart\appstart\mymodappdemo
```

(4) 在 appsrc 目录下创建子目录 appfuncs。在这个子目录下再创建子目录 appfuncs，在这个目录下创建子目录 simplefuncs，因此从 appsrc 开始创建了如下目录树：

```
appsrc\appfuncs\appfuncs\simplefuncs
```

目录树应如下所示：

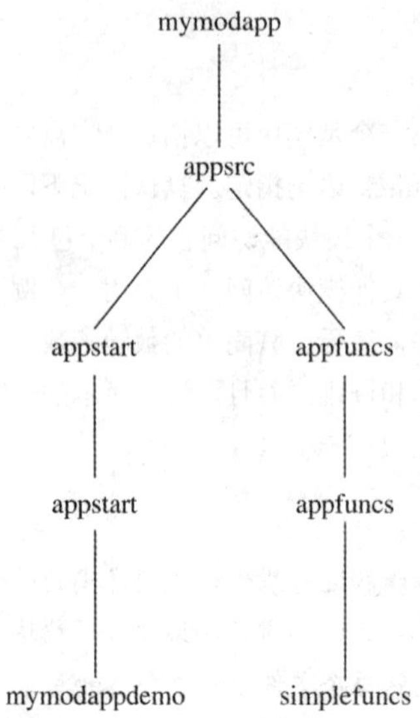

建立了这些目录后，就可以创建应用程序的源文件了。

这个例子使用 4 个源文件。其中两个源文件定义了应用程序，第一个是 SimpleMathFuncs. java，如下所示。注意 SimpleMathFuncs 打包在 appfuns.simplefuncs 中。

```
// Some simple math functions.

 package appfuncs.simplefuncs;  ←— 注意包的声明

public class SimpleMathFuncs {

  // Determine if a is a factor of b.
  public static boolean isFactor(int a, int b) {
    if((b%a) == 0) return true;
    return false;
  }

  // Return the smallest positive factor that a and b have in common.
  public static int lcf(int a, int b) {
    // Factor using positive values.
    a = Math.abs(a);
    b = Math.abs(b);

    int min = a < b ? a : b;

    for(int i = 2; i <= min/2; i++) {
      if(isFactor(i, a) && isFactor(i, b))
        return i;
    }

    return 1;
  }

  // Return the largest positive factor that a and b have in common.
  public static int gcf(int a, int b) {
    // Factor using positive values.
    a = Math.abs(a);
    b = Math.abs(b);
```

```
    int min = a < b ? a : b;

    for(int i = min/2; i >= 2; i--) {
      if(isFactor(i, a) && isFactor(i, b))
        return i;
    }

    return 1;
  }
}
```

SimpleMathFuncs 定义了 3 个简单的静态数学函数。第一个是 isFactor( )，如果 a 是 b 的一个因子，该函数就返回 true。lcf( )方法返回 a 和 b 的最小公因数。gcf( )方法返回 a 和 b 的最大公因数。这两种情况下，如果没有找到公因数，就返回 1。这个文件必须放在如下目录下：

```
appsrc\appfuncs\appfuncs\simplefuncs
```

这是 appfuncs.simplefuncs 包的目录。

第二个源文件是 MyModAppDemo.java，如下所示。它使用 SimpleMathFuncs 中的方法。注意它打包在 appstart.mymodappdemo 中，还要注意它导入了 SimpleMathFuncs 类，因为它的操作依赖于 SimpleMathFuncs。

```
// Demonstrate a simple module-based application.
package appstart.mymodappdemo;

import appfuncs.simplefuncs.SimpleMathFuncs;

public class MyModAppDemo {
  public static void main(String[] args) {

    if(SimpleMathFuncs.isFactor(2, 10))
      System.out.println("2 is a factor of 10");

    System.out.println("Smallest factor common to both 35 and 105 is " +
                       SimpleMathFuncs.lcf(35, 105));

    System.out.println("Largest factor common to both 35 and 105 is " +
                       SimpleMathFuncs.gcf(35, 105));

  }
}
```

注意包的声明和导入语句

这个文件必须放在如下目录下：

```
appsrc\appstart\appstart\mymodappdemo
```

这是 appstart.mymodappdemo 包的目录。

接着需要给每个模块添加 module-info.java 文件。这些文件包含模块定义。首先添加定义 appfuncs 模块的文件：

```
// Module definition for the functions module.
module appfuncs {
  // Exports the package appfuncs.simplefuncs.
  exports appfuncs.simplefuncs;
}
```

为 appfuncs 定义模块

注意 appfuncs 导出 appfuncs.simplefuncs 包，使之可供其他模块访问。这个文件必须放在如下目录下：

```
appsrc\appfuncs
```

因此，它放在 appfuncs 模块目录下，在包目录的上面。

最后为 appstart 模块添加 module-info.java 文件，如下所示。注意 appstart 需要 appfuncs 模块。

```
// Module definition for the main application module.
module appstart {   ← 为 appstart 定义模块
  // Requires the module appfuncs.
  requires appfuncs;
}
```

这个文件必须放在如下模块目录下：

```
appsrc\appstart
```

在仔细讨论 requires、exports 和 module 语句之前，先编译、运行这个例子。确保正确创建了目录，把每个文件放在正确的目录下，如前所述。

15.1.2 编译、运行第一个模块示例

从 JDK 9 开始，javac 更新为支持模块。因此与其他 Java 程序一样，基于模块的程序也使用 javac 编译。这个过程很简单，主要区别是通常要显式指定模块路径。模块路径告诉编译器，已编译的文件在哪里。按照前面的步骤完成本例时，确保在 mymodapp 目录下执行 javac 命令，以使路径正确。mymodapp 是整个模块应用程序的顶级目录。

首先使用如下命令编译 SimpleMathFuncs.java 文件：

```
javac -d appmodules\appfuncs
  appsrc\appfuncs\appfuncs\simplefuncs\SimpleMathFuncs.java
```

记住，这个命令必须在 mymodapp 目录下执行。注意使用-d 选项。这告诉 javac 把输出的.class 文件放在哪里。对于本章的例子，已编译代码的目录树顶层是 appmodules。这个命令会自动根据需要在 appmodules\appfuncs 下为 appfuncs.simplefuncs 创建输出包命令。

接着是为 appfuncs 模块编译 module-info.java 文件的 javac 命令：

```
javac -d appmodules\appfuncs appsrc\appfuncs\module-info.java
```

这会将 module-info.class 文件放在 appmodules\appfuncs 目录下。

尽管前面的两步过程是有效的，但列出它们主要是为了方便讨论。在一个命令行上编译模块的 module-info.java 及其源文件通常更简单。把前面的两个 avac 命令合并为一个命令：

```
javac -d appmodules\appfuncs appsrc\appfuncs\module-info.java
  appsrc\appfuncs\appfuncs\simplefuncs\SimpleMathFuncs.java
```

在这个例子中，每个已编译的文件都放在正确的模块或包目录中。

现在使用如下命令为 appstart 模块编译 module-info.java 和 MyModAppDemo.java 文件：

```
javac --module-path appmodules -d appmodules\appstart
  appsrc\appstart\module-info.java
  appsrc\appstart\appstart\mymodappdemo\MyModAppDemo.java
```

注意--module-path 选项，它指定模块路径，编译器会在该路径下查找 module-info.java 文件需要的用户自定义模块。在这个例子中，它会查找 appfuncs 模块，因为 appstart 模块需要它。另外要注意，它把输出目录指定为 appmodules\appstart。这意味着 module-info.class 文件在 appmodules\appstart 模块目录下，MyModAppDemo.class

在 appmodules\appstart\ appstart\mymodappdemo 包目录下。

完成编译后，可使用如下 java 命令运行应用程序：

```
java --module-path appmodules -m appstart/appstart.mymodappdemo.MyModAppDemo
```

--module-path 选项指定了应用程序模块的路径。如前所述，appmodules 是已编译模块树顶部的目录。-m 选项指定包含应用程序入口点的类，这里是包含 main( )方法的类名。运行程序时，输出如下：

```
2 is a factor of 10
Smallest factor common to both 35 and 105 is 5
Largest factor common to both 35 and 105 is 7
```

15.1.3 requires 和 exports

前面基于模块的示例依赖于模块系统的两个基本特性：指定依赖关系以及满足依赖关系。这些功能在 module 声明中使用 requires 和 exports 语句来指定。下面逐一分析。

本例使用的 requires 语句形式如下：

```
requires moduleName;
```

其中 *moduleName* 在 requires 语句中指定了一个模块所需的另一个模块名。这意味着只有当所需的模块存在时，当前模块才能编译。在模块中，当前模块会读取 requires 语句中指定的模块。一般而言，requires 语句能确保程序可以访问它需要的模块。

下面是本例使用的 exports 语句的一般形式：

```
exports packageName;
```

其中 *packageName* 在 exports 语句中指定了模块导出的包名。模块导出包时，会使包中所有的公共和受保护类型都可由其他模块访问。而且，这些类型的公共和受保护成员也可以访问。但是，如果模块中的包没有导出，它对该模块而言就是私有的，包括它的所有公共类型。例如，即使类在包中声明为 public，如果该包没有通过 exports 语句显式导出，这个类就不能由其他模块访问。一定要明白，包的公共和受保护类型无论导出与否，在包的模块中都是可以访问的。exports 语句只是使它们可由外部的模块访问。因此任何未导出的包都只能在其模块内部使用。

理解 requires 和 exports 的关键是它们一起工作。如果一个模块依赖于另一个模块，就必须通过 requires 指定这个依赖关系。被依赖的模块必须显式导出依赖模块需要的包。如果依赖关系的任何一端缺失了，依赖模块都不会编译。就前面的示例而言，MyModAppDemo 使用 SimpleMathFuncs 中的函数，因此，appstart 模块定义包含一个指定 appfuncs 模块的 requires 语句。appfuncs 模块声明导出了 appfuncs.simplefuncs 包，因此使 SimpleMathFuncs 类中的公共类型可用。因为依赖关系的两端都存在，所以应用程序可以编译和运行。如果依赖关系的任何一端缺失，编译都会失败(回答本章末尾自测题 10 时，会看到缺失 exports 语句的结果)。

一定要强调，requires 和 exports 语句只能出现在 module 语句中。而且，module 语句只能出现在 module-info.java 文件中。

15.2 java.base 和平台模块

如本章开头所述，从 JDK 9 开始，Java API 包合并到模块中。实际上，API 的模块化是添加模块的一个主要优点。因为 API 模块的特殊作用，所以称为平台模块，它们的名称都以 java 作为前缀，例如 java.base、java.desktop 和 java.xml。模块化 API 后，就可以只部署应用程序及其需要的包，而不是整个 JRE。因为完整的 JRE 很大，所以这是一个非常重要的改进。

所有 Java API 库包现在都在模块中，这提出了下述问题：前面示例中 MyModAppDemo 的 main( )方法如何使用 System.out.println( )，而不必为包含 System 类的模块指定 requires 语句？显然，除非 System 存在，否则程序不会编译和运行。同样的问题也适用于 SimpleMathFuncs 中的 Math 类。该问题的答案在 java.base 中。

在平台模块中，最重要的是 java.base。它包括和导出 Java 的基本包，例如 java.lang、java.io 和 java.util。由于 java.base 的重要性，它对所有模块都是自动可访问的。而且，所有其他模块都自动需要 java.base。在模块声明中不必包含 requires java.base 语句(有趣的是，显式指定 java.base 并不是错误的，而只是不必要)。因此，不使用 import 语句，java.lang 也自动可用于所有程序，java.base 模块自动可由所有基于模块的程序访问，而不必显式请求它。

因为 java.base 包含 java.lang 包，而 java.lang 包含 System 类，所以前面示例中的 MyModAppDemo 可自动使用 System.out.println( )，而不需要显式的 requires 语句。这也适用于 SimpleMathFuncs 中的 Math 类，因为 Math 类也在 java.lang 中。如下所示，开始创建自己的基于模块的应用程序时，通常需要的许多 API 类都在 java.base 包含的包中。因此，自动包含 java.base 简化了基于模块的代码的创建，因为 Java 的核心包是自动可访问的。

从 JDK 9 开始，Java API 的文档现在会指出包所在的模块名称。如果模块是 java.base，就可以直接使用这个包的内容。否则，模块声明就必须给需要的模块包含一个 requires 子句。

专家解答

问：我记得 JDK 8 可使用“压缩配置”功能。压缩配置是模块的一部分吗？

答： 压缩配置功能在某些情况下可以指定 API 库的一个子集，它们不是模块系统的一部分。而且，JDK 9 引入的模块系统完全取代了它们。

15.3 旧代码和未命名的模块

完成第一个示例模块程序的过程中会发现另一个问题。因为 JDK 现在支持模块，API 包也包含在模块中，为什么前面章节中的所有其他程序即使没有使用模块，也能编译和运行？更一般的情形是，Java 代码存在了 20 多年，撰写本书时这些代码的大多数都没有使用模块，如何在 JDK 9 或后来的编译器中编译、运行和维护旧代码？鉴于 Java 最初的哲学是“编写一次，在所有地方执行”，这是一个非常重要的问题，因为必须维护向后兼容性。如后面所述，Java 为解决这个问题，提供了一种优雅、接近透明的方式，来确保与已有代码的向后兼容性。

对旧代码的支持由两个关键特性来提供。第一个特性是未命名模块。使用不在命名模块中的代码时，这些代码会自动成为未命名模块的一部分。未命名模块有两个重要属性。第一，未命名模块中的所有包都会自动导出。第二，未命名模块可以访问其他任何模块。因此，程序没有使用模块时，Java 平台中的所有 API 模块会通过未命名模块自动变成可访问的。

支持旧代码的第二个关键特性是自动使用类路径，而不是模块路径。编译没有使用模块的程序时，会使用类路径机制，就像是 Java 最初的版本一样。因此，程序的编译和执行与没有添加模块功能之前的方式相同。

因为有了未命名模块和自动使用类路径，所以不需要为本书其他地方的示例程序声明任何模块。无论是用现代编译器还是以前的版本(如 JDK 8)编译它们，它们都会正确运行。因此，即使模块是对 Java 有重大影响的新功能，也仍维持了与旧代码的兼容性。这种方法还提供了顺畅、非入侵式、非干扰式的模块转换路径。因此，它允许按照自己的节奏把旧应用程序移入模块。而且，它允许在不需要时避免使用模块。

在继续之前，需要关注一个要点。对于本书其他地方使用的示例程序类型，例如一般性程序，使用模块没有任何好处。毫无理由地模块化它们只会使程序变得混乱、复杂。而且，对于在学习 Java 基础知识时编写的许多简单程序，不需要把它们包含在模块中。对于本章开头提到的原因，创建商业程序时，使用模块常能发挥出其最大效益。因此，本章之外的任何例子都不使用模块。这样也允许示例在 JDK 9 之前的编译器上编译和运行，这对于使用 Java 旧版本的读者很重要。因此除了本章的例子之外，本书其他的示例都适用于未添加模块和已添加模块支持的 JDK。

15.4 导出到特定的模块

exports 语句的基本形式是使一个包可由其他任何模块访问。这常常是用户希望的。但在一些特殊的开发情形中，最好只使一个包可以由特定的模块集合访问，而不是由其他所有模块访问。例如，库开发人员可能希望把一个支持包导出到库中某些特定的模块里，而不是使之用于一般场合。在 exports 语句中添加 to 子句就提供了实现这一点的方式。

在 exports 语句中，to 子句指定能访问导出的包的一个或多个模块。而且，只有在 to 子句中指定的这些模块才有访问权。在模块中，to 子句创建了所谓限制性导出(qualified export)。

包含 to 的 exports 语句形式如下：

```
exports packageName to moduleNames;
```

其中 *moduleName* 是用逗号分隔的模块列表，导出模块给它们授予了访问权限。

修改 appfuncs 模块的 module-info.java 文件，尝试使用 to 子句，如下所示：

```
// Module definition that uses a to clause.
module appfuncs {
  // Exports the package appfuncs.simplefuncs to appstart.
   exports appfuncs.simplefuncs to appstart;  <———— 限制性导出
}
```

现在，simplefuncs 仅导出到 appstart 中，没有导出到其他模块中。做了这个修改后，就可以使用下面的 javac 目录重新编译应用程序：

```
javac -d appmodules --module-source-path appsrc
 appsrc\appstart\appstart\mymodappdemo\MyModAppDemo.java
```

编译后，就可以像前面那样运行应用程序了。

这个示例还使用了另一个与模块相关的新特性。仔细查看前面的 javac 命令。首先注意它指定--module-source-path 选项。模块源路径指定了模块源树的顶部。--module-source-path 选项会自动编译树中特定目录下的文件，本例中是 appsrc。--module-source-path 选项必须与-d 选项一起使用，确保已编译的模块存储在 appmodules 下的正确目录中。javac 的这种形式称为多模块模式，因为它允许一次编译多个模块。多模块编译模式在这里特别有用，因为 to 子句指向特定模块，请求模块必须能访问导出的包。因此在这个例子中，appstart 和 appfuncs 在编译过程中都需要避免警告和/或错误。多模块模式避免了这个问题，因为两个模块是同时编译的。

javac 的多模块模式另有一个优点，它会自动找到并编译应用程序的所有源文件，创建必要的输出目录。因为多模块编译模式提供了这些优点，所以将它用于后续的示例。

注意：

一般而言，限制性导出是一种特殊情况下的功能。模块常常提供包的无条件导出，或者根本不导出包，使之无法访问。因此，这里讨论限制性导出，主要是为了确保完整性。另外，限制性导出本身不会禁止导出的包被伪装成目标模块中的恶意代码滥用。防止这种情况发生的安全技术超出了本书的范围。有关这个安全主题和 Java 安全的信息，可查阅 Oracle 文档。

15.5 使用 requires transitive

考虑如下情形：有 3 个模块 A、B、C。它们的依赖关系如下：

- A 需要 B
- B 需要 C

对于这种情形，显然，因为 A 依赖 B，B 依赖 C，所以 A 对 C 有间接的依赖关系。只要 A 不直接使用 C 的任何内容，就可以在其模块信息文件中让 A 需要 B，让 B 在其模块信息文件中导出 A 需要的包，如下所示：

```
// A's module-info file:
module A {
  requires B;
}

// B's module-info file.
module B {
  exports somepack;
  requires C;
}
```

其中 *somepack* 是 B 导出、A 使用的包的占位符。尽管只要 A 不需要使用 C 中定义的任何内容，这就是有效的，但如果 A 希望访问 C 中的类型，就会出问题。此时有两个解决方案。

第一个解决方案是在 A 的文件中添加 requires C 语句，如下所示：

```
// A's module-info file updated to explicitly require C:
module A {
  requires B;
  requires C; // also require C
}
```

这个解决方案肯定有效，但如果 B 由许多模块使用，就必须在需要 B 的所有模块定义中添加 requires C 语句，这不仅繁杂，也容易出错。幸好，有一个更好的解决方案。可在 C 上创建一个隐含的依赖关系。隐含的依赖关系也称为隐含的可读性。

为创建隐含的依赖关系，在需要模块(该模块需要隐含的可读性)的子句的 requires 后面添加 transitive 关键字。对于这个例子，应修改 B 的模块信息文件，如下所示：

```
// B's module-info file.
module B {
  exports somepack;
  requires transitive C;
}
```

其中 C 现在需要传递。完成这个修改后，依赖 B 的任何模块也会自动依赖 C，因此 A 可以自动访问 C。

注意，因为 Java 语法中有一个特殊的例外，在 requires 语句中，如果 transitive 跟在分隔符(例如分号)的后面，就解释为标识符(例如模块名)，而不是关键字。

试一试 15-1(MyModAppDemo.java、SimpleFuncs.java、SupportFuncs.java、module-info.java) 实验 requires transitive

重写前面的模块化应用程序示例，来实验 requires transitive。这里要从 appfuncs.simplefuncs 包的 SimpleMathFuncs

类中删除 isFactor( )方法，把它放在一个新类、模块和包中。新类称为 SupportFuncs，模块称为 appsupport，包称为 appsupport.supportfuncs。appfuncs 模块使用 requires transitive 添加对 appsupport 的依赖关系，这样 appfuncs 和 appsupport 模块就都可以访问它，而 appstart 不需要提供自己的 requires 语句。这是有效的，因为 appstart 通过 requires transitive 语句接收到它的访问权限。

(1) 首先创建支持新 appsupport 模块的源目录。为此，在 appsrc 目录下创建 appsupport 子目录，这是支持函数的模块目录。在 appsupport 目录下，添加 appsupport 子目录，再添加 supportfuncs 子目录，以创建包目录。因此 appsupport 的目录树应如下所示：

```
appsrc\appsupport\appsupport\supportfuncs
```

(2) 在模块源目录 appsrc\appsupport\下给 appsupport 目录添加如下 module-info.java 文件：

```
// Module definition for appsupport.
module appsupport {
  exports appsupport.supportfuncs;
}
```

(3) 在 appsupport.supportfuncs 包目录下添加如下 SupportFuncs.java 文件：

```
// Support functions.

package appsupport.supportfuncs;

public class SupportFuncs {

  // Determine if a is a factor of b.
  public static boolean isFactor(int a, int b) {
    if((b%a) == 0) return true;
    return false;
  }
}
```

可以看出，isFactor( )方法在 SupportFuncs 而不是 SimpleMathFuncs 中。

(4) 删除 SimpleMathFuncs 中的 isFactor( )方法，因此 SimpleMathFuncs.java 现在如下所示：

```
// Some simple math functions, with isFactor() removed.

package appfuncs.simplefuncs;
import appsupport.supportfuncs.SupportFuncs;

public class SimpleMathFuncs {

  // Return the smallest positive factor that a and b have in common.
  public static int lcf(int a, int b) {
    // Factor using positive values.
    a = Math.abs(a);
    b = Math.abs(b);

    int min = a < b ? a : b;

    for(int i = 2; i <= min/2; i++) {
      if(SupportFuncs.isFactor(i, a) && SupportFuncs.isFactor(i, b))
        return i;
    }
```

```
      return 1;
    }

    // Return the largest positive factor that a and b have in common.
    public static int gcf(int a, int b) {
      // Factor using positive values.
      a = Math.abs(a);
      b = Math.abs(b);

      int min = a < b ? a : b;

      for(int i = min/2; i >= 2; i--) {
        if(SupportFuncs.isFactor(i, a) && SupportFuncs.isFactor(i, b))
          return i;
      }

      return 1;
    }
  }
```

注意现在 SupportFuncs 类是导入的，对 isFactor( )的调用通过类名 SupportFuncs 来指代。

(5) 修改 appfuncs 的 module-info.java 文件，在其 requires 语句中，将 appsupport 指定为 transitive，如下所示：

```
// Module definition for appfuncs.
module appfuncs {
  // Exports the package appfuncs.simplefuncs.
  exports appfuncs.simplefuncs;

  // Requires appsupport and makes it transitive.
  requires transitive appsupport;
}
```

(6) 因为 appfuncs 需要 appsupport 作为 transitive，所以 appstart 的 module-info.java 文件不需要它，因为它对 appsupport 的依赖是隐含的。因此，不需要修改 appstart 的 module-info.java 文件。

(7) 更新 MyModAppDemo.java，以反映这些修改。具体而言，现在必须导入 SupportFuncs 类，在调用 isFactor( )时指定它，如下所示：

```
// Updated to use SupportFuncs.
package appstart.mymodappdemo;

import appfuncs.simplefuncs.SimpleMathFuncs;
import appsupport.supportfuncs.SupportFuncs;

public class MyModAppDemo {
  public static void main(String[] args) {

    // Now, isFactor() is referred to via SupportFuncs,
    // not SimpleMathFuncs.
    if(SupportFuncs.isFactor(2, 10))
      System.out.println("2 is a factor of 10");

    System.out.println("Smallest factor common to both 35 and 105 is " +
                       SimpleMathFuncs.lcf(35, 105));

    System.out.println("Largest factor common to both 35 and 105 is " +
                       SimpleMathFuncs.gcf(35, 105));
```

```
    }
}
```

(8) 使用下面的多模块编译命令重新编译整个程序：

```
javac -d appmodules --module-source-path appsrc
  appsrc\appstart\appstart\mymodappdemo\MyModAppDemo.java
```

如前所述，多模块编译会自动在 appmodules 目录下创建平行的模块子目录。

(9) 使用下面的命令运行应用程序，如下所示：

```
java --module-path appmodules -m appstart/appstart.mymodappdemo.MyModAppDemo
```

这会生成与前面相同的结果。

(10) 试验一下，从 appfuncs 的 module-info.java 文件中删除 transitive，再重新编译。可以看到，会出现一个错误，因为 appstart 不再能访问 appsupport。

(11) 下面是另一个试验。在 appsupport 的 module-info.java 文件中，尝试使用限制性导出，仅把 appsupport.supportfuncs 包导出到 appfuncs 中，如下所示：

```
exports appsupport.supportfuncs to appfuncs;
```

接着重新编译程序。可以看出，程序不会编译，因为现在支持函数 isFactor( )不能用于 MyModAppDemo，它在 appstart 模块中。如前所述，限制性导出把包的访问权限制到 to 子句指定的模块中。

15.6 使用服务

在程序设计中，把必须完成的工作和完成它的方式分开常常是很有用的。如第 8 章所述，在 Java 中，实现这一要求的一种方式是使用接口。接口指定了要完成的工作，而实现类指定了完成它的方式。这个概念可以扩展，这样实现类就使用插件，通过程序外部的代码来提供。使用这种方法，只要修改插件，应用程序的功能就可以提升、升级或改变。应用程序的核心保持不变。Java 支持可插入应用程序体系结构的一种方式是使用服务和服务提供程序。因为它们非常重要，尤其是在大型商业应用程序中，所以 Java 的模块系统对它们提供了支持。

在开始之前，有必要澄清，使用服务和服务提供程序的应用程序通常相当复杂。因此，我们常常不需要基于服务的模块功能。但是，因为对服务的支持是模块系统的一个重要组成部分，所以基本理解这些功能的工作方式是很重要的。另外，本节通过一个简单示例来演示使用它们所需的核心技术。

15.6.1 服务和服务提供程序的基础知识

在 Java 中，服务是一个程序单元，其功能由接口或抽象类定义。因此，服务用一般方式指定某种形式的程序活动。服务的具体实现由服务提供程序提供。换言之，服务定义了某个动作的形式，服务提供程序提供了该动作。

如前所述，服务常用于支持可插入的体系结构。例如，服务可能用于支持从一种语言翻译为另一种语言。此时，服务支持一般的翻译。服务提供程序提供特定的翻译，例如从德语翻译为英语，或从法语翻译为中文。因为所有的服务提供程序都实现了相同的接口，就可以使用不同的翻译器翻译不同的语言，而不必改变应用程序的核心。只需要改变服务提供程序。

服务提供程序由 ServiceLoader 类支持。ServiceLoader 是一个泛型类，打包在 java.util 中，它的声明如下：

```
class ServiceLoader<S>
```

其中 S 指定了服务类型。服务提供程序由 load( )方法加载，它有几种形式；这里使用的形式如下：

```
public static <S> ServiceLoader<S> load(Class <S> serviceType)
```

其中 *serviceType* 指定了所需服务类型的 Class 对象。如第 13 章所述，Class 是封装了类信息的类。获得 Class 实例有许多方式。这里使用的方式称为类字面量，其一般形式如下：

```
className.class
```

其中 *className* 指定了类名。

调用 load( )方法时，它会为应用程序返回一个 ServiceLoader 实例。这个对象支持迭代，可以使用 for-each 形式的 for 循环。因此，为找到特定的提供程序，只须使用循环搜索它。

15.6.2 基于服务的关键字

模块使用关键字 provides、uses 和 with 支持服务。实际上，模块指定，它使用 provides 语句提供服务，使用 uses 语句表示需要服务。服务提供程序的特定类型用 with 声明。这 3 个关键字一起使用，就可以指定提供服务的模块、需要该服务的模块，以及该服务的特定实现。而且，模块系统会确保，服务和服务提供程序是可用且能找到的。

下面是 provides 的一般形式：

```
provides serviceType with implementationTypes;
```

其中 *serviceType* 指定了服务类型，它常常是接口，也使用抽象类。实现类型的逗号分隔列表用 *implementationTypes* 指定。因此，要提供服务，模块应指定服务的名称和实现程序。

下面是 uses 语句的一般形式：

```
uses serviceType;
```

其中 *serviceType* 指定了所需服务的类型。

15.6.3 基于模块的服务示例

为演示服务的用法，下面给正在使用的模块应用程序示例添加一个服务。为简单起见，使用本章开头的应用程序的第一个版本。给它添加两个新模块。第一个模块称为 userfuncs。它要定义接口，支持执行二元操作的函数，该函数的每个参数都是 int，结果也是 int。第二个模块称为 userfuncsimp，包含接口的具体实现程序。

首先创建必要的源目录：

(1) 在 appsrc 目录下，添加目录 userfuncs 和 userfuncsimp。

(2) 在 userfuncs 下，再添加子目录 userfuncs。在这个目录下，添加子目录 binaryfuncs。因此，从 appsrc 开始创建的目录树是：

```
appsrc\userfuncs\userfuncs\binaryfuncs
```

(3) 在 userfuncsimp 下，再添加子目录 userfuncsimp。在这个目录下，添加子目录 binaryfuncsimp，从 appsrc 开始创建的目录树是：

```
appsrc\userfuncsimp\userfuncsimp\binaryfuncsimp
```

这个示例扩展了应用程序的最初版本，除了应用程序内置的函数之外，还支持其他函数。SimpleMathFuncs 类提供了 3 个内置函数：isFactor( )、lcf( )和 gcf( )。尽管可以给这个类添加更多函数，但这么做需要修改、重新编译应用程序。而实现服务，就可以在运行期间插入新函数，而不必修改应用程序，本例就是这么做的。现在，服务提供的函数有两个 int 参数，返回一个 int 结果。当然，如果提供了其他接口，就可以支持其他类型的函数，但对于本例而言，支持二元整数函数就足够了，并使示例的源代码易于管理。

1. 服务接口

需要两个与服务相关的接口。一个接口指定动作的形式，另一个接口指定该动作的提供程序的形式。两个接口都在 binaryfuncs 目录下，都在 userfuncs.binaryfuncs 包中。第一个接口叫做 BinaryFunc，声明了一个二元函数的形式，如下：

```
// This interface defines a function that takes two int
// arguments and returns an int result. Thus, it can
// describe any binary operation on two ints that
// returns an int.

package userfuncs.binaryfuncs;

public interface BinaryFunc {
  // Obtain the name of the function.
  public String getName();

  // This is the function to perform. It will be
  // provided by specific implementations.
  public int func(int a, int b);
}
```

BinaryFunc 声明了可以实现二元整数函数的一个对象形式。这由 func( )方法指定。函数名可从getName( )中获得。该名称用于确定实现什么类型的函数。这个接口由支持二元函数的类实现。

第二个接口声明了服务提供程序的形式，它称为 BinFuncProvider，如下所示：

```
// This interface defines the form of a service provider that
// obtains BinaryFunc instances.
package userfuncs.binaryfuncs;

import userfuncs.binaryfuncs.BinaryFunc;

public interface BinFuncProvider {

  // Obtain a BinaryFunc.
  public BinaryFunc get();
}
```

BinFuncProvider 只声明了一个方法 get( )，用于获取 BinaryFunc 的实例。这个接口必须由希望提供 BinaryFunc 实例的类实现。

2. 实现类

这个示例支持 BinaryFunc 的两个具体实现程序，第一个是 AbsPlus，它返回其参数的绝对值之和。第二个是 AbsMinus，它返回第一个参数的绝对值减去第二个参数的绝对值的结果。它们由类 AbsPlusProvider 和 AbsMinusProvider 提供。这些类的源代码必须存储在 binaryfuncsimp 目录下，且全部在 userfuncsimp.binaryfuncsimp 包中。

AbsPlus 的代码如下：

```
// AbsPlus provides a concrete implementation of
// BinaryFunc. It returns the result of abs(a) + abs(b).
package userfuncsimp.binaryfuncsimp;
```

```
import userfuncs.binaryfuncs.BinaryFunc;

public class AbsPlus implements BinaryFunc {

  // Return name of this function.
  public String getName() {
    return "AbsPlus";
  }                                          绝对值之和实现 func( )
                                                      |
  // Implement the AbsPlus function.                  ↓
  public int func(int a, int b) { return Math.abs(a) + Math.abs(b); }
}
```

AbsPlus 实现了 func( )，所以返回 a 和 b 的绝对值之和。注意 getName( )返回 AbsPlus 字符串。它识别了这个函数。

AbsMinus 类如下：

```
// AbsMinus provides a concrete implementation of
// BinaryFunc. It returns the result of abs(a) - abs(b).

package userfuncsimp.binaryfuncsimp;

import userfuncs.binaryfuncs.BinaryFunc;

public class AbsMinus implements BinaryFunc {

  // Return name of this function.
  public String getName() {
    return "AbsMinus";
  }                                          为绝对值之差实现 func( )
                                                      |
  // Implement the AbsMinus function.                 ↓
  public int func(int a, int b) { return Math.abs(a) - Math.abs(b); }
}
```

其中实现了 func( )，返回 a 和 b 的绝对值之差。getName( )返回了 AbsMinus 字符串。

为获得 AbsPlus 的实例，要使用 AbsPlusProvider。它实现了 BinFuncProvider，如下所示：

```
// This is a provider for the AbsPlus function.

package userfuncsimp.binaryfuncsimp;

import userfuncs.binaryfuncs.*;

public class AbsPlusProvider implements BinFuncProvider {

  // Provide an AbsPlus object.
  public BinaryFunc get() { return new AbsPlus(); }  ←— 返回一个 AbsPlus 对象
}
```

get( )方法只返回一个新的 AbsPlus( )对象。尽管这个提供程序非常简单，但一定要明白，一些服务提供程序非常复杂。

AbsMinus 的提供程序称为 AbsMinusProvider，如下所示：

```
// This is a provider for the AbsMinus function.
```

```
package userfuncsimp.binaryfuncsimp;

import userfuncs.binaryfuncs.*;

public class AbsMinusProvider implements BinFuncProvider {

  // Provide an AbsMinus object.
   public BinaryFunc get() { return new AbsMinus(); }   ← 返回一个 AbsMinus 对象
}
```

它的 get( )方法返回一个 AbsMinus 对象。

3. 模块定义文件

接下来需要两个模块定义文件。第一个是 userfuncs 模块，如下所示：

```
module userfuncs {
  exports userfuncs.binaryfuncs;
}
```

这些代码必须包含在 userfuncs 模块目录的 module-info.java 文件中。注意它导出了 userfuncs.binaryfuncs 包。这个包定义了 BinaryFunc 和 BinFuncProvider 接口。

下面是第二个 module-info.java 文件，它定义了包含实现代码的模块，它放在 userfuncsimp 模块目录下。

```
module userfuncsimp {
  requires userfuncs;

  provides userfuncs.binaryfuncs.BinFuncProvider with
    userfuncsimp.binaryfuncsimp.AbsPlusProvider,
    userfuncsimp.binaryfuncsimp.AbsMinusProvider;
}
```

这个模块需要 userfuncs，因为 userfuncs 包含了 BinaryFunc 和 BinFuncProvider，而实现程序需要这些接口。模块通过类 AbsPlusProvider 和 AbsMinusProvider 提供 BinFuncProvider 实现程序。

4. 在 MyModAppDemo 中演示服务提供程序

要演示服务的用法，扩展 MyModAppDemo 的 main( )方法，以使用 AbsPlus 和 AbsMinus，为此，使用 ServiceLoader.load( )在运行期间加载它们。下面是更新的代码：

```
// A module-based application that demonstrates services
// and service providers.

package appstart.mymodappdemo;

import java.util.ServiceLoader;

import appfuncs.simplefuncs.SimpleMathFuncs;
import userfuncs.binaryfuncs.*;

public class MyModAppDemo {
  public static void main(String[] args) {

    // First, use built-in functions as before.
    if(SimpleMathFuncs.isFactor(2, 10))
```

```
    System.out.println("2 is a factor of 10");

    System.out.println("Smallest factor common to both 35 and 105 is " +
                       SimpleMathFuncs.lcf(35, 105));

    System.out.println("Largest factor common to both 35 and 105 is " +
                       SimpleMathFuncs.gcf(35, 105));


    // Now, use service-based, user-defined operations.

    // Get a service loader for binary functions.
     ServiceLoader<BinFuncProvider> ldr =    ←—— 加载服务
      ServiceLoader.load(BinFuncProvider.class);

    BinaryFunc binOp = null;

    // Find the provider for AbsPlus and obtain the function.
    for(BinFuncProvider bfp : ldr) {
      if(bfp.get().getName().equals("AbsPlus")) {   ←—— 为绝对值相加找到提供程序
        binOp = bfp.get();
        break;
      }
    }

    if(binOp != null)
      System.out.println("Result of AbsPlus function: " +
                         binOp.func(12, -4));
    else
      System.out.println("AbsPlus function not found");

    binOp = null;

    // Now, find the provider for AbsMinus and obtain the function.
    for(BinFuncProvider bfp : ldr) {
      if(bfp.get().getName().equals("AbsMinus")) {   ←—— 为绝对值相减找到提供程序
        binOp = bfp.get();
        break;
      }
    }

    if(binOp != null)
      System.out.println("Result of AbsMinus function: " +
                         binOp.func(12, -4));
    else
      System.out.println("AbsMinus function not found");

  }
}
```

下面仔细分析前面的代码如何加载和执行服务。首先，用如下语句为 BinFuncProvider 类型的服务创建一个服务加载程序：

```
ServiceLoader<BinFuncProvider> ldr =
  ServiceLoader.load(BinFuncProvider.class);
```

注意，ServiceLoader 的类型参数是 BinFuncProvider，在对 load( )的调用中也使用了这个类型。这意味着，能找到实现这个接口的提供程序。因此在执行这条语句后，就可以通过 ldr 使用模块中的 BinFuncProvider 类。在这里，AbsPlusProvider 和 AbsMinusProvider 都是可用的。

接着，声明 BinaryFunc 类型的引用 binOp，并初始化为 null。它用于指代一个实现程序，该实现程序提供了特定类型的二元函数。接着下面的循环搜索 idr，查找名为 AbsPlus 的函数：

```
// Find the provider for AbsPlus and obtain the function.
for(BinFuncProvider bfp : ldr) {
  if(bfp.get().getName().equals("AbsPlus")) {
    binOp = bfp.get();
    break;
  }
}
```

其中，for-each 循环迭代idr。在循环中，检查提供程序提供的函数名称。如果它匹配 AbsPlus，就调用提供程序的 get( )方法，把该函数赋予 binOp。

最后，如果找到了函数，如本例所示，就用下面的语句执行它：

```
if(binOp != null)
  System.out.println("Result of AbsPlus function: " +
                     binOp.func(12, -4));
```

这里，因为 binOp 指代 AbsPlus 的一个实例，所以对 func( )的调用会执行绝对值相加查找。AbsMinus 会使用类似的序列查找和执行。

因为 MyModAppDemo 现在使用 BinFuncProvider，其模块定义文件必须包含一条 uses 语句，来指定这个事实。MyModAppDemo 在 appstart 模块中，因此必须修改 appstart 的 module- info.java 文件，如下所示：

```
// Module definition for the main application module.
// It now uses BinFuncProvider.
module appstart {
  // Requires the modules appfuncs and userfuncs.
  requires appfuncs;
  requires userfuncs;

  // appstart now uses BinFuncProvider.
  uses userfuncs.binaryfuncs.BinFuncProvider;
}
```

5. 编译运行基于模块的服务示例

完成上述所有步骤后，就可以执行下面的命令，来编译和运行示例：

```
javac -d appmodules --module-source-path appsrc
  appsrc\userfuncsimp\module-info.java
  appsrc\appstart\appstart\mymodappdemo\MyModAppDemo.java

java --module-path appmodules -m appstart/appstart.mymodappdemo.MyModAppDemo
```

输出如下：

```
2 is a factor of 10
Smallest factor common to both 35 and 105 is 5
Largest factor common to both 35 and 105 is 7
Result of AbsPlus function: 16
Result of AbsMinus function: 8
```

如输出所示，定位、执行了二元函数。必须强调，如果缺少了 userfuncsimp 中的 provides 语句或 appstart 模块中的 uses 语句，应用程序就会失败。

15.7 其他模块功能

在结束对模块的讨论之前，还需要简要介绍另外 3 个功能。它们是 open 模块、opens 语句和使用 requires static。这些功能用于处理特定的权限，每个功能都构成了模块系统的一个相当高级的方面。读者应基本理解它们的作用。随着 Java 经验的增加，就可能遇到这些功能提供优雅解决方案的情形。

15.7.1 open 模块

如本章前面所述，默认情况下，模块包中的类型只有通过 exports 语句显式导出，才能访问。这通常就是我们想要的，但有时，无论包导出与否，模块中的所有包都可以在运行期间访问是很有用的。为此，可创建一个 open 模块。open 模块的声明方式是，在 module 关键字的前面加上 open 修饰符，如下所示：

```
open module moduleName {
  // module definition
}
```

在 open 模块中，所有包中的类型在运行期间都是可以访问的。但只有显式导出的包才能在编译期间访问。因此，open 修饰符只影响运行期间的可访问性。

open 模块的主要原因是，模块中的包应通过反射来访问。反射是允许程序在运行期间分析代码的功能。尽管使用反射话题和所需的技术超出了本书的范围，但对于需要在运行期间访问第三方库的某些类型的程序而言，使用反射是相当重要的。

注意：
与反射相关的信息包含在笔者的另一本书《Java 9 编程参考官方教程(第 10 版)》中。

15.7.2 opens 语句

模块可以开放一个特定的包，用于运行期间由其他模块访问和反射访问，而不是开放整个模块。为此，要使用 opens 语句，如下所示：

```
opens packageName;
```

其中 *packageName* 是要开放的包。也可以包含 to 子句，指定包开放给哪些模块。

一定要理解，opens 没有授予编译期间的访问权限，它只用于开放包，用于运行期间的访问和反射访问。另一个要点是，opens 语句不能用于 open 模块。记住，open 模块中的所有包已经开放了。

15.7.3 requires static

如前所述，requires 指定了一个依赖关系，默认情况下，这个依赖关系在编译和运行期间都是成立的。但可以放松这个要求，使模块在运行期间是不必要的。为此，要在 requires 语句中使用 static 修饰符。例如，下面的语句指定 mymod 在编译期间是必需的，但在运行期间是不必要的：

```
requires static mymod;
```

这里添加了 static，使 mymod 在运行期间是可选的。当某功能存在时，程序就可以使用它，但该功能不是必需的，此时就可以使用 requires static。

15.8　继续模块的学习

前面介绍、演示了 Java 模块系统的核心元素。这些功能得到 Java 语言中关键字的直接支持。因此每个 Java 程序员都至少应基本了解它们。可以看出，继续学习 Java 时，模块系统提供了需要学习的高级功能。最好从 javac 和 java 开始学习，它们都是与模块相关的选项。

下面是读者可能想探索的其他领域。从 JDK 9 开始，JDK 包含了 jlink 工具，它负责把模块化应用程序汇集到某个运行场景下，该运行场景拥有与该应用程序相关的其他模块。这会节省空间，缩短下载时间。模块化应用程序可以打包到 JAR 文件中(JAR 表示 Java ARchive，是通常用于应用程序部署的一种文件格式)。因此，jar 工具现在有支持模块的选项。例如，它现在可以识别模块路径。包含 module-info.class 文件的 JAR 文件称为模块化 JAR 文件。对于模块的专业化处理，需要学习模块层、自动模块，以及在编译或执行期间添加模块的技术。

总之，模块将在 Java 程序设计中占据重要地位。尽管目前不需要使用它们，但它们为商业化应用程序提供了重大优势，任何 Java 程序员都是不能忽视的。Java 程序员进行基于模块化的开发很可能在不远的将来实现。

专家解答

问：我听说在讨论模块时使用了“模块图”这个术语，它意味着什么？

答： 在编译期间，编译器会创建一张表示依赖关系的模块图，来解析依赖关系。该过程确保解析所有的依赖关系，包括间接的依赖关系。例如，如果模块 A 需要模块 B，模块 B 需要模块 C，则即使模块 A 不直接使用模块 C，模块图也会包含模块 C。

模块图可以可视化地绘制在图纸上，来演示模块之间的关系，在学习 Java 的过程中很可能遇到它。下面是一个简单示例，它是本章第一个模块示例的模块图(因为 java.base 是自动包含的，所以没有显示在图中)。

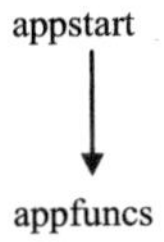

在 Java 中，箭头从依赖模块指向所需的模块。因此模块图描述了哪些模块可以访问其他模块。坦白地说，只有最小的应用程序才能可视化地表示为模块图，因为许多商业化应用程序通常非常复杂。

15.9　自测题

1. 一般而言，模块提供了一种方式，指定代码的一个单元依赖另一个单元，对吗？
2. 模块使用哪个关键字声明？
3. 支持模块的关键字是上下文敏感的。解释其含义。
4. 什么是 module-info.java，为什么它很重要？
5. 要声明一个模块依赖另一个模块，应使用什么关键字？
6. 为了使包的公共成员可以在该包所在的模块外部访问，它必须在____语句中指定。
7. 编译或运行基于模块的应用程序时，为什么模块路径很重要？
8. requires transitive 的作用是什么？
9. exports 语句是导出另一个模块，还是导出一个包？
10. 在第一个模块示例中，如果从 appfuncs 模块信息文件中删除：

```
exports appfuncs.simplefuncs;
```

再尝试编译程序，会出现什么错误？

11. 基于模块的服务由哪些关键字支持？
12. 服务使用接口或抽象类指定程序功能单元的一般形式。对吗？
13. 服务提供程序_______服务。
14. 要加载服务，应使用什么类？
15. 模块依赖关系在运行期间可以设置为可选吗？如果可以，如何设置？
16. 简要描述 open 和 opens 的作用。

第 16 章

Swing 介绍

关键技能与概念

- 理解 Swing 的起源和设计原则
- 了解 Swing 组件和容器
- 了解布局管理器的基本操作
- 创建、编译和运行简单的 Swing 应用程序
- 学习事件处理基础
- 使用 JButton
- 使用 JTextField
- 创建 JCheckBox
- 使用 JList
- 使用匿名内部类或 lambda 表达式来处理事件

到目前为止，本书中所有其他程序都是基于控制台的，也就是说，它们无法利用图形用户界面(Graphical User Interface，GUI)。虽然基于控制台的程序能够很好地介绍 Java 的基础知识，也适合用于某些类型的程序，例如服务

器端代码，但是大多数实际的应用程序都是基于 GUI 的。在本书撰写时，应用最广的 Java GUI 是 Swing。

Swing 定义了一个类和接口的集合，支持丰富的可视化组件集，例如按钮、文本域、滚动窗格、复选框、树和表。这些控件共同用于构建功能强大且易用的图形界面。由于 Swing 的广泛使用，所有 Java 程序员都非常熟悉它。因此，本章将对这个重要的 GUI 框架进行介绍。

需要指出的是，Swing 是一个非常庞大的主题，需要用一整本书的篇幅来探讨，本章仅触及其表面。但是，本章内容将让读者对于 Swing 有基本了解，包括 Swing 的历史、基本概念以及设计原则。然后介绍了 5 个常用的 Swing 组件：标签、按钮、文本域、复选框和列表。虽然本章只介绍了一小部分 Swing 的功能，但是学完本章后，读者将能够开始编写简单的基于 GUI 的程序，这也为深入学习 Swing 打下基础。

注意：

关于 Swing 的全面介绍，请阅读作者撰写的 *Swing: A Beginner's Guide*(McGraw-Hill，2007)一书。

16.1　Swing 的起源和设计原则

在 Java 的早期并没有 Swing，它是为了应对 Java 的原始 GUI 子系统 Abstract Window Toolkit(AWT)的不足而设计的。AWT 定义了支持可用但有限的图形界面的基本组件集。AWT 的局限性的原因之一是，它将各种可视组件转换为它们各自的特定平台的对应元素。这意味着 AWT 组件的外观由平台而不是由 Java 定义。由于 AWT 组件使用了本机代码资源，因此它们称为重量级(heavyweight)组件。

使用本机对应元素会导致很多问题。首先，由于操作系统之间的不同，一个组件在不同平台的外观甚至行为都有可能不同。这种潜在的不一致威胁着 Java 的基本原则：一次编写，在任何地方运行。其次，每一个组件的外观都是固定的(因为它是由平台定义的)，不能被轻易修改。最后，重量级组件的使用导致一些局限。例如，重量级组件总是不透明的。

Java 的初始版本发布后不久，AWT 的局限性就变得非常明显，需要更好的方法。解决方案就是 Swing。Swing 在 1997 年问世，包含在 Java Foundation Classes (JFC)中。Swing 在 Java 1.1 中作为独立的库使用。但是，从 Java 1.2 开始，Swing(以及 JFC 的其他部分)就完全集成到 Java 中。

Swing 通过两项关键技术解决了与 AWT 组件相关联的局限性问题——轻量级组件(lightweight component)和可插式外观(pluggable look and feel)。尽管这两项技术对于程序员是非常透明的，但它们是 Swing 设计原则的基础，而且其功能非常强大和灵活。下面将分别进行介绍。

除了极少数例外情况，Swing 组件是轻量级的，这意味着组件完全用 Java 编写，它们不依赖于特定平台的对应元素。轻量级组件具有一些重要的优点，包括高效性和灵活性。而且，由于轻量级组件不会转换为特定平台的对应元素，每一个组件的外观都由 Swing 确定，而不是由操作系统决定，这意味着每个组件在所有平台下都有一致的行为方式。

由于每一个 Swing 组件都是由 Java 代码，而不是由特定平台的对应元素生成的，因此可以把组件的外观表现和逻辑分离，Swing 正是这样做的。分离外观和表现提供了明显的优势：可以修改组件的生成方式而不影响组件的其他方面。换句话说，可以为任何组件“插入”新外观，而不影响使用组件的代码。

Java 为所有 Swing 用户提供可用的外观，例如金属外观和 Nimbus 外观。金属外观也称为 Java 外观，它是独立于平台的外观，可用于所有的 Java 执行环境。它也是默认外观。因此，本章的示例也使用默认的 Java 金属外观。

Swing 的可插入式外观成为可能，是由于 Swing 使用了典型的模型-视图-控制器(Model- View-Controller，MVC)架构的修改版本。在 MVC 术语中，模型对应于与组件相关联的状态信息。例如，对于复选框，模型包含指示复选框是否被选中的域。视图决定组件如何在屏幕上显示，包括被当前模型状态影响的视图的所有方面。控制器决定组件如何响应用户。例如，当用户单击复选框时，控制器通过修改模型做出响应，以反映用户的选择(选中或未选中)，然后引起视图的更新。通过把组件分离为模型、视图和控制器，就可以修改其中一个特定实现方式，而不影响其他两个。例如，不同视图的实现方式可采用不同方式来呈现同一组件，而不影响模型或控制器。

尽管 MVC 架构及其背后的原理在概念上是合理的，但是视图和控制器之间在高层的分离对于 Swing 组件没有好处。因此，Swing 使用了 MVC 的修改版本，把视图和控制器组合到称为“UI 委派”的逻辑实体。由于这个原因，Swing 的方法称为“模型-委派”架构或“独立模型”架构。因此，尽管 Swing 的组件架构是基于 MVC 的，但是它并没有使用典型的 MVC 实现方式。虽然本章不会直接使用模型或 UI 委派，但是它们依然在幕后起作用。

在学习本章时会发现，尽管 Swing 蕴含了非常复杂的设计概念，却很容易使用。实际上，有人说 Swing 的易于使用就是其最大的优点。简言之，Swing 把开发程序的用户界面这样通常是棘手的任务变得易于管理，使得程序员能够专注于 GUI 本身，而不是实现细节。

专家解答

问： 你说 Swing 定义了优于 AWT 的 GUI，这是否表示 Swing 取代了 AWT？

答： 不，Swing 并没有取代 AWT，相反，Swing 建立在 AWT 提供的基础上。因此，AWT 依然是 Java 的重要组成部分。尽管本章不要求读者掌握 AWT 的知识，但要想深入掌握 Swing，对于 AWT 的结构和功能有充分了解是必要的。

16.2　组件和容器

Swing GUI 包含两个主要条目：组件和容器。但是这种区分只是概念上的，因为所有的容器都是组件。二者之间的区别在于各自的用途：组件这个术语很通用，是指独立的可视化控件，例如按钮或文本域。容器可以包含一组组件，因此，容器是一种用来容纳其他组件的特殊组件。而且，为了显示组件，组件必须包含在容器中。因此，所有的 Swing GUI 都必须至少包含一个容器。由于容器也是组件，因此容器也可以包含其他容器。这使得 Swing 能够定义所谓的容器层次结构(containment hierarchy)，在其顶部必须是顶级容器(top-level container)。

16.2.1　组件

通常，Swing 组件派生自 JComponent 类(唯一的例外是 4 个顶级容器，下一节将介绍它们)。JComponent 类提供了所有组件的通用功能。例如，JComponent 支持可插式外观。JComponent 继承了 AWT 类 Container 和 Component，因此，Swing 组件建立在 AWT 组件的基础之上，并且与后者兼容。

所有的 Swing 组件都由定义在包 javax.swing 中的类表示，表 16-1 列出了 Swing 组件的类名(包括用作容器的组件)。

表 16-1　Swing 组件的类名

Japplet(JDK 9 废弃)	JButton	JCheckBox	JCheckBoxMenuItem
JColorChooser	JComboBox	JComponent	JDesktopPane
JDialog	JEditorPane	JFileChooser	JFormattedTextField
JFrame	JInternalFrame	JLabel	JLayer
JLayeredPane	JList	JMenu	JMenuBar
JMenuItem	JOptionPane	JPanel	JPasswordField
JPopupMenu	JProgressBar	JRadioButton	JRadioButtonMenuItem
JRootPane	JScrollBar	JScrollPane	JSeparator

(续表)

JSlider	JSpinner	JSplitPane	JTabbedPane
JTable	JTextArea	JTextField	JTextPane
JTogglebutton	JtoolBar	JToolTip	JTree
JViewport	JWindow		

注意，所有组件类都以字母“J”开头。例如，代表标签的类是 JLabel，代表按钮的类是 JButton，代表复选框的类是 JCheckBox。

本章将介绍 5 个最常用的组件：JLabel、JButton、JTextField、JCheckBox 以及 JList。若了解这些组件的基本编程方法，学习其他组件就会易如反掌。

16.2.2 容器

Swing 定义了两种类型的容器，第一种是顶级容器 JFrame、JApplet、JWindow 和 JDialog(Japplet 支持基于 Swing 的 applet，JDK 9 已废弃它)。这 4 个容器不是继承自 JComponent，而是继承自 AWT 类 Component 和 Container。与 Swing 的其他组件是轻量级组件不同，顶级容器是重量级组件，它们是 Swing 组件库中的特殊情况。

顾名思义，顶级容器必须位于容器层次结构的顶层。顶级容器不能由其他任何容器包含。而且，每个容器层次结构都必须由顶级容器开始。通常用于应用程序的顶级容器是 JFrame。

Swing 支持的第二种容器是轻量级容器。轻量级容器继承自 JComponent。轻量级容器的示例包括 JPanel、JScrollPane 和 JRootPane 等。轻量级容器通常用来组织和管理一组相关的组件，因为轻量级容器可以包含在另一个容器中。因此，可以使用轻量级容器来创建相关控件的子组，让它们包含在一个外部容器中。

16.2.3 顶级容器窗格

每一个顶级容器都定义了一个窗格集，在层次结构的顶部是 JRootPane 的实例。JRootPane 是用来管理其他窗格的轻量级容器，它还能用来管理可选的菜单栏。组成根窗格的窗格称为玻璃窗格、内容窗格和分层窗格。

玻璃窗格是顶层窗格，它完全包含了其他窗格。玻璃窗格允许程序员去管理影响整个容器(而不是单个控件)的鼠标事件，或者在任何其他组件之上进行绘制。大多数情况下，不必直接使用玻璃窗格。分层窗格允许为组件提供一个深度值。该值决定组件之间的覆盖关系(因此，分层窗格允许指定组件的 Z 次序，尽管这不是程序员需要常做的)。分层窗格包含内容窗格和可选的菜单栏。尽管玻璃窗格和分层窗格集成到顶级容器的操作中，并且起到重要的作用，但它们提供的大多数功能都在幕后起作用。

通常与应用程序进行交互的窗格是内容窗格，它是程序员用来添加可视化组件的窗格。换句话说，当把按钮等组件添加到顶级容器中时，实际上是把它们添加到内容窗格中。因此，内容窗格中包含了与用户进行交互的组件。

16.3 布局管理器

在编写 Swing 程序之前，还需要了解一项知识，即布局管理器。布局管理器用来控制容器中组件的位置。Java 提供了多个布局管理器，大多数是由 AWT(包含在 java.awt 中)提供的，但是 Swing 也提供了自己的几个布局管理器。所有的布局管理器都是实现了 LayoutManager 接口的类的实例(有些类还会实现 LayoutManager2 接口)。下面列出了 Swing 程序员可用的一些布局管理器。

- **FlowLayout** 按照从左到右、从上到下的次序定位组件的简单布局(在某些文化设置(cultural settings)中按照从右到左的顺序定位组件)
- **BorderLayout** 将组件定位在容器的中心或边框，是内容窗格的默认布局。

- **GridLayout** 在网格中布局组件。
- **GridBagLayout** 在可调整的网格中设置不同大小组件的布局。
- **BoxLayout** 在框中水平或垂直布局组件。
- **SpringLayout** 根据一组约束布局组件。

坦率地讲，布局管理器涉及的内容很多，本书不可能详细展开介绍。幸运的是，本章只用到两个布局管理器——BorderLayout 和 FlowLayout，它们都非常容易使用。

BorderLayout 是内容窗格的默认布局管理器，实现了一种定义 5 个位置来添加组件的布局样式。第一个位置是中心，其他 4 个位置是 4 边(即边框)，分别称为北、南、东和西。在向内容窗格中添加组件时，默认情况下添加到中心；要向 4 边添加组件，需要指定位置的名称。

虽然边框布局在某些情况下有用，但是通常需要另一种更灵活的布局管理器，其中最简单的是 FlowLayout。该布局管理器在布局组件时从顶到底一次一行进行，占满一行后进入下一行。这种方法虽然无法控制组件的位置，却很容易使用。但要注意，当调整框架大小时，组件的位置会改变。

16.4 第一个简单的 Swing 程序

本书前面讲过，Swing 程序不同于基于控制台的程序。Swing 程序不仅使用 Swing 组件集来处理用户交互，它们还有一些与线程相关的特殊需求。理解 Swing 程序结构的最好方法就是看一个例子。

注意：
本章介绍的 Swing 程序类型是桌面应用程序。过去，Swing 还用于创建 applet。但是，applet 已经被 JDK 9 废弃，不推荐在新代码中使用。所以本书不讨论它。

下面的程序很短，但足以演示一种编写 Swing 应用程序的方法。该程序演示了 Swing 程序的多个关键特点。它使用了两个 Swing 组件——JFrame 和 JLabel。JFrame 是 Swing 应用程序常用的顶级容器。JLabel 是一种用来创建标签的 Swing 组件，标签是用来显示信息的组件，是一种最简单的 Swing 组件，只能被动显示信息。也就是说，标签不能响应用户的输入，只显示输出。该程序使用一个 JFrame 容器来包含 JLabel 的实例。标签显示了一条短文本消息。

```
// A simple Swing program.

import javax.swing.*;     ← Swing 程序必须导入 javax.swing

public class SwingDemo {

  SwingDemo() {
                                                              创建一个容器
    // Create a new JFrame container.
    JFrame jfrm = new JFrame("A Simple Swing Application");  ←

    // Give the frame an initial size.
    jfrm.setSize(275, 100);     ← 设置容器的尺寸

    // Terminate the program when the user closes the application.
    jfrm.setDefaultCloseOperation(JFrame.EXIT_ON_CLOSE);     ← 终止并关闭

    // Create a text-based label.
    JLabel jlab = new JLabel(" GUI programming with Swing.");  ←

    // Add the label to the content pane.                  创建一个 Swing 标签
```

```
    jfrm.add(jlab);  ◄──── 向内容窗格添加标签

    // Display the frame.
     jfrm.setVisible(true);  ◄──── 使框架可视
  }

  public static void main(String args[]) {
    // Create the frame on the event dispatching thread.
    SwingUtilities.invokeLater(new Runnable() {
      public void run() {
        new SwingDemo();  ◄──── SwingDemo 必须在事件委派线程上创建
      }
    });
  }
}
```

Swing 程序的编译和运行方式与 Java 程序相同。因此，要编译该程序，可以使用下面的命令：

```
javac SwingDemo.java
```

要运行该程序，可以使用下面的命令：

```
java SwingDemo
```

程序在运行时，将显示如图 16-1 所示的窗口。

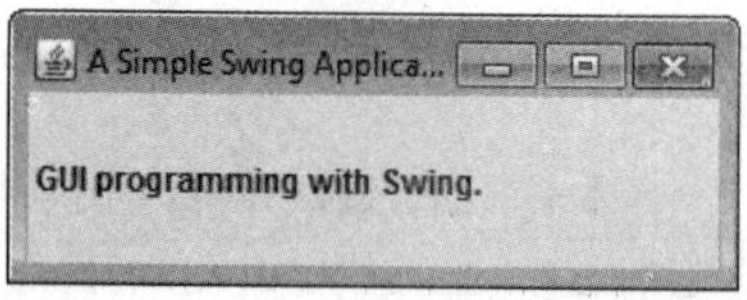

图 16-1　SwingDemo 程序生成的窗口

逐行分析第一个 Swing 程序

由于 SwingDemo 程序演示了多个关键的 Swing 概念，下面要逐行仔细分析该程序。该程序首先导入了下面的包：

```
import javax.swing.*;
```

javax.swing 包中包含 Swing 定义的组件和模型。例如，它定义了实现标签、按钮、编辑控件和菜单的类。在所有使用 Swing 的程序中都应该包括这个包。从 JDK 9 开始，javax.swing 在 java.desktop 模块中。

接下来，该程序声明了 SwingDemo 类，以及该类的构造函数。构造函数用于实现程序中发生的大多数动作。它首先使用下面的代码创建一个 JFrame 容器：

```
JFrame jfrm = new JFrame("A Simple Swing Application.");
```

该语句创建了一个名为 jfrm 的容器，它定义了一个矩形窗口，其中包含标题栏以及关闭、最小化、最大化和还原等按钮，还包含一个系统菜单。也就是说，它创建了一个标准的顶级窗口。窗口的标题被传递给构造函数。

接下来，使用下面的语句设置窗口的大小：

```
jfrm.setSize(275, 100);
```

setSize( )方法设置窗口的尺寸，以像素为单位，它的基本格式如下：

```
void setSize(int width, int height)
```

在本例中，窗口的宽度设置为 275，高度设置为 100。

默认情况下，当关闭顶级窗口时(例如用户单击关闭框)，窗口从屏幕上消失，但是应用程序并没有终止。这种默认行为在一些情况下很有用，但并非对大多数应用程序都合适。相反，通常希望在顶级窗口关闭时这个应用程序终止。有两种方法可以实现这一点，最简单的方法是调用 setDefaultCloseOperation( )，程序中就是这样做的：

```
jfrm.setDefaultCloseOperation(JFrame.EXIT_ON_CLOSE);
```

调用执行后，关闭窗口将导致整个应用程序终止。setDefaultCloseOperation( )的基本形式如下所示：

```
void setDefaultCloseOperation(int what)
```

传入到 what 的值决定当关闭窗口时发生的行为，除了 JFrame.EXIT_ON_CLOSE 外，还有下面几个选项：

```
JFrame.DISPOSE_ON_CLOSE
JFrame.HIDE_ON_CLOSE
JFrame.DO_NOTHING_ON_CLOSE
```

上述选项的名称反映了各自的动作。这几个常量在接口 WindowConstants 中声明，接口 WindowConstants 在 javax.swing 中声明，且由 JFrame 实现。

下面的代码创建了一个 JLabel 组件：

```
JLabel jlab = new JLabel(" GUI programming with Swing.");
```

JLabel 是一个最容易使用的 Swing 组件，因为它不接受用户的输入，而是只显示信息，包括文本、图标，以及二者的组合。该程序创建的标签只包含文本，文本被传递给其构造函数。

下面的代码把标签添加到框架的内容窗格中：

```
jfrm.add(jlab);
```

如前所述，所有顶级容器都有一个用来包含组件的内容窗格。要向框架中添加组件，必须添加到框架的内容窗格中。这是通过调用 JFrame 引用(本例中是 jfrm)的 add( )方法实现的。add( )方法有多个版本，此处使用的基本格式如下：

```
Component add(Component comp)
```

默认情况下，与 JFrame 关联的内容窗格使用的是边框布局。add( )方法的该版本把组件(本例中为标签)添加到中心位置。其他版本的 add( )方法允许指定边界区域。当把组件添加到中心时，其大小会自动调整以适应中心的大小。

SwingDemo 构造函数中的最后一条语句使窗口可见：

```
jfrm.setVisible(true);
```

setVisible( )方法的基本格式如下所示：

```
void setVisible(boolean flag)
```

如果 flag 为 true，将会显示窗口；否则，将会隐藏窗口。默认情况下，JFrame 是不可见的，必须调用 setVisible(true)来显示窗口。

在 main( )中创建了一个 SwingDemo 对象，它用来显示窗口和标签。注意 SwingDemo 构造函数是使用下面的代码调用的：

```
SwingUtilities.invokeLater(new Runnable() {
  public void run() {
    new SwingDemo();
  }
});
```

上述语句在事件委派线程(而不是在应用程序的主线程上)创建一个 SwingDemo 对象。因为一般来说，Swing

程序是事件驱动的。例如，当用户与组件交互时，将生成事件。可通过调用应用程序定义的事件处理程序把事件传递给应用程序。但是，事件处理程序是在 Swing 提供的事件委派线程(而不是在应用程序的主线程)上执行的。因此，尽管事件处理程序是应用程序定义的，调用它们的线程却不是由用户的程序创建的。为避免产生问题(例如，两个不同的线程试图同时更新同一组件)，所有 Swing GUI 组件都必须从事件委派线程(而不是应用程序的主线程)创建和更新。但是，main( )是在主线程上执行的，因此，它不能直接实例化 SwingDemo 对象。必须创建一个在事件分派线程上执行的 Runnable 对象，再由该对象创建 GUI。

为了能够在事件分派线程上创建 GUI 代码，必须使用由 SwingUtilities 类定义的两个方法之一。这两个方法是 invokeLater( )和 invokeAndWait( )，如下所示：

```
static void invokeLater(Runnable obj)

static void invokeAndWait(Runnable obj)
      throws InterruptedException, InvocationTargetException
```

这里，obj 是一个 Runnable 对象，它的 run( )方法将由事件分派线程调用。这两个方法之间的区别是 invokeLater( )方法立即返回，而 invokeAndWait( )将等待 obj.run( )返回后才返回。可以使用这两个方法来调用一个为 Swing 应用程序构造 GUI 的方法，或者在需要通过非事件分派线程执行的代码修改 GUI 状态的时候调用。通常使用的是 invokeLater( )，正如本程序所示。

需要注意，前面的程序没有响应任何事件，因为 JLabel 是一种被动组件，即 JLabel 不会生成任何事件。因此，前面的程序中没有包括任何事件处理程序。但是，其他组件都会生成程序必须响应的事件，本章后面的例子将涉及这些内容。

专家解答

问：你说过可以通过使用重载版本的 add( )方法向边框布局的其他区域添加组件，你能够解释一下吗？

答： 如前所述，BorderLayout 实现的布局样式定义了 5 个添加组件的位置。第一个是中心，其他 4 个是 4 边(即边框)，分别称为北、南、东和西。默认情况下，在向内容窗格中添加组件时，将把组件添加到中心。要指定其他位置，可以使用下面的 add( )格式：

```
void add(Component comp, Object loc)
```

这里，comp 是要添加的组件，loc 指定要添加组件的位置。通常，loc 的值必须是下面的一个：

BorderLayout.CENTER	BorderLayout.EAST	BorderLayout.NORTH
BorderLayout.SOUTH	BorderLayout.WEST	

通常，BorderLayout 在如下情况下最有用：创建包含居中组件(可能是一组包含在 Swing 的轻量级容器中的组件)的 JFrame，并且该组件有关联的页眉或页脚组件。其他情况下，使用 Java 的其他布局管理器更合适。

16.5 Swing 事件处理

如前所述，Swing 程序一般是事件驱动的，组件通过事件与程序交互。例如，用户单击按钮、移动鼠标、按下键、从列表中选择某项时，就会生成事件。事件也可以通过其他方式生成。例如，当计时器响起时，就会生成事件。事件发送给程序后，程序就使用事件处理程序响应事件。因此事件处理是几乎所有 Swing 应用程序的一个重要部分。

Swing 使用的事件处理机制称为委托事件模型。其概念相当简单。事件源生成事件，发送给一个或多个监听器。采用这种方式，监听器只需要等待接收事件即可。一旦接收到事件，监听器就处理事件，然后返回。这种设计的优点是处理事件的应用程序逻辑与生成事件的用户界面逻辑清晰地分隔开。因此，用户界面元素能把事件的处理“委托”给一段独立的代码。在委托事件模型中，监听器必须用一个源来注册，以接收事件。

下面详细分析事件、事件源和监听器。

16.5.1 事件

在 Java 中，事件是描述事件源中状态变化的一个对象，它可以因为一个人与图形用户界面中的一个元素交互操作而生成，或者在程序的控制下生成。所有事件的超类是 java.util.EventObject。许多事件都在 java.awt.event 中声明。专门与 Swing 相关的事件在 javax.swing.event 中。

16.5.2 事件源

事件源是生成事件的对象。源生成事件时，会把该事件发送给所有注册了的监听器。因此，为让监听器接收到事件，它必须用该事件的源来注册。在 Swing 中，监听器调用事件源对象的一个方法，用该源来注册。每种类型的事件都有自己的注册方法。事件一般使用如下命名约定：

```
public void addTypeListener(TypeListener el)
```

其中 *Type* 是事件的名称，*el* 是对事件监听器的引用。例如，注册键盘事件监听器的方法是 addKeyListener()。注册鼠标移动监听器的方法是 addMouseMotionListener()。事件发生时，事件会传递给所有注册的监听器。

源必须提供一个方法，运行监听器注销对特定类型的事件的关注。在 Swing 中，这种方法的命名约定是：

```
public void removeTypeListener(TypeListener el)
```

其中 *Type* 是事件的名称，*el* 是对事件监听器的引用。例如，要删除键盘监听器，可以调用 removeKeyListener()。

添加或删除监听器的方法由生成事件的源提供。例如，如后面所述，JButton 类是 ActionEvent 的源，ActionEvent 是表示发生了某个动作的事件，例如按下按钮。因此，JButton 提供了添加或删除动作监听器的方法。

16.5.3 事件监听器

监听器是事件发生时通知的对象，它有两个主要要求。第一，它必须用一个或多个源来注册，以接收特定类型的事件。第二，它必须实现一个接受并处理该事件的方法。

接受并处理可用于 Swing 事件的方法在一组接口中定义，例如 java.awt.event 和 javax.swing.event 中的接口。例如，ActionListener 接口定义了一个处理 ActionEvent 的方法。只要对象提供了 ActionListener 接口的实现代码，就可以接受并处理该事件。

现在必须声明一个重要的一般规则。事件处理程序应该快速完成其工作并返回。大多数情况下，它不应执行长时间的操作，因为这会减慢整个应用程序。如果需要某个耗时的操作，就应为它创建一个独立线程。

16.5.4 事件类和监听器接口

表示事件的类是 Swing 事件处理机制的核心。事件类层次结构的根是 EventObject，在 java.util 中，它是 Java 中所有事件的超类。类 AWTEvent 在 java.awt 包中声明，是 EventObject 的一个子类，是委托事件模型使用的所有基于 AWT 的事件的(直接或间接)超类。尽管 Swing 使用 AWT 事件，但它还添加了几个自己的事件。如前所述，它们在 javax.swing.event 中。因此 Swing 支持大量事件。但本章只使用 3 个事件，表 16-2 列出了它们及其对应的监听器。

表 16-2　事件及对应的监听器

事 件 类	说 明	对应的事件监听器
ActionEvent	控件内部发生一个动作(如单击一个按钮)时生成	ActionListener
ItemEvent	选择一项(例如单击一个复选框)时生成	ItemListener
ListSelectionEvent	列表选项改变时生成	ListSelectionListener

下面的示例演示了用于这些处理事件的一般过程。但是，基本机制适用于一般的 Swing 事件处理。可以看到，该过程十分精简、易用。

16.6　使用 JButton

最常用的 Swing 控件之一是按钮。按钮是 JButton 的实例。JButton 继承自抽象类 Abstract Button，后者定义了所有按钮的通用功能。Swing 的按钮可以包含文本、图像或两者都包含，本书只介绍包含文本的按钮。

JButton 提供了多个构造函数，其中之一如下所示：

```
JButton(String msg)
```

其中，*msg* 指定了按钮上要显示的字符串。

当单击按钮时，将生成 ActionEvent。JButton 提供了下面的方法，它们用来添加或删除动作监听器：

```
void addActionListener(ActionListener al)

void removeActionListener(ActionListener al)
```

其中，*al* 用来指定一个将会接收事件通知的对象，该对象必须是实现了 ActionListener 接口的类的实例。

ActionListener 接口只定义了方法 actionPerformed( )，如下所示：

```
void actionPerformed(ActionEvent ae)
```

该方法在按钮被按下时调用。也就是说，它是按钮按下事件发生时调用的事件处理程序。actionPerformed( )实现方式必须快速响应该事件并且返回。就一般规则而言，事件处理程序不能涉及长时间的操作，因为这样做将减慢整个应用程序的运行速度。

使用传递给 actionPerformed( )的 ActionEvent 对象，可以获得几条有关按钮按下事件的有用信息。本章使用的是与按钮相关的动作命令字符串。默认情况下，它是按钮上显示的字符串。可以通过调用事件对象的 getActionCommand( )获得动作命令，其声明方法如下所示：

```
String getActionCommand( )
```

动作命令标识了按钮。因此，当应用程序中使用了两个或多个按钮时，动作命令是用来判断按下了哪一个按钮的简便方法。

下面的程序演示了如何创建按钮，以及如何响应按钮按下事件。图 16-2 显示了该例的屏幕输出。

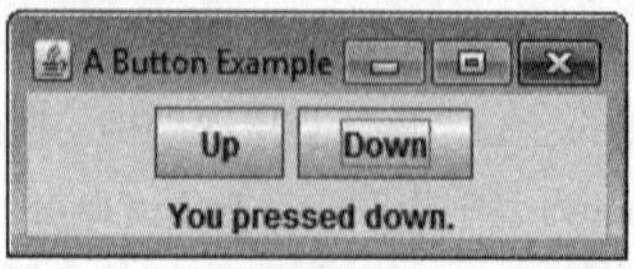

图 16-2　ButtonDemo 程序的输出

```
// Demonstrate a push button and handle action events.
```

```
import java.awt.*;
import java.awt.event.*;
import javax.swing.*;

public class ButtonDemo implements ActionListener {

  JLabel jlab;

  ButtonDemo() {

    // Create a new JFrame container.
    JFrame jfrm = new JFrame("A Button Example");

    // Specify FlowLayout for the layout manager.
    jfrm.setLayout(new FlowLayout());

    // Give the frame an initial size.
    jfrm.setSize(220, 90);

    // Terminate the program when the user closes the application.
    jfrm.setDefaultCloseOperation(JFrame.EXIT_ON_CLOSE);

    // Make two buttons.
    JButton jbtnUp = new JButton("Up");
    JButton jbtnDown = new JButton("Down");          创建两个按钮

    // Add action listeners.
    jbtnUp.addActionListener(this);
    jbtnDown.addActionListener(this);                添加按钮的动作监听器

    // Add the buttons to the content pane.
    jfrm.add(jbtnUp);
    jfrm.add(jbtnDown);                              向内容窗格添加按钮

    // Create a label.
    jlab = new JLabel("Press a button.");

    // Add the label to the frame.
    jfrm.add(jlab);

    // Display the frame.
    jfrm.setVisible(true);
  }
                                                     处理按钮事件
  // Handle button events.
  public void actionPerformed(ActionEvent ae) {
    if(ae.getActionCommand().equals("Up"))
     jlab.setText("You pressed Up.");
   else                                              使用动作命令判断按下了哪个按钮
     jlab.setText("You pressed down. ");
  }

  public static void main(String args[]) {
    // Create the frame on the event dispatching thread.
    SwingUtilities.invokeLater(new Runnable() {
      public void run() {
```

```
            new ButtonDemo();
        }
      });
    }
  }
```

下面仔细研究该程序中涉及的一些新知识。首先，注意该程序同时导入了 java.awt 和 java.awt.event 包。需要 java.awt 包是因为它包含 FlowLayout 类，该类支持流布局管理器。需要 java.awt.event 包是因为它定义了 ActionListener 接口和 ActionEvent 类。从 JDK 9 开始，这两个包都在 java.desktop 模块中。

接下来声明了 ButtonDemo 类。注意它实现了 ActionListener，这表示 ButtonDemo 对象可用来接收动作事件。然后声明了一个 JLabel 引用，该引用用于 actionPerformed( )方法中以显示按下了哪一个按钮。

ButtonDemo 构造函数首先创建了一个名为 jfrm 的 JFrame，然后把 jfrm 的内容窗格的布局管理器设置为 FlowLayout，如下所示：

```
jfrm.setLayout(new FlowLayout());
```

如前所述，默认情况下，内容窗格使用 BorderLayout 作为布局管理器，但是对于许多应用程序，使用 FlowLayout 更加方便。该布局管理器从顶到底逐行布置组件，一行满时，前进到下一行。虽然它对于组件的位置缺乏控制，但是简单易用。只是在调整容器的大小时，组件的位置会改变。

设置了大小和默认的关闭操作后，ButtonDemo( )创建了两个按钮，如下所示：

```
JButton jbtnUp = new JButton("Up");
JButton jbtnDown = new JButton("Down");
```

第一个按钮包含文本 Up，第二个按钮包含文本 Down。

接下来，通过 this 引用的 ButtonDemo 实例作为动作监听器添加给两个按钮，如下所示：

```
jbtnUp.addActionListener(this);
jbtnDown.addActionListener(this);
```

该方法说明创建按钮的对象也会在按钮被按下时接收通知。

每一次按下按钮时，都会生成动作事件，并且通过调用 actionPerformed( )方法通知所有的注册监听器。代表按钮事件的 ActionEvent 对象作为形参传递。对于本例的 ButtonDemo，该事件传递给下面的 actionPerformed( )实现：

```
// Handle button events.
public void actionPerformed(ActionEvent ae) {
  if(ae.getActionCommand().equals("Up"))
    jlab.setText("You pressed Up.");
  else
    jlab.setText("You pressed down. ");
}
```

发生的事件通过 ae 传递。在方法中，与生成事件的按钮相关的动作命令通过调用 getActionCommand( )获得(前面讲过，默认情况下动作命令与按钮显示的文本相同)。根据字符串的内容，设置标签中的文本以便显示按下了哪一个按钮。

最后一点要指出的是，前面曾提到，actionPerformed( )是在事件分派线程上调用的，必须迅速返回，否则会减慢应用程序的运行速度。

16.7 使用 JTextField

另一个常用控件是 JTextField，它允许用户输入一行文本。JTextField 继承自抽象类 JTextComponent，后者是所有文本组件的超类。JTextField 定义了多个构造函数，我们要使用的构造函数如下所示：

```
JTextField(int cols)
```

其中，*cols* 指定了各列文本域的宽度。需要注意，输入的字符串可以长于列数。只不过屏幕上文本域的列宽物理尺寸将是 *cols*。

输入文本域的内容并按下回车键后，将生成 ActionEvent。因此，JTextField 提供了 addActionListener( )和 removeActionListener( )方法。要处理动作事件，必须实现 ActionListener 接口定义的 actionPerformed( )方法。该过程类似于前面介绍过的处理按钮生成的动作事件。

与 JButton 类似，JTextField 也有一个与其关联的动作命令字符串。默认情况下，动作命令就是文本域的当前内容。但是，该默认值很少使用。相反，通常会通过调用 setActionCommand( )方法把动作命令设置为一个自己选择的固定值，如下所示：

```
void setActionCommand(String cmd)
```

传入 cmd 的字符串是新的动作命令。文本域中的文本不受影响。设置了动作命令字符串之后，不管输入文本域中的内容是什么，它都不会变化。需要显式设置动作命令的原因之一是：提供一种方式来作为动作事件源识别文本域。这在当同一个容器中的另一个控件也生成动作事件，并且需要使用相同的事件处理程序来处理这两个事件时尤其有用。设置动作命令就可以区分它们。另外，如果不设置与文本域关联的动作命令，则文本域的内容有可能匹配另一个组件的动作命令。

要获得文本域中当前显示的字符串，可以调用 JTextField 实例的 getText( )方法，该方法的声明如下所示：

```
String getText( )
```

可以通过调用 setText( )方法来设置 JTextField 中的文本，如下所示：

```
void setText(String text)
```

其中，*text* 是要输入文本域中的字符串。

专家解答

问：你说可通过调用 setActionCommand( )方法来设置与文本域关联的动作命令，我能使用该方法设置与按钮关联的动作命令吗？

答： 可以。前面讲过，默认情况下与按钮关联的动作命令是按钮的名称。要把动作命令设置为不同的值，可使用 setActionCommand( )方法。对于 JButton 和 JTextField，该方法的工作原理相同。

下面的程序演示了 JTextField，它包含一个文本域、一个按钮和两个标签。其中一个标签提示用户向文本域输入文本。当文本域获得焦点时，如果用户按回车键，文本域的内容将被获取并显示在第二个标签中。按钮名为 Reverse，当按下该按钮时，将反转文本域的内容。示例输出如图 16-3 所示。

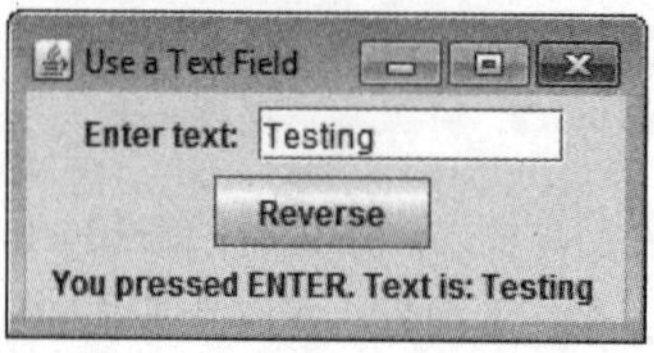

图 16-3　TFDemo 程序的示例输出

```
// Use a text field.

import java.awt.*;
import java.awt.event.*;
import javax.swing.*;

public class TFDemo implements ActionListener {

  JTextField jtf;
  JButton jbtnRev;
  JLabel jlabPrompt, jlabContents;

  TFDemo() {

    // Create a new JFrame container.
    JFrame jfrm = new JFrame("Use a Text Field");

    // Specify FlowLayout for the layout manager.
    jfrm.setLayout(new FlowLayout());

    // Give the frame an initial size.
    jfrm.setSize(240, 120);

    // Terminate the program when the user closes the application.
    jfrm.setDefaultCloseOperation(JFrame.EXIT_ON_CLOSE);

    // Create a text field.
    jtf = new JTextField(10);          ← 创建一个 10 列宽的文本域

    // Set the action commands for the text field.
     jtf.setActionCommand("myTF");     ← 设置文本域的动作命令

    // Create the Reverse button.
    JButton jbtnRev = new JButton("Reverse");

    // Add action listeners.
    jtf.addActionListener(this);       ← 为文本域和按钮添加动作监听器
    jbtnRev.addActionListener(this);   ←

    // Create the labels.
    jlabPrompt = new JLabel("Enter text: ");
    jlabContents = new JLabel("");

    // Add the components to the content pane.
    jfrm.add(jlabPrompt);
    jfrm.add(jtf);
    jfrm.add(jbtnRev);
    jfrm.add(jlabContents);
```

```
        // Display the frame.
        jfrm.setVisible(true);
    }

    // Handle action events.
    public void actionPerformed(ActionEvent ae) {   ←── 该方法处理按钮和文本域的事件

        if(ae.getActionCommand().equals("Reverse")) {   ←── 使用动作命令判断哪一个组件生成了事件
            // The Reverse button was pressed.
            String orgStr = jtf.getText();
            String resStr = "";

            // Reverse the string in the text field.
            for(int i=orgStr.length()-1; i >=0; i--)
                resStr += orgStr.charAt(i);

            // Store the reversed string in the text field.
            jtf.setText(resStr);
        } else
            // Enter was pressed while focus was in the
            // text field.
            jlabContents.setText("You pressed ENTER. Text is: " +
                                  jtf.getText());

    }

    public static void main(String args[]) {
        // Create the frame on the event dispatching thread.
        SwingUtilities.invokeLater(new Runnable() {
            public void run() {
                new TFDemo();
            }
        });
    }
}
```

读者对该程序的很多代码都已经熟悉了，但是有一部分需要特别关注。首先，注意通过使用下面的语句把与文本域关联的动作命令设置为 myTF：

```
jtf.setActionCommand("myTF");
```

执行该语句后，动作命令字符串总是 myTF，而不管文本域中当前内容是什么。因此，jtf 生成的动作命令不会意外地与 Reverse 按钮关联的动作命令冲突。actionPerformed( )方法利用这一事实来判断发生了什么事件。如果动作命令字符串是 Reverse，就说明按下了 Reverse 按钮。否则，动作命令就是由用户在文本域获得焦点时按下回车键生成的。

最后，注意 actionPerformed( )方法中的如下语句：

```
jlabContents.setText("You pressed ENTER. Text is: " +
                      jtf.getText());
```

如前所述，当用户在文本域中拥有焦点的情况下按下回车键时，生成 ActionEvent，并通过 actionPerformed( )方法发送给所有已注册的动作监听器。而对于 TFDemo，此方法只是通过调用 jtf 的 getText( )方法获取文本域中当前包含的文本，然后通过由 jlabContents 引用的标签显示文本。

16.8 使用 JCheckBox

介绍完按钮后，接下来最常用的控件就是复选框了。在 Swing 中，复选框是 JCheckBox 类型的对象。JCheckBox 继承自 AbstractButton 和 JToggleButton。因此，复选框本质上是一种特殊类型的按钮。

JCheckBox 定义了多个构造函数，这里使用的如下所示：

```
JCheckBox(String str)
```

它创建一个复选框，其中包含的文本由 str 作为标签指定。

当选中或取消选中复选框时，将生成条目事件。条目事件由 ItemEvent 类表示，由实现 ItemListener 接口的类处理。该接口仅指定了方法 itemStateChanged( )，如下所示：

```
void itemStateChanged(ItemEvent ie)
```

条目事件在 *ie* 中接收。

要获得对修改的条目的引用，可调用 ItemEvent 对象的 getItem( )方法，该方法如下所示：

```
Object getItem( )
```

返回的引用必须转换为被处理的组件类，在本例中是 JCheckBox。

可以通过调用 getText( )方法获得与复选框关联的文本，可以通过调用 setText( )方法在创建复选框后设置文本，这两个方法的工作原理和前面介绍的 JButton 的对应方法相同。

要确定复选框的状态，最简单的办法就是调用 isSelected( )方法，如下所示：

```
boolean isSelected( )
```

如果复选框被选中，该方法返回 true，否则返回 false。

下面的程序演示了复选框。该程序创建了 3 个复选框：Alpha、Beta 和 Gamma。每当一个复选框的状态改变时，都会显示当前的动作。另外，会列出当前选中的所有复选框。示例输出如图 16-4 所示。

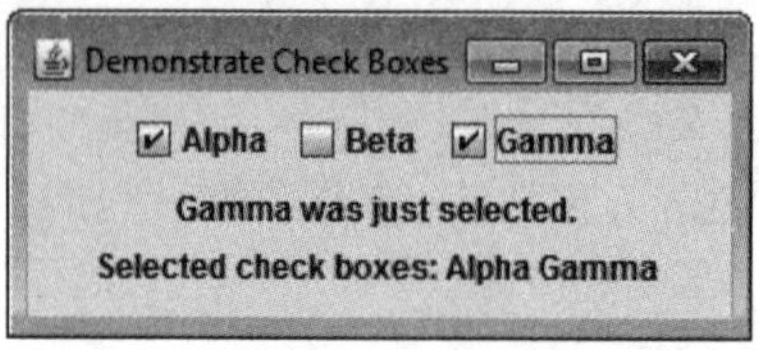

图 16-4 CBDemo 程序的示例输出

```
// Demonstrate check boxes.

import java.awt.*;
import java.awt.event.*;
import javax.swing.*;

public class CBDemo implements ItemListener {

  JLabel jlabSelected;
  JLabel jlabChanged;
  JCheckBox jcbAlpha;
  JCheckBox jcbBeta;
  JCheckBox jcbGamma;

  CBDemo() {
    // Create a new JFrame container.
```

```
  JFrame jfrm = new JFrame("Demonstrate Check Boxes");

  // Specify FlowLayout for the layout manager.
  jfrm.setLayout(new FlowLayout());

  // Give the frame an initial size.
  jfrm.setSize(280, 120);

  // Terminate the program when the user closes the application.
  jfrm.setDefaultCloseOperation(JFrame.EXIT_ON_CLOSE);

  // Create empty labels.
  jlabSelected = new JLabel("");
  jlabChanged = new JLabel("");

  // Make check boxes.
  jcbAlpha = new JCheckBox("Alpha");      ◄─┐
  jcbBeta = new JCheckBox("Beta");          │ 创建复选框
  jcbGamma = new JCheckBox("Gamma");      ◄─┘

  // Events generated by the check boxes
  // are handled in common by the itemStateChanged()
  // method implemented by CBDemo.
  jcbAlpha.addItemListener(this);
  jcbBeta.addItemListener(this);
  jcbGamma.addItemListener(this);

  // Add check boxes and labels to the content pane.
  jfrm.add(jcbAlpha);
  jfrm.add(jcbBeta);
  jfrm.add(jcbGamma);
  jfrm.add(jlabChanged);
  jfrm.add(jlabSelected);

  // Display the frame.
  jfrm.setVisible(true);
}

// This is the handler for the check boxes.
public void itemStateChanged(ItemEvent ie) {  ◄──── 处理复选框条目事件
  String str = "";

  // Obtain a reference to the check box that
  // caused the event.
  JCheckBox cb = (JCheckBox) ie.getItem();  ◄──── 获取被修改的复选框的引用

  // Report what check box changed.
   if(cb.isSelected())   ◄──── 判断发生的情况
    jlabChanged.setText(cb.getText() + " was just selected.");
  else
    jlabChanged.setText(cb.getText() + " was just cleared.");

  // Report all selected boxes.
  if(jcbAlpha.isSelected()) {
    str += "Alpha ";
  }
```

```
      if(jcbBeta.isSelected()) {
        str += "Beta ";
      }
      if(jcbGamma.isSelected()) {
        str += "Gamma";
      }

      jlabSelected.setText("Selected check boxes: " + str);
    }

    public static void main(String args[]) {
      // Create the frame on the event dispatching thread.
      SwingUtilities.invokeLater(new Runnable() {
        public void run() {
          new CBDemo();
        }
      });
    }
  }
```

该程序中最重要的内容是条目事件处理程序 itemStateChanged( )，它完成两项功能：首先，它报告复选框是选中的还是未选中的；其次，它显示了所有选中的复选框。该方法首先获得一个生成 ItemEvent 的复选框的引用，如下所示：

```
JCheckBox cb = (JCheckBox) ie.getItem();
```

强制转换为 JCheckBox 的工作是必要的，因为 getItem( )返回了类型 Object 的一个引用。接下来，itemStateChanged( )调用 cb 的 isSelected( )来判断复选框的当前状态。如果 isSelected( )返回 true，表示用户选中了复选框，否则表示用户取消选中复选框。然后设置 jlabChanged 标签来反映复选框的状态。

最后，itemStateChanged( )检查每个复选框的状态，创建一个包含被选中复选框名称的字符串，并在 jlabSelected 标签上显示该字符串。

16.9 使用 JList

最后一个要介绍的组件是 JList，它是 Swing 的基本列表类。它支持在列表中选择一个或多个条目。虽然列表通常由字符串组成，但也可以创建包含任何可显示的对象的列表。列表在 Java 中广泛使用，读者一定对其不会陌生。

JList 是一个泛型类，它的声明方式如下：

```
class JList<E>
```

其中，E 代表列表中条目的类型。

JList 提供了多个构造函数，这里使用的如下所示：

```
JList(E[ ] items)
```

这里创建的 JList 包含由 items 指定的数组中的条目。

尽管 JList 本身就可以工作，但是大多数时候都会把 JList 封装在 JScrollPane 中，后者是一个容器，能自动让其中的内容滚动显示。下面是我们将使用的构造函数：

```
JScrollPane(Component comp)
```

这里，*comp* 指定要滚动显示的组件，在本例中是 JList。当把 JList 封装在 JScrollPane 中时，长列表将自动变为可滚动的。这样做简化了 GUI 的设计，还容易修改列表中条目的数量，而不必修改 JList 组件的大小。

当用户生成或修改选项时，JList 将生成 ListSelectionEvent 事件。该事件在用户取消选择条目时也会生成。它通过实现 ListSelectionListener 来处理，后者打包在 javax.swing.event 中。这个监听器仅指定方法 valueChanged( )，如下所示：

```
void valueChanged(ListSelectionEvent le)
```

这里，*le* 是对生成事件的对象的引用。尽管 ListSelectionEvent 也提供了自己的几个方法，但通常程序员倾向于使用 JList 对象自己的方法来判断发生的情况。ListSelectionEvent 也打包在 javax.swing.event 中。

默认情况下，JList 允许用户从列表中选择多个条目，可通过调用 setSelectionMode( )方法来修改该行为，setSelectionMode( )方法由 JList 定义，如下所示：

```
void setSelectionMode(int mode)
```

这里，mode 指定了选择模式，它必须是 ListSelectionModel 接口(打包在 javax.swing 中)定义的如下几个值之一：

```
SINGLE_SELECTION
SINGLE_INTERVAL_SELECTION
MULTIPLE_INTERVAL_SELECTION
```

默认情况下，多间隔选项允许用户从列表中选择多个选项范围。使用单间隔选项时，用户只能选择一个选项范围。使用单选模式时，用户只能选择单个选项。当然，在另外两种模式下也可以选择单个选项，只不过它们还允许指定选项范围。

可通过调用 getSelectedIndex( )方法获取第一个选中的条目的索引，在单选模式下，它是唯一被选中条目的索引，该方法如下所示：

```
int getSelectedIndex( )
```

索引从 0 开始，因此，如果选择了第一个条目，该方法返回 0；如果没有选择条目，则返回–1。

还可通过调用 getSelectedIndices( )方法获得一个包含所有被选中条目的数组，该方法如下所示：

```
int[ ] getSelectedIndices( )
```

在返回的数组中，索引按照从小到大的顺序排列。如果返回长度为 0 的数组，表示没有选中条目。

下面的程序演示了一个简单的 JList，它包含一个名称列表。每次从列表中选择一个名称，都会生成一个 ListSelectionEvent 事件，它由 ListSelectionListener 定义的 valueChanged( )方法处理，其原理是获取选中条目的索引，并且显示对应的名称。示例输出如图 16-5 所示。

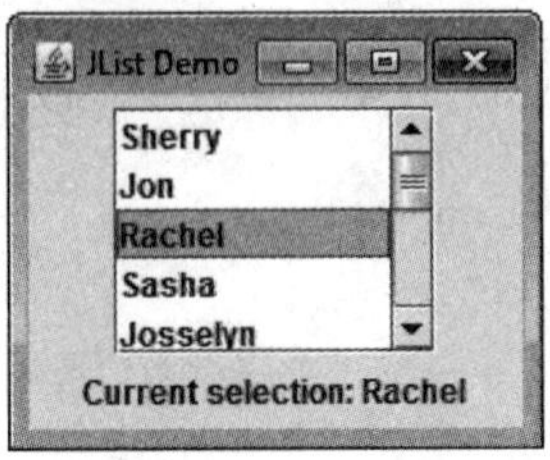

图 16-5 ListDemo 程序的输出

```
// Demonstrate a simple JList.
```

```
import javax.swing.*;
import javax.swing.event.*;
import java.awt.*;
import java.awt.event.*;

public class ListDemo implements ListSelectionListener {

  JList<String> jlst;
  JLabel jlab;
  JScrollPane jscrlp;

  // Create an array of names.
  String names[] = { "Sherry", "Jon", "Rachel",
                     "Sasha", "Josselyn", "Randy",     该数组将显示在一
                     "Tom", "Mary", "Ken",             个 JList 中
                     "Andrew", "Matt", "Todd" };

  ListDemo() {
    // Create a new JFrame container.
    JFrame jfrm = new JFrame("JList Demo");

    // Specify a flow Layout.
    jfrm.setLayout(new FlowLayout());

    // Give the frame an initial size.
    jfrm.setSize(200, 160);

    // Terminate the program when the user closes the application.
    jfrm.setDefaultCloseOperation(JFrame.EXIT_ON_CLOSE);

    // Create a JList.
    jlst = new JList<String>(names);   ← 创建列表

    // Set the list selection mode to single-selection.
    jlst.setSelectionMode(ListSelectionModel.SINGLE_SELECTION);  ← 切换到单项选择模式

    // Add list to a scroll pane.
    jscrlp = new JScrollPane(jlst);   ← 将列表封装到滚动窗格中

    // Set the preferred size of the scroll pane.
    jscrlp.setPreferredSize(new Dimension(120, 90));

    // Make a label that displays the selection.
    jlab = new JLabel("Please choose a name");

    // Add list selection handler.
    jlst.addListSelectionListener(this);   ← 监听列表选择事件

    // Add the list and label to the content pane.
    jfrm.add(jscrlp);
    jfrm.add(jlab);

    // Display the frame.
    jfrm.setVisible(true);
  }
```

```
  // Handle list selection events.
  public void valueChanged(ListSelectionEvent le) {    ←—— 处理列表选择事件
    // Get the index of the changed item.
     int idx = jlst.getSelectedIndex();    ←—— 获得选中的/取消选中的条目的索引

    // Display selection, if item was selected.
    if(idx != -1)
      jlab.setText("Current selection: " + names[idx]);
    else // Otherwise, reprompt.
      jlab.setText("Please choose a name");
  }

  public static void main(String args[]) {
    // Create the frame on the event dispatching thread.
    SwingUtilities.invokeLater(new Runnable() {
      public void run() {
        new ListDemo();
      }
    });
  }
}
```

下面仔细研究该程序。首先，注意程序顶部的 names 数组，它被初始化为一个包含各个名称的字符串列表。在 ListDemo( )中，使用 names 数组构造了一个名为 jlst 的 JList。如前所述，当使用数组构造函数时(如本例所示)，将自动创建一个包含数组内容的 JList 实例。因此，列表将包含 names 中的名称。

接下来，将选择模式设置为单选，表示一次只能从列表中选择一个条目。然后把 jlst 封装在 JScrollPane 中，并将滚动窗格的尺寸设置为 120×90。这是一种紧凑但易于使用的滚动窗格。在 Swing 中，setPreferredSize( )方法设置组件的理想大小。注意，有些布局管理器将忽略该请求，但是大多数情况下设置的尺寸用来确定组件的大小。

当用户选择或修改条目时，都会产生列表选择事件。在 valueChanged( )事件处理程序中，通过调用 getSelectedIndex( )获得选中条目的索引。由于列表设置为单选模式，它也是唯一被选中条目的索引。该索引用来索引 names 数组以获得选择的名称。注意该索引值根据–1 进行测试。如果没有选择条目，将返回–1。如果用户取消选择条目时调用选择事件处理程序，将返回该值。别忘了，选择事件在用户选择或取消选择条目时生成。

练习 16-1(SwingFC.java) 基于 Swing 的文件比较实用程序

虽然读者只学习了一点有关 Swing 的知识，但是已经可以使用这些知识来创建一个实用的小程序了。练习 10-1 中创建了一个基于控制台的文件比较实用程序，本练习将创建该程序的一个基于 Swing 的版本。你将会看到，为该程序提供基于 Swing 的用户界面能够显著改善程序的外观，使它易于使用。图 16-6 为该程序的输出。

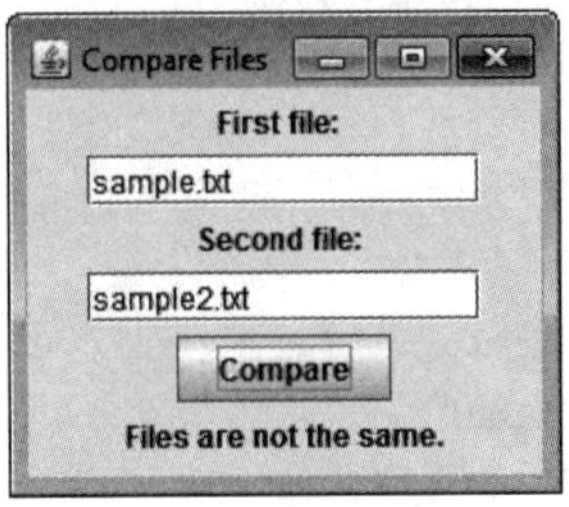

图 16-6 文件比较程序的输出

由于 Swing 简化了基于 GUI 程序的创建，你会对创建该程序的简单程度感到惊奇。

步骤：

(1) 首先创建一个名为 SwingFC.java 的文件，然后输入下面的注释和 import 语句：

```
/*
    Try This 16-1

    A Swing-based file comparison utility.

*/

import java.awt.*;
import java.awt.event.*;
import javax.swing.*;
import java.io.*;
```

(2) 接下来，创建如下所示的 SwingFC 类：

```
public class SwingFC implements ActionListener {

  JTextField jtfFirst; // holds the first file name
  JTextField jtfSecond; // holds the second file name

  JButton jbtnComp; // button to compare the files

  JLabel jlabFirst, jlabSecond; // displays prompts
  JLabel jlabResult; // displays results and error messages
```

要比较的文件名输入由 jtfFirst 和 jtfSecond 定义的文本域中。要比较文件，用户可以按下 jbtnComp 按钮。提示信息显示在 jlabFirst 和 jlabSecond 中。比较的结果或出错信息显示在 jlabResult 中。

(3) 编写如下所示的 SwingFC 构造函数：

```
SwingFC() {

  // Create a new JFrame container.
  JFrame jfrm = new JFrame("Compare Files");

  // Specify FlowLayout for the layout manager.
  jfrm.setLayout(new FlowLayout());

  // Give the frame an initial size.
  jfrm.setSize(200, 190);

  // Terminate the program when the user closes the application.
  jfrm.setDefaultCloseOperation(JFrame.EXIT_ON_CLOSE);

  // Create the text fields for the file names.
  jtfFirst = new JTextField(14);
  jtfSecond = new JTextField(14);

  // Set the action commands for the text fields.
  jtfFirst.setActionCommand("fileA");
  jtfSecond.setActionCommand("fileB");

  // Create the Compare button.
  JButton jbtnComp = new JButton("Compare");
```

```
    // Add action listener for the Compare button.
    jbtnComp.addActionListener(this);

    // Create the labels.
    jlabFirst = new JLabel("First file: ");
    jlabSecond = new JLabel("Second file: ");
    jlabResult = new JLabel("");

    // Add the components to the content pane.
    jfrm.add(jlabFirst);
    jfrm.add(jtfFirst);
    jfrm.add(jlabSecond);
    jfrm.add(jtfSecond);
    jfrm.add(jbtnComp);
    jfrm.add(jlabResult);

    // Display the frame.
    jfrm.setVisible(true);
  }
```

该构造函数中的大多数代码都很熟悉。但要注意，动作监听器只添加给按钮 jbtnCompare，而没有添加给文本域。原因是：文本域的内容只在按下 Compare 按钮时才需要。因此，不必响应任何文本域事件。在以后编写其他 Swing 程序时，将发现文本域经常以这种方式使用。

(4) 创建如下所示的 actionPerformed( )事件处理程序，该方法在按下 Compare 按钮时调用：

```
  // Compare the files when the Compare button is pressed.
  public void actionPerformed(ActionEvent ae) {
    int i=0, j=0;

    // First, confirm that both file names have
    // been entered.
    if(jtfFirst.getText().equals("")) {
      jlabResult.setText("First file name missing.");
      return;
    }
    if(jtfSecond.getText().equals("")) {
      jlabResult.setText("Second file name missing.");
      return;
    }
```

该方法首先确认用户是否把文件名输入文本域中，如果没有，将报告缺少文件名，并且该处理程序返回。

(5) 通过添加下面的代码来打开文件并进行比较，完成 actionPerformed( )：

```
    // Compare files. Use try-with-resources to manage the files.
    try (FileInputStream f1 = new FileInputStream(jtfFirst.getText());
         FileInputStream f2 = new FileInputStream(jtfSecond.getText()))
    {
      // Check the contents of each file.
      do {
        i = f1.read();
        j = f2.read();
        if(i != j) break;
      } while(i != -1 && j != -1);
```

```
      if(i != j)
        jlabResult.setText("Files are not the same.");
      else
        jlabResult.setText("Files compare equal.");
    } catch(IOException exc) {
      jlabResult.setText("File Error");
    }
  }
```

(6) 添加下面的 main( )方法来完成 SwingFC：

```
    public static void main(String args[]) {
      // Create the frame on the event dispatching thread.
      SwingUtilities.invokeLater(new Runnable() {
        public void run() {
        new SwingFC();
        }
      });
    }
  }
```

(7) 完整的基于 Swing 的文件比较程序如下所示：

```
/*
    Try This 16-1

    A Swing-based file comparison utility.

*/

import java.awt.*;
import java.awt.event.*;
import javax.swing.*;
import java.io.*;

public class SwingFC implements ActionListener {

  JTextField jtfFirst;  // holds the first file name
  JTextField jtfSecond; // holds the second file name

  JButton jbtnComp; // button to compare the files

  JLabel jlabFirst, jlabSecond; // displays prompts
  JLabel jlabResult; // displays results and error messages

  SwingFC() {

    // Create a new JFrame container.
    JFrame jfrm = new JFrame("Compare Files");

    // Specify FlowLayout for the layout manager.
    jfrm.setLayout(new FlowLayout());

    // Give the frame an initial size.
    jfrm.setSize(200, 190);

    // Terminate the program when the user closes the application.
```

```
    jfrm.setDefaultCloseOperation(JFrame.EXIT_ON_CLOSE);

    // Create the text fields for the file names.
    jtfFirst = new JTextField(14);
    jtfSecond = new JTextField(14);

    // Set the action commands for the text fields.
    jtfFirst.setActionCommand("fileA");
    jtfSecond.setActionCommand("fileB");

    // Create the Compare button.
    JButton jbtnComp = new JButton("Compare");

    // Add action listener for the Compare button.
    jbtnComp.addActionListener(this);

    // Create the labels.
    jlabFirst = new JLabel("First file: ");
    jlabSecond = new JLabel("Second file: ");
    jlabResult = new JLabel("");

    // Add the components to the content pane.
    jfrm.add(jlabFirst);
    jfrm.add(jtfFirst);
    jfrm.add(jlabSecond);
    jfrm.add(jtfSecond);
    jfrm.add(jbtnComp);
    jfrm.add(jlabResult);

    // Display the frame.
    jfrm.setVisible(true);
  }

  // Compare the files when the Compare button is pressed.
  public void actionPerformed(ActionEvent ae) {
    int i=0, j=0;

    // First, confirm that both file names have
    // been entered.
    if(jtfFirst.getText().equals("")) {
      jlabResult.setText("First file name missing.");
      return;
    }
    if(jtfSecond.getText().equals("")) {
      jlabResult.setText("Second file name missing.");
      return;
    }

    // Compare files. Use try-with-resources to manage the files.
    try (FileInputStream f1 = new FileInputStream(jtfFirst.getText());
         FileInputStream f2 = new FileInputStream(jtfSecond.getText()))
    {
      // Check the contents of each file.
      do {
        i = f1.read();
        j = f2.read();
```

```
        if(i != j) break;
      } while(i != -1 && j != -1);

      if(i != j)
        jlabResult.setText("Files are not the same.");
      else
        jlabResult.setText("Files compare equal.");
    } catch(IOException exc) {
      jlabResult.setText("File Error");
    }
  }

  public static void main(String args[]) {
    // Create the frame on the event dispatching thread.
    SwingUtilities.invokeLater(new Runnable() {
      public void run() {
        new SwingFC();
      }
    });
  }
}
```

16.10 使用匿名内部类或 lambda 表达式来处理事件

到目前为止，本章中的程序都是使用简单、直接的方法来处理事件，其中应用程序的主要类实现监听器接口，所有事件都发送到该类的实例。尽管这种方式很奏效，但它并不是处理事件的唯一方式。例如，可使用独立的监听器类。这样，可让不同的类处理不同的事件，这些类可以独立于应用程序的主类。但还有其他两个方法也可以处理事件。首先，可以通过使用匿名内部类来实现监听器。其次，在某些情况下，可使用 lambda 表达式来处理事件。下面分别介绍这两种方法。

匿名内部类是没有名称的内部类。该类的实例只是在需要时即时生成。匿名内部类使得实现某些类型的事件处理程序变得更容易。例如，假设有一个名为 jbtn 的 JButton，可以为其实现一个动作监听器，如下所示：

```
jbtn.addActionListener(new ActionListener() {
  public void actionPerformed(ActionEvent ae) {
    // Handle action event here.
  }
});
```

这里，通过实现 ActionListener 接口创建了一个匿名内部类。特别要注意其语法。内部类的主体开始于 new ActionListener( )之后的“{”。还要注意调用 addActionListener( )时像往常一样以“}”和“;”结束。相同的基本语法和方法可用来为任何事件处理程序创建匿名内部类。当然，对于不同的事件，可指定不同的事件监听器，并且实现不同的方法。

使用匿名内部类的优点之一是，调用类的方法的组件是已知的。例如，在前面的例子中，不需要调用 getActionCommand( )来判断是什么组件生成了事件，因为 actionPerformed( )的这种实现只能由 jbtn 生成的事件调用。

在某个事件的监听器定义了函数式接口的情况下，可通过使用 lambda 表达式来处理该事件。例如，可以使用 lambda 表达式来处理动作事件，因为 ActionListener 仅定义了抽象方法 actionPerformed( )。通过使用 lambda 表达式来实现 ActionListener，为显式地声明匿名内部类提供了一种简洁的替代方法。例如，在此假定有一个名为 jbtn 的 JButton，可按如下方式为其实现动作监听器：

```
jbtn.addActionListener((ae) -> {
  // Handle action event here.
});
```

使用匿名内部类方法也可以实现这一点，因为生成事件的对象是已知的。这种情况下，lambda 表达式仅适用于 jbtn 按钮。

当然，如果事件可以使用单个表达式来处理，就没必要使用块 lambda。例如，下面给出的 ButtonDemo 程序(前面已介绍)中 Up 按钮的动作事件处理程序，就仅需要一个 lambda 表达式。

```
jbtnUp.addActionListener((ae) -> jlab.setText("You pressed Up."));
```

注意，相对于使用原始方法，现在的代码量大大缩短。相对于显式地使用匿名内部类，现在的代码更简短。

一般而言，当某个事件的监听器定义了函数式接口时，可使用 lambda 表达式来处理该事件。例如，ItemListener 也是一个函数式接口。当然，是使用传统方法、匿名内部类，还是 lambda 表达式来处理事件是由应用程序的具体性质所决定的。若想体验每种方法，可以试着将前面示例中的事件处理程序转换为 lambda 表达式或匿名内部类。

16.11 自测题

1. 一般而言，AWT 组件是重量级的，而 Swing 组件是____________。
2. Swing 组件的外观和行为可以修改吗？如果可以，是哪一种功能提供的支持？
3. 应用程序最常用的顶级容器是什么？
4. 顶级容器有多个窗格，哪一个窗格用来添加组件？
5. 说明如何创建一个包含消息“Select an entry from the list.”的标签。
6. 与 GUI 组件的所有交互都必须发生在哪个线程之上？
7. 与 JButton 关联的默认动作命令是什么？如何修改该动作命令？
8. 单击按钮时生成什么事件？
9. 如何创建一个包含 32 列的文本域？
10. JTextField 有动作命令集吗？如果有，它是如何起作用的？
11. 哪种 Swing 组件可以创建复选框，选中和取消选中复选框时将生成哪一种事件？
12. JList 显示一个条目列表，用户可以从中进行选择，这种说法是否正确？
13. 用户在 JList 中选择或取消选择条目时将生成什么事件？
14. 什么方法用来设置 JList 的选择模式？什么方法获得第一个选中的条目的索引？
15. 为练习 15-1 中开发的文件比较器添加一个复选框，包含以下文本：Show position of mismatch(显示未匹配的位置)。当复选框选中时，让程序显示文件中遇到的第一处未匹配的位置。
16. 修改 ListDemo 程序，使其允许在列表中选中多个条目。
17. 把练习 4-1 中开发的 Help 类转换为基于 Swing 的 GUI 程序。在 JList 中显示关键字(例如 for、while、switch 等)。当用户选中一个关键字时，显示关键字的语法。要在一个标签中显示多行文本，可使用 HTML。为此，必须在文本开头添加<html>。这样，文本就会按照标记描述的样子自动格式化。使用 HTML 可以创建包含两行或多行文本的标签。例如，以下语句创建了一个标签来显示两行文本，字符串 Top 位于 Bottom 的上方。

```
JLabel jlabhtml = new JLabel("<html>Top<br>Bottom</html>");
```

本练习没有答案，你已经可以自己应用和尝试 Java 技巧了。

附录 A

自测题答案

第 1 章：Java 基础

1. 字节码是一种高度优化的指令集，由 Java 虚拟机执行，可帮助 Java 获得可移植性和安全性。
2. 封装、多态性和继承。
3. Java 程序从 main( )开始执行。
4. 变量是一种命名的内存地址，可在程序运行时修改变量的内容。
5. 变量 D 无效，因为变量名不能以数字开头。
6. 单行注释以“//”开始，在行尾结束。多行注释以“/*”开头，以“*/”结束。
7. if 语句的基本形式如下：

```
if(condition) statement;
```

for 语句的基本形式如下：

```
for(initialization; condition; iteration) statement;
```

8. 代码块以“{”开头，以“}”结束。

9.

```
/*
   Compute your weight on the moon.

   Call this file Moon.java.
*/
class Moon {
  public static void main(String args[]) {
    double earthweight; // weight on earth
    double moonweight; // weight on moon

    earthweight = 165;

    moonweight = earthweight * 0.17;

    System.out.println(earthweight +
                       " earth-pounds is equivalent to " +
                       moonweight + " moon-pounds.");

  }
}
```

10.

```
/*
   This program displays a conversion
   table of inches to meters.

   Call this program InchToMeterTable.java.
*/
class InchToMeterTable {
  public static void main(String args[]) {
    double inches, meters;
    int counter;

    counter = 0;
    for(inches = 1; inches <= 144; inches++) {
      meters = inches / 39.37; // convert to meters
      System.out.println(inches + " inches is " +
                         meters + " meters.");

      counter++;
      // every 12th line, print a blank line
      if(counter == 12) {
        System.out.println();
        counter = 0; // reset the line counter
      }
    }
  }
}
```

11. 语法错误。

12. 没有限制。Java 是一种形式自由的语言。

第 2 章：数据类型与运算符

1. Java 严格指定其基本类型的取值范围和行为是为了确保跨平台的可移植性。
2. Java 的字符类型是 char。Java 字符采用 Unicode 编码格式而不是 ASCII 格式，后者是其他一些计算机语言采用的格式。
3. 不对，boolean 值只能是 true 或 false。
4. `System.out.println("One\nTwo\nThree");`
5.

```
for(i = 0; i < 10; i++) {
  int sum;

  sum = sum + i;
}
System.out.println("Sum is: " + sum);
```

该代码段中有两个基本错误。首先，每当进入 for 循环创建的代码块时，sum 被创建，每次退出 for 循环时，sum 被销毁。因此 sum 在迭代期间无法保存其值。试图使用 sum 保存迭代中的累加和是不可能的。其次，sum 在声明它的代码块之外是无效的，因此，在 println( )语句中引用 sum 是无效的。

6. 当自增运算符在其操作数之前时，Java 将会先执行对应的操作，然后获得操作数的值，用于表达式的其他部分。如果运算符位于操作数之后，Java 将在自增之前获得操作数的值。
7. `if((b != 0) && (val / b)) ...`
8. 在表达式中，byte 和 short 升级为 int 类型。
9. 在不兼容的类型之间转换时，或者窄域转换发生时，需要使用强制转换。
10.

```
// Find prime numbers between 2 and 100.
class Prime {
  public static void main(String args[]) {
    int i, j;
    boolean isprime;

    for(i=2; i < 100; i++) {
      isprime = true;

      // see if the number is evenly divisible
      for(j=2; j <= i/j; j++)
        // if it is, then it's not prime
        if((i%j) == 0) isprime = false;

      if(isprime)
        System.out.println(i + " is prime.");
    }
  }
}
```

11. 不会。
12. 可以。

第 3 章：程序控制语句

1.

```
// Count spaces.
class Spaces {
  public static void main(String args[])
    throws java.io.IOException {

    char ch;
    int spaces = 0;


    System.out.println("Enter a period to stop.");

    do {
      ch = (char) System.in.read();
      if(ch == ' ') spaces++;
    } while(ch != '.');

    System.out.println("Spaces: " + spaces);
  }
}
```

2.

```
if(condition)
   statement;
else if(condition)
   statement;
else if(condition)
   statement;
.
.
.
else
   statement;
```

3. 最后一个 else 与 if(y>100)语句相关。
4. `for(int i = 1000; i >= 0; i -= 2) // ...`
5. 无效，i 在声明它的 for 循环的外部是无效的。

```
for(int i = 0; i < num; i++)
  sum += i;

count = i;
```

6. 不带标记的 break 语句终止其前面紧邻的循环或 switch 语句；带标记的 break 语句将把控制权转移到标记的代码块的结尾。
7. 执行 break 语句之后将会显示“after while”。

```
for(i = 0; i < 10; i++) {
  while(running) {
```

```
    if(x<y) break;
     // ...
  }
  System.out.println("after while");
}
System.out.println("After for");
```

8.

```
for(int i = 0; i<10; i++) {
  System.out.print(i + " ");
  if((i%2) == 0) continue;
  System.out.println();
}
```

输出结果如下：

```
0 1
2 3
4 5
6 7
8 9
```

9.

```
/* Use a for loop to generate the progression

   1 2 4 8 16, ...
*/
class Progress {
  public static void main(String args[]) {

    for(int i = 1; i < 100; i += i)
      System.out.print(i + " ");

  }
}
```

10.

```
// Change case.
class CaseChg {
  public static void main(String args[])
    throws java.io.IOException {
    char ch;
    int changes = 0;

    System.out.println("Enter period to stop.");

    do {
      ch = (char) System.in.read();
      if(ch >= 'a' & ch <= 'z') {
        ch -= 32;
        changes++;
        System.out.println(ch);
      }
      else if(ch >= 'A' & ch <= 'Z') {
        ch += 32;
```

```
        changes++;
        System.out.println(ch);
      }
    } while(ch != '.');
    System.out.println("Case changes: " + changes);
  }
}
```

11. 无限循环是一种可以一直运行的循环。
12. 对。

第 4 章：类、对象和方法

1. 类是一种逻辑上的抽象，描述了对象的形式和行为。对象是类的实例。
2. 使用关键字 class 来定义类。在 class 语句中可指定组成类的代码和数据。
3. 每个对象有自己的类实例变量的副本。
4.
```
MyCounter counter;
counter = new MyCounter();
```
5. `double myMeth(int a, int b) { // ...`
6. 返回值的方法必须通过 return 语句在处理过程中返回值。
7. 构造函数与其类同名。
8. new 运算符为对象分配内存，并使用对象的构造函数初始化对象。
9. 垃圾回收是一种回收无用的对象以便重用其内存的机制。
10. this 关键字是对在其上调用方法的对象的引用。它自动传递给方法。
11. 是的。
12. void。

第 5 章：其他数据类型与运算符

1.

```
double x[] = new double[12];
double[] x = new double[12];
```

2. `int x[] = { 1, 2, 3, 4, 5 };`
3.

```
// Average 10 double values.
class Avg {
  public static void main(String args[]) {
    double nums[] = { 1.1, 2.2, 3.3, 4.4, 5.5,
                      6.6, 7.7, 8.8, 9.9, 10.1 };
    double sum = 0;

    for(int i=0; i < nums.length; i++)
      sum += nums[i];

    System.out.println("Average: " + sum / nums.length);
  }
}
```

4.

```
// Demonstrate the Bubble sort with strings.
class StrBubble {
  public static void main(String args[]) {
    String strs[] = {
                  "this", "is", "a", "test",
                  "of", "a", "string", "sort"
                 };
    int a, b;
    String t;
    int size;

    size = strs.length; // number of elements to sort

    // display original array
    System.out.print("Original array is:");
    for(int i=0; i < size; i++)
      System.out.print(" " + strs[i]);
    System.out.println();

    // This is the bubble sort for strings.
    for(a=1; a < size; a++)
      for(b=size-1; b >= a; b--) {
        if(strs[b-1].compareTo(strs[b]) > 0) { // if out of order
          // exchange elements
          t = strs[b-1];
          strs[b-1] = strs[b];
          strs[b] = t;
        }
      }

    // display sorted array
    System.out.print("Sorted array is:");
    for(int i=0; i < size; i++)
      System.out.print(" " + strs[i]);
    System.out.println();
  }
}
```

5. indexOf( )方法找到第一次出现的指定子串；lastIndexOf( )方法找到最后一次出现的指定子串。

6. 虽然看上去可能有些奇怪，但是下面是一种对 length( )的有效调用：

```
System.out.println("I like Java".length());
```

输出显示为 11。charAt( )的调用方式与此类似。

7.

```
// An improved XOR cipher.
class Encode {
  public static void main(String args[]) {
    String msg = "This is a test";
    String encmsg = "";
    String decmsg = "";
    String key = "abcdefgi";
    int j;
```

```
    System.out.print("Original message: ");
    System.out.println(msg);

    // encode the message
    j = 0;
    for(int i=0; i < msg.length(); i++) {
      encmsg = encmsg + (char) (msg.charAt(i) ^ key.charAt(j));
      j++;
      if(j==8) j = 0;
    }

    System.out.print("Encoded message: ");
    System.out.println(encmsg);

    // decode the message
    j = 0;
    for(int i=0; i < msg.length(); i++) {
      decmsg = decmsg + (char) (encmsg.charAt(i) ^ key.charAt(j));
      j++;
      if(j==8) j = 0;
    }

    System.out.print("Decoded message: ");
    System.out.println(decmsg);
  }
}
```

8. 不能。
9. `y = x < 0 ? 10 : 20;`
10. 是逻辑运算符，因为操作数是 boolean 类型。
11. 溢出数组边界是错误的；用负值索引数组也是错误的，所有数组索引都从 0 开始。
12. >>>。
13.

```
// Find the minimum and maximum values in an array.
class MinMax {
  public static void main(String args[]) {
    int nums[] = new int[10];
    int min, max;

    nums[0] = 99;
    nums[1] = -10;
    nums[2] = 100123;
    nums[3] = 18;
    nums[4] = -978;
    nums[5] = 5623;
    nums[6] = 463;
    nums[7] = -9;
    nums[8] = 287;
    nums[9] = 49;

    min = max = nums[0];
    for(int v : nums) {
      if(v < min) min = v;
```

```
      if(v > max) max = v;
    }
    System.out.println("min and max: " + min + " " + max);
  }
}
```

14. 不可以。进行排序的 Bubble 类中的 for 循环不能转换成 for-each 循环。对于外层循环，循环计数器的当前值会在内层循环中用到。而对于内层循环，顺序不正确的值需要被交换，这意味着需要使用赋值操作。使用 for-each 循环时，不能对底层的数组进行赋值。
15. 从 JDK 7 开始，答案是肯定的。
16. 保留名称 var，用于本地变量类型推断。
17. var done = false;
18. var 可以是变量的名称。但 var 不能是类的名称。
19. 该声明是无效的，因为在 var 之后不允许使用数组括号，记住，完整的类型是从初始化器推断的。

```
var[] avgTemps = new double[7];
```

20. 无效，当使用类型推断时，一次只能声明一个变量。

```
var alpha = 10, beta = 20;
```

21.

```
var mask = 1L; // Notice that the initial value is explicitly
               // specified as long so that mask will be inferred to
               // be long.
```

第 6 章：方法和类详解

1.

```
class X {
  private int count;


class Y {
  public static void main(String args[]) {
    X ob = new X();

    ob.count = 10;
```

不正确，不能在类的外部访问 private 成员变量。

2. 访问修饰符必须位于成员声明的前面。
3.

```
// A stack class for characters.
class Stack {
  private char stck[]; // this array holds the stack
  private int tos; // top of stack

  // Construct an empty Stack given its size.
  Stack(int size) {
    stck = new char[size]; // allocate memory for stack
```

```
    tos = 0;
  }

  // Construct a Stack from a Stack.
  Stack(Stack ob) {
    tos = ob.tos;
    stck = new char[ob.stck.length];

    // copy elements
    for(int i=0; i < tos; i++)
      stck[i] = ob.stck[i];
  }

  // Construct a stack with initial values.
  Stack(char a[]) {
    stck = new char[a.length];

    for(int i = 0; i < a.length; i++) {
      push(a[i]);
    }
  }

  // Push characters onto the stack.
  void push(char ch) {
    if(tos==stck.length) {
      System.out.println(" -- Stack is full.");
      return;
    }

    stck[tos] = ch;
    tos++;
  }

  // Pop a character from the stack.
  char pop() {
    if(tos==0) {
      System.out.println(" -- Stack is empty.");
      return (char) 0;
    }

    tos--;
    return stck[tos];
  }
}

// Demonstrate the Stack class.
class SDemo {
  public static void main(String args[]) {
    // construct 10-element empty stack
    Stack stk1 = new Stack(10);

    char name[] = {'T', 'o', 'm'};

    // construct stack from array
    Stack stk2 = new Stack(name);
```

```
    char ch;
    int i;

    // put some characters into stk1
    for(i=0; i < 10; i++)
      stk1.push((char) ('A' + i));

    // construct stack from another stack
    Stack stk3 = new Stack(stk1);

    // show the stacks.
    System.out.print("Contents of stk1: ");
    for(i=0; i < 10; i++) {
      ch = stk1.pop();
      System.out.print(ch);
    }

    System.out.println("\n");

    System.out.print("Contents of stk2: ");
    for(i=0; i < 3; i++) {
      ch = stk2.pop();
      System.out.print(ch);
    }

    System.out.println("\n");
    System.out.print("Contents of stk3: ");
    for(i=0; i < 10; i++) {
      ch = stk3.pop();
      System.out.print(ch);
    }
  }
}
```

下面是该程序的输出：

```
Contents of stk1: JIHGFEDCBA
Contents of stk2: moT
Contents of stk3: JIHGFEDCBA
```

4.

```
class Test {
  int a;
  Test(int i) { a = i; }
}
```

编写的方法如下：

```
void swap(Test ob1, Test ob2) {
  int t;

  t = ob1.a;
  ob1.a = ob2.a;
  ob2.a = t;
}
```

5.

```
class X {
  int meth(int a, int b) { ... }
  String meth(int a, int b) { ... }
```

不对。重载的方法虽然可以具有不同的返回类型，但它们不参与重载解析。重载方法必须具有不同的形参列表。

6.

```
// Display a string backwards using recursion.
class Backwards {
  String str;

  Backwards(String s) {
    str = s;
  }

  void backward(int idx) {
    if(idx != str.length()-1) backward(idx+1);

    System.out.print(str.charAt(idx));
  }
}

class BWDemo {
  public static void main(String args[]) {
    Backwards s = new Backwards("This is a test");

    s.backward(0);
  }
}
```

7. 共享变量被声明为 static。
8. 在创建任何对象之前，static 代码块用来执行任何与类相关的初始化操作。
9. 内部类是非静态的嵌套类。
10. private。
11. 签名。
12. 传值方式。
13. 解决方案可以有很多种。下面给出了一种：

```
class SumIt {
  int sum(int ... n) {
    int result = 0;

    for(int i = 0; i < n.length; i++)
      result += n[i];

    return result;
  }
}

class SumDemo {
  public static void main(String args[]) {
```

```
    SumIt siObj = new SumIt();

    int total = siObj.sum(1, 2, 3);
    System.out.println("Sum is " + total);

    total = siObj.sum(1, 2, 3, 4, 5);
    System.out.println("Sum is " + total);
  }
}
```

14. 是的。
15. 下面是有歧义的重载 varargs 方法的一个例子：

```
double myMeth(double ... v ) { // ...

double myMeth(double d, double ... v) { // ...
```

如果使用一个实参调用 myMeth( )，例如：

```
myMeth(1.1);
```

编译器将无法判断应该调用哪一个版本的方法。

第 7 章：继承

1. 没有，超类不知道子类的存在；是的，子类可访问超类的任何非私有成员。
2.

```
// A subclass of TwoDShape for circles.
class Circle extends TwoDShape {
  // A default constructor.
  Circle() {
    super();
}

  // Construct Circle
  Circle(double x) {
    super(x, "circle"); // call superclass constructor
  }

  // Construct an object from an object.
  Circle(Circle ob) {
    super(ob); // pass object to TwoDShape constructor
  }

  double area() {
    return (getWidth() / 2) * (getWidth() / 2) * 3.1416;
  }
}
```

3. 可以把超类的成员声明为私有的。
4. super 关键字具有两种形式。第一种用来调用超类构造函数，其基本形式如下：

super(*param-list*);

第二种用来访问超类的成员，其基本形式如下：

super.*member*

5. 构造函数总是按照派生的顺序被调用，因此，当创建Gamma对象时，调用顺序是 Alpha、Beta、Gamma。
6. 当重写的方法通过超类引用调用时，可通过被引用的对象的类型来判断调用哪一个版本的方法。
7. 抽象类包含至少一个抽象方法。
8. 要防止方法被重写，可将它声明为 final。要防止类被继承，也可将它声明为 final。
9. 继承、方法重写和抽象类是这样支持多态性的：允许创建可由各种类实现的通用类结构。这样，抽象类就可以定义由所有实现的类共享的一致的接口。这样做就实现了“一个接口，多个方法”。
10. Object 类。
11. 对。
12. final。
13. 即使创建了一个 B 对象，myRef 的类型仍然是 A，因为它是 makeObj()的声明返回类型。使用局部变量类型推断时，变量的推断类型基于其初始化器的声明类型。因此，如果初始化器是超类类型(在本例中是 A)，那么它就是变量的类型。初始化器引用的实际对象是不是派生类的实例并不重要。
14. 在本题中，转换到 B 就指定了初始化器的类型，myRef 的类型为 B。

第 8 章：包和接口

1. 要将 ICharQ 和它的实现放到 qpack 包中，必须把每一种实现放在单独的文件中，并让每一种实现类都是公共的，然后把下面的语句添加到每个文件的头部：

   ```
   package qpack;
   ```

   完成上述工作后，可通过把下面的 import 语句添加到 IQDemo 中来使用 qpack：

   ```
   import qpack.*;
   ```

2. 名称空间是一种声明的区域，通过区分名称空间，可以防止名称冲突。
3. 目录。
4. 受保护访问方式的成员可以在其所在的包中使用，也可由任何包的子类使用。默认访问方式的成员只能在其所在的包中使用。
5. 要使用包的成员，可完全限定其名称，或使用 import 导入它。
6. 接口最好地体现了 OOP 的这一原则。
7. 一个接口可由任意多个类实现。一个类也可以实现任意多个接口。
8. 可以。
9.

```
interface IVehicle {

  // Return the range.
  int range();

  // Compute fuel needed for a given distance.
  double fuelneeded(int miles);

  // Access methods for instance variables.
  int getPassengers();
  void setPassengers(int p);
  int getFuelcap();
```

```
  void setFuelcap(int f);
  int getMpg();
  void setMpg(int m);
}
```

10. 接口变量的作用在于命名的常量可由程序中的所有文件共享。通过导入变量所在的接口来使用接口变量。
11. 正确。
12. java.lang。
13. default。
14. 可以。
15. 为避免破坏先前存在的代码，必须使用默认接口方法。因为不知道如何重置每个队列实现，所以默认的reset( )实现就会报告用来指示还没有实现的错误(为此，最佳方法是使用异常，第9章将介绍异常)。幸运的是，先前存在的代码并没有假定ICharQ定义了reset( )方法，因此这些代码既不会碰到错误，也不会被破坏。
16. 使用点(.)运算符，通过接口名称来调用static接口方法。
17. 从JDK 9开始，答案是可以。

第9章：异常处理

1. Throwable类。
2. try和catch语句一起工作。用户希望监控异常的程序语句包含在try代码块中。异常使用catch语句捕获。
3.

```
// ...
vals[18] = 10;
catch (ArrayIndexOutOfBoundsException exc) {
  // handle error
}
```

在catch语句前没有try代码块。
4. 如果异常没有被捕获，将导致程序异常终止。
5.

```
class A extends Exception { ...

class B extends A { ...

// ...

try {
  // ...
}
catch (A exc) { ... }
catch (B exc) { ... }
```

在这段代码中，超类catch在子类catch之前，由于超类catch将捕获所有子类，因此创建了无法执行到的代码。
6. 是的，异常可重新抛出异常。
7. 不对，finally代码块是在try代码块终止时执行的代码。

8. 除了 RuntimeException 和 Error 类型的异常以外，所有异常必须在 throw 子句中声明。

9.

```
class MyClass { // ... }
// ...
throw new MyClass();
```

MyClass 没有扩展 Throwable。只有 Throwable 的子类可由 throw 抛出异常。

10.

```
// An exception for stack-full errors.
class StackFullException extends Exception {
  int size;

  StackFullException(int s) { size = s; }

  public String toString() {
   return "\nStack is full. Maximum size is " +
          size;
  }
}

// An exception for stack-empty errors.
class StackEmptyException extends Exception {

  public String toString() {
    return "\nStack is empty.";
  }
}

// A stack class for characters.
class Stack {
  private char stck[]; // this array holds the stack
  private int tos; // top of stack

  // Construct an empty Stack given its size.
  Stack(int size) {
    stck = new char[size]; // allocate memory for stack
    tos = 0;
  }

  // Construct a Stack from a Stack.
  Stack(Stack ob) {
    tos = ob.tos;
    stck = new char[ob.stck.length];

    // copy elements
    for(int i=0; i < tos; i++)
      stck[i] = ob.stck[i];
  }

  // Construct a stack with initial values.
```

```
  Stack(char a[]) {
    stck = new char[a.length];

    for(int i = 0; i < a.length; i++) {
      try {
        push(a[i]);
      }
      catch(StackFullException exc) {
        System.out.println(exc);
      }
    }
  }

  // Push characters onto the stack.
  void push(char ch) throws StackFullException {
    if(tos==stck.length)
      throw new StackFullException(stck.length);

    stck[tos] = ch;
    tos++;
  }

  // Pop a character from the stack.
  char pop() throws StackEmptyException {
    if(tos==0)
      throw new StackEmptyException();
    tos--;
    return stck[tos];
  }
}
```

11. 由 JVM 中的错误产生；由用户程序中的错误产生；通过 throw 语句显式产生。
12. Error 和 Exception。
13. 多重捕获功能允许一条 catch 子句捕获两个或更多个异常。
14. 不应该。

第 10 章：使用 I/O

1. 字节流是 Java 定义的原始流，主要用于二进制 I/O，支持随机访问文件。字符流是针对 Unicode 优化的。
2. 预定义的流 System.in、System.out 和 System.err 是在 Java 添加字符流之前定义的。
3. 下面是一种打开文件来读取字节的方式：

```
FileInputStream fin = new FileInputStream("test");
```

4. 下面是一种打开文件来读取字符的方式：

```
FileReader fr = new FileReader("test");
```

5. 下面是一种打开随机访问 I/O 文件的方式：

```
randfile = new RandomAccessFile("test", "rw");
```

6. 要将数值字符串转换为二进制形式，可使用由类型封装器(如 Integer 或 Double)定义的分析方法。
7.

```
/* Copy a text file, substituting hyphens for spaces.

   This version uses byte streams.

   To use this program, specify the name
   of the source file and the destination file.
   For example,

   java Hyphen source target
*/

import java.io.*;

class Hyphen {
  public static void main(String args[])
  {
    int i;
    FileInputStream fin = null;
    FileOutputStream fout = null;

    // First make sure that both files have been specified.
    if(args.length !=2 ) {
      System.out.println("Usage: Hyphen From To");
      return;
    }

    // Copy file and substitute hyphens.
    try {
      fin = new FileInputStream(args[0]);
      fout = new FileOutputStream(args[1]);

      do {
        i = fin.read();

        // convert space to a hyphen
        if((char)i == ' ') i = '-';

        if(i != -1) fout.write(i);
      } while(i != -1);
    } catch(IOException exc) {
      System.out.println("I/O Error: " + exc);
    } finally {
      try {
        if(fin != null) fin.close();
      } catch(IOException exc) {
        System.out.println("Error closing input file.");
      }

      try {
        if(fin != null) fout.close();
      } catch(IOException exc) {
```

```
        System.out.println("Error closing output file.");
      }
    }
  }
}
```

8.

```
/* Copy a text file, substituting hyphens for spaces.

   This version uses character streams.

   To use this program, specify the name
   of the source file and the destination file.
   For example,

   java Hyphen2 source target

*/

import java.io.*;

class Hyphen2 {
  public static void main(String args[])
    throws IOException
  {
    int i;

    // First make sure that both files have been specified.
    if(args.length !=2 ) {
      System.out.println("Usage: CopyFile From To");
      return;
    }

    // Copy file and substitute hyphens.
    // Use the try-with-resources statement.
    try (FileReader fin = new FileReader(args[0]);
         FileWriter fout = new FileWriter(args[1]))
    {
      do {
        i = fin.read();

        // convert space to a hyphen
        if((char)i == ' ') i = '-';

        if(i != -1) fout.write(i);
      } while(i != -1);
    } catch(IOException exc) {
      System.out.println("I/O Error: " + exc);
    }
  }
}
```

9. InputStream。

10. –1。
11. DataInputStream。
12. 基于字符的 I/O 类。
13. 自动资源管理。
14. 对。
15. 可以。

第 11 章：多线程程序设计

1. 多线程功能允许利用几乎所有的程序中都存在的空闲时间。多线程是指当一个线程终止时，另一个线程继续执行。在多核系统中，两个或更多个线程可以同时执行。
2. Thread 类和 Runnable 接口。
3. 当希望重写一个或多个 Thread 的方法而不是 run( )时，将扩展 Thread。
4. `MyThrd.join();`
5. `MyThrd.setPriority(Thread.NORM_PRIORITY+3);`
6. 向方法添加关键字 synchronized 允许每次只有一个线程使用其类的给定对象的方法。
7. 用于执行线程间的通信。
8. 要确保 TickTock 类实际记录时间，只需要添加对 sleep( )的调用，如下所示：

```
// Make the TickTock class actually keep time.

class TickTock {

  String state; // contains the state of the clock

  synchronized void tick(boolean running) {
    if(!running) { // stop the clock
      state = "ticked";
      notify(); // notify any waiting threads
      return;
    }

    System.out.print("Tick ");

    // wait 1/2 second
    try {
      Thread.sleep(500);
    } catch(InterruptedException exc) {
      System.out.println("Thread interrupted.");
    }

    state = "ticked"; // set the current state to ticked

    notify(); // let tock() run
    try {
      while(!state.equals("tocked"))
        wait(); // wait for tock() to complete
    }
    catch(InterruptedException exc) {
      System.out.println("Thread interrupted.");
    }
```

```
  }

  synchronized void tock(boolean running) {
    if(!running) { // stop the clock
      state = "tocked";
      notify(); // notify any waiting threads
      return;
    }

    System.out.println("Tock");

    // wait 1/2 second
    try {
      Thread.sleep(500);
    } catch(InterruptedException exc) {
      System.out.println("Thread interrupted.");
    }

    state = "tocked"; // set the current state to tocked

    notify(); // let tick() run
    try {
      while(!state.equals("ticked"))
        wait(); // wait for tick to complete
    }
    catch(InterruptedException exc) {
      System.out.println("Thread interrupted.");
    }
  }
}
```

9. 不推荐使用 suspend( )、resume( )和 stop( )方法是因为它们可能导致严重的运行时错误。
10. getName( )方法。
11. 如果调用的线程继续运行，则返回 true；如果线程终止，则返回 false。

第 12 章：枚举、自动装箱、静态导入和注解

1. 术语“自我类型化”(self-typed)中，self 指定义常量的枚举类型，因此，枚举常量是其所属枚举的对象。
2. Enum 类被所有的枚举自动继承。
3.

```
enum Tools {
  SCREWDRIVER, WRENCH, HAMMER, PLIERS
}

class ShowEnum {
  public static void main(String args[]) {
    for(Tools d : Tools.values())
      System.out.print(d + " has ordinal value of " +
                       d.ordinal() + '\n');
  }
}
```

4. 下面给出了交通指示灯模拟程序的改进版本。主要在两个地方做了改进。首先，指示灯的延迟现在与其枚举值链接在一起，使得代码的结构更合理。其次，run( )方法不再需要使用 switch 语句来确定延迟的时间。相反，向 sleep( )传递 tlc.getDelay( )，这样可以自动使用与当前指示灯颜色关联的延迟时间。

```
// An improved version of the traffic light simulation that
// stores the light delay in TrafficLightColor.

// An enumeration of the colors of a traffic light.
enum TrafficLightColor {
  RED(12000), GREEN(10000), YELLOW(2000);

  private int delay;

  TrafficLightColor(int d) {
    delay = d;
  }

  int getDelay() { return delay; }
}

// A computerized traffic light.
class TrafficLightSimulator implements Runnable {
  private TrafficLightColor tlc; // holds the current traffic light color
  private boolean stop = false; // set to true to stop the simulation
  private boolean changed = false; // true when the light has changed

  TrafficLightSimulator(TrafficLightColor init) {
    tlc = init;
  }

  TrafficLightSimulator() {
    tlc = TrafficLightColor.RED;
  }

  // Start up the light.
  public void run() {
    while(!stop) {
      // Notice how this code has been simplified!
      try {
        Thread.sleep(tlc.getDelay());
      } catch(InterruptedException exc) {
        System.out.println(exc);
      }

      changeColor();
    }
  }

  // Change color.
  synchronized void changeColor() {
    switch(tlc) {
      case RED:
        tlc = TrafficLightColor.GREEN;
        break;
```

```
      case YELLOW:
        tlc = TrafficLightColor.RED;
        break;
      case GREEN:
        tlc = TrafficLightColor.YELLOW;
    }

    changed = true;
    notify(); // signal that the light has changed
  }

  // Wait until a light change occurs.
  synchronized void waitForChange() {
    try {
      while(!changed)
        wait(); // wait for light to change
      changed = false;
    } catch(InterruptedException exc) {
      System.out.println(exc);
    }
  }

  // Return current color.
  synchronized TrafficLightColor getColor() {
    return tlc;
  }

  // Stop the traffic light.
  synchronized void cancel() {
    stop = true;
  }
}

class TrafficLightDemo {
  public static void main(String args[]) {
    TrafficLightSimulator tl =
      new TrafficLightSimulator(TrafficLightColor.GREEN);

    Thread thrd = new Thread(tl);
    thrd.start();
    for(int i=0; i < 9; i++) {
      System.out.println(tl.getColor());
      tl.waitForChange();
    }

    tl.cancel();
  }
}
```

5. 装箱是在类型封装器对象中保存基本类型值的过程。拆箱是从类型封装器对象中提取基本类型值的过程。自动装箱可自动装箱基本类型值而不必显式地构造对象。自动拆箱可自动从类型封装器对象中提取基本类型值而不必显式地调用 intValue( )等方法。
6. `Short val = 123.0;`

7. 静态导入把类或接口的静态成员引入当前名称空间。这意味着可以使用静态成员而不必通过其类名或接口名限定。
8. 该语句把 Integer 类型封装器的 parseInt( )方法引入当前名称空间。
9. 静态导入主要用于特殊情况。过度使用静态成员将产生名称空间冲突，并破坏程序代码的结构。
10. 接口。
11. 标记注解是不接受实参的注解。
12. 错误。任何类型的声明都可以有注解。从 JDK 8 开始，对类型也可以添加注解。

第 13 章：泛型

1. D。
2. 不能，类型实参必须是对象类型。
3. `class FlightSched<T, V> {`
4. `class FlightSched<T, V extends Thread> {`
5. `class FlightSched<T, V extends T> {`
6. “?”是通配符实参，能匹配任何有效的类型。
7. 可以，通配符实参既可以有上限，也可以有下限。
8. `<T> T MyGen(T o) { // ...`
9. `class MyClass<T, V extends T> implements IGenIF<T, V> { // ...`
10. 要获得 Counter<T>的原类型，在不带任何类型规范的情况下只需要使用其名称即可，如下所示：

```
Counter x = new Counter();
```

11. 不存在，所有的类型形参在编译时都被擦除，由合适的强制转换替代。这一过程称为擦除。
12.

```
// A generic stack.

interface IGenStack<T> {
  void push(T obj) throws StackFullException;
  T pop() throws StackEmptyException;
}

// An exception for stack-full errors.
class StackFullException extends Exception {
  int size;

  StackFullException(int s) { size = s; }

  public String toString() {
   return "\nStack is full. Maximum size is " +
          size;
  }
}

// An exception for stack-empty errors.
class StackEmptyException extends Exception {

  public String toString() {
   return "\nStack is empty.";
  }
}
```

```
// A stack class for characters.
class GenStack<T> implements IGenStack<T> {
  private T stck[]; // this array holds the stack
  private int tos; // top of stack

  // Construct an empty stack given its size.
  GenStack(T[] stckArray) {
    stck = stckArray;
    tos = 0;
  }

  // Construct a stack from a stack.
  GenStack(T[] stckArray, GenStack<T> ob) {
    tos = ob.tos;
    stck = stckArray;

    try {
      if(stck.length < ob.stck.length)
        throw new StackFullException(stck.length);
    }
    catch(StackFullException exc) {
      System.out.println(exc);
    }

    // Copy elements.
    for(int i=0; i < tos; i++)
      stck[i] = ob.stck[i];
  }

  // Construct a stack with initial values.
  GenStack(T[] stckArray, T[] a) {
    stck = stckArray;

    for(int i = 0; i < a.length; i++) {
      try {
        push(a[i]);
      }
      catch(StackFullException exc) {
        System.out.println(exc);
      }
    }
  }

  // Push objects onto the stack.
  public void push(T obj) throws StackFullException {
    if(tos==stck.length)
      throw new StackFullException(stck.length);

    stck[tos] = obj;
    tos++;
  }

  // Pop an object from the stack.
  public T pop() throws StackEmptyException {
    if(tos==0)
```

```
      throw new StackEmptyException();

    tos--;
    return stck[tos];
  }
}

// Demonstrate the GenStack class.
class GenStackDemo {
  public static void main(String args[]) {
    // Construct 10-element empty Integer stack.
    Integer iStore[] = new Integer[10];
    GenStack<Integer> stk1 = new GenStack<Integer>(iStore);

    // Construct stack from array.
    String name[] = {"One", "Two", "Three"};
    String strStore[] = new String[3];
    GenStack<String> stk2 =
       new GenStack<String>(strStore, name);

    String str;
    int n;

    try {
      // Put some values into stk1.
      for(int i=0; i < 10; i++)
        stk1.push(i);
    } catch(StackFullException exc) {
      System.out.println(exc);
    }

    // Construct stack from another stack.
    String strStore2[] = new String[3];
    GenStack<String> stk3 =
       new GenStack<String>(strStore2, stk2);

    try {
      // Show the stacks.
      System.out.print("Contents of stk1: ");
      for(int i=0; i < 10; i++) {
        n = stk1.pop();
        System.out.print(n + " ");
      }

      System.out.println("\n");

      System.out.print("Contents of stk2: ");
      for(int i=0; i < 3; i++) {
        str = stk2.pop();
        System.out.print(str + " ");
      }

      System.out.println("\n");

      System.out.print("Contents of stk3: ");
      for(int i=0; i < 3; i++) {
```

```
      str = stk3.pop();
      System.out.print(str + " ");
     }

    } catch(StackEmptyException exc) {
     System.out.println(exc);
    }

    System.out.println();
  }
}
```

13. 菱形运算符。
14. 可使用菱形运算符将其简化成如下所示：

```
MyClass<Double,String> obj = new MyClass<>(1.1,"Hi");
```

假设有一个局部变量声明，并从 JDK 10 开始，它也可以通过使用局部变量类型推断来简化，如下所示：

```
var obj = new MyClass<Double, String>(1.1, "Hi");
```

第 14 章：lambda 表达式和方法引用

1. lambda 运算符表示为-> 。
2. 函数式接口是包含且仅包含一个抽象方法的接口。
3. lambda 表达式提供函数式接口定义的抽象方法的实现。函数式接口定义目标类型。
4. lambda 表达式的两种类型是表达式 lambda 和块 lambda。表达式 lambda 指定单一的表达式，其值由 lambda 返回。而块 lambda 包含一个代码块，其值由 return 语句指定。
5. `(n) -> (n > 9 && n < 21)`
6.

```
interface MyTest {
 boolean testing(int n);
}
```

7.

```
interface NumericFunc {
 int func(int n);
}

class FactorialLambdaDemo {
 public static void main(String args[])
 {

  // This block lambda computes the factorial of an int value.
  NumericFunc factorial = (n) -> {
   int result = 1;

   for(int i=1; i <= n; i++)
     result = i * result;

   return result;
  };
```

```
    System.out.println("The factorial of 3 is " + factorial.func(3));
    System.out.println("The factorial of 5 is " + factorial.func(5));
    System.out.println("The factorial of 9 is " + factorial.func(9));
  }
}
```

8.

```
interface MyFunc<T> {
  T func(T n);
}

class FactorialLambdaDemo {
  public static void main(String args[])
  {

    // This block lambda computes the factorial of an int value.
    MyFunc<Integer> factorial = (n) -> {
      int result = 1;

      for(int i=1; i <= n; i++)
        result = i * result;

      return result;
    };

    System.out.println("The factorial of 3 is " + factorial.func(3));
    System.out.println("The factorial of 5 is " + factorial.func(5));
    System.out.println("The factorial of 9 is " + factorial.func(9));
  }
}
```

9. 以下所示为移除空格的 lambda 表达式，用于初始化 remove 引用变量。

```
StringFunc remove = (str) -> {
  String result = "";

  for(int i = 0; i < str.length(); i++)
    if(str.charAt(i) != ' ') result += str.charAt(i);

  return result;
};
```

下面是其用法的一个示例：

```
outStr = changeStr(remove, inStr);
```

10. 可以，但变量必须是有效的 final。
11. 正确。
12. 方法引用是指引用某个方法但并不执行它的一种方式。
13. 函数式接口。
14. `MyClass::myStaticMethod`
15. `mcObj::myInstMethod`
16. 下面的 MyIntNum 类中包含了所添加的 hasCommonFactor()方法：

```
class MyIntNum {
  private int v;

  MyIntNum(int x) { v = x; }

  int getNum() { return v; }

  // Return true if n is a factor of v.
  boolean isFactor(int n) {
    return (v % n) == 0;
  }

  boolean hasCommonFactor(int n) {
    for(int i=2; i < v/i; i++)
      if( ((v % i) == 0) && ((n % i) == 0) ) return true;

    return false;
  }
}
```

下面的示例通过方法引用演示了其用法：

```
ip = myNum::hasCommonFactor;
result = ip.test(9);
if(result) System.out.println("Common factor found.");
```

17. 通过指定类名后紧跟::，之后紧跟new可以创建构造函数引用。例如，MyClass::new。
18. java.util.function

第15章：模块

1. 正确。
2. module
3. 上下文敏感的关键字是指在与其语法相关的特殊情况下识别为关键字，在其他情况下不识别为关键字。与模块关键字相关时，它们仅在模块声明中识别为关键字。
4. module-info.java文件包含模块声明。
5. requires
6. exports
7. 模块路径指定了应用程序在哪里能找到模块。
8. 使用requires transitive，允许传递一个模块及其对另一个模块的依赖，这样依赖当前模块的任何模块也依赖requires transitive语句指定的模块。这称为隐含式依赖或隐含式可读性。
9. exports语句导出一个包。
10. 编译器会指出SimpleMathFuncs包不存在。因为MyModAppDemo需要这个包，所以不会编译。
11. provides、uses和with。
12. 正确。
13. 服务提供程序实现了服务。
14. ServiceLoader
15. 可以，需要使用exports static语句。
16. 用关键字open修改模块声明，就可以在运行期间访问其包，包括反射，而无论它们是否导出。opens语句允许在运行期间访问其包，包括用于反射。

第 16 章：Swing 介绍

1. 通常而言，AWT 组件是重量级，而 Swing 组件是轻量级。
2. 可以，Swing 的可插入式外观功能支持该操作。
3. JFrame
4. 内容窗格。
5. JLabel("Select an entry from the list")
6. 事件分派线程。
7. 默认的动作命令字符串是按钮中显示的文本，可以通过调用 setActionCommand( )方法修改。
8. `ActionEvent`
9. `JTextField(32)`
10. 可以，通过调用 setActionCommand( )。
11. JCheckBox 创建复选框。ItemEvent 事件在选中或取消选中复选框时生成。
12. 正确。
13. `ListSelectionEvent`
14. setSelectionMode( )设置选择模式。getSelectedIndex( )获取第一个选中条目的索引。
15.

```
/*
    Try This 16-1

    A Swing-based file comparison utility.

    This version has a check box that causes the
    location of the first mismatch to be shown.

*/

import java.awt.*;
import java.awt.event.*;
import javax.swing.*;
import java.io.*;

public class SwingFC implements ActionListener {

  JTextField jtfFirst;  // holds the first file name
  JTextField jtfSecond; // holds the second file name

  JButton jbtnComp; // button to compare the files

  JLabel jlabFirst, jlabSecond; // displays prompts
  JLabel jlabResult; // displays results and error messages

  JCheckBox jcbLoc; // check to display location of mismatch

  SwingFC() {

    // Create a new JFrame container.
    JFrame jfrm = new JFrame("Compare Files");
```

```
    // Specify FlowLayout for the layout manager.
    jfrm.setLayout(new FlowLayout());

    // Give the frame an initial size.
    jfrm.setSize(200, 220);

    // Terminate the program when the user closes the application.
    jfrm.setDefaultCloseOperation(JFrame.EXIT_ON_CLOSE);

    // Create the text fields for the file names..
    jtfFirst = new JTextField(14);
    jtfSecond = new JTextField(14);

    // Set the action commands for the text fields.
    jtfFirst.setActionCommand("fileA");
    jtfSecond.setActionCommand("fileB");

    // Create the Compare button.
    JButton jbtnComp = new JButton("Compare");

    // Add action listener for the Compare button.
    jbtnComp.addActionListener(this);

    // Create the labels.
    jlabFirst = new JLabel("First file: ");
    jlabSecond = new JLabel("Second file: ");
    jlabResult = new JLabel("");

    // Create check box.
    jcbLoc = new JCheckBox("Show position of mismatch");

    // Add the components to the content pane.
    jfrm.add(jlabFirst);
    jfrm.add(jtfFirst);
    jfrm.add(jlabSecond);
    jfrm.add(jtfSecond);
    jfrm.add(jcbLoc);
    jfrm.add(jbtnComp);
    jfrm.add(jlabResult);

    // Display the frame.
    jfrm.setVisible(true);
  }

  // Compare the files when the Compare button is pressed.
  public void actionPerformed(ActionEvent ae) {
    int i=0, j=0;
    int count = 0;

    // First, confirm that both file names have
    // been entered.
    if(jtfFirst.getText().equals("")) {
      jlabResult.setText("First file name missing.");
      return;
    }
```

```
      if(jtfSecond.getText().equals("")) {
        jlabResult.setText("Second file name missing.");
        return;
      }

      // Compare files. Use try-with-resources to manage the files.
      try (FileInputStream f1 = new FileInputStream(jtfFirst.getText());
           FileInputStream f2 = new FileInputStream(jtfSecond.getText()))
      {
        // Check the contents of each file.
        do {
          i = f1.read();
          j = f2.read();
          if(i != j) break;
          count++;
        } while(i != -1 && j != -1);

        if(i != j) {
          if(jcbLoc.isSelected())
            jlabResult.setText("Files differ at location " + count);
          else
            jlabResult.setText("Files are not the same.");
        }
        else
          jlabResult.setText("Files compare equal.");

      } catch(IOException exc) {
        jlabResult.setText("File Error");
      }
    }

  public static void main(String args[]) {
    // Create the frame on the event dispatching thread.
    SwingUtilities.invokeLater(new Runnable() {
      public void run() {
        new SwingFC();
      }
    });
  }
}
```

16.

```
// Demonstrate multiple selection in a JList.

import javax.swing.*;
import javax.swing.event.*;
import java.awt.*;
import java.awt.event.*;

public class ListDemo implements ListSelectionListener {

  JList<String> jlst;
  JLabel jlab;
  JScrollPane jscrlp;

  // Create an array of names.
```

```
String names[] = { "Sherry", "Jon", "Rachel",
                   "Sasha", "Josselyn", "Randy",
                   "Tom", "Mary", "Ken",
                   "Andrew", "Matt", "Todd" };

ListDemo() {
  // Create a new JFrame container.
  JFrame jfrm = new JFrame("JList Demo");

  // Specify a flow Layout.
  jfrm.setLayout(new FlowLayout());

  // Give the frame an initial size.
  jfrm.setSize(200, 160);

  // Terminate the program when the user closes the application.
  jfrm.setDefaultCloseOperation(JFrame.EXIT_ON_CLOSE);

  // Create a JList.
  jlst = new JList<String>(names);

  // By removing the following line, multiple selection (which
  // is the default behavior of a JList) will be used.
//    jlst.setSelectionMode(ListSelectionModel.SINGLE_SELECTION);

  // Add list to a scroll pane.
  jscrlp = new JScrollPane(jlst);

  // Set the preferred size of the scroll pane.
  jscrlp.setPreferredSize(new Dimension(120, 90));

  // Make a label that displays the selection.
  jlab = new JLabel("Please choose a name");

  // Add list selection handler.
  jlst.addListSelectionListener(this);

  // Add the list and label to the content pane.
  jfrm.add(jscrlp);
  jfrm.add(jlab);

  // Display the frame.
  jfrm.setVisible(true);
}

// Handle list selection events.
public void valueChanged(ListSelectionEvent le) {
  // Get the indices of the changed item.
  int indices[] = jlst.getSelectedIndices();

  // Display the selections, if one or more items
  // were selected.
  if(indices.length != 0) {
    String who = "";

    // Construct a string of the names.
```

```
      for(int i : indices)
        who += names[i] + " ";

      jlab.setText("Current selections: " + who);
    }
    else // Otherwise, reprompt.
      jlab.setText("Please choose a name");
  }

  public static void main(String args[]) {
    // Create the frame on the event dispatching thread.
    SwingUtilities.invokeLater(new Runnable() {
      public void run() {
        new ListDemo();
      }
    });
  }
}
```

附录 B

使用 Java 的文档注释

如第 1 章所述，Java 支持 3 种类型的注释。前两种是//和/* */。第三种叫做文档注释(documentation comment)，以字符序列/**开始，以*/结束。文档注释可在程序自身嵌入关于程序的信息。然后，可使用 JDK 提供的 javadoc 实用程序提取这些信息，并放到 HTML 文件中。文档注释使程序的文档化变得简单。读者肯定见过使用这种注释的文档，因为 Java API 库就是通过这种方式文档化的。从 JDK 9 开始，javadoc 包含了对模块的支持。

B.1 javadoc 标记

javadoc 实用程序可识别表 B-1 中的标记。

表 B-1 javadoc 可以识别的标记

标签	含义
@author	标识作者
{@code}	以代码字体原样显示信息，但不转换成 HTML 样式
@deprecated	指定程序元素已经过时
{@docRoot}	指定当前文档的根目录路径

(续表)

标 签	含 义
@exception	标识某个方法或构造函数抛出的异常
@hidden	禁止某元素显示在文档中
{@index}	给索引指定术语
{@inheritDoc}	从直接超类中继承注释
{@link}	插入指向另一个主题的内部链接
{@linkplain}	插入指向另一个主题的内部链接，但以纯文本字体显示链接
{@literal}	原样显示信息，但不转换成 HTML 样式
@param	文档化形参
@provides	文档化模块提供的服务
@return	文档化方法的返回值
@see	指定对另一个主题的链接
@serial	文档化默认的可序列化域
@serialData	文档化 writeObject( )或 writeExternal( )方法写入的数据
@serialField	文档化 ObjectStreamField 组件
@since	声明引入特定更改的版本号
{@summary}	文档化某项的摘要(由 JDK 10 添加)
@throws	与@exception 相同
@uses	文档化模块需要的服务(JDK 9 新增)
{@value}	显示一个常量的值，该常量必须是静态域
@version	指定程序元素的版本

以@开头的文档标记称为独立标记(也叫做块标记)，它们必须单独成行。以花括号开头的标记(例如{@code})叫做内部标记，可用在更大的描述中。在文档注释中还可以使用其他的标准 HTML 标记。但是，有些标记(例如标题)要避免使用，因为它们会破坏 javadoc 生成的 HTML 文件的外观。

在文档化源代码时，可以使用文档注释来文档化类、接口、域、构造函数和方法。在所有情况下，被文档化的条目必须紧跟在文档注释的后面。有些标记(如@see、@since 和@deprecated)可用来文档化任何元素。其他标记都有适用的元素。接下来逐个介绍它们。

注意：

文档注释也可用来文档化包和准备概述，但是它们用到的过程与文档化源代码的过程不同。相应的细节请参阅 javadoc 文档。从 JDK 9 开始，javadoc 也可以文档化 module-info. java 文件。

B.1.1 @author

@author 标记文档化程序元素的作者，语法如下：

```
@author description
```

这里的 description 通常用来显示作者的名字。要在 HTML 文档中包含@author 字段，需要在执行 javadoc 时指定-author 选项。

B.1.2 {@code}

{@code}标记用于在注释中嵌入文本，例如一段代码。然后这段文本将以代码字体显示，但是不会进行进一步的处理，如以 HTML 样式显示。语法如下：

```
{@code code-snippet}
```

B.1.3 @deprecated

@deprecated 标记用于指定程序元素已经过时。建议同时包含@see 或{@link}标记来告诉程序员可替换此元素的元素。语法如下：

```
@deprecated description
```

这里的 description 是指描述过时信息的消息。@deprecated 标记可用在字段、方法、构造函数、类和接口的文档中。

B.1.4 {@docRoot}

{@docRoot}指定当前文档的根目录路径。

B.1.5 @exception

@exception 标记描述方法的异常。语法如下：

```
@exception exception-name explanation
```

这里，*exception-name* 指定完全限定的异常名称，*explanation* 是一个字符串，描述了异常如何发生。@exception 标记只能用于方法或构造函数的文档中。

B.1.6 @hidden

@hidden 标记禁止某元素显示在文档中。

B.1.7 {@index}

{@index}标记指定要索引的项，然后确定何时使用搜索功能，其语法如下：

```
{@index term usage-str }
```

其中 *term* 是要索引的项(可以是带引号的字符串)，*usage-str* 是可选的。因此，在下面的@exception 标记中，会把术语 error 添加到索引中：

```
@exception IOException On input {@index error}.
```

注意：
error 仍显示为描述的一部分，只是现在它被索引了。如果包含了可选的 *usage-str*，该描述就显示在索引和搜索框中，指出如何使用该术语。例如{@index error Serious execution failure}会在索引的 error 下和搜索框中显示 Serious execution failure。

B.1.8 {@inheritDoc}

这个标记从直接超类中继承注释。

B.1.9 {@link}

{@link}标记提供了指向附加信息的内部链接。语法如下：

```
{@link pkg.class#member text}
```

这里，*pkg.class#member* 指定向哪个类或方法添加链接，*text* 是显示的字符串。

B.1.10 {@linkplain}

{@linkplain}标记插入指向另一个主题的内部链接。该链接以纯文本字体显示。其他方面则与{@link}类似。

B.1.11 {@literal}

{@literal}标记用于在注释中嵌入文本。文本将原样显示，不做进一步处理，如以 HTML 样式显示。语法如下：

```
{@literal description}
```

这里的 *description* 是嵌入的文本。

B.1.12 @param

@param 标记用于文档化形参。语法如下：

```
@param parameter-name explanation
```

这里的 *parameter-name* 指定了形参的名称。形参的含义由 *explanation* 描述。@param 标记只能用于方法、构造函数、泛型类或接口的文档中。

B.1.13 @provides

@provides 标记文档化模块提供的服务。语法如下：

```
@provides type explanation
```

其中 *type* 指定服务提供程序的类型，*explanation* 描述了服务提供程序。

B.1.14 @return

@return 标记描述了方法的返回值。语法如下：

```
@return explanation
```

这里的 *explanation* 描述了方法返回值的类型和含义。@return 标记只能用于方法的文档中。

B.1.15 @see

@see 提供了对附加信息的引用。两种常用形式如下所示：

```
@see anchor
@see pkg.class#member text
```

在第一种形式中，*anchor* 是到绝对或相对 URL 的链接。在第二种形式中，*pkg. class#member* 指定了条目的名称，*text* 是为条目显示的文本。*text* 形参是可选的，如果不使用，则显示 *pkg.class#member* 指定的条目。成员名称也是可选的。因此，除了对特定方法或字段的引用以外，还可以指定对包、类或接口的引用。名称可以是完全限定的，也可以是部分限定的。然而，成员名称前面的点号(如果有的话)必须被替换为#字符。

B.1.16 @since

@since 标记声明了在特定发布版本中引入的元素。语法如下：

```
@since release
```

这里的 *release* 是一个字符串，指定了引入该功能的发布版本。

B.1.17　{@summary}

{@summary}标记显式地指定项的摘要。它必须是项文档中的第一个标记。它的语法如下：

```
@summary explanation
```

在这里，*explanation* 提供了标记项的摘要，它可以跨多行。这个标签是由 JDK 10 添加的。在不使用{@summary}的情况下，向文档注释中的第一行用作摘要。

B.1.17　@throws

@throws 标记的含义与@exception 标记相同。

B.1.18　@uses

@ uses 标记文档化模块需要的服务。语法如下：

```
@uses type explanation
```

其中 *type* 指定服务提供程序的类型，*explanation* 描述了服务提供程序。

B.1.19　{@value}

{@value}有两种形式。第一种形式显示了跟在它后面的常量(必须是静态字段)的值。语法形式为：

```
{@value}
```

第二种形式显示了指定静态字段的值。语法形式为：

```
{@value pkg.class#field}
```

这里的 *pkg.class#field* 指定了静态字段的名称。

B.1.20　@version

@version 标记指定了程序元素的版本。语法如下：

```
@version info
```

这里的 *info* 是一个字符串，包含了版本信息，通常是版本号，如 2.2。要在 HTML 文档中包含@version 字段，在执行 javadoc 时必须指定-version 选项。

B.2　文档注释的一般形式

在/**之后的前几行是类、接口、域、构造函数、方法或模块的主要描述。之后，可以包含一个或多个@标记。每个@标记都必须从新行的行首开始，或者跟在行首的一个或多个星号(*)之后。相同类型的多个标记应该放到一起。例如，如果有 3 个@see 标记，则应该把它们一个接一个地放到一起。内部标记(以花括号开始的标记)可用在任何描述中。

下面是类的文档注释的一个示例：

```
/**
 * This class draws a bar chart.
```

```
 * @author Herbert Schildt
 * @version 3.2
*/
```

B.3 javadoc 的输出

javadoc 程序以 Java 程序的源文件作为输入，并输出包含程序文档的几个 HTML 文件。关于每个类的信息将放在每个类自己的 HTML 文件中。javadoc 还会输出索引和层次结构树，以及生成其他 HTML 文件。从 JDK 9 开始，还包含了搜索框功能。

B.4 使用文档注释的一个示例

下面是一个使用文档注释的示例程序。注意每个注释直接放在它描述的条目的前面。在 javadoc 处理完该程序后，可在 SquareNum.html 中找到有关 SquareNum 类的文档。

```
import java.io.*;

/**
 * This class demonstrates documentation comments.
 * @author Herbert Schildt
 * @version 1.2
*/
public class SquareNum {
  /**
   * This method returns the square of num.
   * This is a multiline description. You can use
   * as many lines as you like.
   * @param num The value to be squared.
   * @return num squared.
  */
  public double square(double num) {
    return num * num;
  }

  /**
   * This method inputs a number from the user.
   * @return The value input as a double.
   * @exception IOException On input error.
   * @see IOException
  */
  public double getNumber() throws IOException {
    // create a BufferedReader using System.in
    InputStreamReader isr = new InputStreamReader(System.in);
    BufferedReader inData = new BufferedReader(isr);
    String str;

    str = inData.readLine();
    return (new Double(str)).doubleValue();
  }

  /**
   * This method demonstrates square().
   * @param args Unused.
```

```
   * @exception IOException On input error.
   * @see IOException
  */
  public static void main(String args[])
    throws IOException
  {
    SquareNum ob = new SquareNum();
    double val;

    System.out.println("Enter value to be squared: ");
    val = ob.getNumber();
    val = ob.square(val);

    System.out.println("Squared value is " + val);
  }
}
```

附录 C

编译运行简单的单文件程序

第 1 章展示了如何使用 javac 编译器将 Java 程序编译成字节码，然后使用 Java 启动程序 java 运行生成的.class 文件。这是自 Java 诞生以来 Java 程序编译和运行的方式，也是在开发应用程序时使用的方法。但是，从 JDK 11 开始，可以直接从源文件中编译和运行某些类型的简单 Java 程序，而不必首先调用 javac。为此，使用.java 文件扩展名将源文件的名称传递给 java。这将导致 java 自动调用编译器并执行程序。

例如，下面自动编译并运行本书中的第一个例子：

```
java Example.java
```

这里在单个步骤中编译 Example 类，然后运行。没必要使用 javac。但要注意，没有创建.class 文件。相反，编译是在幕后完成的。因此，要重新运行程序，必须再次执行源文件。不能执行它的.class 文件，因为没有创建它。另外，如果已经使用 javac 编译了 Example.java，在尝试源文件启动特性之前，必须删除生成的.class 文件 Example.class。当运行源文件时，不可能已经有与源文件中包含 main()的类同名的.class 文件。

源代码文件启动功能的一个用途是方便在脚本文件中使用 Java 程序。它也可用于短期的一次性使用程序。在某些情况下，在试验 Java 时，它使运行简单的示例程序变得更容易。但是，它不是 Java 正常编译/执行过程的通用替代品。

虽然这种直接从源文件启动 Java 程序的新功能很吸引人，但它有几个限制。首先，整个程序必须包含在一个源文件中。然而，大多数实际程序使用多个源文件。其次，它总是执行在文件中找到的第一个类，这个类必须包含 main()方法。如果文件中的第一个类不包含 main()方法，启动将失败。这意味着即使希望以其他方式组织代码，代码也必须遵循严格的组织。第三，因为没有创建.class 文件，所以使用 java 运行单文件程序不会产生可以被其他程序重用的类文件。最后，作为一般规则，如果已经有一个.class 文件与源文件中的类同名，那么单文件启动将失败。由于这些限制，使用 java 运行单文件源程序可能很有用，但它实际上构成了一种特殊情况下的技术。

就本书而言，可以使用单个源文件启动特性来尝试许多示例；只要确保 main()方法所在的类是文件的第一个类。尽管如此，它并不是在所有情况下都适用。此外，本书中的讨论(以及许多示例)假定，使用调用 javac 的正常编译过程将源文件编译为字节码，然后使用 java 运行该字节码。这是用于实际开发的机制，理解这个过程是学习 Java 的一个重要部分。必须完全熟悉它。由于这些原因，在尝试本书中的示例时，强烈建议在所有情况下都使用常规方法编译和运行 Java 程序。这样做可以确保牢固地掌握 Java 的工作方式。当然，尝试使用单一源文件启动选项很有趣!

附录 D

JSHell 简 介

从 JDK 9 开始，Java 就包含 JShell 工具，它提供了一个交互式环境，允许快速、方便地尝试使用 Java 代码。JShell 实现了所谓的读取-执行-打印循环(REPL)。使用这个机制，会提示用户输入一段代码。接着读取并执行它。然后 JShell 显示与代码相关的结果，例如 println()语句生成的输出、表达式的结果或变量的当前值。接着 JShell 提示输入下一段代码，继续处理(例如循环)。在 JShell 中，输入的每个代码段都称为片段。

理解 JShell 的关键是使用它不需要输入完整的 Java 程序。每个输入的代码片段都在输入的同时执行，这是可能的，因为 JShell 会自动处理与 Java 程序相关的许多信息，这允许用户只考虑具体的功能，而不需要编写完整的程序，所以刚开始学习 Java 时，JShell 会非常有用。

显然，JShell 也可供有经验的程序员使用。因为 JShell 存储了状态信息，所以可在 JShell 中输入多行代码段，并运行它们。因此需要对某个概念建立原型时，JShell 是非常有用的，因为它允许以交互方式尝试使用代码，而不需要开发、编译完整的程序。

本附录介绍 JShell，探讨它的几个重要特性，主要关注对 Java 开发新手最有用的特性。

D.1 JShell 基础

JShell 是一个命令行工具，因此它运行在命令提示窗口中。要启动 JShell 会话，可在命令行上执行 JShell。之后，就会看到 JShell 提示：

```
jshell>
```

显示这个提示时，就可以输入代码片段或 JShell 命令。

在最简单的形式上，JShell 允许输入单个语句，并立即显示结果。首先考虑本书的第一个 Java 程序示例，如下所示：

```
class Example {
  // A Java program begins with a call to main().
  public static void main(String args[]) {
    System.out.println("Java drives the Web.");
  }
}
```

在这个程序中，只有 println()语句实际执行动作，即在屏幕上显示一个消息。代码的其余部分仅提供必要的类和方法声明。在 JShell 中，不一定要显式指定类或方法，才能执行 println()语句。JShell 可以直接执行它。为了说明其用法，在 JShell 提示下输入如下代码：

```
System.out.println("Java drives the Web.");
```

接着按下回车键，显示如下输出：

```
Java drives the Web.

jshell>
```

可以看出，执行对 println()的调用，输出其字符串参数，接着重新显示提示。

在继续之前，需要解释要一下为什么 JShell 可以执行单个语句，例如对 println()的调用，而 Java 编译器 javac 需要完整的程序。JShell 可以执行单个语句，是因为 JShell 自动在后台提供了必要的程序框架，这包括一个合成的类和一个合成的方法。因此在这里，println()语句嵌入到一个合成的方法中，该方法是合成类的一部分。结果，前面的代码仍是有效 Java 程序的一部分，只是我们看不到所有细节而已。这为实验 Java 代码提供了一种非常简捷的方式。

接下来看看如何支持变量。在 JShell 中，可以声明变量，给变量赋值，在任何有效的表达式中使用它，例如，在提示下输入如下代码：

```
int count;
```

之后会看到如下响应：

```
count ==> 0
```

这表示 count 添加到合成类中，并初始化为 0。而且，它添加为合成类的 static 变量。

接着输入如下语句，给 count 指定值 10：

```
count = 10;
```

响应如下：

```
count ==> 10
```

可以看出，count 的值现在是 10。因为 count 是 static，所以使用它时不需要引用对象。

现在声明了 count，就可以在表达式中使用它。例如，输入如下 println()语句：

```
System.out.println("Reciprocal of count: " + 1.0 / count);
```

JShell 的响应如下：

```
Reciprocal of count: 0.1
```

表达式 1.0/count 的结果是 0.1，因为 count 以前赋值为 10。

除了演示变量的用法之外，前面的示例还演示了 JShell 的另一个重要方面：它维护状态信息。在本例中，count 在一个语句中赋值为 10，接着在第二个语句的 println()调用中，在表达式 1.0/count 中使用这个值。JShell 在这两个语句之间存储了 count 的值。JShell 一般会维护当前状态和用户所输入的代码段的结果。这就允许我们实验跨多行的大型代码段。

在继续之前，尝试另一个示例。在这个示例中，创建一个使用 count 变量的 for 循环。首先在提示下输入如下代码：

```
for(count = 0; count < 5; count++)
```

现在，JShell 用如下提示作为响应：

```
...>
```

这表示需要额外的代码才能完成该语句。在本例中，必须提供 for 循环的目标。输入如下代码：

```
System.out.println(count);
```

输入代码后，for 语句就完成了，并执行两个代码行。输出如下：

```
0
1
2
3
4
```

除了语句和变量声明外，JShell 还允许声明类、方法，使用导入语句。下面各节列举了示例。另一个要点是：假定提供了必要的框架来创建完整的程序，则对 JShell 有效的任何代码，对 javac 的编译而言也是有效的。因此，如果 JShell 可以执行某个代码段，该代码段就是有效的 Java 代码。换言之，JShell 代码就是 Java 代码。

D.2 列出、编辑和重新运行代码

JShell 支持大量的命令，以允许控制 JShell 的运转。目前有 3 个命令非常有用，因为它们允许列出已输入的代码，编辑代码行，重新运行代码段。后面的示例比较长，所以这些命令会非常有用。

在 JShell 中，所有命令都以/开头，后跟命令。最常用的命令是/list，它会列出已输入的代码。假定完成了上一节列出了所有示例，就可以现在输入/list，列出代码。JShell 会话会用前面输入的编号的代码段作为响应。特别注意显示 for 循环的项。尽管它由两行代码组成，但其实是一个语句。因此只使用了一个编号。在 JShell 语言中，代码片段号称为代码片段 ID。除了前面的/list 的基本形式外，还支持其他形式，包括那些允许按名称或编号列出特定代码段的形式。例如，可使用/list count 列出 count 声明。

使用/edit 命令可以编辑代码段。这个命令会打开一个编辑窗口，在其中可以修改代码。/edit 命令有三种形式。第一，如果指定/edit 本身，编辑窗口就包含前面输入的所有代码，并允许编辑其中的任意部分。第二，使用/edit *n*

可指定要编辑的特定代码段，其中 *n* 指定了该代码段的编号。例如，要编辑代码段 3，就使用/edit 3。最后，可以指定命名的元素，例如变量。若要修改 count 的值，就使用/edit count。

如前所述，JShell 在输入代码的同时执行它。但也可以重新运行以前输入的代码。要重新运行刚才输入的代码段，可以使用/!。要重新运行指定的代码段，可以使用如下形式指定其编号：/*n*，其中 *n* 指定了要运行的代码段。例如，要重新运行第 4 个代码段，就输入/4。要重新运行一个代码段，也可以使用负偏移值指定该代码段相对于当前代码段的位置。例如，要重新运行当前代码段前面的第 3 个代码段，就输入/-3。

在继续之前，有必要指出几个命令，包括刚才显示的命令，它们允许指定名称或数字列表。例如，要编辑第 2 行和第 4 行，可以使用/edit 24。对于 JShell 的最新版本，有几个命令允许指定一系列代码片段。这些命令还包括刚才描述的/list、/edit 和/*n* 命令。例如，要列出代码段 4～6，可以使用/list 4-6。

还有一个现在就需要知道的重要命令：/exit，它会终止 JShell。

D.3 添加方法

第 4 章学习了方法，如该章所述，方法放在类中。但是，使用 JShell 时，方法可以不在类中显式声明。如前所述，这是因为 JShell 会自动将代码段放在合成类中。因此，可以轻松、快速地编写方法，而不需要提供类框架。也可以在不创建对象的情况下调用方法。在学习 Java 方法的基础知识或对新代码建立原型时，JShell 的这个特性尤其有用。为理解这个过程，下面举例说明。

首先开始一个新的 JShell 会话，在提示下输入如下方法：

```
double reciprocal(double val) {
  return 1.0/val;
}
```

这会创建一个方法，它返回其参数的倒数。输入这行代码后，JShell 的响应如下：

```
|  created method reciprocal(double)
```

这表示该方法已添加到 JShell 的合成类中，准备好使用了。

要调用 reciprocal()，只需要指定其名称，不需要任何对象或类引用。例如尝试如下代码：

```
System.out.println(reciprocal(4.0));
```

JShell 的响应是显示 0.25。

为什么可以不使用句点操作符和对象引用来调用 reciprocal()？答案是，在 JShell 中创建独立的方法，如 reciprocal()时，JShell 会自动把这个方法设置为合成类的一个静态成员。如第 5 章所述，静态方法是相对于其类来调用，而不是在特定对象上调用。所以不需要任何对象。这类似于前面所述把独立变量变成合成类的静态变量。

JShell 的另一个重要方面是支持方法中的前向引用。这个特性允许一个方法调用另一个方法，即使第二个方法还没有定义，也可以调用它。这就允许输入一个方法，而该方法依赖另一个方法，但不必担心先输入哪个方法。下面是一个简单示例。在 JShell 中输入如下代码：

```
void myMeth() { myMeth2(); }
```

JShell 的响应如下：

```
|  created method myMeth(), however, it cannot be invoked until myMeth2()
   is declared
```

可以看出，JShell 知道，myMeth2()还没有声明，但它仍允许定义 myMeth()。显然，如果现在就尝试调用 myMeth()，就会显示一个错误消息，因为 myMeth2()还没有定义，但仍可以输入 myMeth()的代码。

接着定义 myMeth2():

```
void myMeth2() { System.out.println("JShell is powerful."); }
```

定义 myMeth2()后，就可以调用 myMeth()了。

除了在方法中使用前向引用之外，还可以在类的字段初始化器中使用前向引用。

D.4 创建类

尽管 JShell 会自动提供一个合成类来封装代码段，但也可以在 JShell 中创建自己的类。而且，还可以实例化类的对象。这就允许在 JShell 的交互式环境中实验这些类。下面的示例演示了这个过程。

启动新的 JShell 会话，逐行输入如下类：

```
class MyClass {
  double v;

  MyClass(double d) { v = d; }

  // Return the reciprocal of v.
  double reciprocal() { return 1.0 / v; }
}
```

输入完代码后，JShell 的响应如下：

```
|  created class MyClass
```

添加 MyClass 后，就可以使用它。例如，可以使用如下代码创建 MyClass 对象：

```
MyClass ob = new MyClass(10.0);
```

JShell 的响应是指出它添加了 ob 作为 MyClass 类型的变量。接着尝试下面的代码：

```
System.out.println(ob.reciprocal());
```

JShell 的响应是显示值 0.1.

有趣的是，给 JShell 添加类时，它会成为合成类的一个静态嵌套成员。

D.5 使用接口

JShell 支持接口的方式与支持类相同。因此，可在 JShell 中声明一个接口，通过类实现它。下面完成一个简单示例。开始之前，启动一个新的 JShell 会话。

我们要使用接口声明了一个方法 isLegalVal()，它用于确定某个值对于某个用途而言是否有效。如果该值是合法的，就返回 true，否则返回 false。当然，值是否合法由实现接口的某个类确定。下面把如下接口输入 JShell 中：

```
interface MyIF {
  boolean isLegalVal(double v);
}
```

JShell 的响应如下：

```
|  created interface MyIf
```

接着输入下面的类，它实现了 MyIF：

```
class MyClass implements MyIF {

  double start;
  double end;

  MyClass(double a, double b) { start = a; end = b; }

  // Determine if v is within the range start to end, inclusive.
  public boolean isLegalVal(double v) {
    if((v >= start) && (v <= end)) return true;
    return false;
  }

}
```

JShell 的响应如下：

```
|  created class MyClass
```

注意 MyClass 实现了 isLegalVal()，确定值 v 是否在 MyClass 实例变量 start 和 end 表示的值范围内。

添加 MyIF 和 MyClass 后，就可以创建一个 MyClass 对象，对它调用 isLegalVal()，如下所示：

```
MyClass ob = new MyClass(0.0, 10.0);

System.out.println(ob.isLegalVal(5.0));
```

在这个例子中，会显示值 true，因为 5 在 0~10 的范围内。

因为 MyIF 已添加到 JShell 中，所以也可以创建对 MyIF 类型的对象引用。例如，下面的代码也是有效的：

```
MyIF ob2 = new MyClass(1.0, 3.0);
boolean result = ob2.isLegalVal(1.1);
```

在这个例子中，result 的值是 true，由 JShell 报告给用户。

另一个要点是，JShell 支持枚举和注释的方式与它支持类和接口的方式相同。

D.6 计算表达式和使用内置变量

JShell 可直接执行表达式，而不需要使表达式成为完整 Java 语句的一部分。实验代码时这是非常有用的，且不需要执行较大代码段中的表达式。下面是一个简单示例。使用一个新的 JShell 会话，在提示下输入如下代码：

```
3.0 / 16.0
```

JShell 的响应如下：

```
$1 ==> 0.1875
```

可以看出，JShell 计算并显示了表达式的结果。但是注意，这个值也赋予一个临时变量$1。一般情况下，每次直接计算表达式时，其结果都会存储在适当类型的临时变量中。临时变量名都用$开头，后跟一个数字，每次需要新的临时变量时，该数字都会递增。还可以像其他变量那样使用临时变量。例如，下面的代码显示了$1 的值，在本例中是 0.1875：

```
System.out.println($1);
```

下面是另一个示例：

```
double v = $1 * 2;
```

这里$1 的值乘以 2，再赋予 v。因此 v 包含 0.375.

还可以修改临时变量的值。例如，下面的代码会反转$1 的符号：

```
$1 = -$1
```

JShell 的响应如下：

```
$1 ==> -0.1875
```

表达式不限于数值。例如，以下代码把一个字符串与 Math.abs($1)返回的值连接在一起：

```
"The absolute value of $1 is " + Math.abs($1)
```

结果，临时变量包含如下字符串：

```
The absolute value of $1 is 0.1875
```

D.7 导入包

如第 8 章所述，import 语句用于导入包的成员。而且，只要使用的不是 java.lang 包，就必须导入它。在 JShell 中也是这样，但默认情况下，JShell 会自动导入几个常用的包，包括 java.io 和 java.util。因为这些包已经导入，所以不需要使用显式的 import 语句导入它们。

例如，因为 java.io 是自动导入的，所以可以输入下面的语句：

```
FileInputStream fin = new FileInputStream("myfile.txt");
```

FileInputStream 打包到 java.io 中。因为 java.io 是自动导入的，所以可以使用它，而不需要包含显式的 inport 语句。假定在当前目录下有一个文件 myfile.txt，JShell 就会添加变量 din，打开该文件。接着就可以输入下面的语句，读取、显示文件：

```
int i;
do {
  i = fin.read();
  if(i != -1) System.out.print((char) i);
} while(i != -1);
```

这与第 10 章讨论的基本代码相同，但不需要显式 import java.io 语句。

记住 JShell 只自动导入几个包。如果希望使用 JShell 没有自动导入的包，就必须像正常的 Java 程序那样显式导入它。另一个要点是，使用/imports 命令可列出当前导入的包。

D.8 异常

在上一节有关导入的 I/O 示例中，代码段还演示了 JShell 的另一个重要方面。注意没有处理 I/O 异常的 try/catch 块。如果浏览第 10 章中的类似代码，则其中打开文件的代码会捕获 FileNotFoundException，读取文件的代码会检查 IOException。在前面所述的代码段中不需要捕获这些异常，因为 JShell 会自动处理它们。更一般的情况是，JShell 会自动处理许多情况下的经检查的异常。

D.9 更多 JShell 命令

除了前面讨论的命令外，JShell 还支持其他几个命令。一个希望立即试用的命令是/help，它会列出许多命令。还可以使用/?获得帮助。下面解释其他几个常用命令。

可使用/reset 命令重置 JShell。希望修改新项目时，它是非常有用的。使用/reset 就不需要退出并重启动 JShell。但要注意，/reset 会重置整个 JShell 环境，所以会丢失所有状态信息。

使用/save 可以保存会话。其最简单的形式如下：

```
/save filename
```

其中 *filename* 指定要保存的文件名。默认情况下，/save 会保存当前的源代码，但它支持 3 个选项，其中两个比较有趣。指定-all 会保存输入的所有代码行，包括输入不正确的代码。使用-history 选项可保存会话历史(例如输入的命令列表)。

使用/open 可加载保存过的会话。其形式如下：

```
/open filename
```

其中 *filename* 是要加载的文件名。

JShell 提供的几个命令可以列出各个工作元素，如表 D-1 所示。

表 D-1 各个工作元素

命 令	作 用
/types	显示类、接口和枚举
/imports	显示导入语句
/methods	显示方法
/vars	显示变量

例如，如果输入如下代码：

```
int start = 0;
int end = 10;
int count = 5;
```

接着输入/vars 命令，就得到：

```
|  int start = 0;
|  int end = 10;
|  int count = 5;
```

另一个有用的命令是/history，它允许显示当前会话的历史。该历史包含在命令提示下输入的所有内容。

D.10 继续探索 JShell

熟悉 JShell 的最佳方式是使用它。尝试输入几个不同的 Java 结构，观察 JShell 的响应。使用 JShell 的过程中，可找到最适合自己的用法模式。这样就可以找到把 JShell 集成到学习或开发过程的有效方式。另外，JShell 不只适用于初学者，它还擅长给代码建立原型。因此在学习 Java 的高级技巧时，仍会发现只要探索新领域，JShell 总是有帮助的。简言之，JShell 是一个重要工具，进一步完善了 Java 开发体验。

附录 E

更多 Java 关键字

本书的其他地方没有讨论如下 6 个 Java 关键字：

- transient
- volatile
- instanceof
- native
- strictfp
- assert

在高级程序中，这些关键字的使用非常频繁。这里仅概述它们，介绍它们的用途。另外，还描述了 this 的另一种形式。

E.1 transient 和 volatile 修饰符

transient 和 volatile 关键字是类型修饰符，处理较特殊的情况。实例变量声明为 transient 时，其值在存储对象时不需要保存。因此 transient 不影响对象的存储状态。

volatile 修饰符告诉编译器，变量可由程序的其他部分修改。其中一种情形涉及多线程程序。在多线程程序中，有时两个或多个线程会共享一个变量。从效率的角度看，每个线程都可保留该共享变量的私有副本，可能放在 CPU 的寄存器中。变量的真正(或主要)副本会在不同的时间更新，例如进入合成方法时。这种方法是有效的，但有时是不适当的。一些情况下，变量的主要副本总是反映当前状态，而这个当前状态由所有线程使用。为确保这一点，把变量声明为 volatile。

E.2 instanceof

有时知道对象在运行期间的类型是很有用的。例如，由一个执行线程生成各种类型的对象，另一个线程处理这些对象。此时，处理线程知道它接收到的每个对象的类型是有益的。一定要知道对象在运行期间的类型的另一个情形是类型转换。在 Java 中，无效的类型转换会导致运行时错误。许多无效的类型转换是在编译期间捕获的。但是，涉及类继承的类型转换，可能导致类型转换只有在运行期间才能检测到失败。原因是超类引用可以指向子类对象，但在编译期间常常不可能知道类型转换是否涉及有效的超类引用。instanceof 关键字解决了这类问题。instanceof 操作符的一般形式如下：

```
objref instanceof type
```

其中 objref 是对类实例的引用，type 是类或引用类型。如果由 objref 引用的对象是特定类型，或者可以转换为特定类型，instanceof 操作符就是 true；否则，其结果是 false。因此，instanceof 是程序获得对象的运行期间类型信息的方式。

E.3 strictfp

一个较难懂的关键字是 strictfp。Java 2 几年前发布时，浮点数计算模型略有放松。尤其是，新模型不需要截断计算过程中生成的某些中间值。这在一些情况下可以防止上溢或下溢。用 strictfp 修饰类、方法或接口，就可以确保浮点数计算(以及所有截断操作)像 Java 以前版本那样精确。用 strictfp 修饰类时，该类中的所有方法都自动是 strictfp。

E.4 assert

在程序开发过程中，assert 关键字用于创建断言，断言是程序执行期间期望为 true 的条件。例如，一个方法应总是返回正整数。要测试这一点，可使用 assert 语句判断返回值是否大于 0。在运行期间，如果该条件确实是 true，就不执行其他任何操作。但如果该条件是 false，就抛出 AssertionError。断言常在测试过程中用于验证某个期望的条件是否满足，它们通常不用于发布的代码。

assert 关键字有两种形式：第一种如下：

```
assert condition;
```

其中 *condition* 是计算结果必须是布尔值的表达式。如果结果是 true，断言就为真，不执行其他任何操作。如果该条件是 false，断言就失败，抛出默认的 AssertionError。例如：

```
assert n > 0;
```

如果 n 小于等于 0，就抛出 AssertionError 异常。否则，不执行其他任何操作。

Assert 的第二种形式是：

```
assert condition : expr;
```

在这个版本中，*expr* 是传递给 AssertionError 构造函数的一个值。这个值转换为其字符串形式，如果断言失败，就显示它。一般应为 *expr* 指定一个字符串，但允许使用任何非 void 表达式，只要该表达式定义了合理的字符串转换即可。

为支持在运行期间检查断言，必须指定-ea 选项。例如，要给 Sample 启用断言，就使用如下代码：

```
java -ea Sample
```

断言在开发期间非常有用，因为它们加快了测试过程中常见的错误类型检查。但小心，不能依赖断言来执行程序需要的任何动作，原因是正常发布的代码在运行时会禁用断言，也不会计算断言中的表达式。

E.5 本地方法

有时希望调用一个用非 Java 语句编写的子例程，一般情况下，这样的子例程保存为对于 CPU 和当前工作环境而言可执行的代码——即本地代码。例如，用户可能希望调用一个本地代码子例程，来缩短执行时间。或者希望使用一个特殊的第三方库，例如统计数据包。但是，因为 Java 程序编译为字节代码，接着由 Java 运行库系统解释(或随时编译)，所以在 Java 程序中调用本地代码子例程似乎是不可能的。幸好，这个结论是错误的。Java 提供了 native 关键字，用于声明本地代码方法。声明后，就可在 Java 程序中调用这些方法，就像调用其他 Java 方法一样。

要声明本地方法，应在该方法的前面加上 native 修饰符，但不要定义方法体。例如：

```
public native int meth() ;
```

声明了本地方法后，就必须提供该本地方法，并执行一系列相当复杂的步骤，把它链接到 Java 代码上。

E.6 this 的另一种形式

this 有另一种形式，允许一个构造函数调用同一个类中的另一个构造函数。this 的这个用法的一般形式如下：

```
this(arg-list)
```

执行 this()时，先执行匹配 *arg-list* 参数列表的重载构造函数。接着，如果初始构造函数中有任何语句，就执行它们。对 this()的调用必须是构造函数中的第一个语句。下面是一个简单示例：

```
class MyClass {
  int a;
  int b;

  // Initialize a and b individually.
  MyClass(int i, int j) {
    a = i;
    b = j;
  }

  // Use this() to initialize a and b to the same value.
  MyClass(int i) {
    this(i, i); // invokes MyClass(i, i)
  }
}
```

在 MyClass 中，只有第一个构造函数给 a 和 b 赋值，第二个构造函数只调用第一个构造函数。因此，执行这个语句时：

```
MyClass mc = new MyClass(8);
```

对于 MyClass(8)调用，会执行 this(8,8)，这又会转换为对 MyClass(8,8)的调用。

通过 this()调用重载构造函数可能很有用，因为它可以防止代码的不必要重复。但需要小心，调用 this()的构造函数可能比包含所有初始化代码的构造函数执行得慢一点，因为调用第二个构造函数时使用的调用和返回机制会增加开销。记住，对象的创建会影响类的所有用户。如果类用于创建大量对象，就必须小心平衡小段代码的好处和创建对象所增加的时间。随着 Java 经验的增加，用户会发现这类决策很容易做出。

使用 this()时需要注意两个限制。第一，不能在 this()的调用中使用构造函数的类的任何实例变量。第二，不能在同一个构造函数中同时使用 super()和 this()，因为它们都必须是构造函数中的第一个语句。